控制仪表及系统
（第2版）

刘希民　编著

国防工业出版社

·北京·

内容简介

本书是高等院校自动化专业的专业教材。全书共分两篇九章。第一篇"控制仪表",内容包括控制仪表概述、控制器、变送器和转换器、运算器和执行器等四章内容,讲述了工业生产中常用的常规仪器仪表和近年来广泛应用的智能型仪表;第二篇"过程控制系统",内容包括过程控制系统概述、过程建模、单回路控制系统、串级控制系统、其它控制系统(包括比值控制系统、前馈控制系统、分程控制系统、选择性控制系统、大滞后补偿控制系统和多变量解耦控制系统)等五章内容,讲述了过程建模方法和一些典型过程控制系统的设计、运行问题。为了便于读者学习,各章均附有习题。

本书除可用作高等院校自动化专业教材外,亦可作为相关专业科技人员的参考用书。

图书在版编目(CIP)数据

控制仪表及系统/刘希民编著. —2 版. —北京:国防工业出版社,2015.1
ISBN 978-7-118-09846-4

Ⅰ. ①控… Ⅱ. ①刘… Ⅲ. ①过程控制—工业仪表
②过程控制—自动控制系统 Ⅳ. ①TP273

中国版本图书馆 CIP 数据核字(2014)第 312203 号

※

国防工业出版社 出版发行
(北京市海淀区紫竹院南路 23 号 邮政编码 100048)
三河市鼎鑫印务有限公司
新华书店经售

*

开本 787×1092 1/16 印张 18½ 字数 464 千字
2015 年 1 月第 2 版第 1 次印刷 印数 1—3000 册 定价 40.00 元

(本书如有印装错误,我社负责调换)

国防书店:(010)88540777 发行邮购:(010)88540776
发行传真:(010)88540755 发行业务:(010)88540717

第1版前言

多年以来，编者一直从事"自动化仪表"和"过程控制系统"两门课的教学工作。随着科学技术的发展，许多普通高等学校把这两门课程整合成一门，授课内容和课时都作了一些调整，因为没有合适的教材，所以许多学校还是延用原来的教材。一门课程，两本教材，给教师教学和学生学习都带来诸多不便，也给学生带来经济上的浪费。因此，有一本合二为一的教材是十分必要的。为此，我们编写了这本《控制仪表及系统》，经过两年的试用，受到学生的欢迎。

为使教材更适合普通高等学校大众化教学的特点，本书在内容安排上只保留了常用的仪表和控制系统，内容叙述上尽量简单易懂，重点突出。在编写过程中，力求内容贴近实际，从工程实践的角度去分析问题和解决问题，在一些重点知识的论述上力求简单明了，循序渐进，把知识点一一点明，以便于学生学习和理解，使学生在学习本课程的知识后，能从工程实践的角度，较细致、全面地建立起自动控制系统的基本知识结构，为以后从事专业工作打下良好的基础。这也是编者多年来的愿望和编写本教材的初衷。本教材也可作为从事自动化专业的科技工程人员的参考书。

本书在编写过程中参考了吴勤勤主编的《控制仪表及装置》、涂植英主编的《生产过程控制系统》、邵裕森主编的《过程控制工程》、金以慧主编的《过程控制》、吴国熙编著的《调节阀使用与维修》、陆德民主编的《石油化工自动控制设计手册》、王树青编著的《工业过程控制工程》等教材和书籍。在此表示深深的感谢。

由于编者水平有限，编写时间比较仓促，书中不足之处，敬请读者批评指正。

编　者

第 2 版前言

《控制仪表及系统》一书自 2009 年出版以来,被许多院校所采用。为使教材更好地适应普通高等学校教学特点和满足专业人才培养的实际需要,在总结近几年实际使用情况的基础上,对本书作了修订。在内容安排上保留了第一版的结构形式,全书共分两篇,第一篇为"控制仪表",第二篇为"过程控制系统",第一篇包括概论、基型控制器、变送器和转换器、运算器和执行器等四章内容,讲述了工业生产中最常用的仪器仪表,第二篇包括绪论、过程建模、单回路控制系统、串级控制系统、其他控制系统(包括比值控制系统、前馈控制系统、分程控制系统、选择性控制系统、大滞后补偿控制系统和多变量解耦控制系统)等五章内容,讲述了过程建模方法和典型过程控制系统的设计、运行问题,为了适应企业发展的需要,增加了近年来广泛应用的智能仪器的内容。内容叙述简单易懂,重点突出,在编写修订过程中,力求从工程实践的角度去分析问题,在一些重点知识的论述上力求简单明了,循序渐进,把知识点一一点明,以便于学生学习和理解,使学生在学习本课程的知识后,能从工程实践的角度,较细致、全面地建立起过程控制系统的基本知识结构,为以后从事专业工作打下良好的基础。这也是编者多年来从事专业教学的愿望和本教材编写的初衷。本教材也可作为从事自动化专业的科技工程人员的参考书。

本书在修订过程中得到了上海仪表集团有限公司、厦门宇电自动化科技有限公司和虹润精密仪器有限公司等科技人员的支持,在此表示深深的感谢。

由于编者水平有限,书中不足之处,敬请读者批评指正。

编者

2014 年 9 月

目　录

第一篇　控制仪表

第二篇　过程控制系统

V

第一篇 控 制 仪 表

第一章 控制仪表概述

第一节 控制仪表与控制系统

控制仪表是实现生产过程自动化的重要工具。在自动控制系统中,检测仪表将被控变量转换成测量信号后,还需送控制仪表,以便控制生产过程的正常进行,使被控变量达到预期的要求。这里所指的控制仪表包括在自动控制系统中广泛使用的控制器、变送器、运算器、执行器等,以及各种新型控制系统及装置。

图1-1(a)表示由控制仪表与控制过程组成的简单控制系统框图。控制过程代表生产过程中的某个环节,控制过程输出的是被控变量,如压力、流量、温度等工艺变量。这些被控变量首先由检测元件变换为易于传递的物理量,再经变送器转换成统一的电信号。该信号送到控制器中与给定值相比较。控制器按照比较后得出的偏差,以一定的控制规律发出控制信号,控制执行器的动作,改变被控介质物料量或能量的大小,直至被控变量与给定值相等。

图1-1(b)为由加热炉、温度变送器、控制器和执行器构成的一个单回路温度控制系统。温度变送器将温度信号转换为电信号,在控制器的作用下,通过执行器将加热炉的出口温度控制在规定的范围内。

一个控制系统除了图1-1中表示的几类控制仪表外,还可以根据需要设置转换器、运算器、操作器、显示装置和各种仪表系统,以完成复杂的控制任务。

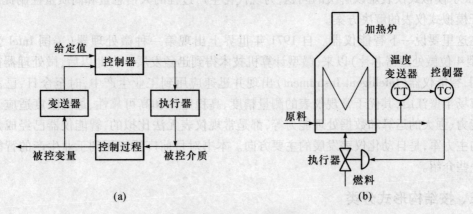

图1-1 控制系统简图

(a)简单控制系统框图;(b)单回路温度控制系统。

1

第二节　控制仪表及装置的分类

控制仪表及装置可按能源形式、信号类型和结构类型进行分类。

一、按能源形式分类

控制仪表按能源形式可分为气动、电动、液动等几类。工业上通常使用电动控制仪表和气动控制仪表。

气动控制仪表的发展和应用已有数十年历史，20 世纪 40 年代起就已广泛应用于工业生产。其特点是结构简单、性能稳定、可靠性高、价格便宜，且为本质安全防爆，特别适用于石油、化工等有爆炸危险的场所。

电动控制仪表的出现要晚些，但由于其能源获取、信号传输及放大、变换处理比气动仪表容易得多，又便于实现远距离监视和操作，因而这类仪表的应用更为广泛。近年来大量出现的各种智能型控制仪表和综合控制装置，为快速发展的工业生产提供了更多的选择。由于采取了本质安全防爆措施，电动控制仪表的防爆问题也得到了很好的解决，使它同样能应用于易燃易爆的危险场所。鉴于电动控制仪表及装置的迅速发展与大量使用，本书予以重点介绍。

二、按信号类型分类

控制仪表按信号类型可分为模拟式和数字式两大类。

模拟式控制仪表的传输信号通常为连续变化的模拟量。这类仪表线路较简单，操作方便，价格较低，在设计、制造、使用上均有较成熟的经验。长期以来，它广泛应用于各工业部门。

数字式控制仪表的传输信号通常为断续变化的数字量。自 20 世纪中叶到现在，随着微电子技术、计算机技术和网络通信技术的迅速发展，各种数字式控制仪表、智能型控制仪表、新型计算机控制装置和基于网络的控制系统相继问世并日趋成熟，越来越多地应用于生产过程自动化中。这些仪表和装置以微处理器为核心，功能完善，性能优越，越来越多地采用人工智能的方法和策略，再加之新测量技术和测量方法的应用，测量精度和控制精度都得到了很大的提高，解决了模拟式仪表难以解决的问题，为现代化生产过程的大信息量和高质量控制提供了大大优于模拟式仪表的解决方案。

在这里要说一下智能仪器。自 1971 年世界上出现第一种微处理器（美国 Intel 公司的 4004 型 4 位微处理器芯片）以来，微型计算机技术得到迅猛发展。自此以后，微处理器得到广泛应用，智能仪器（Intelligent Instrument）出现并迅速应用到工业生产中，时至今日，已占据了仪表市场半壁江山，其优于常规仪表的测量精度、高稳定性和高可靠性、最大限度适应工业生产的能力、强大的运算和数据处理能力等，都是常规仪表无法比拟的，智能仪器已经成为仪表行业的主力军，是自动化仪表发展的主要方向。本书对目前广泛应用到工业生产的智能仪器也做一些介绍。

三、按结构形式分类

控制仪表按结构形式可分为基地式控制仪表、单元组合式控制仪表、集散控制系统以及现场总线控制系统。

1. 基地式控制仪表

基地式控制仪表是以指示、记录仪表为主体,附加控制机构而组成的,可实现单体设备就地分散的局部自动化。各单体设备之间互不联系或联系很少。最早的基地式模拟仪表产生于20世纪三四十年代,处于生产过程自动化发展过程的最早阶段,它尺寸大、结构简单,不仅能对温度、压力、流量、液位等参数进行指示或记录,还具有控制功能,使被控参数维持在一定值上,保证生产正常运行。

2. 单元组合式控制仪表

单元组合式控制仪表是根据控制系统中各个组成环节的不同功能和使用要求,将仪表做成能实现某种功能的独立单元,各单元之间用统一的标准信号来联系。将这些单元进行不同的组合,可以构成多种多样、复杂程度各异的自动检测和控制系统。

单元组合仪表可分为变送单元、转换单元、控制单元、运算单元、显示单元、执行单元、给定单元和辅助单元八大类。

自20世纪40年代起,我国生产的电动单元组合仪表(DDZ)和气动单元组合仪表(QDZ)经历了Ⅰ型、Ⅱ型、Ⅲ型三个发展阶段,这些仪表是计划经济年代我国组织全国的专家和工程技术人员统一设计的,代表着当时的最高科技水平。以后许多企业又推出了较为先进的模拟技术和数字技术相结合的DDZ-S型系列仪表和组装式综合控制装置。这类仪表使用灵活,通用性强,适用于中、小型企业的自动化系统。过去的数十年,它们在实现我国工业生产过程自动化中发挥了重要作用。当今,随着计算机技术的迅速发展,众多企业研制生产出功能更强、精度更高的各种型号的智能仪器并被大量应用于工业生产,电动单元组合仪表被逐步替代,有些已停产(如DDZ_Ⅱ型及部分Ⅲ型仪表),有些采用新技术做了改进或直接用新技术、新方法、新方案做了全新的设计,大大提高了测量精度和控制精度,许多参数的测量精度由原来的1%提高到0.05%,控制精度也大大提高,这是科学技术发展的必然结果。

3. 集散控制系统

集散控制系统(Distributed Control System,DCS)是以微型计算机为核心,在控制技术(Control)、计算机技术(Computer)、通信技术(Communication)、屏幕显示技术(CRT)四"C"技术迅速发展的基础上研制成功的一种计算机控制装置。它的特点是分散控制、集中管理。

"分散"指的是由多台专用微机(例如DCS中的基本控制器或其他现场级数字式控制仪表)分散地控制各个回路,这可使系统运行安全可靠。将各台专用微机或现场级控制仪表用通信电缆同上一级计算机和显示、操作装置相连,便组成分散控制系统。"集中"则是指集中监视、集中操作和管理整个生产过程。这些功能由上一级的监控、管理计算机和显示操作站来完成。

工业上使用较多的数字式控制类仪表如智能型控制器和可编程控制器,可与DCS配合使用。智能型控制器的外形结构、面板布置保留了模拟式仪表的部分特征,但其功能更为丰富,通过组态可完成各种运算处理和复杂控制。可编程控制器(PLC)以开关量控制为主,也可实现对模拟量的控制,并具备反馈控制功能和数据处理能力。它具有多种功能模块,配接方便。这两类控制仪表均有通信接口,能方便地与计算机装置联用,构成不同规模的分级控制系统。

4. 现场总线控制系统

现场总线控制系统(Fieldbus Control System,FCS)是20世纪90年代发展起来的新一代工业控制系统。它是计算机网络技术、通信技术、控制技术和现代仪器仪表技术的最新发展成果。现场总线的出现改变了传统控制系统的结构,它将具有数字通信能力的现场智能仪表连成工厂底层网络系统,并同上一层监控级、管理级联系起来成为全分布式的新型控制网络。

现场总线控制系统的基本特征是其结构的网络化和全分散性、系统的开放性、现场仪表的互操作性和功能自治性以及对环境的适应性。FCS无论在性能上或功能上均比传统控制系统更优越。随着现场总线技术的不断发展与完善,FCS已越来越多地应用于工业自动化系统中。

与此同时,广泛应用的互联网(Internet)技术也进入了工业控制领域。许多著名的工业控制系统都利用互联网实现企业的自动化监控和管理,并与现场总线系统对接,进一步向现场控制和远程控制延伸,控制生产过程的自动化生产,实现系统的远程组态、设定、监测和自动控制,并对生产过程进行远程管理。

再好的控制仪表也是应生产需求而生的,随着科学技术的发展,新的测量方法和手段、功能更强的仪表会源源不断地出现,以满足生产更高的需求,推动人类文明更快地向前发展。

本篇主要介绍 DDZ - Ⅲ型电动单元组合仪表和常用的智能型仪表。

第三节　联络信号和传输方式

一、联络信号

仪表之间应由统一的联络信号来进行信号传输,以便使同一系列或不同系列的各类仪表连接起来,组成系统,共同实现控制功能。

1. 联络信号的类型

控制仪表和装置常使用以下几种联络信号。

对于气动控制仪表,国际上已统一使用 20 ~ 100kPa 气压信号作为仪表之间的联络信号。

对于电动控制仪表,其联络信号常见的有模拟信号、数字信号、频率信号等。

模拟信号和数字信号是自动化仪表及装置所采用的主要联络信号。本书着重讨论电模拟信号。

2. 电模拟信号制的确定

电模拟信号有交流和直流两种。由于直流信号具有不受线路中电感、电容及负载性质的影响,不存在相移问题等优点,故世界各国都以直流电流或直流电压作为统一联络信号。

从信号取值范围看,下限值可以从零开始,也可以从某一确定的数值开始;上限值可以较低,也可以较高。取值范围的确定,应从仪表的性能和经济性作全面考虑。

不同的仪表系列,所取信号的上、下限值是不同的。例如 DDZ - Ⅱ型仪表采用 0 ~ 10mA 直流电流和 0 ~ 2V 直流电压作为统一联络信号;DDZ - Ⅲ型仪表采用 4 ~ 20mA 直流电流和 1 ~ 5V 直流电压作为统一联络信号;有些仪表则采用 0 ~ 5V 或 0 ~ 10V 直流电压作为联络信号,并在装置中考虑了电压信号与电流信号的相互转换问题。

信号下限从零开始,便于模拟量的加、减、乘、除、开方等数学运算和使用通用刻度的指示、记录仪表;信号下限从某一确定值开始,即有一个活零点,电气零点与机械零点分开,便于检验信号传输线是否断线及仪表是否断电,并为现场变送器实现两线制提供了可能性。

电流信号上限大,产生的电磁平衡力大,有利于力平衡式变送器的设计制造。但从减小直流电流信号在传输线中的功率损耗和缩小仪表体积,以及提高仪表的防爆性能来看,希望电流信号上限小些。

在对各种电模拟信号做了综合比较之后,国际电工委员会(IEC)将 4 ~ 20mA(DC)电流信号和 1~5V(DC)电压信号,确定为过程控制系统电模拟信号的统一标准。

二、电信号传输方式

1. 模拟信号的传输

信号传输指的是电流信号和电压信号的传输。电流信号传输时,仪表是串联连接的;而电压信号传输时,仪表是并联连接的。

1)电流信号传输

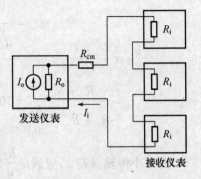

如图 1-2 所示,一台发送仪表的输出电流同时传输给几台接收仪表,所有这些仪表应当串接。DDZ-Ⅱ型仪表即属于这种传输方式(电流传送—电流接收的串联制方式)。图中,R_o 为发送仪表的输出电阻。R_{cm} 和 R_i 分别为连接导线的电阻和接收仪表的输入电阻(假设接收仪表的输

图 1-2　电流信号传输时
仪表之间的连接

入电阻均为 R_i),由 R_{cm} 和 R_i 组成发送仪表的负载电阻。

由于发送仪表的输出电阻 R_o 不可能是无限大,在负载电阻变化时输出电流也将发生变化,从而引起传输误差。

电流信号的传输误差可用公式表示为

$$\varepsilon = \frac{I_o - I_i}{I_o} = \frac{I_o - \dfrac{R_o}{R_o + (R_{cm} + nR_i)}I_o}{I_o}$$

$$= \frac{R_{cm} + nR_i}{R_o + R_{cm} + nR_i} \times 100\% \tag{1-1}$$

式中:n 为接收仪表的个数。

为保证传输误差 ε 在允许范围之内,应要求 $R_o \gg R_{cm} + nR_i$,故有

$$\varepsilon \approx \frac{R_{cm} + nR_i}{R_o} \times 100\% \tag{1-2}$$

由式(1-2)可见,为减小传输误差,要求发送仪表的 R_o 足够大,而接收仪表的 R_i 及导线电阻 R_{cm} 应比较小。

实际上,发送仪表的输出电阻均很大,相当于一个恒流源,连接导线的长度在一定范围内变化时,仍能保证信号的传输精度,因此电流信号适于远距离传输。此外,对于要求电压输入的仪表,可在电流回路中串入一个电阻,从电阻两端引出电压,供给接收仪表,所以电流信号应用比较灵活。

电流传输也有其不足之处。由于接收仪表是串联工作的,当一台仪表出故障时,将影响其他仪表的工作。而且各台接收仪表一般皆应浮空工作。若要使各台仪表皆有自己的接地点,则应在仪表的输入、输出之间采取直流隔离措施。这就对仪表的设计和应用在技术上提出了更高的要求。

2)电压信号传输

一台发送仪表的输出电压要同时传输给几台接收仪表时,这些接收仪表应当并联(电压传送—电压接收的并联制方式),如图 1-3 所示。DDZ-Ⅲ型仪表中的控制室使用仪表即属于这种传输方式。由于接收仪表的输入电阻 R_i 不是无限大,信号电压 U_o 将在发送仪表内阻

R_o 及导线电阻 R_{cm} 上产生一部分电压降,从而造成传输误差。

电压信号的传输误差可用如下公式表示,即

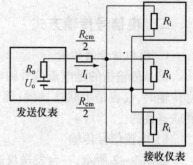

图 1-3 电压信号传输时
仪表之间的连接

$$\varepsilon = \frac{U_o - U_i}{U_o} = \frac{U_o - \dfrac{\dfrac{R_i}{n}}{R_o + R_{cm} + \dfrac{R_i}{n}}U_o}{U_o}$$

$$= \frac{R_o + R_{cm}}{R_o + R_{cm} + \dfrac{R_i}{n}} \times 100\% \qquad (1-3)$$

为减小传输误差 ε,应满足 $\dfrac{R_i}{n} \gg R_o + R_{cm}$,故有

$$\varepsilon \approx n \frac{R_o + R_{cm}}{R_i} \times 100\% \qquad (1-4)$$

式中: n 为接收仪表的个数。

由式(1-4)可见,为减小传输误差,应使发送仪表内阻 R_o 及导线电阻 R_{cm} 尽量小,同时要求接收仪表的输入电阻 R_i 大些。

因接收仪表是并联连接的,增加或取消某个仪表不会影响其他仪表的工作,而且这些仪表也可设置公共接地点,因此设计安装比较简单。但并联连接的各接收仪表,输入电阻皆较高,易于引入干扰,故电压信号不适于作远距离传输。

2. 变送器与控制室仪表间的信号传输

变送器是现场仪表,其输出信号送至控制室中,而它的供电又来自控制室。变送器的信号传送和供电方式通常有如下两种。

1)四线制传输

供电电源和输出信号分别用两根导线传输,如图 1-4 所示。图中的变送器称为四线制变送器,目前使用的大多数变送器均是这种形式。由于电源与信号分别传送,因此对电流信号的零点及元器件的功耗无严格要求。

2)两线制传输

变送器与控制室之间仅用两根导线传输。这两根导线既是电源线,又是信号线,如图 1-5 所示。图中的变送器称为两线制变送器。

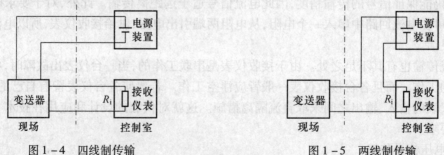

图 1-4 四线制传输　　　　　　图 1-5 两线制传输

采用两线制变送器不仅可节省大量电缆线和安装费用,而且有利于安全防爆。因此这种变送器得到了较快的发展。

要实现两线制变送器,必须采用活零点的电流信号。由于电源线和信号线公用,电源供给变送器的功率是通过信号电流提供的。在变送器输出电流为下限值时,应保证它内部的半导体器件仍能正常工作。因此,信号电流的下限值不能过低。国际统一电流信号采用4~20mA(DC),为制作两线制变送器创造了条件。

第四节　安全防爆的基本知识和防爆措施

一、安全防爆的基本知识

在石油、化工等工业部门中,某些生产场所存在着易燃易爆的气体、蒸气或固体粉尘,它们与空气混合成为具有火灾或爆炸危险的混合物,使其周围空间成为具有不同程度爆炸危险的场所。安装在这些场所的监测仪表和执行器如果产生的火花或热效应能量能点燃危险混合物,则会引起火灾或爆炸。因此,用于危险环境的控制仪表必须具有防爆的性能。

1. 爆炸危险场所的分区

爆炸危险场所按爆炸性物质的物态,分为爆炸性气体环境和爆炸性粉尘环境。

1) 爆炸性气体环境的分区

根据爆炸性气体环境出现的频率和持续时间把爆炸性气体环境分为以下三个区域。

(1) 0 区:爆炸性气体环境连续出现或长时间存在的场所。

(2) 1 区:在正常运行时,可能出现爆炸性气体环境的场所。

(3) 2 区:在正常运行时,不可能出现爆炸性气体环境,如果出现也是偶尔发生并且仅是短时间出现的场所。

2) 爆炸性粉尘环境的分区

根据爆炸性粉尘环境出现的频率和持续时间,把爆炸性粉尘环境分为以下三个区域。

(1) 20 区:以空气中可燃性粉尘云形式持续地或长期地或频繁地短时存在于爆炸性环境中的场所。

(2) 21 区:正常运行时,很可能偶尔地以空气中可燃性粉尘云形式存在于爆炸性环境中的场所。

(3) 22 区:正常运行时不太可能以空气中可燃性粉尘云形式存在于爆炸性环境中的场所,如果存在仅是短暂的。

不同区域对电气设备选型有不同的要求,例如 0 区(或 20 区)要求选用本质安全型电气设备;1 区选用隔爆型、增安型等电气设备。

2. 爆炸性物质的分级、分组

1) 爆炸性气体、蒸气的分级

(1) 按最大试验安全间隙分级:在规定的标准试验条件下,火焰不能传播的最大间隙称为最大试验安全间隙(Maximum Experimental Safety Gap,MESG)。按爆炸性气体、蒸气的最大试验安全间隙可分为以下几级:

$MESG = 1.14mm$,为甲烷,作为起始点,无级;

$0.9mm < MESG < 1.14mm$,为 A 级;

$0.5mm \leqslant MESG \leqslant 0.9mm$,为 B 级;

$MESG < 0.5mm$,为 C 级。

（2）按最小点燃电流比分级:在规定的标准试验条件下,调节最小点燃电流,以甲烷的最小点燃电流为标准,定为1.0,其他物质的最小点燃电流与之比较,得出最小点燃电流比(Minimum Ignition Current Ratio,MICR)为

某物质的最小点燃电流比=某物质的最小点燃电流/甲烷最小点燃电流

按爆炸性气体、蒸气的最小点燃电流比,可分为以下几级:

MICR=1.0,为甲烷,作为起始点,无级;

0.8<MICR<1.0,为A级;

0.45≤MICR≤0.8,为B级;

MICR<0.45,为C级。

由上可见,爆炸性气体、蒸气的最大试验安全间隙越小,最小点燃电流也越小。按最小点燃电流比分级与按最大试验安全间隙分级,两者结果是相似的。对于隔爆外壳电气设备采用最大安全试验间隙(MESG)分级,对于本质安全型电气设备采用最小点燃电流比(MICR)分级。

2）爆炸性粉尘的分级

和爆炸性气体一样,爆炸性粉尘也按试验结果进行分级,只是目前试验数据较少,暂时将其分为二级,划分到Ⅲ类电气设备。爆炸性粉尘的分级是按粉尘的物理性质划分的。其方法是:把非导电性的可燃粉尘与非导电性的可燃纤维列为A级;把导电性的爆炸性粉尘与火药、炸药粉尘列为B级。

3）爆炸性物质的分组

爆炸性物质按引燃温度分组。对于爆炸性气体、蒸气,在没有明火源的条件下,不同物质加热引燃所需的温度是不同的,因为自燃点各不相同,按引燃温度可分为6组,见表1-1。对于爆炸性粉尘及纤维,按其自燃温度分为T1-1、T1-2、T1-3三组,见表1-3。

用于不同组别的防爆电气设备,其表面允许最高温度各不相同,不可随便混用。例如适用于T5的防爆电气设备可以适用于T1~T4各组,但是不适用于T6,因为T6的引燃温度比T5低,可能被T5适用的防爆电气设备的表面温度所引燃。

表1-1 爆炸性气体、蒸气引燃温度与组别划分

组别	T1	T2	T3	T4	T5	T6
引燃温度 $t/℃$	>450	450≥t>300	300≥t>200	200≥t>135	135≥t>100	100≥t>85

3. 防爆电气设备的分类、分组和防爆标志

1）防爆电气设备的分类、分组

按照国家标准GB3836.1—2010规定,爆炸性环境用电气设备分为Ⅰ、Ⅱ、Ⅲ三大类,与GB3836.1—2000相比增加了Ⅲ类电气设备。

（1）Ⅰ类电气设备:用于煤矿瓦斯气体环境。

（2）Ⅱ类电气设备:用于除煤矿甲烷气体之外的其他爆炸性气体环境。

（3）Ⅲ类电气设备:用于除煤矿以外的爆炸性粉尘环境。

对于Ⅱ类电气设备,当用于爆炸性气体环境时,按气体特性及最大试验安全间隙或最小点燃电流比的分级,可进一步分为ⅡA(代表性气体是丙烷)、ⅡB(代表性气体是乙烯)、ⅡC(代表性气体是氢气)三类,部分爆炸性气体的分类分组见表1-2。对于Ⅲ类电气设备,按照拟使

用的爆炸性粉尘环境导电特性分级可进一步再分为ⅢA(可燃性飞絮)、ⅢB(非导电性粉尘)、ⅢC(导电性粉尘)三类(目前暂时分为两类),部分爆炸性粉尘、纤维的分类分组见表1-3。

工厂用电气设备的防爆形式共有8种:隔爆型(d)、本质安全型(i)、增安型(e)、正压型(p)、充油型(o)、充砂型(q)、浇封型(m)和无火花型(n)。本质安全型设备按其使用场所的安全程度又可分为ia和ib两个等级。

与爆炸性气体引燃温度的分组相对应,Ⅱ类电气设备可按最高表面温度分为T1~T6六组,如表1-4所示。

表1-2 部分爆炸性气体的分类分组

类别	最大试验间隙 MESG/mm	最小点燃电流比 MICR	引燃温度组别 t/℃					
			T1 >450	T2 $450 \geqslant t > 300$	T3 $300 \geqslant t > 200$	T4 $200 \geqslant t > 135$	T5 $135 \geqslant t > 100$	T6 $100 \geqslant t > 85$
I	MESG = 1.14	MICR = 1.0	甲烷					
ⅡA	0.9 < MESG < 1.14	0.8 < MICR < 1.0	丙烷、乙烷、丙酮、苯乙烯、氯乙烯、氨苯、甲苯、苯胺、甲醇、一氧化碳	丁烷、乙醇、丁醇、丙烯	汽油、环乙烷、己烷、硫化氢	乙醚、乙醛		亚硝酸乙酯
ⅡB	0.5 ≤ MESG ≤ 0.9	0.45 ≤ MICR ≤ 0.8	二甲醚、环丙烷、民用煤气	乙烯、环氧乙烷、环氧丙烷、丁二烯	异戊二烯	二乙醚		
ⅡC	MESG < 0.5	MICR < 0.45	氢气、水煤气、焦炉煤气	乙炔、乙烷			二硫化碳	硝酸乙酯

表1-3 部分爆炸性粉尘、纤维的分类分组

类别	组别 引燃温度 t/℃	T1-1 $t > 270$	T1-2 $270 \geqslant t > 200$	T1-3 $200 \geqslant t > 140$
ⅢA	非导电性的可燃纤维	木棉纤维、烟草纤维、纸纤维、亚麻酸盐纤维、亚麻、人造毛短纤维	木质纤维	
	非导电性的可燃粉尘	小麦、玉米、砂糖、橡胶、染料、聚乙烯、苯酚树脂	可可、米糠	
ⅢB	导电性的爆炸性粉尘	铝、镁、铝青铜、锌、钛、焦炭、炭黑	铅(含油)、铁、煤	
	火药、炸药粉尘		黑火药、TNT	硝化棉、吸收药、黑索金、特屈儿、泰安

表1-4 Ⅱ类电气设备的最高表面温度分组

温度组别	T1	T2	T3	T4	T5	T6
最高表面温度 t/℃	450	300	200	135	100	85

2）设备保护级别（EPL）

GB3836.1—2010采用"设备保护级别"的方法对防爆设备进行危险评定，各保护级别如下。

（1）Ⅰ类——煤矿瓦斯气体环境。

EPL Ma：安装在煤矿甲烷爆炸性环境中的设备，具有"很高"的保护级别，该等级具有足够的安全性，使设备在正常运行、出现预期故障或罕见故障，甚至在瓦斯突出时设备带电的情况下均不可能成为点燃源。

EPL Mb：安装在煤矿甲烷爆炸性环境中的设备，具有"高"的保护级别，该等级具有足够的安全性，使设备在正常运行中或在瓦斯突出和设备断电之间的时间内出现预期故障条件下不可能成为点燃源。

（2）Ⅱ类——爆炸性气体环境。

EPL Ga：爆炸性气体环境用设备，具有"很高"的保护级别，在正常运行、出现预期故障或罕见故障时不是点燃源。

EPL Gb：爆炸性气体环境用设备，具有"高"的保护级别，在正常运行或预期故障条件下不是点燃源。

EPL Gc：爆炸性气体环境用设备，具有"一般"的保护级别，在正常运行中不是点燃源，也可采取一些附加保护措施，保证在点燃源预期经常出现的情况下（例如灯具的故障）不会形成有效点燃。

（3）Ⅲ类——爆炸性粉尘环境。

EPL Da：爆炸性粉尘环境用设备，具有"很高"的保护级别，在正常运行或预期故障或罕见故障条件下不是点燃源。

EPL Db：爆炸性粉尘环境用设备，具有"高"的保护级别，在正常运行或出现预期故障条件下不是点燃源。

EPL Dc：爆炸性粉尘环境用设备，具有"一般"的保护级别，在正常运行过程中不是点燃源，也可采取一些附加保护措施，保证在点燃源预期经常出现的情况下（例如灯具的故障）不会形成有效点燃。

设备保护级别（EPL）与区的对应关系见表1-5（对煤矿瓦斯环境不直接适用，因为区的概念通常不适用于煤矿）。

不同的设备保护级别提供的防点燃危险描述见表1-6。

3）防爆标志

（1）爆炸性气体环境防爆标志一般形式为

Ex 防爆形式 类 气体成分 温度组别 设备保护级别

防爆形式有

d：隔爆外壳（对于 EPL Gb 或 Mb）

e：增安型（对于 EPL Gb 或 Mb）

ia：本质安全型（对于 EPL Ga 或 Ma）

ib：本质安全型（对于 EPL Gb 或 Mb）

表1-5 EPL与区的传统对应关系(没有附加危险评定)

设备保护级别	区
Ga	0
Gb	1
Gc	2
Da	20
Db	21
Dc	22

表1-6 不同的设备保护级别提供的防点燃危险描述

设备保护级别 类别	提供的保护	保护特性	运行条件
Ma I类	很高	两个单独保护措施或即使两个故障彼此单独出现依然安全	当出现爆炸性环境时设备依然运行
Ga II类	很高	两个单独保护措施或即使两个故障彼此单独出现依然安全	在0区、1区和2区设备依然运行
Da III类	很高	两个单独保护措施或即使两个故障彼此单独出现依然安全	在20区、21区和22区设备依然运行
Mb I类	高	适合正常操作和严酷运行条件	当出现爆炸性环境时设备断电
Gb II类	高	适合正常运行和经常出现干扰或正常考虑故障的设备	在1区和2区设备依然运行
Db III类	高	适合正常运行和经常出现干扰或正常考虑故障的设备	在21区和22区设备依然运行
Gc II类	一般	适合正常运行	在2区设备依然运行
Dc III类	一般	适合正常运行	在22区设备依然运行

ic:本质安全型(对于 EPL Gc)

ma:浇封型(对于 EPL Ga 或 Ma)

mb:浇封型(对于 EPL Gb 或 Mb)

mc:浇封型(对于 EPL Gc)——在考虑之中

nA:无火花(对于 EPL Gc)

nC:火花保护(对于 EPL Gc)

nR:限制呼吸(对于 EPL Gc)

nL:限能(对于 EPL Gc)

o:油浸型(对于 EPL Gb)

px:正压型(对于 EPL Gb 或 Mb)

py:正压型(对于 EPL Gb)

pz：正压型（对于 EPL Gc）

q：充砂型（对于 EPL Gb 或 Mb）

类包括Ⅰ、ⅡA、ⅡB、ⅡC。

标志ⅡB 的设备可适用于ⅡA 设备的使用条件，同样，标志ⅡC 的设备可适用于ⅡA 和Ⅱ
B 设备的使用条件。

（2）爆炸性粉尘环境防爆标志一般形式为

Ex 防爆型形类 最高表面温度（T$_{粉尘层厚度（用脚注表示，单位mm）}$ + ℃） 设备保护级别　IP 防护等级

防爆形式有

ta：外壳保护型（对于 EPL Da）

tb：外壳保护型（对于 EPL Db）

tc：外壳保护型（对于 EPL Dc）

ia：本质安全型（对于 EPL Da）

ib：本质安全型（对于 EPL Db）

ic：本质安全型（对于 EPL Dc）—在考虑之中

ma：浇封型（对于 EPL Da）

mb：浇封型（对于 EPL Db）

mc：浇封型（对于 EPL Dc）—在考虑之中

p：正压型（对于 EPL Db 或 Dc）

类包括ⅢA、ⅢB、ⅢC。

最高表面温度用 T + 摄氏度及单位℃表示，例如 T 90℃；而粉尘层厚度 L 用角注表示，单位 mm，例如 T$_{500}$ 320 ℃。

标志ⅢB 的设备可适用于ⅢA 设备的使用条件，同样，标志ⅢC 的设备可适用于ⅢA 和Ⅲ
B 设备的使用条件。

（3）标志示例。

例 1. 易产生瓦斯的煤矿用隔爆外壳"d"（EPL Mb）：

Ex d Ⅰ Mb　或　Ex db Ⅰ。

例 2. 用于除易产生瓦斯的煤矿外的、仅存在氨气爆炸性气体环境用的隔爆外壳电气设备
"d"（EPL Gb）：

Ex d Ⅱ 氨（NH3） Gb 或 Ex db Ⅱ 氨（NH3）

例 3. 用于具有导电性粉尘的爆炸性粉尘环境 ⅢC 等级"t"（EPL Db）型电气设备，最高表面温度低于 225℃，当用 500mm 的粉尘层试验时低于 320℃：

Ex t ⅢC T225℃ T$_{500}$ 320℃ Db IP65 或 Ex tb ⅢC T225℃ T$_{500}$ 320℃ IP65
其中 IP65 是防护等级，6 表示不透灰尘，5 表示防护射水。

二、防爆型控制仪表

常用的防爆型控制仪表是隔爆型和本质安全型两类仪表。

1. 隔爆型仪表

隔爆型仪表具有隔爆外壳，仪表的电路和接线端子全部置于防爆外壳内，其表壳的强度足够大，隔爆结合面足够宽，它能承受仪表内部因故障产生爆炸性气体混合物的爆炸压力，并阻止内部的爆炸向外壳周围爆炸性混合物传播。这类仪表适用于 1、21 区和 2、22 区危险场所。

隔爆型仪表安装及维护正常时,能达到规定的防爆要求,但当揭开仪表外壳后,它就失去了防爆性能,因此不能在通电运行的情况下打开表壳进行检修或调整。

2. 本质安全型仪表

本质安全型仪表(简称本安仪表)的全部电路均为本质安全电路,电路中的电压和电流被限制在一个允许的范围内,以保证仪表在正常工作或发生短接和元器件损坏等故障情况下产生的电火花和热效应不致引起其周围爆炸性气体混合物爆炸。

如前所述,本质安全型仪表可分为 ia 和 ib 两个等级:ia 是指在正常工作、一个故障和两个故障时均不能点燃爆炸性气体混合物;ib 是指在正常工作和一个故障时不能点燃爆炸性气体混合物。

ia 等级的本质安全型仪表可用于危险等级最高的 0、20 区危险场所,而 ib 等级的本安仪表只适用于 1、21 区和 2、22 区危险场所。

本质安全型仪表不需要笨重的隔爆外壳,具有结构简单、体积小、质量轻的特点,可在带电工况下进行维护、调整和更换仪表零件的工作。

三、控制系统的防爆措施

处于爆炸危险场所的控制系统必须使用防爆型控制仪表及其关联设备,在化工、石油等部门的生产现场,往往要求控制系统具有本质安全的防爆性能。

1. 本安防爆系统

要使控制系统具有本安防爆性能,应满足两个条件:①在危险场所使用本质安全型防爆仪表,如本安型变送器、本安型电－气转换器、本安型电气阀门定位器等;②在控制室仪表与危险场所仪表之间设置安全栅,以限制流入危险场所的能量。图 1-6 表示本安防爆系统的结构。

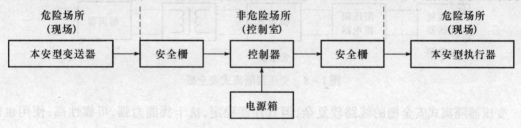

图 1-6　本安防爆系统

应当指出,使用本安仪表和安全栅是系统的基本要求,要真正实现本安防爆的要求,还需注意系统的安装和布线:按规定正确安装安全栅,并保证良好接地;正确选择连接电缆的规格和长度,其分布电容、分布电感应在限制值之内;本安电缆和非本安电缆应分槽(管)敷设,慎防本安回路与非本安回路混触等。详细规定可参阅安全栅使用说明书和国家有关电气安全规程。

2. 安全栅

安全栅作为本安仪表的关联设备,一方面传输信号,另一方面控制流入危险场所的能量在爆炸性气体或混合物的点火能量以下,以确保系统的本安防爆性能。

安全栅的构成形式有多种,常用的有齐纳式安全栅和隔离式安全栅两种。

1) 齐纳式安全栅

齐纳式安全栅是基于齐纳二极管反向击穿性能而工作的。其原理如图 1-7 所示。

图中，VZ_1、VZ_2为齐纳二极管，R和FU分别为限流电阻和快速熔断丝。在正常工作时，安全栅不起作用。

当现场发生事故，如形成短路时，由R限制过大电流进入危险侧，以保证现场安全。当安全栅端电压U_1高于额定电压U_0时，齐纳二极管击穿，进入危险侧的电压将被限制在U_0值上。同时，安全侧电流急剧增大，使FU很快熔断，从而使高电压与现场隔离，也保护了齐纳二极管。

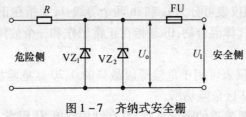

危险侧　　　　　　　安全侧

图1-7　齐纳式安全栅

齐纳式安全栅结构简单、经济、可靠、通用性强，使用方便。

2）隔离式安全栅

隔离式安全栅式通过隔离、限压和限流等措施来保证安全防爆性能。通常采用变压器隔离的方式，使其输入、输出之间没有直接电的联系，以切断安全侧高电压窜入危险侧的通道。同时，在危险侧还设置了电压、电流限制电路，限制流入危险场所的能量，从而实现本安防爆的要求。

变压器隔离式安全栅的一种电路结构如图1-8所示。来自变送器的直流信号，由调制器调制成交流信号，经变压器耦合，再由解调器还原为直流信号，送入安全区域。

图1-8　变压器隔离式安全栅

变压器隔离式安全栅的线路较复杂，但其性能稳定，抗干扰能力强，可靠性高，使用也较方便。

第二章 控制器

控制器是自动控制系统中一款重要的自动化仪表,具有给定值设定、比例(P)控制、积分(I)控制、微分(D)控制、偏差指示、给定值指示、测量值指示、控制信号指示、报警等功能,可完成比例、积分、微分控制参数的整定、系统手/自动切换等操作。智能型控制器还有智能控制、通信等功能。本章主要介绍单元组合仪表的基型控制器,并对智能型控制器作简单介绍。

第一节 基型控制器

一、概述

基型控制器(又称基型调节器)对来自变送器的 1~5V 直流电压信号与给定值相比较所产生的偏差进行 PID 运算,输出 4~20mA(DC)的控制信号。该控制器还具有偏差(或测量值、给定值)指示,输出指示,内外给定及软、硬手/自动切换和正、反作用选择等功能。

本节分析全刻度指示的基型控制器,其主要性能指标为:控制精度 <0.5%,测量和给定信号指示精度 ±1%,比例度 2%~500%,积分时间 0.01~25min(分两挡);微分时间 0.04~10min,负载电阻 250~750Ω,输出保持特性 -0.1%/h。

该控制器由控制单元和显示单元两部分组成。控制单元包括输入电路、PD 电路、PI 电路、输出电路以及软手操电路和硬手操电路等。指示单元包括测量信号指示电路和给定信号指示电路。控制器的构成方框图如图 2-1 所示,整机线路如图 2-17 所示。

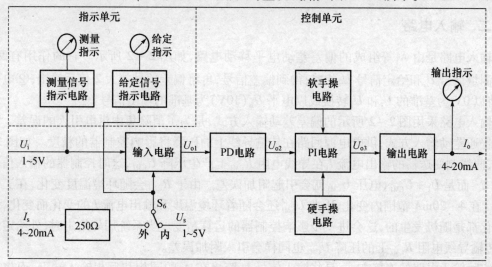

图 2-1 基型控制器方框图

测量信号和内给定信号均为 1~5V(DC),它们都通过各自的指示电路,由一块双针指示表来显示。两指示值之差即为控制器的输入误差。

外给定信号为 4～20mA 的直流电流,通过 250Ω 的精密电阻转换成 1～5V(DC)的电压信号。内外给定由开关 S_6 来选择,在外给定时,仪表面板上的外给定指示灯亮。

控制器的工作状态有"自动"、"软手操"、"硬手操"和"保持"四种,由开关 S_1、S_2 进行切换。

当控制器处于自动状态时,测量信号和给定信号在输入电路内进行比较后产生偏差,然后对此偏差进行 PID 运算,并通过输出电路将运算电路的电压信号转换成 4～20mA 的直流输出电流。

当控制器处于软手操状态时,可操作扳键 S_4(图 2-17)。S_4 处于不同的位置,可分别使控制器处于保持状态、输出电流的快速增加(或减小)以及输出电流的慢速增加(或减小)。

当控制器处于硬手操状态时,移动硬手动操作杆,能使控制器的输出迅速地改变到需要的数值。

本控制器"自动⇌软手操"的切换是双向无平衡无扰动的,"硬手操→软手操"或"硬手操→自动"的切换也是无平衡无扰动的,只有自动或软手操切换到硬手操时,必须预先平衡方可达到无扰动切换。

开关 S_7 可改变偏差信号的极性,借此选择控制器的正、反作用。

此外,在控制器的输入端与输出端还分别附有输入检测插孔和手动输出插孔,当控制器出现故障需要维修时,可利用这些插孔,无扰动地换接到便携式手动操作器,进行手动操作。

本控制器由于采用高增益、高输入阻抗的集成运算放大器,具有较高的积分增益(高达 10^4)和良好的保持特性。

在基型控制器的基础上,可构成各种特种控制器,如抗积分饱和控制器、前馈控制器、输出跟踪控制器、非线性控制器等;也可附加某些单元,如输入报警、偏差报警、输出限幅单元等;还可构成与工业控制计算机联用的控制器,如统计过程控制系统(Statistical Process Control,SPC)用控制器和直接数字控制系统(Direct Digital Controls,DDC)的备用控制器。

二、输入电路

输入电路是由 A_1 等组成的偏差差动电平移动电路,如图 2-2 所示。它的作用有两个:①将测量信号 U_i 和给定信号 U_s 相减,得到偏差信号,再将偏差信号放大 2 倍后输出;②电平移动,将以 0V 为基准的 U_i 和 U_s 转换成以电平 U_B(10V)为基准的输出信号 U_{o1}。

输入电路采用图 2-2 所示的偏差差动输入方式,是为了消除集中供电引入的误差。如果采用普通差动输入方式,供电电源回路在传输导线上的压降将影响控制器的精度。如图 2-3 所示,两线制变送器的输出电流 I_i 在导线电阻 R_{CM1} 上产生压降 U_{CM1},这时控制器的输入信号不只是 U_i,而是 $U_i + U_{CM1}$,电压 U_{CM1} 就会引起附加误差。由于 R_{CM1} 会随环境温度变化,在工作过程中 I_i 在 4～20mA 范围内变化,因此 U_{CM1} 还会随着环境温度和输出电流 I_i 的变化而变化,而这些变化都是随机发生的,这会进一步影响控制器的运算精度。当系统用外给定时,外给定信号 I_s 在传输导线电阻 R_{CM2} 上的压降 U_{CM2} 也同样会引入附加误差。

实际输入电路的连接方式,是将输入信号 U_i 跨接在 A_1 的同相和反相输入端上,而将给定信号 U_s 反极性地跨接在这两端,如图 2-4 所示。这样,两导线电阻的压降 U_{CM1} 和 U_{CM2} 均成为输入电路的共模电压信号,由于差动放大器对共模信号有很强的抑制能力,因此这两个附加电压不会影响运算电路的精度。

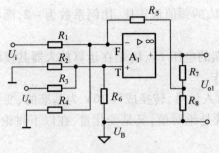

图 2-2　输入电路原理图

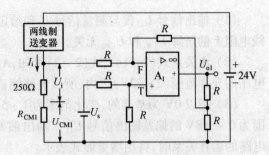

图 2-3　集中供电在普通差动运算
电路中引入误差原理图

电平移动的目的是使运算放大器 A_1 工作在允许的共模输入电压范围之内。若不进行电平移动,即 $U_B = 0$,则从图 2-2 或图 2-3 可知,在输入信号 U_i 下限时,由于电阻的分压作用,A_1 同相端和反相端的电压 U_T、U_F 将小于 1V,而在 24V 单电源供电时的运算放大器共模输入电压的下限值一般在 2V 左右,因此在小信号输入时,运算放大器将无法正常工作。现把 A_1 同相端的电阻 R_6 接到电压为 10V 的 U_B 上,见图 2-4,这样就提高了 A_1 输入端的电平,而且输出电压 U_{o1} 也是以 U_B 为基准,故输出端的电平也随之提高。

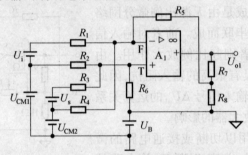

图 2-4　引入导线电阻压降后的输入电路原理图

下面从电路的运算关系对偏差差动电平移动电路作进一步的分析。

若将 A_1 看作理想运算放大器,并取 $R_1 = R_2 = R_3 = R_4 = R_5 = R_6 = R = 500\text{k}\Omega$,$R_7 = R_8 = 5\text{k}\Omega$,则有

$$\frac{U_i + U_{CM1} - U_F}{R} + \frac{U_{CM2} - U_F}{R} = \frac{U_F - \left(U_B + \frac{1}{2}U_{o1}\right)}{R}$$

所以反相端的电压(以 0V 为基准)为

$$U_F = \frac{1}{3}\left(U_i + U_{CM1} + U_{CM2} + \frac{1}{2}U_{o1} + U_B\right) \tag{2-1}$$

同样可求得同相端的电压(以 0V 为基准)为

$$U_T = \frac{1}{3}\left(U_s + U_{CM1} + U_{CM2} + U_B\right) \tag{2-2}$$

由于 $U_F = U_T$,故可从式(2-1)和式(2-2)求得

$$U_{o1} = -2(U_i - U_s) \tag{2-3}$$

上述关系式表明:

（1）输出信号 U_{o1} 仅与测量信号 U_i 和给定信号 U_s 的差值成正比，比例系数为 -2，而与导线电阻上的压降 U_{CM1} 和 U_{CM2} 无关。

（2）由关系式（2-1）、式（2-2）可知，A_1 输入端的电压 U_T、U_F 是在运算放大器共模输入电压的允许范围（2～22V）之内，所以电路能正常工作。

（3）把以 0V 为基准的、变化范围为 1～5V 的输入信号，转换成以 10V 为基准的、变化范围为 0～±8V 的偏差输出信号 U_{o1}。输出偏差 U_{o1} 既是绝对值，又是变化量，在以下讨论 PID 电路的运算关系时，将用增量形式表示。

最后还要说明一点，前面的分析和计算都假定 R_6 与 R_1～R_5 相等。事实上，为了保证偏差差动电平移动电路的对称性，R_6 不应与 R 相等，其阻值应略大于 R。

$$R_6 = R + (R_7 \; // \; R_8) = 502.5(\text{k}\Omega)$$

三、PD 电路

PD 电路的作用是将输入电路输出的电压信号 ΔU_{o1} 进行 PD 运算，其输出信号 ΔU_{o2} 送 PI 电路。电路原理如图 2-5 所示。该电路由运算放大器 A_2、微分电阻 R_D、微分电容 C_D、比例电阻 R_P 等组成。调整 R_D 和 R_P 可改变控制器的微分时间和比例度。

事实上，PD 电路可看成是由无源比例微分网络和比例运算放大器两部分串联而成。前者对输入信号进行比例微分运算，后者则起比例放大作用。由于电路采用同相端输入，具有很高的输入阻抗，因此在分析同相端电压 ΔU_T 与输入信号 ΔU_{o1} 的运算关系时，可以不考虑比例运算放大器的影响。

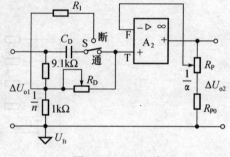

图 2-5　PD 电路

图 2-5 中的开关 S 用以切断或接通电路的微分作用。当 S 置于"断"时，电容 C_D 断开，该电路就变成比例运算电路了。只有当 S 置于"通"时，电路才具有微分作用。

下面先定性分析 PD 电路的工作原理。设 C_D 为零初始状态，当输入 ΔU_{o1} 为一阶跃信号时，在 $t=0^+$，即加入阶跃信号瞬间，由于电容 C_D 上的电压不能突变，输入信号 ΔU_{o1} 全部加到 A_2 同相端 T 点，所以有 $\Delta U_T(0^+) = \Delta U_{o1}$。随着电容 C_D 充电过程的进行，C_D 两端电压从 0V 起按指数规律不断上升，ΔU_T 按指数规律不断下降。当充电过程结束时，电容 C_D 上的电压将等于电阻 9.1kΩ 上的电压，此时 $\Delta U_T(\infty) = \dfrac{1}{n}\Delta U_{o1}$，并保持该值不变。

比例微分电路的输出信号 ΔU_{o2} 与同相端 T 点的电压 ΔU_T 为简单的比例放大关系，其比例系数为 α，当输入信号 ΔU_{o1} 以阶跃作用加入后，ΔU_{o2} 的变化曲线形状与 ΔU_T 相同，其数值应为

$$\Delta U_{o2} = \alpha \Delta U_T$$

现再定量分析 PD 电路的运算关系。在下列推导中把 A_2 看作理想运算放大器。对于比例微分网络有如下的关系式，即

$$\Delta U_T(s) = \frac{\Delta U_{o1}(s)}{n} + \frac{n-1}{n} \times \frac{R_D}{R_D + \dfrac{1}{C_D s}} \Delta U_{o1}(s)$$

$$= \frac{1}{n} \times \frac{1 + nR_DC_Ds}{1 + R_DC_Ds}\Delta U_{o1}(s)$$

对于比例运算放大器则有

$$\Delta U_{o2} = \alpha\Delta U_T(s)$$

所以从上两式可得

$$\Delta U_{o2}(s) = \frac{\alpha}{n} \times \frac{1 + nR_DC_Ds}{1 + R_DC_Ds}\Delta U_{o1}(s)$$

设 $K_D = n$，$T_D = nR_DC_D$，则

$$\Delta U_{o2}(s) = \frac{\alpha}{K_D} \times \frac{1 + T_Ds}{1 + \frac{T_D}{K_D}s}\Delta U_{o1}(s)$$

所以 PD 电路的传递函数为

$$W_{PD}(s) = \frac{\alpha}{K_D} \times \frac{1 + T_Ds}{1 + \frac{T_D}{K_D}s} \tag{2-4}$$

本电路中，$n = 10$，$R_D = 62\text{k}\Omega \sim 15\text{M}\Omega$，$C_D = 4\mu\text{F}$，$R_P = 0 \sim 10\text{k}\Omega$，$R_{P0} = 39\Omega$（$R_{P0}$ 用以限制 α 的最大值，$\alpha = 1 \sim 250$），因此电路的微分增益 $K_D = 10$，微分时间 $T_D = 0.04 \sim 10\text{min}$，比例增益 $\frac{\alpha}{K_D} = \frac{1}{10} \sim 25$。

在阶跃输入作用下，PD 电路输出的时间函数表达式为

$$\Delta U_{o2}(t) = \frac{\alpha}{K_D}\left[1 + (K_D - 1)e^{-\frac{K_D}{T_D}t}\right]\Delta U_{o1} \tag{2-5}$$

根据这一关系式，可作出 PD 电路的阶跃响应特性，如图 2-6 所示。利用此响应曲线，可由实验法求取微分时间 T_D。

当图 2-5 中的开关 S 处于"断"位置时，微分作用切除，电路只具有比例作用。这时 A_2 同相端的电压 $U_T = \frac{1}{n}U_{o1}$，而电容 C_D 通过电阻 R_1 也接至 $\frac{1}{n}U_{o1}$ 电平上而并于 9.1kΩ 电阻两端，因此，稳态时电容 C_D 上的电压与 9.1kΩ 电阻上的压降相等，C_D 被充电到 $U_{C_D} = \frac{n-1}{n}U_{o1}$，即 C_D 右端的电平与 U_T 相等，这样就保证了开关 S 由"断"切换到"通"的瞬间，即接通微分作用前后 A_2 同相端的电压相同，输出不会发生突变，故对生产过程不产生扰动。

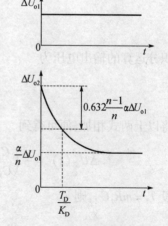

图 2-6　PD 电路阶跃响应特性

四、PI 电路

PI 电路的主要作用是将 PD 电路输出的电压信号 ΔU_{o2} 进行 PI 运算，输出以 U_B 为基准的、1~5V 的电压信号至输出电路，电路原理如图 2-7 所示。由图可见，这是由运算放大器 A_3、电阻 R_1、电容 C_M、C_I 等组成的有源 PI 运算电路。

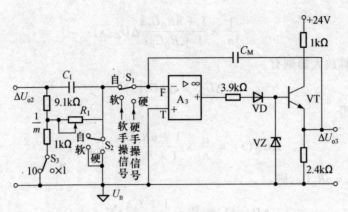

图 2-7 PI 电路

图中，S_3 为积分换挡开关，S_1、S_2 为联动的自动、软手操、硬手操切换开关，控制器的手操信号从本级输入。A_3 输出端接有电阻、二极管和射极跟随器等，这是为了得到正向输出电压，且便于加接输出限幅器而设置的。稳压管起正向限幅作用。

因为射极跟随器的输出电压和 A_3 的输出电压几乎相等，为便于分析，可把射极跟随器等包括在 A_3 中，这样在自动工作状态时，PI 电路就可简化成图 2-8 所示的等效电路。关于手动操作电路后面另行讨论。

本电路由比例运算电路（由 C_M、C_I 及 A_3 组成）和积分运算电路（由 R_I、C_M 及 A_3 组成）两部分结合而成。比例运算的输入信号是 ΔU_{o2}。积分运算的输入信号是 $\dfrac{\Delta U_{o2}}{m}$，m 的数值视 S_3 的位置而定，当 S_3 置于" $\times 1$ "挡时，$m=1$；而当 S_3 置于" $\times 10$ "挡时，$m=10$。

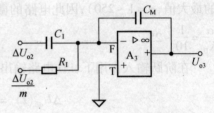

图 2-8 PI 电路的等效电路

先把 A_3 看成理想运算放大器（即开环增益 $A_3 = \infty$，输入电阻 $R_i = \infty$）。由等效电路可知，比例运算的输出电压为

$$\Delta U_{o3P}(s) = -\frac{C_I}{C_M}\Delta U_{o2}(s)$$

积分运算的输出电压为

$$\Delta U_{o3I}(s) = -\frac{1}{R_I C_M s} \times \frac{\Delta U_{o2}(s)}{m}$$

将以上两式相加，便可得到

$$\Delta U_{o3}(s) = -\left(\frac{C_I}{C_M} + \frac{1}{mR_I C_M s}\right)\Delta U_{o2}(s) = -\frac{C_I}{C_M}\left(1 + \frac{1}{mR_I C_I s}\right)\Delta U_{o2}(s)$$

设 $T_I = mR_I C_I$，则

$$\Delta U_{o3}(s) = -\frac{C_I}{C_M}\left(1 + \frac{1}{T_I s}\right)\Delta U_{o2}(s) \tag{2-6}$$

本电路中，$C_I = C_M = 10\mu\text{F}$，$R_I = 62\text{k}\Omega \sim 15\text{M}\Omega$，因此比例系数 $\dfrac{C_I}{C_M} = 1$，积分时间 $T_I = 0.01 \sim 2.5\text{min}$（$m=1$ 时）或 $T_I = 0.1 \sim 25\text{min}$（$m=10$ 时）。

20

式(2-6)是理想的比例积分运算关系式。实际上 A_3 开环增益 A_3 并不等于 ∞,故实际 PI 电路传递函数应按其真实开环增益 A_3 推导,若 A_3 的输入阻抗 $R_i = \infty$,则由图2-8可得

$$\frac{\Delta U_{o2}(s) - \Delta U_F(s)}{\dfrac{1}{C_I s}} + \frac{\Delta U_{o2}(s)/m - \Delta U_F(s)}{R_I} = \frac{\Delta U_F(s) - \Delta U_{o3}(s)}{\dfrac{1}{C_M s}}$$

而且

$$\Delta U_{o3}(s) = -A_3 \Delta U_F(s)$$

由此两式可求得

$$\Delta U_{o3}(s) = -\frac{\dfrac{C_I}{C_M}\left(1 + \dfrac{1}{mR_I C_I s}\right)}{1 + \dfrac{1}{A_3}\left(1 + \dfrac{C_I}{C_M}\right) + \dfrac{1}{A_3 R_I C_M s}} \Delta U_{o2}(s)$$

因 $A_3 \geqslant 10^5$,故 $\dfrac{1}{A_3}\left(1 + \dfrac{C_I}{C_M}\right) \ll 1$,可略去不计,于是可得电路的传递函数为

$$W_{PI}(s) = -\frac{C_I}{C_M} \frac{1 + \dfrac{1}{mR_I C_I s}}{1 + \dfrac{1}{A_3 R_I C_M s}}$$

设 $K_I = \dfrac{A_3}{m} \times \dfrac{C_M}{C_I}$,则有

$$W_{PI}(s) = -\frac{C_I}{C_M} \times \frac{1 + \dfrac{1}{T_I s}}{1 + \dfrac{1}{K_I T_I s}} \qquad (2-7)$$

按给定的电路变量,可知控制器的积分增益 $K_I \geqslant 10^5$($m = 1$ 时)或 $K_I \geqslant 10^4$($m = 10$ 时)。

在阶跃输入作用下,PI 电路输出的时间函数表达式为

$$\Delta U_{o3}(t) = -\frac{C_I}{C_M}\left[K_I - (K_I - 1)e^{-\frac{t}{K_I T_I}}\right]\Delta U_{o2} \qquad (2-8)$$

根据这一关系式可作出 PI 电路的阶跃响应特性,如图2-9所示。利用此阶跃响应曲线,可由实验法求取积分时间 T_I。

下面讨论 PI 电路的积分饱和问题。对于 PI 电路,只要输入信号 U_{o2} 不消除,U_{o3} 将不断地增加(或减小),直到输出电压被限制住,即呈饱和工作状态时为止。在正常工作时,电容 C_M 上的电压 U_{CM} 恒等于输出电压 U_{o3},但在饱和工作状态时,输出电压已被限制住,而输入信号 U_{o2} 依然存在,U_{o2} 将通过 R_I 向 C_M 继续充电(或放电),所以 U_{CM} 将继续增加(或减小),这时它已不等于 U_{o3} 了,其结果是使 A_3 的 $U_F \neq U_T$,这一现象就称为"积分饱和"。如果这时输入信号 U_{o2} 极性改变,由于电容 C_M 上的电压不能突变,U_{CM} 仍然不等于 U_{o3},故在 C_M 退出饱和区之前 A_3 的输出 U_{o3} 不能及时地跟着 U_{o2} 变化,控制器的控制作用将暂时处于停顿状态,这种滞后必然使控制品质变坏。

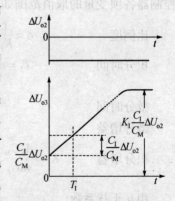

图2-9 PI 电路阶跃响应特性

解决积分饱和现象的关键是,在 PI 电路的输出一旦被限制,即 U_{o3} 不能再增加(或减小)时,应设法停止对电容 C_M 继续充电(或放电),使其不产生过积分现象。在抗积分饱和的特种控制器中采用了限制积分电容两端充电电压或切除积分作用等方法。

基型控制器在控制系统的正常工况下,偏差不是很大,而且偏差不是以某种固定的极性长时间存在,则 A_3 的输出将在正常范围内,这时积分和现象就不容易出现。

五、PID 电路传递函数

控制器的 PID 电路由上述的输入电路、PD 电路和 PI 电路三者串联构成,其方框图如图 2 – 10 所示,其传递函数是这三个电路传递函数的乘积。

$$W(s) = \frac{2\alpha}{K_D} \times \frac{C_I}{C_M} \times \frac{1 + T_D s}{1 + \frac{T_D}{K_D}s} \times \frac{1 + \frac{1}{T_I s}}{1 + \frac{1}{K_I T_I s}}$$

$$= \frac{2\alpha C_I}{n C_M} \times \frac{1 + \frac{T_D}{T_I} + \frac{1}{T_I s} + T_D s}{1 + \frac{T_D}{K_D K_I T_I} + \frac{1}{K_I T_I s} + \frac{T_D}{K_D}s}$$

设 $K_P = \frac{2\alpha C_I}{n C_M}$,$F = 1 + \frac{T_D}{T_I}$,并考虑到上式分母中 $\frac{T_D}{K_D K_I T_I} \ll 1$,可略去,则得

$$W(s) = K_P F \frac{1 + \frac{1}{F T_I s} + \frac{T_D}{F}s}{1 + \frac{1}{K_I T_I s} + \frac{T_D}{K_D}s} \quad (2-9)$$

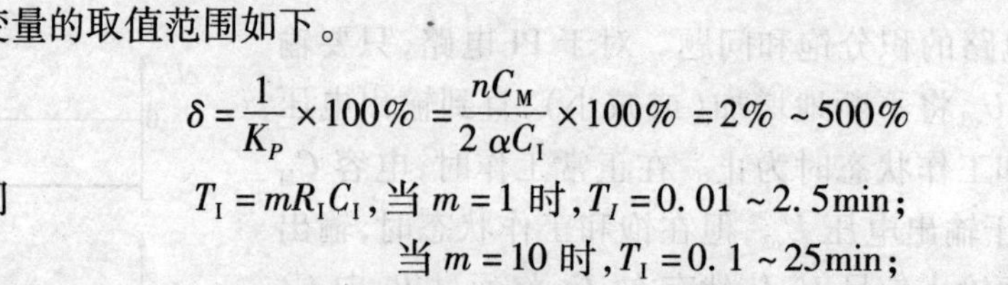

图 2 – 10   控制器的 PID 电路传递函数方框图

控制器各项变量的取值范围如下。

比例度 $\delta = \frac{1}{K_P} \times 100\% = \frac{n C_M}{2\alpha C_I} \times 100\% = 2\% \sim 500\%$

积分时间 $T_I = m R_I C_I$,当 $m = 1$ 时,$T_I = 0.01 \sim 2.5 \text{min}$;

当 $m = 10$ 时,$T_I = 0.1 \sim 25 \text{min}$;

微分时间 $T_D = n R_D C_D = 0.04 \sim 10 \text{min}$

微分增益 $K_D = n = 10$

积分增益 $K_I = \frac{A_3 C_M}{m C_I}$,当 $m = 1$ 时,$K_I \geqslant 10^5$;当 $m = 10$ 时,$K_I \geqslant 10^4$

相互干扰系数 $F = 1 + \frac{T_D}{T_I}$

实际整定变量与刻度值之间的关系为

$$K'_P = FK_P\left(\text{或 }\delta' = \frac{\delta}{F}\right), T'_I = FT_I, T'_D = \frac{T_D}{F}$$

式中：K'_P（或 δ'）、T'_I、T'_D 为实际值；K_P（或 δ）、T_I、T_D 为 $F=1$ 时的刻度值。

在阶跃输入信号作用下，PID 电路输出的时间函数表达式为

$$\Delta U_{o3}(t) = K_P\left[F + (K_I - F)\left(1 - e^{-\frac{t}{K_I T_I}}\right) + (K_D - F)e^{-\frac{K_D}{T_D}t}\right](U_i - U_s) \qquad (2-10)$$

电路的阶跃响应特性见图 2-11。

当 $t = \infty$ 时，$\Delta U_{o3}(\infty) = K_P K_I(U_i - U_s)$，因此控制器的静态误差为

$$\varepsilon = (U_i - U_s) = \frac{\Delta U_{o3}(\infty)}{K_P K_I} \qquad (2-11)$$

当 K_P 及 K_I 都取最小值 K_{Pmin} 和 K_{Imin}，而 $\Delta U_{o3}(\infty)$ 取最大值 4V 时，控制器的最大静态误差为

$$\varepsilon_{max} = \frac{\Delta U_{o3max}(\infty)}{K_{Pmin}K_{Imin}} = \frac{4}{0.2 \times 10^4} = 2(\text{mV})$$

控制器的控制精度（在不考虑放大器的漂移、积分电容的漏电等因素时）为

$$\Delta = \frac{1}{K_{Pmin}K_{Imin}} \times 100\% = 0.05\%$$

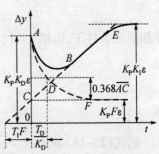

图 2-11 实际 PID 控制器的
阶跃响应特性

六、输出电路

输出电路的作用是把 PID 电路输出的、以 U_B 为基准的 1～5V 直流电压信号转换成 4～20mA 的输出直流电流，使它流过负载电阻 R_L 至电源的负端。其电路如图 2-12 所示。

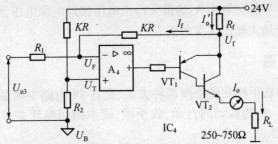

图 2-12 输出电路

输出电路实际上是一个电压-电流转换电路。图中晶体管 VT_1、VT_2 组成复合管，把 A_4 的输出电压转换成整机的输出电流。采用复合的目的是为了提高放大倍数，降低 VT_1 的基极电流。

当正的输入信号 U_{o3} 通过电阻 R_1 加到 A_4 的反相输入端时，A_4 的输出电压降低，复合管的电流增大，I'_o 及 I_o 都增大，电压 U_f 下降，经电阻 KR 反馈到反相输入端，构成比例运算电路，使 U_f 与 U_{o3} 有一一对应的关系，即 I'_o 及 I_o 与 U_{o3} 成比例关系。若忽略复合管的基极电流，则有

$$I_o = I'_o - I_f \qquad (2-12)$$

现把 A_4 看作理想运算放大器,并设 $R_1 = R_2 = R$,则可从图 2-12 列出如下方程

$$\begin{cases} U_F = U_T = \dfrac{24 - U_B}{(1 + K)R}R + U_B = \dfrac{24 + KU_B}{1 + K} \\[3mm] \dfrac{U_F - (U_{o3} + U_B)}{R} = \dfrac{U_f - U_F}{KR} \\[3mm] I'_o = \dfrac{24 - U_f}{R_f} \end{cases}$$

解上述三个方程式可得

$$I'_o = \frac{U_{o3}}{R_f/K} \tag{2-13}$$

在相同的条件下,由图 2-12 可求得

$$I_f = \frac{U_F - (U_{o3} + U_B)}{R}$$

即

$$I_f = \frac{24 - U_B - (1 + K)U_{o3}}{(1 + K)R} \tag{2-14}$$

把式(2-13)和式(2-14)代入式(2-12)得

$$I_o = \frac{KU_{o3}}{R_f} - \frac{24 - U_B - (1 + K)U_{o3}}{(1 + K)R} \tag{2-15}$$

由式(2-13)可知,当 $R_f = 62.5\Omega$, $K = 1/4$, $U_{o3} = 1 \sim 5\text{V}$ 时, $I'_o = 4 \sim 20\text{mA}$。而从式(2-15)可知,其最后一项($I_f$)即为运算误差。最大误差发生在 U_{o3} 最小(即 1V)时,将变量 $R = 40\text{k}\Omega$, $U_B = 10\text{V}$, $K = 1/4$ 代入,可得最大误差为 -0.255mA。为了消除该项运算误差,实际电路中是取 $R_1 = 40\text{k}\Omega + 250\Omega$, $R_2 = 40\text{k}\Omega$, $R_f = 62.5\Omega$, $KR = 10\text{k}\Omega$,这样可使误差为零。

按照上述电路变量,当电源为 24V,基准电压 $U_B = 10\text{V}$ 时,A_4 的 $U_T = U_F = 21.2\text{V}$,可见 A_4 的共模输入电压很高。另外可算出 A_4 的最大输出电压接近电源电压,所以 A_4 的选择应同时满足共模输入电压范围及最大输出幅度的要求。

七、手动操作电路

手动操作电路分为软手操和硬手操两种方式,是在 PI 电路中附加手操电路来实现的,如图 2-13 所示。图中 S_1、S_2 为联动的自动、软手操、硬手操切换开关,S_{41}、S_{42}、S_{43}、S_{44} 为软手操扳键,R_s 为硬手操电位器。

1. 软手操电路

将联动开关 S_1、S_2 置"软手操"位置,这时 A_3 的反相输入端与自动输入信号断开,而通过 R_M 接至 $+U_R$ 或 $-U_R$,组成一个积分电路;同时 S_2 将 C_1 与 R_1 的公共端接到电平 U_B,使 U_{o2} 存储在 C_1 中。扳动软手操扳键 S_4 即可实现软手动操作。

图 2-14 所示为软手动操作原理图。图 2-13 中的射极跟随器包括在图 2-14 的 A_3 中。

软手操输入信号为 $+U_R$ 和 $-U_R$,由 S_4 来切换。当 S_4 扳向 $-U_R$ 时,输出电压 U_{o3} 按积分式上升;当 S_4 扳向 $+U_R$ 时,输出电压 U_{o3} 按积分式下降。输出电压 U_{o3} 的上升或下降速度取决于 R_M 和 C_M 的数值,其变化量为

$$\Delta U_{o3} = -\frac{\pm U_R}{R_M C_M}\Delta t \tag{2-16}$$

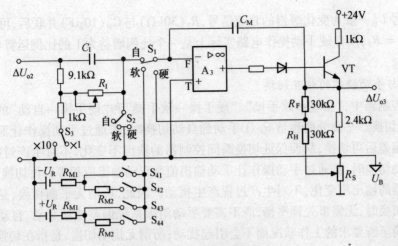

图 2 – 13 手动操作电路

式中:Δt 为 S_4 接通 U_R 的时间。

根据式(2–16)可求得软手操输出满量程变化(1~5V)所需的时间为

$$T = \frac{4}{U_R} R_M C_M$$

改变 R_M 的大小即可进行快慢两种速度的软手操。设电路变量 $R_{M1} = 30\text{k}\Omega$,$R_{M2} = 470\text{k}\Omega$,$U_R = 0.2\text{V}$,$C_M = 10\mu\text{F}$,则可分别求出快、慢速软手操时输出 U_{o3} 作满量程变化所需的时间。

快速软手动操作:将 S_{41} 或 S_{43} 扳向 U_R 时,$R_M = R_{M1} = 30\text{k}\Omega$,输出作满量程变化所需的时间

$$T_1 = \frac{4}{0.2} \times 30 \times 10^3 \times 10 \times 10^{-6} = 6(\text{s})$$

慢速软手动操作:将 S_{42} 或 S_{44} 扳向 U_R 时,$R_M = R_{M1} + R_{M2} = 500\text{k}\Omega$,输出作满量程变化时所需的时间为

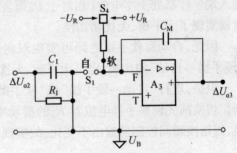

图 2 – 14 软手操电路

$$T_2 = \frac{4}{0.2} \times 500 \times 10^3 \times 10 \times 10^{-6} = 100(\text{s})$$

软手动操作扳键有 5 个位置,在升、降 4 个位置之间还有一个"断"位置,只要松开扳键 S_4 即处于"断"位置,这时运放输入端处于浮空状态,输出 U_{o3} 保持在松开 S_4 前一瞬间数值上。若 A_3 为理想运放,则 U_{o3} 能长时间保持不变。为了获得良好的保持特性,应选用高输入阻抗的运放和漏电流特别小的电容(C_M),此外还应保证接线端子有良好的绝缘性。

2. 硬手操电路

将 S_1、S_2 置"硬手操"位置,这时 A_3 的反相输入端通过电阻 R_H 接至电位器 R_S 的滑动端,并且把 R_F 并联在 C_M 上。同时 S_2 将 C_1 与 R_1 的公共端接到电平 U_B 上,使 U_{o2} 存储在 C_1 中。

图 2–15 为硬手动操作时的原理图。因为硬

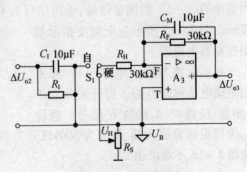

图 2 – 15 硬手操电路

手动输入信号 U_H 一般为变化缓慢的直流信号，$R_F(30k\Omega)$ 与 $C_M(10\mu F)$ 并联后，可忽略 C_M 的影响。由于 $R_H = R_F$，所以硬手动操作电路实际上是一个比例增益为 1 的比例运算电路，即

$$U_{o3} = -U_H$$

3. 自动与手动操作的相互切换

在基型控制器中，"自动⇌软手操"、"硬手操→软手操"和"硬手操→自动"的切换都是无平衡、无扰动切换。平衡分两种情况：①手动到自动切换时，需通过手动操作让测量值和给定值相等消除偏差后再切换，从而保证切换瞬间控制器的输出不变化，不对生产过程产生扰动；②自动到手动切换时，需通过手动操作让手动输出值和自动输出值相等后再切换，从而保证切换瞬间控制器的输出不变化，不对生产过程产生扰动。因此，所谓无平衡切换，是指在两种工作状况之间切换时，无需事先调平衡，既不需要手动消除系统偏差或使手动、自动输出相等就可以随时切换至所要求的工作状况而不会引起扰动；所谓无扰动切换，是指在切换瞬间控制器的输出不发生变化，对生产过程无扰动。在 DDZ–Ⅲ 电动单元组合仪表的控制器中，"自动⇌软手操"、"硬手操→软手操"和"硬手操→自动"切换时的平衡过程是自动完成的。

"自动→软手操"的切换：S_1、S_2 由自动切换到软手操后，在 S_4 尚未扳至 U_R 时，A_3 的反相输入端浮空，由于电路具有保持特性，使 U_{o3} 不变，故这种切换是无平衡、无扰动的。当需要改变输出时，将 S_4 扳至所需的位置，使 U_{o3} 线性上升或下降。

"软手操→自动"的切换：手动操作时，电容 C_1 接到 U_B 上，使 C_1 两端的电压始终等于 U_{o2}。当从软手操（或硬手操）切换到自动时，由于 U_{C1} 等于 U_{o2} 而极性相反，C_1 的右端就和 A_3 的反相输入端一样都处于零电位（相对于 U_B 而言），故在接通瞬间电容无充放电现象，输出 U_{o3} 不变，这就实现了无平衡、无扰动切换。

因此，自动和软手操之间可实现双向无平衡、无扰动切换。同理，"硬手操→软手操"或"硬手操→自动"的切换，也是无平衡、无扰动的。

但是，进行"自动→硬手操"或"软手操→硬手操"切换时，要做到无扰动切换，必须事先平衡。切换前先调整手操电位器 R_S 的滑动端，使硬手操输出电流等于自动输出电流后立即切换，因切换瞬间控制器输出不变化，故实现了无扰动切换。

八、指示电路

全刻度指示控制器的测量信号指示电路和给定信号指示电路，两者是完全相同的，下面以测量信号指示电路为例进行讨论。

图 2–16 所示为全刻度指示电路，该电路也是一个电压—电流转换器。输入信号是以 0V 为基准的、1~5V 的测量信号；输出信号为 1~5mA 电流，用 0~100% 刻度的双针指示电流表显示。图 2–17 所示为全刻度指示基型控制器电路图。

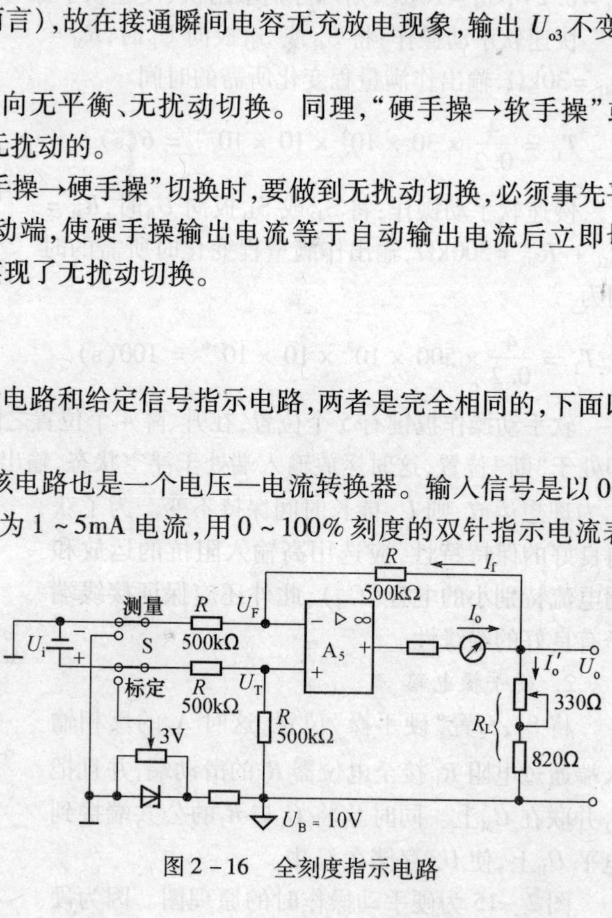

指示电路与输入电路一样，亦采用差动电平移动电路。当开关 S 处于"测量"位置时，A_5 接收 U_i 信号。假设 A_5 为理想运算放大器，R 均为 500kΩ，从图 2–16 不难求出

$$U_o = U_i$$

图 2–16　全刻度指示电路

于是

26

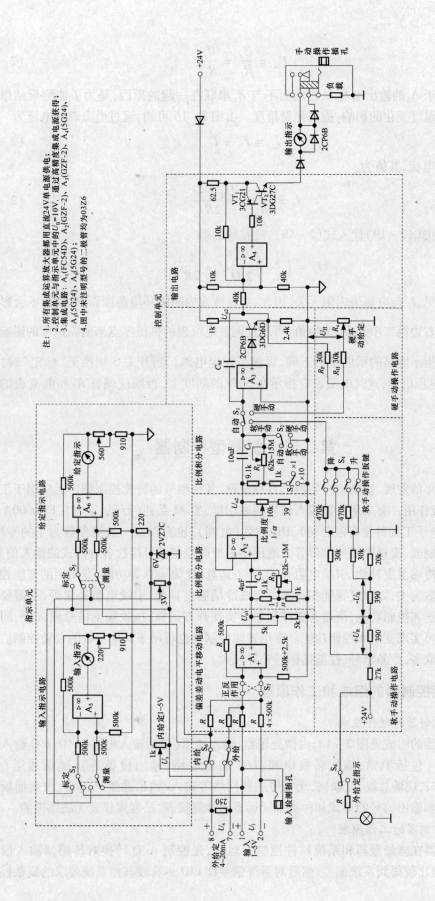

图2-17 全刻度指示控制器电路图

$$I'_{\text{o}} = \frac{U_{\text{o}}}{R_{\text{L}}} = \frac{U_{\text{i}}}{R_{\text{L}}} \qquad\qquad (2-17)$$

电流表置于 A_5 的输出端与 U_{o} 之间而不与 R_{L} 串联在一起的原因,是为了使测量结果免受电流表内阻随温度变化的影响,提高测量精度。由图 2-16 可知,流过电流表的电流为

$$I_{\text{o}} = I'_{\text{o}} + I_{\text{f}} \qquad\qquad (2-18)$$

式中:I_{f} 为反馈电流,其值为

$$I_{\text{f}} = \frac{U_{\text{F}}}{R} = \frac{U_{\text{B}} + U_{\text{i}}}{2R} \qquad\qquad (2-19)$$

将式(2-17)和式(2-19)代入式(2-18),经整理后得

$$I_{\text{o}} = \left(\frac{1}{R_{\text{L}}} + \frac{1}{2R}\right)U_{\text{i}} + \frac{1}{2R}U_{\text{B}} \qquad\qquad (2-20)$$

由上式可见,I_{o} 与电流表内阻无关,因此,当电流表内阻随环境温度而变化时,不会影响测量精度。等式右边第二项 $\frac{1}{2R}U_{\text{B}}$ 为恒值,可通过调整电流表的机械零点来消除该项的影响。

为了检查指示电路的示值是否正确,设置了标定电路。当开关 S 切换至"标定"时,A_5 接收 3V 的标准电压信号,这时电流表应指示在 50% 的刻度上,否则应调整 R_{L} 和电流表的机械零点。

第二节　智能型控制器

经过几十年的发展,智能型控制器已日趋成熟,各种型号的智能控制器广泛应用于工业生产,发挥着积极作用。有采用万能输入信号的通用型,如 AI 系列(万讯、宇电)、EN6000A 系列(英华达电力电子工程科技有限公司)、HR 系列(虹润);也有以某一被测参数为主的专用型,如温度智能控制器、流量智能控制器等。通用型的智能控制器可接收各种形式的输入信号,输入回路可完成冷端温度补偿、引线电阻补偿、开方运算、比值运算等功能;专用型的智能控制器以某一过程参数为主,如温度智能控制器可完成冷端温度补偿、引线电阻补偿等,不需要变送器就可实现变送和控制功能,流量智能控制器可实现开方运算、接收频率信号输入等,同样不需要变送器也可实现变送和控制功能。专用智能控制器也可用于其他参数的自动控制。目前国内生产厂家众多,产品型号、性能指标等差异较大。

一、智能控制器的组成和工作原理

1. 智能控制器的硬件组成

智能控制器的组成见图 2-18,由微处理器、输入通道(包括输入电路、A/D、I/O 输入电路等)、输出通道(包括 D/A、输出转换电路、I/O 输出电路、输出设备等)、通信通道(包括 RS232/485 接口、现场总线、互联网、无线传感器网络等输入/输出通道)、键盘、仪表面板等组成。输入信号和输出信号的形式和种类都远远多于常规仪表,是常规仪表无法比拟的。

2. 智能控制器的工作原理

智能控制器在微处理器和系统软件控制下运行,先控制 A/D 转换对传感器输入信号采样,再与设定值比较得到系统偏差,然后对系统偏差作 PID 运算或其他系统要求的复杂控制运

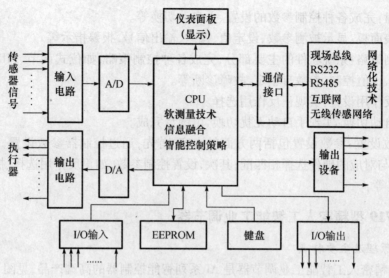

图 2 – 18　智能控制器硬件构成

算,最后控制 D/A 转换输出控制信号,送执行器控制系统自动运行。通过软件编程可实现各种控制策略,如位式调节、PID、模糊控制、程序控制、比值控制、参数自整定、故障诊断、人工智能控制等,可实现正反作用选择、手自动无扰切换,可输入/输出开关量,可输出各种控制信号,可完成各种形式的通信,可实现各种参数的设置,可通过上位机实现各种组态,可显示测量值、给定值、偏差、报警等信息。

（1）输入通道。

① 输入电路:采用万能信号输入,仪表测量信号可对应任意范围的线性电流、电压信号,任意设置输入电流、电压规格;也可对应各种热电偶、热电阻输入,任意设置温度测量范围,有冷端温度补偿和引线电阻补偿功能;也可输入频率信号或作开方运算,用于流量测量等。输入信号种类选择不用修改电路,只要在控制器输入信号参数设置时选择相应的输入信号编号即可。可有多路输入,实现多个回路的自动控制。可作为一台或多台有显示及变送输出功能的仪表,替代单元组合仪表使用。

② A/D 转换:完成模数转换,一般选用 16 位以上高分辨率 AD 转换器。

③ I/O 输入电路:实现开关量的输入。

（2）输出通道

① D/A:完成数模转换,一般选用 16 位以上高分辨率 DA 转换器。

② 输出转换电路:选用不同的模块,实现 D/A 输出到不同规格的输出信号的转换,如输出 0～10mA DC、0～20mA DC、4～20mA DC 等。

③ I/O 输出电路:实现开关量的输出。

④ 输出设备:选用不同的模块,支持 SSR 固态继电器输出,可控硅无触点开关输出,单相、三相可控硅过零触发输出,单相可控硅移相触发输出及位置比例输出(直接驱动阀门电机正/反转)等,控制周期可调,大功率时需外置。

（3）通信通道:配有 GPIB、VXI、PXI、RS – 232C、RS – 485 等通信接口,采用现场总线技术、无线传感器网络、企业局域网等技术,使控制系统具有远程操作能力,可以很方便地与计算机和其他仪器一起组成多种功能的自动测量与控制系统来完成复杂的测控任务。

（4）键盘：完成各种控制参数的设置、手自动切换等。

（5）仪表面板：显示被测参数、设定值、偏差、输出信号，报警指示等。

（6）控制策略：系统软件的主要部分，完成各种控制策略，如位式调节、PID 控制、模糊控制、程序控制、比值控制、参数自整定、故障诊断等。

（7）正反作用设置：实现正反作用选择。

（8）手自动切换：实现手自动无扰切换，由键盘完成。

（9）参数设置：参数设置包括两方面的内容，首先，通过控制器参数设置，使控制器的输入、输出信号与对应的硬件选择相匹配；其次，设置控制参数，如正反作用选择、控制策略选择、PID 参数整定等。

三、AI719 型精密人工智能工业调节器

1. 组成原理及主要特点

AI719 型精密人工智能工业调节器是 AI 系列智能控制器的高端产品，见图 2 - 19，构成框图见图 2 - 20，硬件采用先进的模块化设计，最多允许安装 5 个模块，输出、报警、通信等均可按需求选择相应的模块自由组合。其主要特点有。

（1）万能信号输入，可选择热电偶、热电阻、电压、电流并可扩充输入及自定义非线性校正表格，测量精度达 0.1 级。

（2）采用先进的 AI 人工智能 PID 调节算法，无超调，具备自整定（AT）功能及全新的精细控制模式。

（3）采用模块化结构，提供多种输出信号规格，最大可能地满足生产需求。

（4）每秒 12.5 次测量采样，最小控制周期为 0.24s，能适应快速变化过程的控制。

（5）允许自编辑操作，形成"专门定制"的控制器，可设定密码。

图 2 - 19   AI 系列智能控制器

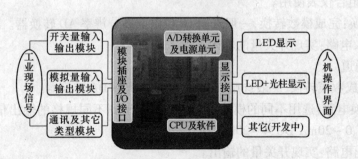

图 2 - 20   AI808 智能控制器构成

2. 主要指标

（1）输入规格（一台仪表即可兼容）：

热电偶：K、S、R、E、J、T、B、N、WRe3 - WRe25、WRe5 - WRe26 等；

热电阻：Cu50、Pt100；

线性电压：0 ~ 5V DC、1 ~ 5V DC、0 ~ 1V DC、0 ~ 100mV DC、0 ~ 20mV DC、-5 ~ +5V DC、

$-1 \sim +1\text{V DC}$、$-20 \sim +20\text{mV DC}$ 等；

线性电流(需外接分流电阻)：$0 \sim 10\text{mA DC}$、$0 \sim 20\text{mA DC}$、$4 \sim 20\text{mA DC}$ 等；

扩充规格：在保留上述输入规格基础上，允许用户自定义一种额外输入规格。

（2）测量范围：

热电偶：K($-50 \sim +1300℃$)、S($-50 \sim +1700℃$)、R($-50 \sim +1700℃$)、T($-200 \sim +350℃$)、E($0 \sim 800℃$)、J($0 \sim 1000℃$)、B($200 \sim 1800℃$)、N($0 \sim 1300℃$)、WRe3－WRe25($0 \sim 2300℃$)、WRe5－WRe26($0 \sim 2300℃$)；

热电阻：Cu50($-50 \sim +150℃$)、Pt100($-200 \sim +800℃$)、Pt100($-100.00 \sim +300.00℃$)线性输入：$-9990 \sim +30000$(单位)由用户定义。

（3）测量精度：0.1级(注：热电偶应外接 Cu50 铜电阻进行补偿，内部补偿时会额外增加 $±1℃$ 补偿误差)。

（4）采样周期：每秒采样 12.5 次。

（5）控制周期：$0.24 - 300.0\text{s}$ 可调。

（6）调节方式：

① 位式调节方式(回差可调)；

② AI 人工智能调节，包含模糊逻辑 PID 调节及参数自整定功能的先进控制算法。

（7）输出规格(模块化)：

① 继电器触点开关输出(常开＋常闭)：$250\text{VAC}/1\text{A}$ 或 $30\text{VDC}/1\text{A}$；

② 可控硅无触点开关输出(常开或常闭)：$100 \sim 240\text{VAC}/0.2\text{A}$(持续)，2A(20ms 瞬时，重复周期大于 5s)；

③ SSR 电压输出：$12\text{VDC}/30\text{mA}$(用于驱动 SSR 固态继电器)；

④ 可控硅触发输出：可触发 $5 \sim 500\text{A}$ 的双向可控硅、2 个单向可控硅反并联连接或可控硅功率模块；

⑤ 线性电流输出：$0 \sim 10\text{mA}$ 或 $4 \sim 20\text{mA}$ 可定义。

（8）报警功能：上限、下限、偏差上限、偏差下限等 4 种方式，最多可输出 3 路，有上电免除报警选择功能。

（9）电源：$100 \sim 240\text{V AC}$，$50 \sim 60\text{Hz}$；或 24V DC，电源消耗：$\leq 0.5\text{W}$(无任何输出或报警动作时)，最大功耗 $\leq 4\text{W}$。

（10）使用环境：温度 $0 \sim 60℃$；湿度 $\leq 90\%\text{RH}$。

3. 参数设置

表 2-1 列出了 AI719 的部分参数设置。

表 2-1 AI719 参数设置表

参数	参数含义	说明	参数范围
HIAL	上限报警	测量值 PV 大于 HIAL 值时上限报警，PV 小于 HIAL－AHYS 时，解除上限报警	$-9990 \sim +32000$ 单位
LoAL	下限报警	PV 小于 LoAL 时产生下限报警，PV 大于 LoAL＋AHYS 时，解除下限报警	
HdAL	偏差上限报警	当偏差(测量值 PV－给定值 SV)大于 HdAL 时，偏差上限报警；当偏差小于 HdAL－AHYS 时解除报警	

参数	参数含义	说明	参数范围
LdAL	偏差下限报警	当偏差（测量值 PV－给定值 SV）小于 LdAL 时产生偏差下限报警，当偏差大于 LdAL＋AHYS 时解除报警	
AHYS	报警回差	又称报警死区、滞环等	0～2000 单位
AOP	报警输出定义	AOP 的 4 位数的个位、十位、百位及千位分别用于定义 HIAL、LoAL、HdAL 和 LdAL 等 4 个报警的输出位置	0～6666
CtrL	控制方式	OnoF，采用位式调节，只适合要求不高的场合进行控制时采用；APID，先进的 AI 人工智能 PID 调节算法；nPID，标准的 PID 调节算法＋抗积分饱和	
Srun	运行状态	run，运行控制状态，RUN 灯亮；StoP，停止状态，下显示器闪动显示"StoP"，RUN 灯灭；HoLd，保持运行控制状态	
Act	正/反作用选择	rE，反作用，输入增大，输出减小，如加热控制；dr，正作用，输入增大，输出增大，如致冷控制	
A－M	自动/手动选择	MAn 手动控制状态；Auto 自动控制状态	
At	自整定		
P	比例带	定义 APID 及 PID 调节的比例带，单位与 PV 值相同，不采用量程的百分比	1～32000 单位
I	积分时间	定义 PID 调节的积分时间，单位是秒（s），I＝0 时取消积分作用	1～9999s
D	微分时间	定义 PID 调节的微分时间，单位是 0.1s。d＝0 时取消微分作用	0～3200s
Ctl	控制周期	采用 SSR、可控硅或电流输出时一般设置为 0.5～3.0s	0.2～300.0s
InP	输入规格代码	0：K，1：S，2：R，3：T，4：E，5：J，6：B，7：N，10：用户指定，15：4～20mA，17：K（0～300.00℃），18：J（0～300.00℃），20：Cu50，21：Pt100，29：0～100mV	
dPt	小数点位置	可选择 0、0.0、0.00、0.000 四种显示格式	
Scb	输入平移修正	用于对输入进行平移修正，以补偿传感器、输入信号、或热电偶冷端自动补偿的误差	－1999～＋4000 单位
Opt	输出类型	用于选择各种输出类型	
Addr	通信地址	参数用于定义仪表通信地址，有效范围是 0～80	0～80
bAud	波特率	定义通信波特率，可定义范围是 1200～19200b/s（19.2K）	0～19.2k
AF	高级功能代码	用于选择高级功能。非专家级别用户，可设为 0	0～255
PASd	密码	设置密码	0～9999
SP1	给定点 1	正常情况下给定值 SV＝SP1	
EP1－EP8	现场定义参数	可定义 1～8 个现场参数	

从上表可以看出，AI719 精密人工智能型工业调节器可针对生产现场的具体情况，做非常具体细致的设置，从而获得更高的控制品质。

第三章 变送器和转换器

变送器和转换器的作用是分别将各种工艺变量(如温度、压力、流量、液位)和电、气信号(如电压、电流、频率、气压信号等)转换成相应的统一标准信号。本章先讨论变送器的构成原理,然后介绍差压变送器、温度变送器和电/气转换器。

第一节 变送器的构成

一、构成原理

变送器是基于负反馈原理工作的,其构成原理如图 3 − 1(a)所示,它包括测量部分(即输入转换部分)、放大器和反馈部分。

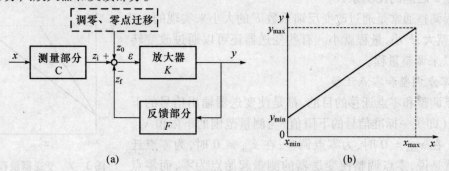

图 3 − 1 变送器的构成原理图和输入输出特性

(a) 构成原理图;(b) 输入输出特性。

测量部分用以检测被测量变量 x,并将其转换成能被放大器接收的输入信号 z_i(电压、电流、位移、作用力或力矩等信号)。

反馈部分则把变送器的输出信号 y 转换成反馈信号 z_f,再回送至输入端。z_i 与调零信号 z_0 的代数和同反馈信号 z_f 进行比较,其差值 ε 送入放大器放大,并转换成标准输出信号 y。

由图 3 − 1(a)可以求得变送器输出与输入之间的关系为

$$y = \frac{K}{1 + KF}(Cx + z_0) \tag{3 − 1}$$

式中:K 为放大器的放大系数;F 为反馈部分的反馈系数;C 为测量部分的转换系数。

当满足深度负反馈的条件,即 $KF \gg 1$ 时,上式变为

$$y = \frac{1}{F}(Cx + z_0) \tag{3 − 2}$$

式(3 − 2)也可从输入信号 z_i、z_0 同反馈信号 z_f 相平衡的原理导出。在 $KF \gg 1$ 时,输入放大器的偏差信号 ε 近似为零,故有 $z_i + z_0 \approx z_f$,由此同样可求得如上的输入/输出关系式。如果 z_i、

33

z_0 和 z_f 是电量,则把 $z_i + z_0 \approx z_f$ 称为电平衡;如果是力或力矩,则称为力平衡或力矩平衡。显然,可利用输入信号同反馈信号相平衡的原理来分析变送器的特性。

式(3-2)表明,在 $KF \gg 1$ 的条件下,变送器输出与输入之间的关系取决于测量部分和反馈部分的特性,而与放大器的特性几乎无关。如果转换系数 C 和反馈系数 F 是常数,则变送器的输出和输入将保持良好的线性关系。

变送器的输入输出特性示于图 3-1(b),x_{max}、x_{min} 分别为被测变量的上限值和下限值,即变送器测量范围的上、下限值(图中 $x_{min} = 0$);y_{max} 和 y_{min} 分别为输出信号的上限值和下限值。它们与统一标准信号的上、下限值相对应。

二、量程调整、零点调整和零点迁移

量程调整、零点调整和零点迁移是变送器的一个共性问题。

1. 量程调整

量程调整(即满度调整)的目的是使变送器输出信号的上限值 y_{max}(即统一标准信号的上限值)与测量范围的上限值 x_{max} 相对应。图 3-2 所示为变送器量程调整前后的输入/输出特性。由图可见,量程调整相当于改变输入/输出特性的斜率,也就是改变变送器输出信号 y 与被测变量 x 之间的比例系数。

量程调整通常是通过改变反馈系数 F 的大小来实现的。F 大,量程就大;F 小,量程就小。有些变送器还可以通过改变转换系数 C 来调整量程。

2. 零点调整和零点迁移

零点调整和零点迁移的目的,都是使变送器输出信号的下限值 y_{min}(即统一标准信号的下限值)与测量范围的下限值 x_{min} 相对应。在 $x_{min} = 0$ 时,为零点调整;在 $x_{min} \neq 0$ 时,为零点迁移。也就是说,零点调整使变送器的测量起始点为零,而零点迁移则是把测量起始点由零迁移到某一数值(正值或负值)。把测量起始点由零变为某一正值,称为正迁移;反之,把测量起始点由零变为某一负值,称为负迁移。图 3-3 所示为变送器零点迁移前后的输入/输出特性。

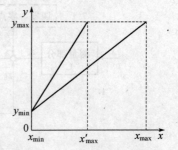

图 3-2 变送器量程调整前后的输入/输出特性

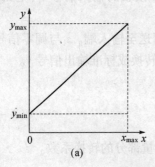
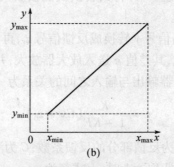
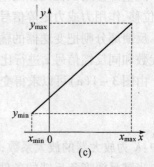

图 3-3 变送器零点迁移前后的输入/输出特性
(a)未迁移;(b)正迁移;(c)负迁移。

由图 3-3 可以看出,零点迁移以后,变送器的输入/输出特性沿 x 坐标向右或向左平移了一段距离,其斜率并没有改变,即变送器的量程不变。进行零点迁移,再辅以量程调整,可以提高仪表的测量灵敏度。

由式(3-2)可知,变送器零点调整和零点迁移可通过改变调零信号 z_0 的大小来实现。当 z_0 为负时可实现正迁移;而当 z_0 为正时则可实现负迁移。

第二节　矢量式差压(压力)变送器

矢量式差压变送器的作用是将液体、气体或蒸气的压力、流量、液位等工艺变量转换成统一的标准信号,作为指示记录仪、控制器或计算机装置的输入信号,以实现对上述变量的显示、记录或自动控制,因杠杆系统采用了矢量板而得名。它是20世纪70年代初我国统一设计的自动化仪表。

一、概述

矢量式差压变送器也叫力平衡式差压变送器,其构成如图3-4所示,它包括测量部分、杠杆系统、位移检测放大器及电磁反馈机构。测量部分将被测差压 Δp_i 转换成相应的输入力 F_i,该力与电磁反馈机构输出的作用力 F_f 一起作用于杠杆系统,使杠杆产生微小的偏移,再经位移检测放大器转换成统一的直流电流输出信号。

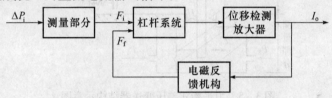

图3-4　力平衡式差压变送器构成方框图

这类差压变送器是基于力矩平衡原理工作的,它是以电磁反馈力产生的力矩去平衡输入力产生的力矩。由于采用了深度负反馈,因而测量精度较高,而且保证了被测差压 Δp_i 和输出电流 I_o 之间的线性关系。

在矢量式差压变送器的杠杆系统中,采用了固定支点的矢量机构,并用平衡锤使副杠杆的重心与其支点相重合,从而提高了仪表的可靠性和稳定性。下面就以这种变送器为例进行讨论。

主要性能指标:矢量式差压变送器的基本误差一般为 ±0.25%,低压差为 ±1%,微差压为 ±1.5%、±2.5%,变差为 ±2.5%,灵敏度± 0.05%,负载电阻为 250~350Ω。

二、原理和结构

1. 工作原理

矢量式差压变送器的工作原理可以用图3-5来说明。被测差压信号 p_1、p_2 分别引入测量元件3的两侧时,膜盒就将两者之差 $\Delta p_i = p_1 - p_2$ 转换成为输入力 F_i。此力作用于主杠杆的下端,使主杠杆以轴封膜片4为支点而偏转,并以力 F_1 沿水平方向推动矢量机构8。矢量机构8将推力 F_1 分解成 F_2 和 F_3,F_2 使矢量机构的推板向上移动,并通过连接簧片带动副杠杆14,以 M 为支点逆时针偏转。这使固定在副杠杆上的差动变压器13的检测片(衔铁)12靠近差动变压器,使两者间的气隙减小。检测片的位移变化量通过低频位移检测放大器15转换并放大为 4~20mA 的直流电流 I_o,作为变送器的输出信号。同时,该电流又流过电磁反馈机构的反馈动圈17,产生电磁反馈力 F_f,使副杠杆顺时针偏转。当反馈力 F_f 所产生的力矩和输入力 F_i 所产生的力矩平衡时,变送器便达到一个新的稳定状态。此时,放大器的输出电流 I_o 反映了被测差压 Δp_i 的大小。

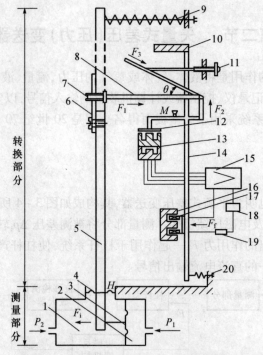

图 3-5　力平衡式差压变送器结构示意图

1—低压室;2—高压室;3—测量元件(膜盒、膜片);4—轴封膜片;5—主杠杆;6—过载保护簧片;
7—静压调整螺钉;8—矢量机构;9—零点迁移弹簧;10—平衡锤;11—量程调整螺钉;12—检测片(衔铁);
13—差动变压器;14—副杠杆;15—放大器;16—永久磁钢;17—反馈动圈;18—电源;19—负载;20—调零弹簧。

根据上述工作原理可以画出图 3-6 所示的变送器信号传输方框图(设迁移弹簧未起作用)。图中各符号代表意义可参照图 3-5 和杠杆系统受力图 3-7。它们分别表示如下:

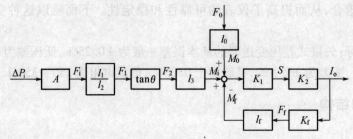

图 3-6　变送器信号传输方框图

A —膜片有效面积;

l_1、l_2—F_i、F_1 到主杠杆支点 H 的力臂;

l_3、l_0、l_f—F_2、F_0、F_f 到副杠杆支点 M 的力臂;

l_4—检测片 12 到副杠杆支点 M 的距离;

$\tan\theta$—矢量机构的力传递系数,θ 为矢量角;

K_1—副杠杆力矩—位移转换系数;

K_2—低频位移检测放大器的位移—电流转换系数；

K_f—电磁反馈机构的电磁结构常数。

在差压变送器的放大系数($K_1 K_2$)和反馈系数($l_f K_f$)的乘积足够大的情况下,当变送器处于稳定状态时,满足力矩平衡关系,即

$$M_i + M_0 \approx M_f \qquad (3-3)$$

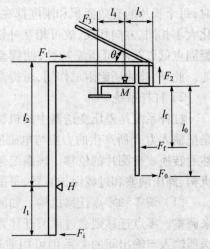

图 3-7 杠杆系统受力图

式中:M_i为被测差压信号Δp_i产生的输入力矩;M_0为调零弹簧产生的力矩;M_f为输出电流I_o产生的反馈力矩。

由图 3-7 可知,各项力矩为

$$\begin{cases} M_i = \dfrac{l_1 l_3}{l_2} A \Delta p_i \tan\theta \\ M_0 = F_0 l_0 \\ M_f = K_f l_f I_o \end{cases} \qquad (3-4)$$

将式(3-4)代入式(3-3),可求得变送器输出与输入之间的关系为

$$I_o = \frac{l_1 l_3 A \tan\theta}{l_2 l_f K_f} \Delta p_i + \frac{l_0}{l_f K_f} F_0$$

$$= K_p \Delta p_i + \frac{l_0}{l_f K_f} F_0 \qquad (3-5)$$

式中:K_p为比例系数。

$$K_p = \frac{l_1 l_3 A \tan\theta}{l_2 l_f K_f}$$

式(3-5)表明以下几点。

(1) 满足深度负反馈的条件下,变送器输出与输入间的关系取决于测量部分和反馈部分的特性,当仪表结构尺寸确定后,输出电流I_o与输入差压Δp_i成比例关系。

(2) 式(3-5)中,$\dfrac{l_0}{l_f K_f} F_0$一项用以确定变送器输出电流的起始值。对Ⅲ型变送器而言,该项使输出为 4mA。改变调零弹簧作用力F_0可调整变送器的零点。

(3) 比例系数K_p中的$\tan\theta$和K_f两项可变,故调整变送器的量程可通过改变矢量角θ和电磁结构常数来实现。

(4) 由式(3-5)可知,改变量程会影响变送器的零点,而调整零点又对变送器的满度值有影响,故在力平衡差压变送器调校时,零点和满度值应反复调整。

当$p_2 = 0$或为真空时,可测量压力或绝对压力,成为压力变送器或绝对压力变送器。

2. 结构

1) 测量部分

测量部分的作用是将被测差压信号Δp_i转换成输入力F_i,它由高、低压室及膜盒、轴封膜片等部分组成。膜盒是完成转换功能的主要部件,其结构如图 3-8 所示。

当被测差压作用于膜盒两侧时,膜片 1 和硬芯 3 同时向右移动,迫使膜盒内充灌的硅油沿孔向右流动,并在连接片 6 上产生集中力(输入力)F_i。当Δp_i逐渐加大,超过额定差压时,膜

片与基座接触，两者波纹完全吻合，起到单向过载保护作用。

膜盒采用双膜片结构，可减小温度的影响。由于环境温度变化时，每个膜片的有效面积和刚度都在变化，使用匹配成对的膜片，其变化大小相同、方向相反，故可相互补偿。膜盒内硅油的热胀系数较小、凝固点低以及不可压缩特性，使膜盒具有良好的温度性能和耐压性能。此外，硅油还起阻尼作用，可提高整机的稳定性。

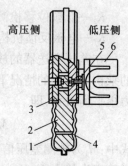

图 3 - 8　膜盒结构
1—膜片；2—基座；3—硬芯；
4—油路；5—钢珠；6—连接片。

2）杠杆系统

杠杆系统是差压变送器中的机械传动和力矩平衡部分，它的作用是把输入力 F_i 所产生的力矩与电磁反馈力 F_f 所产生的力矩进行比较，然后转换成检测片的位移。该系统包括主、副杠杆及调零和零点迁移机构、静压调整和过载保护装置、平衡锤以及矢量机构，参见图 3 - 5。

（1）调零和零点迁移机构。如前所述，变送器的零点由调零弹簧来调整。零点迁移则通过调节迁移弹簧来实现，迁移弹簧对主杠杆施加一迁移力 F'_0，此时变送器输入与输出间的关系仍可用前述的推导方法算得。设 F'_0 到主杠杆支点的距离为 l'_0，则有

$$I_o = \frac{l_3(l_1 A \Delta p_i \pm l'_0 F'_0)\tan\theta}{l_2 l_f K_f} + \frac{l_0}{l_f K_f}F_0$$

$$= K_P\left(\Delta p_i \pm \frac{l'_0}{l_1 A}F'_0\right) + \frac{l_0}{l_f K_f}F_0 \qquad (3-6)$$

式中，各符号意义已在工作原理部分说明。因迁移力 F'_0 的作用方向可变，即可通过压缩或拉伸迁移弹簧，使其值为正或为负，故式中迁移项 $\frac{l'_0}{l_1 A}F'_0$ 之前有正负号。由式（3-6）可知，只要改变迁移力的大小和方向，变送器便可在一定范围内实现正向或负向迁移。

在对变送器进行零点迁移时应注意，迁移后被测差压的上限不能超过该表所规定的上限值，迁移后的量程范围也不得小于该表的最小量程。

顺便指出，在有些变送器中，迁移弹簧和调零弹簧是同一根，因为迁移和调零都是使变送器输出的起始值与测量起始点相对应，只不过零点调整量通常较小，而零点迁移量则较大。

（2）静压调整和过载保护装置。这两个装置可用图 3-9 来说明。

静压调整装置（图 3-9（a））用以克服变送器的静压误差。静压误差是指由被测介质静压力的作用而产生的一项附加误差。它表现为当测量部分膜盒两侧同时受到静压力的作用而无差压时，变送器的输出并非为与零点相对应的起始值。由于此项附加误差的存在，变送器在现场运行时，即使输入差压没有变化，但静压的波动也会使仪表的输出发生变化，这就增大了测量误差。因此静压误差必须调整在一定范围之内。

产生静压误差的主要原因是：膜盒两侧的膜片有效面积不等以及主杠杆、拉条等装配不正，这会使静压力产生一个附加力矩，见图 3-9（b），从而使仪表的零点发生变化，造成附加误差。为了消除这一误差，在主杠杆上方转动静压调整螺钉 8 可改变拉条和主杠杆的相对位置，见图 3-9（c）。因拉条和主杠杆的支点 D 和 H 分别在不同的高度，故当静压力 p 向上作用时，p 分解为两个分力 p_1 和 p_2，p_2 被拉条所平衡，p_1 则对杠杆产生一转动力矩而造成零点变化。因此顺时针或逆时针转动静压调整螺钉 8 可增大或减小零点以克服静压误差。

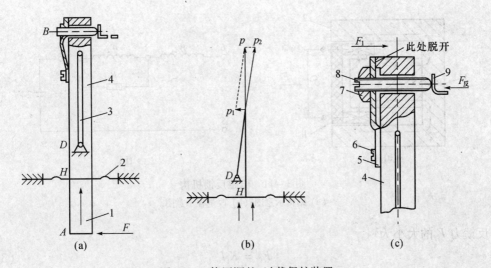

图 3 - 9　静压调整、过载保护装置

(a) 静压调整装置；(b) 附加力矩示意图；(c) 过载保护装置。

1—主杠杆下段；2—轴封膜片；3—拉条；4—主杠杆；5—过载保护装置；

6—螺钉；7—螺母；8—静压调整螺钉；9—矢量机构顶杆。

过载保护装置参见图 3 - 9(c)。当测量力 F_1 过大时，反向力 $F_{反}$ 也相应加大，两力达到一定程度时，过载保护簧片 5 将弯曲变形而脱离主杠杆 4。F_1 再增大时，只加大弹簧片的变形，而矢量机构顶杆 9 承受的力不会再增加，从而起到了过载保护的作用。

(3) 平衡锤。由图 3 - 5 可见，在副杠杆上方装有平衡锤 10，使副杠杆的质心和其支点 M 重合，从而提高了仪表的耐冲击、耐振动性能，而且在仪表不垂直安装时，也不影响精度。

(4) 矢量机构。矢量机构如图 3 - 10(a) 所示，它由矢量板和推板组成。由主杠杆传来的推力 F_1 被分解为两个分力 F_2 和 F_3，F_3 顺着矢量板方向，被矢量板固定支点的反作用力所平衡，它不起作用。F_2 垂直向上，它作用于副杠杆，使其作逆时针方向偏转。

由图 3 - 10(b) 的力分析矢量图可知，$F_2 = F_1 \tan\theta$，如前所述，改变 $\tan\theta$，可改变差压变送器的量程，这可通过调节量程调整螺钉 (参见图 3 - 5) 改变矢量角 θ 的大小来实现。由于矢量角在 $4° \sim 15°$ 范围内变化，故仅用矢量机构调整量程时的量程比为 $\dfrac{\tan 15°}{\tan 4°} \approx 3.83$。

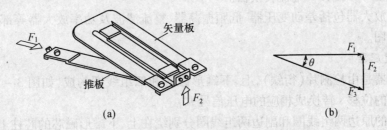

图 3 - 10　矢量机构

(a) 矢量机构；(b) 力分析矢量图。

3) 电磁反馈机构

电磁反馈机构的作用是将输出电流 I_o 转换成电磁反馈力 F_f，此力作用于副杠杆上，产生反馈力矩 M_f，以便和测量部分产生的输入力矩 M_i 相平衡。该机构由反馈动圈 1、导磁体 2、永久磁钢 3 组成，如图 3 - 11(a) 所示。

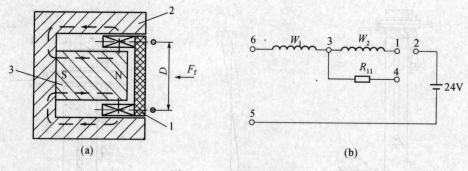

图 3 - 11　电磁反馈机构
（a）结构示意图；（b）改量程示意图。

反馈力 F_f 的大小为

$$F_f = K_f I_。$$　　　　　　　　　　　　　　　　（3 - 7）

K_f 是电磁结构常数,其值为

$$K_f = \pi B_0 DW$$

式中: B_0 为气隙磁感应强度; D 为动圈平均直径; W 为动圈匝数。

由前面的分析可知,改变 K_f 同样可调整变送器的量程,这可通过改变反馈动圈的匝数 W 来实现。

反馈动圈由 W_1 和 W_2 两部分组成,连接线路如图 3 - 11（b）所示。W_1 为 725 匝,用于低量程挡; W_2 为 1450 匝, $W_1 + W_2 = 2175$ 匝,用于高量程挡。图中 R_{11} 和 W_2 的直流电阻相等。在低量程挡时,将 W_1 和 R_{11} 相串接,即 1 - 3 短接,2 - 4 短接;在高量程挡时,将 W_1 和 W_2 串联使用,即 1 - 2 短接。

因为 $\dfrac{W_1 + W_2}{W_1} = 3$,故改变反馈动圈匝数可实现 3:1 的量程调整。将调整矢量角和改变动圈匝数结合起来,最大和最小量程比可达 $3.8 \times 3:1 = 11.4:1$。

三、低频位移检测放大器

低频位移检测放大器的作用是将副杠杆上检测片的微小位移 s 转换成直流输出电流 $I_。$。所以它实质上是一个位移—电流转换器。

位移检测放大器包括差动变压器、低频振荡器、整流滤波及功率放大器等部分。图 3 - 12 是其原理线路图。

1. 差动变压器

差动变压器是由检测片（衔铁）、上、下罐形磁芯和四组线圈构成,如图 3 - 13 所示,其作用是将检测片的位移 s 转换成相应的电压信号 u_{CD}。

匝数相同的原边两组线圈和副边两组线圈分别绕在上、下罐形磁芯的芯柱上,且原边线圈是同相连接,副边线圈是反相连接。磁芯的中心柱截面积等于其外环的截面积。下磁芯的中心柱人为地磨成一个 $\delta = 0.76$mm 的固定气隙。上磁芯的磁路空气气隙长度是随检测片的位移 s 而变化的,即随测量信号而变化。为便于分析差动变压器的工作原理,现把图 3 - 13 改画成图 3 - 14 所示的原理图。图中 u_{AB} 为原边绕组的电压; u_{CD} 为副边绕组的感应电势。由于副边两组线圈的感应电势 e_2' 和 e_2'' 反相,因而 u_{CD} 值为 e_2' 和 e_2'' 之差,当 u_{AB} 一定时, e_2'' 是一固定值,而 e_2' 随 s 大小而变化。

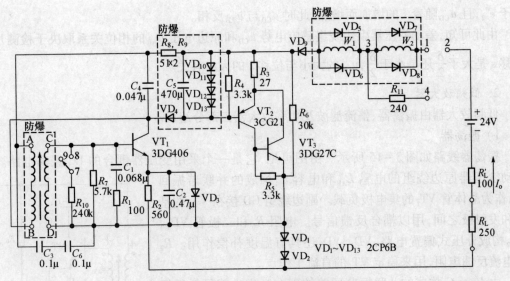

图 3 – 12　位移检测放大器原理线路图

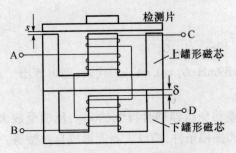

图 3 – 13　差动变压器的结构

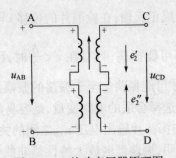

图 3 – 14　差动变压器原理图

当检测片位移 $s = \dfrac{\delta}{2}$ 时,因差动变压器上、下两部分磁路的磁阻相等,原、副边绕组之间的互感也相等,故上、下两部分的感应电势 e'_2、e''_2 相等,结果 $u_{CD} = |e'_2| - |e''_2| = 0$,差动变压器无输出。

当检测片位移 $s < \dfrac{\delta}{2}$ 时,因差动变压器上半部分磁路磁阻减小,互感增加,故感应电势 $|e'_2|$ 将大于 $|e''_2|$,且 u_{CD} 将随着 s 的减小而增加,此时 u_{CD} 与 u_{AB} 同相。

当检测片位移 $s > \dfrac{\delta}{2}$ 时,因差动变压器上半部磁路磁阻加大,互感下降,故感应电势 e'_2 将小于e''_2,且u_{CD}随着s的增加而增加,此时u_{CD}与u_{AB}反相。

由此可知,差动变压器副边绕组感应电势u_{CD}和原边电压u_{AB}的相位关系取决于检测片的位移s是大于$\dfrac{\delta}{2}$还是小于$\dfrac{\delta}{2}$,u_{CD}的大小与位移s的大小有关。

2. 低频放大器

低频放大器由振荡器、整流滤波及功率放大器三部分组成。

1）振荡器

振荡器线路如图3−15所示。由图可见,它是一个采用变压器耦合的 LC 振荡电路。由差动变压器原边绕组的电感L_{AB}和电容C_4构成的并联谐振回路,作为晶体管VT_1的集电极负载。副边绕组 CD 接在VT_1的基极和发射极之间,用以耦合反馈信号。电阻R_6和二极管VD_1、VD_2构成分压式偏置电路,VD_1、VD_2还具有温度补偿作用。R_2是电流反馈电阻,用来稳定VT_1的直流工作点。

由L_{AB}、C_4构成的并联振荡回路的固有频率也就是低频振荡器的振荡频率

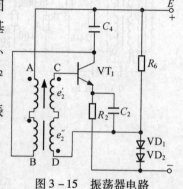

图 3−15　振荡器电路

$$f_0 = \frac{1}{2\pi\sqrt{L_{AB}C_4}}$$

将有关元件数值$L_{AB} = 39\,\text{mH}$、$C_4 = 0.047\,\mu\text{F}$代入,则可算出$f_0 \approx 4\,\text{kHz}$。

振荡器的输出电压经差动变压器耦合得到的u_{CD},反馈至放大器的输入端。如果反馈信号能满足振荡的相位条件和振幅条件,则放大器能形成自激振荡。

现先分析振荡的相位条件。由电路图可知,只要u_{CD}和u_{AB}的相位相同,则反馈信号与放大器的输入信号同相,电路就形成正反馈;在检测片的位移$s = \dfrac{\delta}{2}$时,$u_{CD} = 0$,故不可能振荡;在$s > \dfrac{\delta}{2}$时,因u_{CD}与u_{AB}反相,也不可能振荡;只有在$s < \dfrac{\delta}{2}$时,因u_{CD}和u_{AB}同相,才能形成正反馈,满足振荡的相位条件,电路才可能振荡。至于振荡的振幅条件,即$KF = 1$(K为放大器电压放大系数,F为反馈系数),只要选择合适的电路变量,是容易满足的。

下面再讨论检测片位移s与振荡片输出电压u_{AB}之间的关系。图3−16(a)所示为振荡器的放大特性和反馈特性,此图表明,振荡器的放大特性是非线性的,而反馈特性在铁芯未饱和的情况下是线性的。两条线的交点P即为稳定的工作点,P点对应的u'_{AB}就是振荡器的输出电压。

振荡器的反馈系数是随检测片s的改变而变化的,在s较大时($< \dfrac{\delta}{2}$范围内),因磁阻较大,F就比较小;反之,s较小时,磁阻较小,F就较大。检测片在不同位置s_1、s_2、s_3时,其相应的反馈系数为F_1、F_2、F_3。若$s_3 < s_2 < s_1$,则$F_3 > F_2 > F_1$。由图3−16(b)可见不同F时的反馈特性与放大特性相交于P_1、P_2、P_3,此时对应的输出电压分别为u_{AB1}、u_{AB2}、u_{AB3}。

综上所述,当检测片位移s改变时,反馈系数F随之变化,使特性曲线上的交点P上下移动,所以输出电压u_{AB}也随之改变。其变化趋势为:$s\downarrow \rightarrow F\uparrow \rightarrow P$点上移$\rightarrow u_{AB}\uparrow$。

2）整流滤波

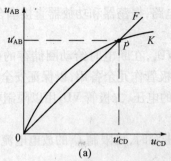

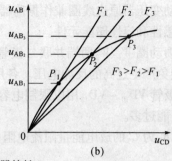

图 3 – 16　振荡器特性

（a）振荡器的放大特性和反馈特性；（b）不同 F 下的输入/输出关系。

整流滤波电路如图 3 – 17 所示。振荡器的输出电压 u_{AB} 经二极管 VD_4 整流以及通过电阻 R_8、R_9 和电容 C_5 滤波得到平滑的直流电压信号，再送至功放级。整流滤波电路并联在 L_{AB}、C_4 回路两端，因此它的总阻抗不能太小，否则将影响振荡器的工作。

3）功率放大器

功率放大器由晶体管 VT_2、VT_3 和电阻 R_3、R_4、R_5 组成，如图 3 – 18 所示。放大器采用 PNP – NPN互补型复合管，其目的一是提高电流放大系数；二是电平配置，使 VT_2 的基极电平与前级输出信号的电平相匹配。

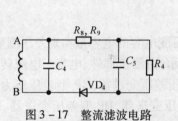

图 3 – 17　整流滤波电路

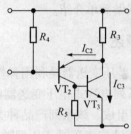

图 3 – 18　功放级电路

图 3 – 18 中，R_3 为稳定工作点的反馈电阻，同时提高功放级的输入阻抗，有利于滤波电路输出电压的稳定。R_5 为 VT_2、VT_3 集电极与发射极之间的穿透电流提供旁路，用以改善放大器的温度性能。R_5 的接入同时也降低了功放级的增益，但提高了电路的稳定性。

低频放大器线路中其他元件的作用如下：

（1）R_1、C_1 起保护作用，它对高次谐波造成一相移，破坏其振荡的相位条件，即防止高次谐波产生寄生振荡。

（2）R_7 起稳定振荡管输入电压的作用。由于 VT_1 的工作点比乙类稍高，在 u_{CD} 的正负半周，输入阻抗变化较大，接入 R_7 可使差动变压器的副边负载比较均匀。

（3）R_{10} 用来改变放大器的灵敏度。当变送器用在高量程时，通过端子 7、8 将 R_{10} 接入，与差动变压器副边并联，使灵敏度降低。

（4）C_3、C_6 为高频旁路电容，可减小交流分量。

（5）VD_9 为防止电源反接的保护二极管。

3．本质安全防爆措施

考虑本质安全防爆的原则是尽可能减小储能元件（电感、电容），并使现有储能元件在故障情况下释放的能量（电压、电流）限制在安全定额以下。在图 3 – 12 的线路中采取了如下本质安全防爆措施：

（1）差动变压器原边线圈兼作振荡器的谐振电路,振荡器和功放器直接耦合,这就最大限度地减少了感性和容性储能元件。

（2）反馈动圈 W_1、W_2 两端并联二极管 $VD_5 \sim VD_8$,在断电时给动圈储存的磁场能量以泄放的通路,避免产生过高的反冲电压。各用两个二极管作冗余备用,以保证安全。

（3）二极管 $VD_{10} \sim VD_{13}$ 用以限制电容 C_5 两端的电压,二极管 VD_3 用以限制电容 C_2 两端的电压,防止蓄能过多。

（4）R_8、R_9 为 C_5 的放电能量限流电阻,在 VD_4 击穿时,可限制 C_5 的放电电流。

第三节　电容式差压(压力)变送器

随着科学技术和工业生产的发展,电容式差压(压力)变送器因精度高、动态特性好、过载能力强、使用方便、体积小、重量轻、抗噪性强等诸多优点,在石油、化工、电力、建材等行业被广泛应用。目前使用较多的 CEC、CECS 系列,1151 系列和 3151 系列,1151 系列和 3151 系列仪表是我国北京、上海、西安等地的仪表企业引进国外技术生产的,1151 以模拟型的为主,也有智能型的可选,3151 是全智能型仪表。电容式差压(压力)变送器是一种新型高精度变送器,精度和性能都有很大提高。本节以 1151 系列仪表模拟型为例进行讨论,并对 1151 智能型和 3151 智能型做简单介绍。

一、概述

电容式差压变送器是利用弹性膜片受压变形改变可变电容的电容量实现差压测量和转换的。1151 系列电容式差压变送器的构成如图 3-19 所示,由测量部件、电容—电流转换电路、放大电路等组成。该系列产品种类繁多,有 HP 型高静压差压变送器、GP 型表压压力变送器、LT 型法兰式液位变送器、DR 型微差压变送器、AP 型绝压变送器、DP 型差压变送器、DPGP 型带远传变送器、DP 型 $\sqrt{\Delta p}$ 流量变送器、SMART 智能型差压变送器等品种,能完成气体、蒸气、液体的差压、压力、流量、液位等参数的精密测量,并转换成 4~20mA DC 标准电流信号,为用户使用提供了极大方便。

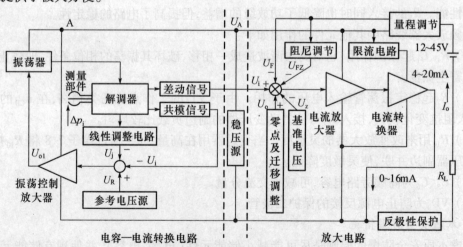

图 3-19　1151 系列电容式差压变送器构成框图

主要性能指标：

测量范围：$0 \sim 0.125\mathrm{kPa} - 0 \sim 41.37\mathrm{MkPa}$；

测量精度：智能型：$\pm 0.075\%$、模拟型：$\pm 0.2 \sim 0.25\%$；微差压：$\pm 0.5\%$；

量程比：$1:10 \sim 1:100$（智能型）、$1:6$（模拟型）；

输出信号：两线制、$4 \sim 20\mathrm{mA}$ DC（模拟型）、$4 \sim 20\mathrm{mA}$ DC 叠加 HART 数字信号（智能型），有开方运算功能，可直接与节流件连接测量流量；

供电电源：典型电压：24V DC，可 $12 \sim 45$V 以适应不同负载；

负载范围：$0 \sim 1600\Omega$（对应工作电压 $12 \sim 45$V）；

阻尼时间：在 $0.2 \sim 1.67$s 内连续可调；

迁移范围：最大正迁移量为 500%、最小负迁移量为 600%；

防爆性能：隔离防爆：Ex dⅡ CT6；本质安全型：Ex iaⅡ CT6。

二、1151 模拟型差压变送器

1. 测量部件

1）结构

测量部件的作用是把被测差压 Δp_i 转换成差动电容中心感压膜片的位移 ΔS，其结构见图 3-20。其核心部件是由高、低压测量室（又称"δ"室）构成的差动电容，差动电容即是仪器的敏感元件，由固定在高、低压测量室两侧的弧形固定电极和作为动电极的中心感压膜片组成，在高、低压测量室内充有硅油，用以传递压力并起保护作用。中心感压膜片和高、低压测量室两侧的弧形固定电极构成的电容分别为 C_{iH} 和 C_{iL}，$\Delta p_i = 0$ 时，$C_{iH} = C_{iL}$，其电容量为 $150 \sim 170$pF，这时高、低压测量室在结构上完全对称；$\Delta p_i \neq 0$ 时，中心感压膜片产生位移 ΔS，一侧电容减小，另一侧电容增大，$C_{iH} < C_{iL}$，其等效图见图 3-21。位移和差压的关系为

$$\Delta S = K_1 \Delta p_i \qquad (3-8)$$

式中：K_1 为差压—位移转换系数。

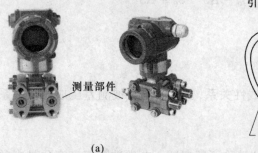
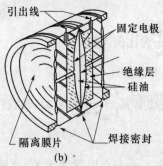

图 3-20　测量部件结构图

（a）电容式差压变送器实物图；（b）测量部件结构。

中心感压膜片采用平膜片，形状简单，加工方便，但特性是非线性的，只有在位移小于膜片厚度时特性才有好的线性，为了保证线性，膜片的位移小于 0.1mm，并采用哈氏合金、蒙奈尔合金等特殊合金制造。当测量低差压时，因产品膜片较薄，采用具有初始预紧应力技术焊接平膜片，使膜片在自由状态下被绷紧具有预张力，既提高了线性又减小了滞后。当测量高差压时，膜片较厚，可满足膜片位移小于膜片厚度的要求。这样，不同的差压测量范围，采用不同厚

度的膜片和焊接技术,可以保证各种测量范围都有良好的线性,且测量部件尺寸变化不大。

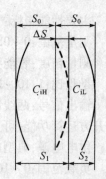

图 3 – 21　等效差动电容图

2) 差压—电容转换

差压—电容转换原理见图 3 – 21。设差动电容的中心感压膜片与两侧弧形电极之间的距离分别为 S_1、S_2。当被测差压 $\Delta p_i = 0$ 时,中心感压膜片与两侧弧形电极之间的距离相等,设其值为 S_0,则有 $S_1 = S_2 = S_0$;当被测差压 $\Delta p_i \neq 0$ 时,中心感压膜片在差压 Δp_i 的作用下向低压侧产生位移 ΔS,则高压侧有 $S_1 = S_0 + \Delta S$,低压侧有 $S_2 = S_0 - \Delta S$。忽略边缘电场的影响,把中心感压膜片与两侧弧形电极构成的电容器 C_{iH}、C_{iL} 等效为平行板电容器,其电容量随位移变化的关系可分别表示为

$$C_{iH} = \frac{\varepsilon A}{S_1} = \frac{\varepsilon A}{S_0 + \Delta S} \tag{3 – 9}$$

$$C_{iL} = \frac{\varepsilon A}{S_2} = \frac{\varepsilon A}{S_0 - \Delta S} \tag{3 – 10}$$

式中:ε 为电极之间介质的介电常数;A 为电极的等效面积。

两电容之差为

$$\Delta C = C_{iL} - C_{iH} = \varepsilon A \left(\frac{1}{S_0 - \Delta S} - \frac{1}{S_0 + \Delta S} \right) \tag{3 – 11}$$

可见,两电容之差与中心感压膜片位移 ΔS 成非线性关系,但若取两电容之差与两电容之和的比值,则有

$$\frac{C_{iL} - C_{iH}}{C_{iL} + C_{iH}} = \frac{\varepsilon A \left(\dfrac{1}{S_0 - \Delta S} - \dfrac{1}{S_0 + \Delta S} \right)}{\varepsilon A \left(\dfrac{1}{S_0 - \Delta S} + \dfrac{1}{S_0 + \Delta S} \right)} = \frac{\Delta S}{S_0} = K_2 \Delta S \tag{3 – 12}$$

式中:$K_2 = \dfrac{1}{S_0}$ 为比例系数。

式(3 – 12)说明:

(1) 差动电容 $\dfrac{C_{iL} - C_{iH}}{C_{iL} + C_{iH}}$ 与 ΔS 成线性关系,要使输出与被测差压成线性关系,可对该值进行处理。

(2) $\dfrac{C_{iL} - C_{iH}}{C_{iL} + C_{iH}}$ 与介电常数无关,这消除了灌充液介电常数随温度变化带来的误差,减小了温度的影响,提高了变送器的温度稳定性。

(3) $\dfrac{C_{iL} - C_{iH}}{C_{iL} + C_{iH}}$ 的大小与极板间的初始距离 S_0 成反比,S_0 越小,差动电容越大,灵敏度越高。

(4) 差动电容在结构上越对称,变送器特性越稳定。

由式(3 – 8)和式(3 – 12)可得

$$\frac{C_{iL} - C_{iH}}{C_{iL} + C_{iH}} = K_2 \Delta S = K_1 K_2 \Delta p_i \tag{3 – 13}$$

这样,就实现了差压—电容转换。

2. 电容—电流转换电路

电容—电流转换电路由振荡器、解调器、振荡控制放大器、线性调整电路等电路组成,见图 3 – 22 和图 3 – 33。其作用是实现 $\dfrac{C_{iL} - C_{iH}}{C_{iL} + C_{iH}}$ 到差动电流 I_i 和共模电流 I_c 的转换,并把差动电流 I_i 转换为 U_i 输出。

因为变送器是单电源供电,为了便于电路分析,把图 3 – 33 中的 D 点作为整机的参考点,设电压为 0V,A 点电压 U_A 由稳压管 VZ_{13} 提供,幅值为 7.5V,是运算放大器 A_1、A_2、A_3 的工作电源,G 点作为变送器内部信号参考电压,分析放大器信号时以 G 点为参考。

1) 振荡器

振荡器产生高频振荡信号并向电容器 C_{iH}、C_{iL} 提供高频电流,由晶体管 VT_1、变压器 T_1、电阻 R_{29}、R_{30}、电容 C_{19}、C_{20} 组成,见图 3 – 22,是一典型的变压器反馈型振荡电路。变压器 T_1 作为晶体管 VT_1 集电极负载,有四组副边绕组,6 ~ 8 作为正反馈绕组,保证振荡器的相位条件,1 – 12、2 – 11、3 – 10 作为负载绕组,向绕组负载电容器 C_{iH}、C_{iL} 提供高频电流,该高频电流随电容器 C_{iH}、C_{iL} 的变化而变化。设负载绕组的等效电感为 L,等效电容为 C,则振荡器的等效电路见图 3 – 23,其中,C 的大小主要取决于差动电容值,只要选择适当的元件参数,便可满足振荡的幅值条件。振荡器的工作频率取决于等效电感 L 和等效电容 C 构成的并联谐振回路的谐振频率,$f = \dfrac{1}{2\pi \sqrt{LC}}$,约为 32kHz,随着差动电容的变化稍有变化。在振荡频率下,变压器 T_1 的负载表现为纯电阻性负载,也就是晶体管 VT_1 的集电极负载是纯电阻性负载。由图 3 – 22,振荡器的工作电源正端接 A 点,负端 U_{o1} 是运算放大器 A_1 的输出,其幅值受运算放大器 A_1 输入控制,因此,振荡器是幅值受控的振荡器。

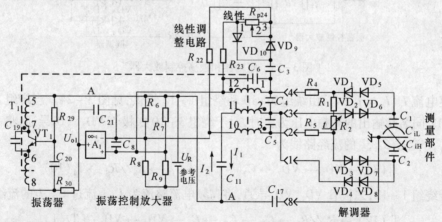

图 3 – 22　电容—电流转换电路

2) 解调器

解调器主要由二极管 VD_1 ~ VD_8 等组成,与测量部件连接,见图 3 – 24。解调器的作用是将通过差动电容 C_{iH}、C_{iL} 的高频交流电流分别整流成直流电流 I_1 和 I_2,然后输出两组电流,差动电流 I_i($I_i = I_2 - I_1$)和共模电流 I_c($I_c = I_2 + I_1$)。差动电流 I_i 随输入差压 Δp_i 变化,再送放大电路放大转换成 4 ~ 20mA DC 信号输出。共模电流 I_c 通过电阻转换成电压,与参考电压比较,差值送振荡控制放大器 A_1 放大后输出电压 U_{o1},作为振荡器的供电电源。

图 3-24 中的 R_i 为电容 C_{11} 的等效并联电阻；U_R 是参考电压源电路提供的参考电压，恒定不变，可视为恒压源。由于差动电容量值很小，远远小于 C_{11} 和 C_{17}，因此，在振荡器输出幅值恒定的情况下，流过电容器 C_{iH}、C_{iL} 电流的大小主要由这两个电容的电容量决定。

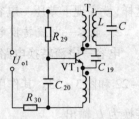

图 3-23　振荡电路原理图

差动电流 I_i（$I_i = I_2 - I_1$）由绕组 2-11 提供。见图 3-24，当绕组 2-11 同名端输出的高频电压为正时，二极管 VD_2、VD_6 导通，将高频电流整流为 I_2，I_2 流过 C_{iL}，I_2 的流经路线为

$$T_1(2) \rightarrow VD_2 \rightarrow VD_6 \rightarrow C_1 \rightarrow C_{iL} \rightarrow C_{17} \rightarrow C_{11}//R_i \rightarrow T_1(11)$$

当绕组 2-11 同名端输出的高频电压为负时，二极管 VD_4、VD_8 导通，将高频电流整流为 I_1，I_1 流过 C_{iH}，I_1 的流经路线为

$$T_1(11) \rightarrow C_{11}//R_i \rightarrow C_{17} \rightarrow C_{iH} \rightarrow C_2 \rightarrow VD_8 \rightarrow VD_4 \rightarrow T_1(2)$$

由此可见，经过二极管 VD_2、VD_6 和 VD_4、VD_8 整流流过电容器 C_{11} 的两路电流 I_2 和 I_1，方向是相反的，在振荡器输出幅值恒定、C_{11} 足够大、充放电周期足够短的情况下，其两端的充电压 U_i 与两路高频电流的差值即差动电流 $I_i = I_2 - I_1$ 成正比，U_i 即是电容—电流转换电路的输出信号，$U_i = I_i R_i$。随着差压 Δp_i 的增大，I_2 增大、I_1 减小、I_i 增大、U_i 增大。这样就完成了高频交流电流信号的解调，实现了差动电容到差动电流的转换。

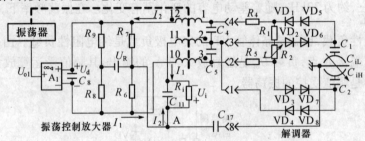

图 3-24　解调器和振荡控制放大器

共模电流 I_c（$I_c = I_2 + I_1$）由绕组 3-10 和绕组 1-12 提供，见图 3-24。当绕组 3-10 和绕组 1-12 同名端输出的高频电压为正时，对于绕组 3-10 二极管 VD_3、VD_7 导通，将高频电流整流为 I_1，I_1 流过 C_{iH}，I_1 的流经路线为

$$T_1(3) \rightarrow VD_3 \rightarrow VD_7 \rightarrow C_2 \rightarrow C_{iH} \rightarrow C_{17} \rightarrow R_8//R_6 \rightarrow T_1(10)$$

对于绕组 1-12，二极管 VD_1、VD_5 导通，将高频电流整流为 I_2，I_2 流过 C_{iL}，I_2 的流经路线为

$$T_1(12) \rightarrow R_9//R_7 \rightarrow C_{17} \rightarrow C_{iL} \rightarrow C_1 \rightarrow VD_5 \rightarrow VD_1 \rightarrow T_1(1)$$

当绕组 3-10 和绕组 1-12 同名端输出的高频电压为负时，二极管 VD_3、VD_7 和 VD_1、VD_5 均不导通。由此可见，经过二极管 VD_3、VD_7 整流流过并联电阻 $R_8//R_6$ 的电流 I_1 和经过二极管 VD_1、VD_5 整流流过并联电阻 $R_9//R_7$ 的电流 I_2，在并联电阻 $R_8//R_6$ 和 $R_9//R_7$ 上产生的压降方向是一致的，两电压之和就代表了共模电流信号 $I_c = I_2 + I_1$，I_c 作为解调器的输出经 C_8 滤波送至运算放大器 A_1 输入端，这样就完成了高频交流电流信号的解调，实现了差动电容到共模电流的转换。电路中，$R_6 = R_9 = 10\text{k}\Omega$，$R_7 = R_8 = 60.4\text{k}\Omega$。

为了提高电路的可靠性，解调器每一电流回路的整流二极管均采用二只相串联。

下面讨论差动电流 I_i 和差动电容 $\dfrac{C_{iL} - C_{iH}}{C_{iL} + C_{iH}}$ 之间的关系。在 $\dfrac{1}{2\pi f C_{iH}}$ 或 $\dfrac{1}{2\pi f C_{iL}}$ 远大于 $\dfrac{1}{2\pi f C_{11}}$ 或 $\dfrac{1}{2\pi f C_{17}}$ 的情况下,可以认为电容器 C_{iH}、C_{iL} 两端的电压变化等于振荡器输出的高频电压的峰值 U_{pp},这样,流过电容器 C_{iH}、C_{iL} 的电流 I_1、I_2 的平均值分别为

$$I_1 = \frac{U_{pp}}{T} C_{iH} = f U_{pp} C_{iH} \tag{3-14}$$

$$I_2 = \frac{U_{pp}}{T} C_{iL} = f U_{pp} C_{iL} \tag{3-15}$$

式中:T 为高频电压振荡周期;f 为高频电压振荡频率。

则有

$$I_i = I_2 - I_1 = f U_{pp}(C_{iL} - C_{iH}) \tag{3-16}$$

$$I_c = I_2 + I_1 = f U_{pp}(C_{iL} + C_{iH}) \tag{3-17}$$

整理得

$$I_i = I_2 - I_1 = (I_2 + I_1) \frac{C_{iL} - C_{iH}}{C_{iL} + C_{iH}} \tag{3-18}$$

由上式可见,只要使共模电流 $I_c = I_2 + I_1$ 维持恒定,即可使差动电流 $I_i = I_2 - I_1$ 与差动电容 $\dfrac{C_{iL} - C_{iH}}{C_{iL} + C_{iH}}$ 成线性关系,实现差压 Δp_i 的精确测量。

3)振荡控制放大器

振荡控制放大器由运算放大器 A_1 和参考电压源电路组成,见图 3-24 和图 3-33。运算放大器 A_1 与振荡器、解调器连接,构成深度负反馈控制电路。振荡控制放大器的作用是保证共模电流 $I_c = I_2 + I_1$ 恒定不变。

参考电压源电路见图 3-25,由运算放大器 A_2 和稳压电路组成。为了提高稳压精度,采取了以下措施:①稳压电路采用两级稳压,在稳压管 VZ_{13} 之后又设置了稳压管 VZ_{11},稳压值为 $-6.2V$(相对于 A 点电压),且温度系数近似为零,经电阻 $R_{10} + R_{13}$ 和 R_{14} 分压得到 $-3.1V$ 电压信号加到运算放大器 A_2 同相端,$R_{10} = R_{13} = 10k\Omega$,$R_{14} = 20k\Omega$。②$A_2$ 为跟随器,有非常高的输入阻抗,输入电流几乎为零,这样就大大减小了负载电流对稳压电路的影响,进一步提高了稳压精度。A_2 的输出电压即为参考电压 U_R,$U_R = -3.1V$,恒定不变。

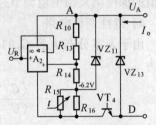

图 3-25　参考电压源电路

如图 3-24 所示,运算放大器 A_1 的输入端接收两个电压信号 U_{i1}、U_{i2},U_{i1} 是参考电压 U_R 在电阻 R_8、R_9 上的压降差,精度高数值稳;U_{i2} 是共模电流 I_c 在并联电阻 $R_8 // R_6$ 和 $R_9 // R_7$ 上的压降和。这两个电压信号极性相反,差值送入 A_1 的输入端,放大后得到 U_{o1} 作为振荡器的工作电源,实现对振荡器振荡幅值的控制,用来保证共模电流 $I_c = I_2 + I_1$ 为常数。U_{i1}、U_{i2} 分别为

$$U_{i1} = \frac{U_R R_8}{R_6 + R_8} - \frac{U_R R_9}{R_7 + R_9} \tag{3-19}$$

$$U_{i2} = \frac{R_6 R_8}{R_6 + R_8} I_1 + \frac{R_7 R_9}{R_7 + R_9} I_2 \tag{3-20}$$

因为 $R_6 = R_9$、$R_7 = R_8$,式(3-19)、式(3-20)可简化为

$$U_{i1} = \frac{R_8 - R_9}{R_6 + R_8} U_R \tag{3-21}$$

$$U_{i2} = \frac{R_6 R_8}{R_6 + R_8} (I_1 + I_2) \tag{3-22}$$

其差值就是运算放大器 A_1 的输入信号，设为 U_d，有

$$U_d = U_{i2} - U_{i1} = \frac{R_6 R_8}{R_6 + R_8} (I_1 + I_2) - \frac{R_8 - R_9}{R_6 + R_8} U_R \tag{3-23}$$

设 A_1 是理想运放，且由振荡器和变压器 T_1 形成深度负反馈，所以 A_1 的同相端 U_T 和反相端 U_F 电压相等，即 $U_T = U_F$，也就是 $U_d = 0$，这样，式（3-23）变为

$$I_1 + I_2 = \frac{R_8 - R_9}{R_6 R_8} U_R \tag{3-24}$$

因为参考电压 U_R 恒定不变，从而就保证了共模电流 $I_c = I_2 + I_1$ 为一常数。

设 $K_3 = \frac{R_8 - R_9}{R_6 R_8} U_R$，并代入式（3-18），有

$$I_i = I_2 - I_1 = K_3 \frac{C_{iL} - C_{iH}}{C_{iL} + C_{iH}} \tag{3-25}$$

这样，在保证共模电流 $I_c = I_2 + I_1$ 为一常数的前提下，就实现了差动电容 $\frac{C_{iL} - C_{iH}}{C_{iL} + C_{iH}}$ 到差动电流 I_i 的线性转换。这一结果是由于运算放大器 A_1 的输出 U_{o1} 受共模电流 I_c 控制而得到的。见图 3-24，假设 I_c 增加，则有 U_{i2} 增大，U_d 增大，运算放大器 A_1 的输出 U_{o1} 增大，从而使振荡器工作电源幅值减小（U_{o1} 相对于 A 点电压），振荡器振荡幅值减小，变压器 T_1 输出电压幅值减小，直至 $I_c = I_2 + I_1$ 恢复到 U_{i1} 对应的数值上，保证共模电流 I_c 始终为一常数，这是一个以 U_{i1} 为设定值的深度负反馈恒值调节过程。

4）线性调整电路

由于 δ 室分布电容 C_0 的存在且随差压 Δp_i 的增加而增大，差动电容的相对变化量可表示为

$$\frac{(C_{iL} + C_0) - (C_{iH} + C_0)}{(C_{iL} + C_0) + (C_{iH} + C_0)} = \frac{C_{iL} - C_{iH}}{C_{iL} + C_{iH} + 2C_0} \tag{3-26}$$

由上式可知，分布电容 C_0 在分母上，在同样差压 Δp_i 的作用下，分布电容 C_0 将使差动电容的相对变化量减小，并带来非线性误差。为了克服这一误差的影响，在电路中设置了线性调整电路。非线性因素的总体影响是使电容和被测差压之间的函数关系呈一阶非线性关系，为此电路采用随着差压增加提高振荡器输出幅值的方法，来补偿分布电容的影响。见图 3-22，线性调整电路由 VD_9、VD_{10}、C_3、R_{22}、R_{23}、C_6 和电位器 R_{p24} 等元件组成，并接在变压器 T_1 副边绕组 1-12 两端，其中电流是 I_2，I_2 随着差压 Δp_i 增加而增加，取其分流用来调整非线性误差，图 3-26 是简化的原理线路图，这里用的是全波整流。

由图可见，当绕组 1-12 同名端为正时，整流电流流经路线为

$$T_1(12) \rightarrow R_{23} \rightarrow VD_{10} \rightarrow C_3 \rightarrow T_1(1)$$

当绕组 1-12 同名端为负时，整流电流流经路线为

$$T_1(1) \rightarrow C_3 \rightarrow VD_9 \rightarrow R_{p24} \rightarrow R_{23} \rightarrow T_1(12)$$

50

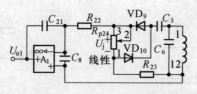

图 3-36 线性调整电路

这样，经过电容 C_8 滤波后，R_{23} 上的正、反相电压互相抵消，只有 R_{p24} 上的电压 U_j 作为非线性调整信号加到运算放大器 A_1 的输入端。U_j 是绕组 1-12 同名端为正时在 R_{p24} 上产生的压降，所以，线性调整电路虽然是全波整流，但只有半波有效。电阻 $R_{22} = R_{23} = 10\text{k}\Omega$。当 Δp_i 增加时，有

$$\Delta p_i \uparrow \rightarrow C_0 \uparrow \rightarrow \frac{C_{iL} - C_{iH}}{C_{iL} + C_{iH} + 2C_0} \downarrow \rightarrow I_2 \downarrow \rightarrow U_j \downarrow \rightarrow U_{o1} \downarrow \rightarrow 振荡器工作电源幅值增加 \rightarrow I_2 \uparrow$$

为一负反馈过程，实现了分布电容的非线性补偿。运放 A_1 放大 U_d 和 U_j 两路信号。

3．放大电路

放大电路由调零电路、量程调整电路、电流放大器和电流转换器等组成，见图 3-27。主要作用是将差动电流 I_i 转换成变送器的输出电流 I_o，并保证线性关系，保证变送器的测量精度。

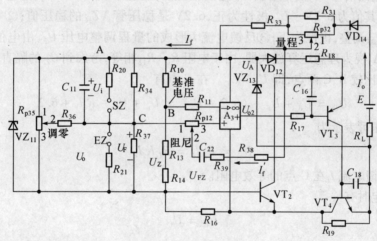

图 3-27 放大电路

1）调零电路

调零电路由电位器 R_{p35}、电阻 R_{36}、R_{37} 等组成，调整电位器 R_{p35} 可调整调零电压 U_o，用以调整变送器输出零点，使 $\Delta p_i = 0$ 时，$I_o = 4\text{mA DC}$，见图 3-28。U_o 加在 A_3 的同相端，当电位器 R_{p35} 2-3 间电阻减小时，输出 I_o 增加。

2）量程调整电路

量程调整电路由电位器 R_{p32}、电阻 R_{31}、R_{33}、R_{34}、R_{37} 等组成负反馈电路，采用改变反馈电流 I_f 的方法达到量程调整的目的，调整电位器 R_{p32} 改变反馈电流 I_f 的大小，从而改变量程调整电压 U_F，用以调整变送器量程，使 $\Delta p_i = $ 最大值时，$I_o = 20\text{mA DC}$，见图 3-29。由于反馈回路是由线性电阻网络组成，所以反馈系数 K_f 为一常数，并且 $I_f = K_f I_o$。U_F 加在 A_3 的同相端，当电位器 R_{p32} 2-3 间电阻减小时，放大倍数增加，输出 I_o 增加。

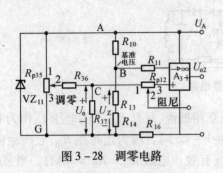

图 3 – 28 调零电路　　　　　　　　图 3 – 29 量程调整电路

3）电流放大器与电流转换器

电流放大器由运算放大器 A_3 和基准电压组成，把输入信号放大为电压信号 U_{o2} 输出。电流转换器由三极管 VT_3、VT_4 组成的复合三极管组成，把 A_3 的输出电压信号 U_{o2} 转换为电流信号 I_o 输出，见图 3 – 27。输出电流 I_o 经电位器 R_{p32} 分流出反馈电流 I_f，经电阻 R_{34}、R_{37} 分压在 C 点形成反馈电压 U_F，构成深度电流负反馈放大器。现以 G 点为参考点分析运算放大器 A_3 的输入信号，先看 B 点，基准电压 U_z 由稳压管 VZ_{11} 稳压，经电阻 R_{10}、$(R_{13} + R_{14})$ 分压得到，极性为正，$U_B = U_z$，经电阻 R_{11} 接到 A_3 的反向端。再看 C 点，C 点有三路信号，分别是：①电容—电流转换电路的输出信号 U_i，由电容器 C_{11} 输出，极性为上正下负，$U_i = R_i I_i$，把它转换为以 G 点为参考的信号，其值为 $6.2V – U_i$，极性为正，6.2V 是稳压管 VZ_{11} 的稳压值；②零点调整信号 U_o，由电位器 R_{p35} 调整，极性为正；③反馈电流 I_f 形成的量程调整电压 U_F，由电位器 R_{p32} 调整，极性为正。把 A_3 视为理想运算放大器，由于电阻 R_{11}、R_{12} 相等，考虑到 C_{22} 的隔直作用可视为开路，这样可直接比较 B、C 两点，即 $U_B = U_C$。在 C 点有

$$U_C = U_o + U_F + (6.2 – U_i) = U_o + U_F – R_i I_i + 6.2 \tag{3 – 27}$$

其中负反馈电压可表示为

$$U_F = R_f I_f = R_f K_f I_o \tag{3 – 28}$$

式中：R_f 为负反馈电流 I_f 在 C 点的等效电阻。

变送器稳定时有

$$U_B = U_C$$

所以

$$U_z = U_o + R_f K_f I_o – R_i I_i + 6.2 \tag{3 – 29}$$

整理得

$$I_o = \frac{R_i}{K_f R_f} I_i + \frac{1}{K_f R_f}(U_z – U_o – 6.2) \tag{3 – 30}$$

将式（3 – 25）、式（3 – 13）代入上式可得

$$I_o = \frac{R_i}{K_f R_f} K_1 K_2 K_3 \Delta p_i + \frac{1}{K_f R_f}(U_z – U_o – 6.2) \tag{3 – 31}$$

至此，就实现了输入差压 Δp_i 到输出电流 I_o 的线性转换。从式（3 – 31）可以看出，调零点时对量程没有影响，但调量程时对零点有影响。一般情况下，零点和量程需反复调整。

4. 其他电路

1）零点迁移电路

图 3-30 为无迁移时的接线情况,当需要正迁移时,用跳线将 SZ 短接,EZ 断开,正电压经电阻 R_{20} 加到 C 点,使输出电流 I_o 减小,实现正迁移,迁移量可达最小量程的 500%;当需要负迁移时,用跳线将 EZ 短接,SZ 断开,负电压经电阻 R_{21} 加到 C 点,使输出电流 I_o 增加,实现负迁移,迁移量可达 600%。迁移量大于 300% 时,才需调整跳线。为了避免变送器过载和保证测量精度,迁移时必须遵循迁移原则,即最大被测差压不能超过测量范围的最大上限值,最小测量范围不能小于最小量程。

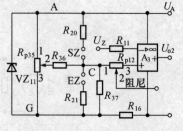

图 3-30 零点迁移电路

2)阻尼电路

阻尼电路用来改变变送器响应的时间常数,这对差压、压力、流量等测量仪表十分重要,可以滤除信号波动,减小信噪比,改善信号质量。阻尼电路由电阻 R_{38}、R_{39}、电容 C_{22} 组成,通过电位器 R_{p12} 调整动态反馈量的大小来实现,阻尼时间调整范围为 $0.2 \sim 1.67s$,电位器 R_{p12} 1-2 之间的阻值增加时,阻尼时间增大。设阻尼电路在电位器 R_{p12} 滑动端 2 形成的压降为 U_{FZ},见图 3-27,工作过程为

$$I_o \uparrow \to I'_f \uparrow \to R_{38} \to C_{22} \to U_{FZ} \uparrow \to U_{o2} \uparrow \to I_{VT3} \downarrow \to I_o \downarrow$$

由于电容 C_{22} 的积分作用,当动态结束时,阻尼电路不再起作用,这样就减缓了输出信号变化速度,起到了阻尼作用。

3)输出电流限制电路

输出电流限制电路的作用是防止输出电流过大而损坏元器件,由二极管 VD_{12}、电阻 R_{18}、晶体管 VT_2 组成,见图 3-31。当变送器过载或其他原因造成输出电流过大时,电阻 R_{18} 上的压降变大,但 U_{AD} 恒定为 7.5V,这样就迫使三极管 VT_2 的 U_{ce} 下降,使其工作在饱和区,从而限制了输出电流的幅值,最大输出电流不大于 30mA。

4)电源和负载

1151 系列变送器是二线制变送器,供电电源 $12 \sim 45V$ DC,见图 3-32。当负载电阻为零时,电源电压为 $12 \sim 45V$ DC;当负载电阻为 500Ω 时,电源电压为 $24 \sim 45V$ DC;当负载电阻为 1650Ω 时,要求电源电压为 45V DC。电源电压小于 12V DC 时,变送器启动电压不够,电路不能正常工作;电源电压超过 45V DC 时,电子元器件功耗太大容易损坏。使用时可按图 3-32 根据负载电阻选择电源电压,当用于本质安全防爆系统时,电源电压不得超过 24V DC。负载电阻 R_L 与电源电压 E 的关系式为 $R_L \leqslant 50(E-12)\Omega$。

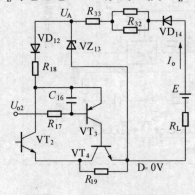

图 3-31 输出电流限制电路

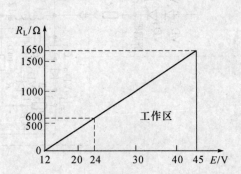

图 3-32 变送器供电电源与负载关系特性图

53

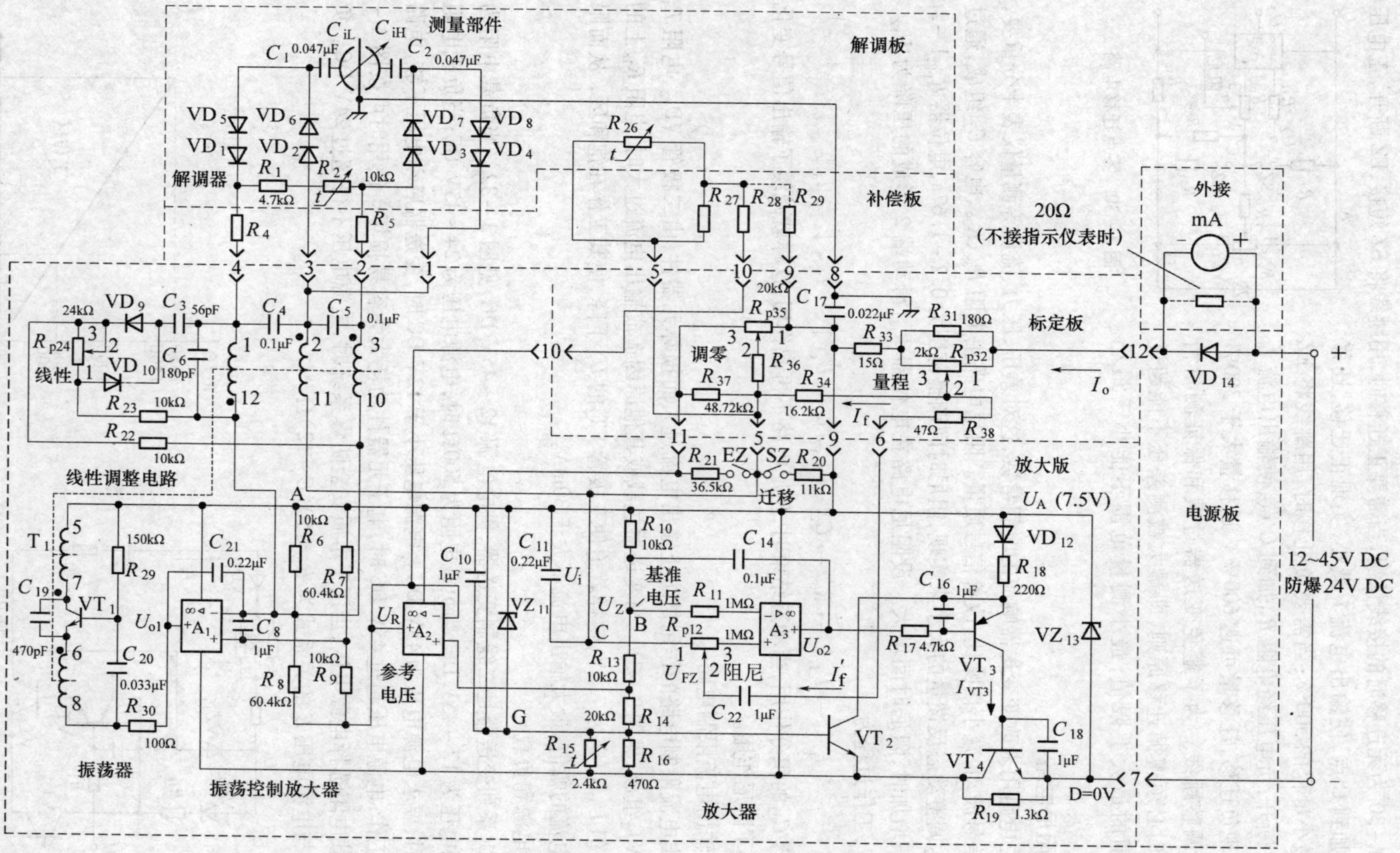

图3-33 电容式差压变送器原理图

5）反相保护

稳压管 VZ_{13} 除了稳压作用外，还起反相保护作用，当电源极性接反，时 VZ_{13} 导通，提供反向通路，防止损坏元器件。

6）温度补偿

电阻 R_1、R_4、R_5、热敏电阻 R_2 用于测量部件温度补偿。电阻 R_{27}、R_{28}、热敏电阻 R_{26} 用于零点温度补偿，图 3−32 中虚线表示可选以适应各种型号。其中，热敏电阻 R_2、R_{26} 安装在解调板上，以更准确地测量差动电容的工作温度。热敏电阻 R_{15} 对 VT_2 进行温度补偿。

电容器 C_4、C_5 为高频旁路电容，工作频率下阻抗很高。

三、1151 智能型差压变送器

1151 智能型差压变送器是在 1151 模拟型的基础上开发而成的，它的膜盒部件和电容－电流转换电路与 1151 完全一样，只是增加了以微处理器为核心的专用集成电路，整个变送器的电子部件做在一块电路板上，包含 A/D 和 D/A 转换电路等。信号线性化、量程调整、零点调整、阻尼时间调整、4～20mADC 模拟信号转换等都由专用集成电路完成，并将被测差压数字信号转化成频率信号叠加在 4～20mADC 模拟信号上，通过信号线传输，可由 HART 终端设备接收。通过 268、275 型手持通信器，可实现远程组态、监测及自诊断。

1. 主要指标

精度：

（1）数字信号：±0.05%；

（2）模拟信号：±0.075%～±0.2%；

（3）微量程（≤1.5kPa）：±0.2%；

测量范围：0～0.125kPa～41.37MPa；

量程比：1:10～1:100；

输出信号：两线制、4～20mA DC 叠加 HART 数字信号；

零点和量程调整互不影响；

兼有远程和本地量程、零点调整；

具有自诊断和远传诊断功能；

测量速度：0.2s；

带 HART 协议，可与国内流行的手持器进行数字通信而不中断模拟量输出；

其他指标参照模拟型。

2. 构成及工作原理

1151 智能型差压变送器的原理结构框图见图 3−34，A/D 转换之前的信号测量和处理方法与模拟式相同，电路板包括微处理器、A/D 转换、D/A 转换、数字温度传感器测量电路、数字通信器和 EEPROM 等，膜盒部件温度由数字温度传感器测量。

A/D 转换采用 16 位低功耗集成电路，将解调器输出的模拟信号转换成数字信号，供微处理器进行相关处理。数字温度传感器用于测量膜盒部件温度。D/A 转换将微处理器输出的数字信号转换为 4～20mADC 模拟信号输出。微处理器控制 A/D、D/A 转换，并完成传感器特性的线性化、零点调整、量程调整、温度补偿、阻尼时间调整及其他功能设定，控制变送器的正常运转。数字通信器将被测差压 Δp_i 的数字信号转换成频率信号叠加在模拟信号上，用 268、275 通信器或采用 HART 协议的其他主机可在控制室、变送器现场或同一控制回路的任何地方同变送器进行通信，完成数据读、写、自诊断和参数设定。EEPROM 存放软件运算所需的各种数据、常数和组态参数，数据可长期存放，不会因掉电而丢失，设有保护开关锁定存储的数据以避免误操作重写。

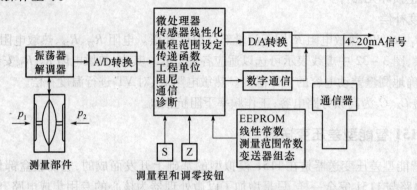

图 3 – 34　1151 智能型电容式差压变送器原理框图

1151 智能型电容式差压变送器因采用了微处理器技术，功能更强，测量精度更高。

四、3151 智能型差压变送器

3151 智能型差压变送器是 1151 型的升级产品，采用低功耗专用数字集成电路(ASIC)，是完全数字化的智能型仪表。完成被测差压 Δp_i 到 4 ~ 20mA DC 的精确转换。

1. 主要指标

高精度：±0.075%；

高量程比：1 : 100；

量程范围：0 ~ 0.125kPa ~ 41.37MPa；

输出信号：两线制、4 ~ 20mA DC 叠加 HART 数字信号；

测量速度：0.2s；

其他指标参照 1151 智能型。

2. 构成及工作原理

3151 智能型差压变送器的原理结构框图见图 3 – 35，由传感器和电子线路板两部分组成。传感器部分包括膜盒部件、直接数字电容电路、温度传感器、特征化 EEPROM 等。电子线路板部分包括微处理器、数/模信号转换器、数字通信和 EEPROM 等。

（1）膜盒部件。与 1151 不同，3151 将膜盒部件移到了变送器的颈部，远离过程法兰和被测介质，提高了仪表的温度性能和抗干扰性能。膜盒部件的工作原理与 1151 模拟型相同，但 3151 的膜盒部件体积缩小、重量减轻、整体性能有很大提高，基本精度为 ± 0.075% ~ ±0.1%，量程比为 1 : 100，其他特性如静压、温度也有很大提高。测量膜片的位移通过直接数字电容电路检测出来。

（2）温度传感器。在 δ 室的受压腔体内，嵌入了高精度温度传感器，构成一体化压力、温度复合传感器，用来测量介质温度，并将其转化为数字信号，用于补偿热效应，提高测量精度。

（3）直接数字电容电路。将测量膜片的位移转换成频率信号，并使该频率信号与差压信号成比例关系，直接送微处理器采样。

（4）特征化 EEPROM。成批生产的膜盒特性仍有差异，需要不同的校正系数，EEPROM 用来保存膜盒信息和校正系数，包括传感器特征化曲线及特征数据和数字微调、温度补偿等数

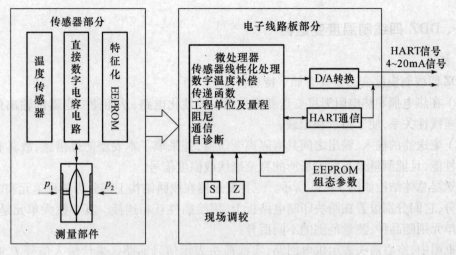

图 3-35 3151 智能型电容式差压变送器原理框图

据,转换时,微处理器根据这些信息对膜盒特性进行线性校正,不但提高了仪表精度,还增加了零部件之间的互换性。

(5)电子线路板。微处理器控制变送器的运行,采样直接数字电容电路的频率信号和温度传感器信号,利用特征化 EEPROM 中的存储数据进行线性化校正和自动补偿运算,得出被测差压值,并送数/模转换器和 HART 通信部件,实现被测差压 Δp_i 到 4~20mA DC 输出电流的转换。此外,微处理器还有工程单位制转换、量程设置、阻尼调整及自诊断等功能。工程单位制转换可以以压力、流量、液位或百分比显示数字输出信号。3151 型电容式差压变送器采用 HART 协议进行通信,直接读取以 HART 协议传输的数字信号,因为不经过数/模转换,可以得到更高的精度。

3. 组态

使用 HART 手操器可以方便地对 3151 型电容式差压变送器进行组态,组态有两部分内容:①设定变送器的工作参数,包括零点与量程设定、线性与平方根输出、阻尼时间设定、工程单位制选择等;②将信息性数据输入变送器,以对变送器进行识别与物理描述,包括工位号、描述符、信息、日期、安装等信息性数据。

第四节 温度变送器

温度变送器与各种热电偶或热电阻配合使用,将温度信号转换成统一标准信号,作为指示、记录仪和控制器等仪器的输入信号,以实现对温度参数的显示、记录或自动控制。温度变送器还可以作为直流毫伏转换器来使用,以将其他能够转换成直流毫伏信号的工艺参数也变成相应的统一标准信号。

DDZ 温度变送器有两线制和四线制之分,各类变送器又有 3 个品种,即直流毫伏变送器、热电偶温度变送器和热电阻温度变送器。前一种是将输入的直流毫伏信号转换成 4~20mA 直流电流和 1~5V 直流电压的统一输出信号。后两种则分别与热电偶和热电阻相配合,将温度信号转换成统一输出信号。一体化温度变送器因结构简单、安装方便,近年来得到广泛的应用。本节着重讨论四线制温度变送器,并对一体化温度变送器作简单介绍。

一、DDZ 四线制温度变送器

1. 概述

DDZ 四线制温度变送器具有如下特点：

（1）在热电偶和热电阻温度变送器中采用了线性化电路，从而使变送器的输出信号和被测温度呈线性关系，便于指示和记录。

（2）变送器的输入、输出之间具有隔离变压器，并采取了本安型防爆措施，故具有良好的抗干扰性能，且能测量来自危险场所的直流毫伏或温度信号。

变送器总体结构如图 3－36 所示。三种变送器在线路结构上都分为量程单元和放大单元两个部分，它们分别设置在两块印制电路板上，用接插件互相连接。其中放大单元是通用的，而量程单元则随品种、测量范围的不同而异。

方框图中，空心箭头表示供电回路，实线箭头表示信号回路。毫伏输入信号 U_i 或由测量原件送来的反映温度高低的输入信号 E_t 与桥路部分的输出信号 U'_z 及反馈信号 U'_f 相叠加，送入集成运算放大器。放大了的电压信号再由功率放大器和隔离输出电路转换成统一的 4～20mA 直流电流 I_o 和 1～5V 直流电压 U_o 输出。

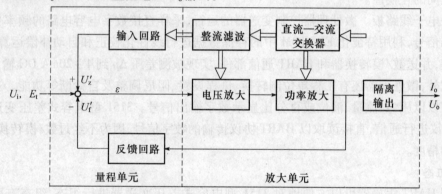

图 3－36　温度变送器结构框图

变送器的主要性能指标：基本误差为 ±0.5%；环境温度每变化 25℃ 附加误差不超过 ±0.5%；负载电阻在 0～100Ω 范围内变化时，附加误差不超过 ±0.5%。

2. 放大单元工作原理

温度变送器的放大单元由集成运算放大器、功率放大器、直流—交流—直流变换器、隔离输出等部分组成，其线路图如图 3－49 的放大单元部分所示。放大单元的作用是将量程单元输出的毫伏信号进行电压和功率放大，输出统一的直流电流信号 I_o 和直流电压信号 U_o。同时，输出电流又经反馈部分转换成反馈电压信号 U_f，送至量程单元。

1）电压放大电路

电压放大电路由集成运算放大器 A_1 构成。由于来自量程单元的输入信号很小，且放大电路采用直接耦合方式，故对温度漂移必须加以限制，为此应对集成运算放大器的温漂系数提出一定要求。这里，温漂系数主要是指 U_{os} 随温度而变化的数值 $\left(\dfrac{\partial U_{os}}{\partial t}\right)$。

若设变送器使用环境温度范围为 Δt，失调电压温漂系数为 $\dfrac{\partial U_{os}}{\partial t}$，则在温度变化 Δt 时失调

电压的变化量 ΔU_{os} 为

$$\Delta U_{os} = \frac{\partial U_{os}}{\partial t}\Delta t \qquad\qquad (3-32)$$

现设 η 为由于 ΔU_{os} 的变化给仪表带来的附加误差,即 $\eta = \dfrac{\Delta U_{os}}{\Delta U_i}$,则由式(3-32)可知

$$\eta = \frac{\partial U_{os}}{\partial t}\Delta t \Big/ \Delta U_i \qquad\qquad (3-33)$$

式(3-33)表示了集成运算放大器的温漂系数和仪表相对误差的关系。温漂系数越大,引起的相对误差就越大。当温度变送器的最小量程 ΔU_i 为 3mV,温升 Δt 为 30℃,要求 $\eta \leqslant$ 0.3% 时,按式(3-33)就要求

$$\frac{\partial U_{os}}{\partial t} = \frac{\Delta U_i}{\Delta t} \leqslant 0.3(\mu V/℃)$$

为了满足这一要求,温度变送器中运算放大器所用的线性集成电路需采用低温漂型的高增益运算放大器。

2)功率放大电路

功率放大电路的作用是把运算放大器输出的电压信号,转换成具有一定负载能力的电流信号。同时,通过隔离变压器实现隔离输出。

功率放大器线路如图 3-37 所示,由复合管 VT_1、VT_2 及其射极电阻 R_3、R_4 和隔离变压器 T_o 等元件组成。它由直流—交流—直流变换器输出的交流方波电压供电,因而不仅具有放大作用,而且具有调制作用,以便通过隔离变压器传递信号。

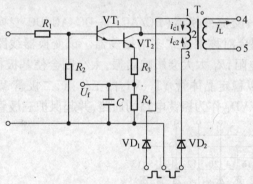

图 3-37　功率放大器原理图

在方波电压的前半个周期(其极性如图 3-37 所示),二极管 VD_1 导通,VD_2 截止,由输入信号产生电流 i_{c1};在后半个周期,二极管 VD_2 导通,VD_1 截止,从而产生电流 i_{c2}。由于 i_{c1} 和 i_{c2} 轮流通过隔离变压器 T_o 的两个绕组,于是在铁芯中产生交变磁通,这个交变磁通使 T_o 的副边产生交变电流 i_L,从而实现了隔离输出。

采用复合管是为了提高输入阻抗,减少线性集成电路的功耗。引入射极电阻,一方面是为了稳定功率放大器的工作状态,另一方面是为了从 R_4 两端取出反馈电压 U_f。由于 R_4 阻值为 50Ω,故当流过 R_4 的电流为 4~20mA(其值与输出电流 I_o 相等)时,反馈电压信号 U_f 为 0.2~1V,此电压送至量程单元,经过线性电阻网络或经过线性化环节反馈送到运算放大器的输入端,以实现整机负反馈。

3）隔离输出

为了避免输出与输入间有直接的电的联系,在功率放大器和输出回路之间,采用隔离变送器 T_o 来传递信号。隔离变送器 T_o 实际上是电流互感器,其变流比为 1∶1,故输出电流等于功放电路复合管的集电极电流。

隔离输出电路如图 3-38 所示。T_o 副边电流 i_L 经过桥式整流和由 R_{14}、C_6 组成的阻容滤波器滤波,得到 4~20mA 的直流输出电流 I_o,在阻值为 250Ω 的电阻 R_{15} 上的压降 U_o(1~5V)作为变送器输出电压信号。稳压管 VZ_0 的作用在于当电流输出回路断线时,输出电流 I_o 可以通过 VZ_0 而流向 R_{15},从而保证电压输出信号不受影响。二极管 VD_{17}、VD_{18} 的作用是当输出端 6 处出现异常正电压时,二极管短路,将熔断丝烧断,从而对电路起保护作用。

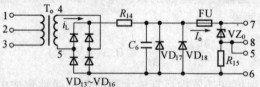

图 3-38　隔离输出电路图

4）直流—交流—直流(DC/AC/DC)变换器

DC/AC/DC 变换器用来对仪器进行隔离式供电。该变换器在 DDZ-Ⅲ型仪表中是一种通用部件,除了温度变送器外,安全栅也要用它。它把电源供给的 24V 直流电压转换成一定频率(4~5kHz)的交流方波电压,先由变压器隔离输出,再经过整流、滤波和稳压,提供直流电压。在温度变送器中,它既为功率放大器提供方波电源,又为集成运算放大器和量程单元提供直流电源。

(1)工作原理:直流—交流变换器(DC/AC)是 DC/AC/DC 变换器的核心部分。DC/AC 变换器实质上是一个磁耦合对称推挽式多谐振荡器。该变换器线路如图 3-39 所示。图中 R_{13}、R_9 和 R_{10} 为基极偏流电阻,R_{13} 太大会影响启振,太小则会使基极损耗增加。R_{11} 和 R_{12} 为发射极电流负反馈电阻,用以稳定晶体管 VT_3、VT_4 的工作点,二极管 VD_{19} 是用来防止电源极性接反而损坏变换器;VD_9~VD_{12} 作为振荡电路的通路,并起保护三极管 VT_3、VT_4 的作用。

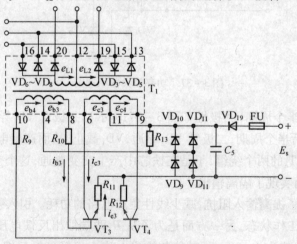

图 3-39　直流—交流变换器

电源接通以后,电源电压 E_s 通过 R_{13} 为两个晶体管 VT_3 和 VT_4 提供基极偏流,从而使它们的集电极电流都具有增加的趋势。由于两个晶体管的变量不可能完全相同，现假定晶体管 VT$_3$ 的集电极电流 i_{c3} 增加得快，则磁通 Φ 向正方向增加。根据电磁感应原理，在两个基极绕组 $W_{4\sim8}$ 和 $W_{10\sim4}(W_b)$ 上分别产生感应电势 e_{b3} 和 e_{b4}，其方向如图 3-39 所示。由于同名端的正确安排，感应电势的方向遵循正反馈的关系，e_{b4} 将使晶体管 VT$_4$ 截止，而 e_{b3} 则使 VT$_3$ 的基极回路产生 i_{b3}，这使 i_{c3} 增加，i_{c3} 的增加又使 i_{b3} 更大。这样，瞬间的正反馈作用使 i_{b3} 立即到达最大值，从而使 VT$_3$ 立即进入饱和状态。VT$_3$ 处于饱和状态时，其管压降 U_{ce3} 极小，在此瞬间，可认为电源电压 E_s 等于集电极绕组 $W_{6\sim11}(W_c)$ 上的感应电势 e_{c3}，于是可从下式得知基极绕组的感应电势的大小。

$$e_{b3} = \frac{W_b}{W_c}e_{c3} \approx \frac{W_b}{W_c}E_s \tag{3-34}$$

因为感应电势的大小与磁通的变化率成正比，即

$$|e_{c3}| = W_c\frac{\mathrm{d}\Phi}{\mathrm{d}t} \tag{3-35}$$

而 $|e_{c3}| \approx E_s$ 近似为一常数。所以，铁芯中的磁通将随时间线性增加，在铁芯磁化曲线的线性范围内，励磁电流 i_M 亦随时间线性增加。这时，由于 VT$_3$ 发射极电位的不断增加，基极电流 i_{b3} 将要下降，可从 VT$_3$ 的基极回路列出以下关系式：

$$i_{b3} \approx \frac{e_{b3} - i_{e3}R_{11}}{R_{10}} \tag{3-36}$$

由此可见，在集电极电流 i_{c3}（近似等于 i_{e3}）随时间线性增加的同时，基极电流 i_{b3} 将随时间线性下降，直至两者符合晶体管电流放大的基本规律 $i_{c3} = \beta_3 i_{b3}$ 为止。这时 VT$_3$ 的工作状况由饱和区退到放大区，集电极电流达最大值 i_{cM}，与此同时磁通 Φ 也达最大值 Φ_M，而不再增加。由于 $\frac{\mathrm{d}\Phi}{\mathrm{d}t}=0$，基极绕组感应电势 e_{b3} 立即等于零，i_{c3} 也立即由 i_{cM} 变为零。根据电磁感应原理，感应电势立即转变方向。在反向的 e_{b3} 的作用下，VT$_3$ 立即截止，而反向的 e_{b4} 使 VT$_4$ 立即饱和导通，这是另一方向的正反馈过程。随后 i_{c4} 开始向负方向增加，磁通 Φ 继续下降，基极电流 i_{b4} 的绝对值逐渐减小，直至 VT$_4$ 使自饱和区退到放大区。此时集电极电流达负向最大，磁通 Φ 为 $-\Phi_M$。按照同样道理，使 VT$_4$ 截止，VT$_3$ 又重新导通，如此周而复始，形成自激振荡。

由于两个集电极绕组 $W_{6\sim11}$ 和 $W_{11\sim9}$ 匝数相等，副边两个绕组 $W_{20\sim12}$ 和 $W_{12\sim19}$ 匝数也想等，因而根据电磁感应原理，副边两个绕组的感应电势大小相等、相位相反（以 12 点为参考点），于是在纯阻性负载情况下，罐形铁芯的副边就输出交流方波电压。

（2）振荡频率：对于理想的变换器，当晶体管集电极电流达到最大值时，罐形铁芯接近饱和，即在 $\frac{T}{2}$ 时间内磁通由 $-\Phi_M$ 增加到 Φ_M。因此，根据磁感应公式 $|e_c| = W_c\frac{\mathrm{d}\Phi}{\mathrm{d}t}$ 可求得振荡周期。式中，e_c 为对应绕组中的感应电势，其绝对值为

$$|e_c| = E_s - U_{ce3} - U_{R_{11}} \approx E_s$$

从电磁感应公式可求得

$$E_s \approx W_c\frac{\Phi_M - (-\Phi_M)}{\frac{T}{2} - 0} = \frac{4W_cB_mS}{T}$$

$$f = \frac{1}{T} = \frac{E_s}{4B_m SW_c} \tag{3-37}$$

式中：$B_m S = \Phi_M$，B_m 为对应的磁感应强度（T）；S 为铁芯截面积（m^2）。

从上式可以看出，频率与电源电压的幅值成正比关系。

3. 直流毫伏变送器量程单元

量程单元由输入回路和反馈回路组成。为了便于分析它的工作原理，将量程单元和放大单元中的运算放大器 A_1 联系起来画在图 3-40 中。直流毫伏变送器的整机线路见图 3-49。

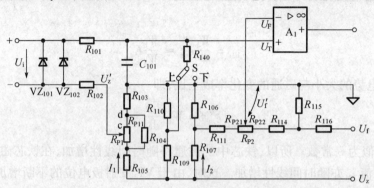

图 3-40　直流毫伏变送器量程单元电路原理图

输入回路中的电阻 R_{101}、R_{102} 及稳压管 VZ_{101}、VZ_{102} 分别起限流和限压作用，它使流入危险场所的电能量限制在安全电平以下。C_{101} 用以滤除输入信号 U_i 中的交流分量。电阻 R_{103}、R_{104}、R_{105} 及零点调整电位器 R_{P1} 等组成零点调整和零点迁移电路。桥路基准电压 U_z 由集成稳压器提供，其输出电压为 5V。

R_{109}、R_{110}、R_{140} 及开关 S 组成输入信号断路报警电路，如果输入信号开路，当开关置于"上"位置时，R_{110} 上的压降（0.3V）通过电阻 R_{140} 加到运算放大器 A_1 的同相端，这个输入电压足以使变送器输出超过 20mA；而当开关 S 置于"下"位置时，A_1 同相端接地，相当于输入回路输出信号 $U_i = 0$，变送器输出为 4mA。在变送器正常工作时，因 R_{140} 的阻值很大（7.5MΩ），而输入信号内阻很小，故报警电路的影响可忽略。

反馈回路由电阻 R_{106}、R_{107}、R_{111}、$R_{114} \sim R_{116}$ 及量程电位器 R_{P2} 等组成，电位器滑触点直接与运算放大器 A_1 反相输入端相连。反馈电压 U_f 引自放大单元功率放大电路射极电阻 R_4 的两端。因 R_4 的阻值很小，故在计算 A_1 反相输入端的电压 U_F 时，其影响可忽略不计。

由图 3-40 可知，A_1 同相输入端的电压 U_T 是变送器输入信号 U_i 和基准电压 U'_z 共同作用的结果；而它的反相输入端的电压 U_F（即 U'_f）则是由基准电压 U_z 和反馈电压 U_f 共同作用的结果。按叠加原理，运算放大器同相输入端和反相输入端的电压分别为

$$U_T = U_i + U'_z = U_i + \frac{R_{cd} + R_{103}}{R_{103} + R_{P1}//R_{104} + R_{105}} U_z \tag{3-38}$$

$$U_F = U'_f = \frac{R_{106}//R_{107} + R_{111} + R_{P21}}{R_{106}//R_{107} + R_{111} + R_{P2} + R_{114} + R_{115}//R_{116}} \times \frac{R_{115}}{R_{115} + R_{116}} U_f +$$

$$\frac{R_{P22} + R_{114} + R_{115}//R_{116}}{R_{106}//R_{107} + R_{111} + R_{P2} + R_{114} + R_{115}//R_{116}} \times \frac{R_{106}}{R_{106} + R_{107}} U_z \tag{3-39}$$

式中：R_{cd} 为电位器 R_{P1} 滑触点 c 点与 d 点之间的等效电阻，其值为

$$R_{cd} = \frac{R_{p11}R_{104}}{R_{P1} + R_{104}}$$

在线路设计时使

$$R_{105} \gg R_{104}//R_{P1} + R_{103} \gg R_{107} \gg R_{106} \gg R_{114} \gg R_{111} + R_{P2} + R_{106}//R_{107} + R_{115}//R_{116}$$

又 $\qquad U_f = I_o R_4 = \frac{U_o}{R_{15}}R_4 = \frac{U_o}{5}R_4$（参见图 3–37 和图 3–38）

所以式(3–38)和式(3–39)可改写成

$$U_T = U_i + \frac{R_{cd} + R_{103}}{R_{105}}U_z \qquad (3-40)$$

$$U_F = \frac{R_{106} + R_{111} + R_{P21}}{R_{111} + R_{114}} \times \frac{R_{115}}{R_{115} + R_{116}} \times \frac{U_o}{5} + \frac{R_{106}}{R_{107}}U_z \qquad (3-41)$$

现设 $\alpha = \dfrac{R_{cd} + R_{103}}{R_{105}}, \beta = \dfrac{5(R_{111} + R_{114})(R_{115} + R_{116})}{(R_{106} + R_{111} + R_{P21})R_{115}}, \gamma = \dfrac{R_{106}}{R_{107}}$。当 A$_1$ 为理想运算放大器时，$U_T = U_F$，可从式(3–40)和式(3–41)求得

$$U_o = \beta[U_i + (\alpha - \gamma)U_z] \qquad (3-42)$$

上式即为变送器输出与输入之间的关系式。这个关系式可以说明以下几点：

(1) $(\alpha - \gamma)U_z$ 这一项表示了变送器的调零信号，改变 α 值可实现正向或负向迁移。更换电阻 R_{103} 可大幅度地改变零点迁移量。而改变 R_{104} 和调整电位器 R_{P1}，可在小范围内改变调零信号，它可以获得满量程的 ±5% 的零点调整范围。

(2) β 为输入与输出之间的比例系数，由于输出信号 U_o 的范围(1~5V)是固定不变的，因而比例越大就表示输入信号范围(即量程范围)越小。改变 R_{114} 可大幅度地改变变送器的量程范围。而调整电位器 R_{P2}，可以小范围地改变比例系数，它可获得满量程的 ±5% 的量程调整范围。

(3) 调整 R_{P2}，改变比例系数，不仅调整了变送器的输入(量程)范围，而且使调零信号也发生了变化，即调整量程会影响零位，这一情况与差压变送器相同。另一方面，调整 R_{P1} 不仅调整了零位，而且满度输出也会相应改变。因此在仪表调校时，零位和满度必须反复调整，才能满足精度要求。

4. 热电偶温度变送器量程单元

为了便于分析，将量程单元和放大单元中的运算放大器 A$_1$ 联系起来画于图 3–41(断偶报警电路略)。热电偶温度变送器的整机线路如图 3–50 所示。

输入信号 E_t 为热电偶所产生的热电势。输入回路中阻容元件 R_{101}、R_{102}、C_{101}，稳压管 VZ_{101}、VZ_{102} 以及断偶报警(即输入信号断路报警)电路的作用与直流毫伏变送器相同。零点调整、迁移电路以及量程调整电路的工作原理也与直流毫伏变送器大致相仿。所不同的是：①在热电偶温度变送器的输入回路中增加了由铜电阻 R_{Cu1}、R_{Cu2} 等元件组成的热电偶冷端温度补偿电路，同时把调零电位器 R_{P1} 移到了反馈回路的支路上；②在反馈回路中增加了由运算放大器 A$_2$ 等构成的线性化电路。下面对这两种电路分别加以讨论。

1) 热电偶冷端温度补偿电路

在两线制温度变送器中，冷端温度补偿中只用了一个铜电阻；而在四线制温度变送器中则用了两个铜电阻，并且这两个电阻的阻值在 0℃ 时都固定为 50Ω。当选用的热电偶型号不同

时,需要调整阻值的是几个锰铜电阻或精密金属膜电阻。

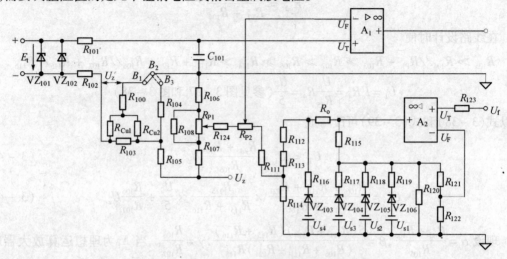

图 3-41　热电偶温度变送器量程单元电路原理图

由图 3-41 可知,运算放大器 A_1 同相输入端的电压 U_T,由输入信号 E_t 和冷端温度补偿电势 U'_z 两部分组成。

$$U_T = E_t + U'_z = E_t + \frac{R_{100} + \dfrac{R_{Cu1}R_{Cu2}}{R_{103} + R_{Cu1} + R_{Cu2}}}{R_{100} + (R_{103} + R_{Cu1})//R_{Cu2} + R_{105}} U_z \qquad (3-43)$$

在电路设计时使 $R_{105} \gg R_{100} + (R_{103} + R_{Cu1})//R_{Cu2}$,则式(3-43)可改写为

$$U_T = E_t + \frac{1}{R_{105}}\left(R_{100} + \frac{R_{Cu1}R_{Cu2}}{R_{103} + R_{Cu1} + R_{Cu2}}\right)U_z \qquad (3-44)$$

式(3-44)表明,当冷端环境温度变化时,R_{Cu1}、R_{Cu} 的阻值也随之变化,使式中第二项发生变化,从而补偿了由于环境温度变化引起的热电偶电势的变化。

从式(3-44)还可知,当铜电阻的阻值增加时,补偿电势 U'_z 将增加得越来越快,即 U'_z 随温度而变的特性曲线是呈下凹形的(二阶导数为正),而热电偶 $E_t - t$ 特性曲线的起始段一般也呈下凹形,两者相吻合。因此,这种电路的冷端补偿特性要优于两线制温度变送器的补偿电路。

补偿电路中,R_{105}、R_{103} 和 R_{100} 为锰铜电阻或精密金属膜电阻,它们的阻值决定于选用哪一类变送器和何种型号的热电偶。对热电偶温度变送器而言,R_{105} 已确定为 7.5kΩ。R_{100} 和 R_{103} 的阻值可按 0℃ 时冷端补偿电路 U'_z 为 25mV 和当温度变化 $\Delta t = 50℃$ 时 $\Delta E_t = \Delta U'_z$ 两个条件进行计算。也可以确定 R_{100} 的阻值,再按上述条件求取 R_{103} 和 R_{105} 的阻值。

图 3-41 中,当 B 端子板上的 B_2 与 B_3 端子相连接时,U'_z 等于 R_{104} 两端的电压,固定为 25mV,故可以 0℃ 为基准点,用毫伏信号来检查变送器的零点。当 B 端子板上的 B_1 与 B_2 端子相连接时,即将冷端温度补偿电路接入。

2)线性化原理及电路分析

线性化电路的作用是使热电偶温度变送器的输出信号(U_o、I_o)与被测温度信号 t 之间呈线性关系。

热电偶输出的热电势 E_t 与所对应的温度 t 之间是非线性的,而且不同型号的热电偶或同

型号热电偶在测温范围不同时,其特性曲线形状也不一样。例如铂铑－铂热电偶,E_t－t特性是下凹形的;而镍铬－镍铝热电偶的特性曲线,开始时呈下凹形,温度升高后又变为上凸形。在测量范围为0~1000℃时的最大非线性误差,前者约为6%,后者约为1%。因此,为保证变送器的输出信号与被测温度之间呈线性关系,必须采取线性化措施。

(1)线性化原理:热电偶温度变送器可画成图3－42所示的框图形式,将各部分特性描在相应位置上。由图可知,输入放大器的信号$\varepsilon = E_t + U'_z - U'_f$,其中$U'_z$在热电偶冷端温度不变时为常数,而$E_t$和$t$的关系是非线性的。如果$U'_f$与$t$的关系也是非线性的,并且同热电偶$E_t$－$t$的非线性关系相对应,那么,$E_t$和$U'_f$的差值$\varepsilon$与$t$的关系也就呈线性关系了,$\varepsilon$经线性放大器后的输出信号$U_o$也就与$t$呈线性关系。显然,要实现线性化,反馈回路的特性($U'_f-U_o$的特性亦即$U'_f-t$特性)需与热电偶的特性相一致。

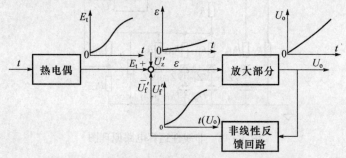

图3－42　热电偶温度变送器线性化原理方框图

(2)线性化电路:即非线性运算电路实际上是一个折线电路,它是用折线法来近似表示热电偶的特性曲线的。例如图3－43所示为由4段折线来近似表示某非线性特性的曲线,图中,U_f为反馈回路的输入信号,U_a为非线性运算电路的输出信号,γ_1、γ_2、γ_3、γ_4分别代表4段直线的斜率。折线的段数及斜率的大小由热电偶的特性来确定,一般情况下,用4~6段折线近似表示热电偶的某段特性曲线时,所产生的误差小于0.2%。

要实现如图3－43所示的特性曲线,可采用图3－27所示的典型的运算电路结构。图中,VZ_{103}、VZ_{104}、VZ_{105}、VZ_{106}为稳压管,它们的稳压值为U_D,其特性是在击穿前,电阻极大,相当于开路,而当击穿后,动态电阻极小,相当于短路。U_{s1}、U_{s2}、U_{s3}、U_{s4}为由基准电压回路提供的基准电压,对公共点而言,它们均为负值。基准电压回路由恒压电路(由三极管VT_{101}、稳压管VZ_{107}、VZ_{108}等构成)和电阻分压器R_{125}、R_{132}、R_{126}、R_{131}、R_{127}、R_{130}、R_{128}、R_{129}组成(图3－50)。R_a为非线性运算电路的等效负载电阻。

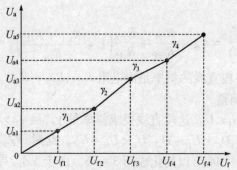

图3－43　非线性运算电路特性曲线示例

A_2、$R_{120} \sim R_{122}$、R_{115}、R_o、R_a组成了运算电路的基本线路(图3-45),该线路决定了第一段直线的斜率γ_1。当要求后一段直线的斜率大于前一段时,如图3-43中的$\gamma_2 > \gamma_1$,则可在R_{120}上并联一个电阻,如(R_{119}),此时负反馈减小,输出u_a增大。如果要求后一段直线的斜率小于前一段时,如图3-43中的$\gamma_3 < \gamma_2$,则可在R_a上并联一个电阻(如R_{116}),此时输出u_a减小。并联上去的电阻的大小,决定于对新线段斜率的要求,而基准电压的数值和稳压管的击穿电压,则决定了什么时候由一段直线过渡到另一段直线,即决定折线的拐点。

下面按图3-43所示的特性曲线,以第一、二段直线为例进一步分析图3-44所示的运算电路。

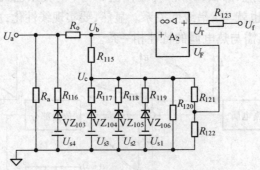

图3-44 非线性运算电路原理图

第一段直线,即$U_f \leqslant U_{f2}$,这段直线要求斜率是γ_1。在此段直线范围内,要求$U_C \leqslant U_D + U_{s1}$、$U_C < U_D + U_{s2}$、$U_C < U_D + U_{s3}$、$U_a < U_D + U_{s4}$。此时,$VZ_{103} \sim VZ_{106}$均未导通。这样,图3-44可以简化成图3-45。当A_2为理想运算放大器时,则可由图3-45列出下列关系式:

$$\Delta U_f = \frac{R_{122}}{R_{121} + R_{122}} \Delta U_c \tag{3-45}$$

$$\Delta U_c = \frac{(R_{121} + R_{122}) // R_{120}}{(R_{121} + R_{122}) // R_{120} + R_{115}} \Delta U_b \tag{3-46}$$

$$\Delta U_a = \frac{R_a}{R_o + R_a} \Delta U_b \tag{3-47}$$

将式(3-45)~式(3-47)联立求解可得

$$\Delta U_a = \left[1 + \frac{R_{121}}{R_{122}} + \frac{R_{115}}{R_{122}}\left(1 + \frac{R_{121} + R_{122}}{R_{120}} \right) \right] \times \frac{R_a}{R_o + R_a} \Delta U_f \tag{3-48}$$

对照图3-43可知

$$\gamma_1 = \frac{\Delta U_a}{\Delta U_f} = \left[1 + \frac{R_{121}}{R_{122}} + \frac{R_{115}}{R_{122}}\left(1 + \frac{R_{121} + R_{122}}{R_{120}} \right) \right] \times \frac{R_a}{R_o + R_a} \tag{3-49}$$

从上式可以看出,第一段直线的斜率是由电阻R_{115}、$R_{120} \sim R_{122}$、R_o和R_a确定的。γ_1一般可以通过改变R_{120}的阻值来调整。

第二段直线,即$U_{f2} < U_f \leqslant U_{f3}$,这段直线要求斜率是$\gamma_2$,且$\gamma_2 > \gamma_1$。在此段直线范围内,要求$U_D + U_{s1} < U_C \leqslant U_D + U_{s2}$、$U_C < U_D + U_{s3}$、$U_a < U_D + U_{s4}$。此时,$VZ_{106}$处于导通状态,而$VZ_{103} \sim VZ_{105}$均未导通。这样,图3-44可以简化成图3-46。由于VZ_{106}导通时的动态电阻和基准电压U_{s1}的内阻很小,因而此时相当于电阻R_{119}并联在电阻R_{120}上。

分析图3-46所示的电路可知

$$\Delta U_c = \frac{(R_{121} + R_{122}) /\!/ R_{120} /\!/ R_{119}}{(R_{121} + R_{122}) /\!/ R_{120} /\!/ R_{119} + R_{115}} \Delta U_b \qquad (3-50)$$

将式(3-45)、式(3-47)和式(3-50)联立求解可得

$$\Delta U_a = \left[1 + \frac{R_{121}}{R_{122}} + \frac{R_{115}}{R_{122}}\left(1 + \frac{R_{121} + R_{122}}{R_{120} /\!/ R_{119}}\right)\right] \times \frac{R_a}{R_o + R_a} \Delta U_f \qquad (3-51)$$

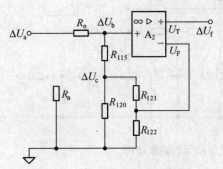

图 3-45　非线性运算原理简图之一

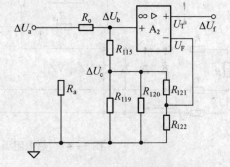

图 3-46　非线性运算原理简图之二

进而可求得第二段直线的斜率为

$$\gamma_2 = \frac{\Delta U_a}{\Delta U_f} = \left[1 + \frac{R_{121}}{R_{122}} + \frac{R_{115}}{R_{122}}\left(1 + \frac{R_{121} + R_{122}}{R_{120} /\!/ R_{119}}\right)\right] \times \frac{R_a}{R_o + R_a} \qquad (3-52)$$

比较第一、二段直线斜率的表达式(3-49)和式(3-52),可以看出 $\gamma_2 > \gamma_1$,即在 R_{120} 上并一个电阻,可增加特性曲线的斜率。因此,根据所要求的斜率 γ_2,只要在已定的 γ_1 的基础上,选配适当阻值的 R_{119} 即可满足。

按照同样的方法,可求取第三、四段斜率的表达式,并根据所要求的斜率 γ_3、γ_4,选配相应的并联电阻的阻值,以使非线性运算电路的输出特性与热电偶的特性相一致,从而达到线性化的目的。

还需指出,由于不同测温范围时的热电偶特性不一样,因此在调整仪表的零点或量程时,必须同时改变非线性运算电路的结构和电路中有关元件的变量。

5. 热电阻温度变送器量程单元

为便于分析,将量程单元和放大单元中的运算放大器 A_1 联系起来画于图 3-47。热电阻温度变送器的整机线路见图 3-51。

图 3-47 中 R_t 为热电阻,r_1、r_2、r_3 为其引线电阻,$VZ_{101} \sim VZ_{104}$ 为限压元件。R_t 两端的电压随温度 t 而变,此电压送至运算放大器 A_1 的输入端。零点调整、迁移以及量程调整电路与上述两种变送器基本相同。

热电阻温度变送器也具有线性化电路,但这一电路是置于输入回路之中。此外,变送器还设置了热电阻的引线补偿电路,以消除引线电阻对测量的影响。下面分别讨论这两种电路。

1)线性化原理及电路分析

热电阻和被测温度之间也存在着非线性关系,例如铂热电阻,$R_t - t$ 特性曲线的形状是呈上凸形的,即热电阻阻值的增加量随温度升高而逐渐减小。由铂电阻特性可知,在 0～500℃的测量范围内,非线性误差最大约为 2%,这对于要求比较精确的场合是不允许的,因此必须采取线性化的措施。

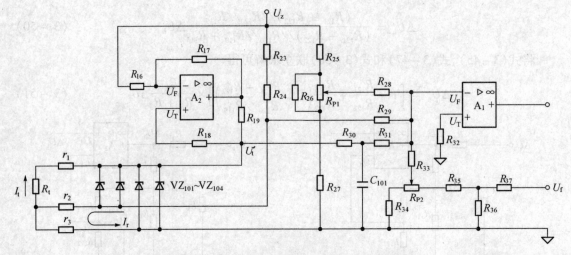

图 3 – 47　热电阻温度变送器量程单元电路原理图

　　热电阻温度变送器的线性化电路不采用拆线方法,而是采用正反馈的方法,将热电阻两端的电压信号 U_t 引至 A_2 的同相输入端,这样 A_2 的输出电流 I_t 将随 U_t 的增大而增大,即 I_t 随被测温度 t 升高而增大,从而补偿了热电阻随被测温度升高而其变化量逐渐减小的趋势,最终使得热电阻两端的电压信号 U_t 与被测温度 t 之间呈线性关系。

　　热电阻线性化电路原理如图 3 – 48 所示。图中 U_z 为基准电压。A_2 的输出电流 I_t 流经 R_t 所产生的电压 U_t,通过电阻 R_{18} 加到 A_2 的同相输入端,构成一个正反馈电路。现把 A_2 看成是理想运算放大器,即偏置电流为零,$U_T = U_F$,由图 3 – 48 可求得

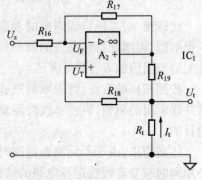

图 3 – 48　线性化电路原理图

$$U_t = - I_t R_t \tag{3 – 53}$$

$$U_F = \frac{R_{17}}{R_{16} + R_{17}} U_z - \frac{R_{16}(R_{19} + R_t)}{R_{16} + R_{17}} I_t \tag{3 – 54}$$

由上两式可求得流过热电阻的电流 I_t 和热电阻两端的电压 U_t 分别为

$$I_t = \frac{R_{17}}{R_{16}R_{19} - R_{17}R_t} U_z = \frac{gU_z}{1 - gR_t} \tag{3 – 55}$$

$$U_t = \frac{gR_t U_z}{1 - gR_t} \tag{3 – 56}$$

式中

$$g = \frac{R_{17}}{R_{16}R_{19}}$$

　　如果 $gR_t < 1$,即 $R_{17}R_t < R_{16}R_{19}$,则由式(3 – 55)可以看出,当 R_t 随被测温度的升高而增大时,I_t 将增大;而且从式(3 – 56)可知,U_t 的增加量也将随被测温度的升高而增大,即 U_t 和 R_t 之间呈下凹形函数关系。因此,只要恰当地选择元件变量,就可以得到 U_t 和 t 之间的直线函数关系。

　　实践表明,当选取 $g = 4 \times 10^{-4} \, \Omega^{-1}$ 时,即取 $R_{16} = 10\text{k}\Omega$,$R_{17} = 4\text{k}\Omega$,$R_{19} = 1\text{k}\Omega$ 时,在 $0 \sim 500℃$ 测温范围内,铂电阻 R_t 两端的电压信号 U_t 和被测温度 t 间的非线性误差最小。

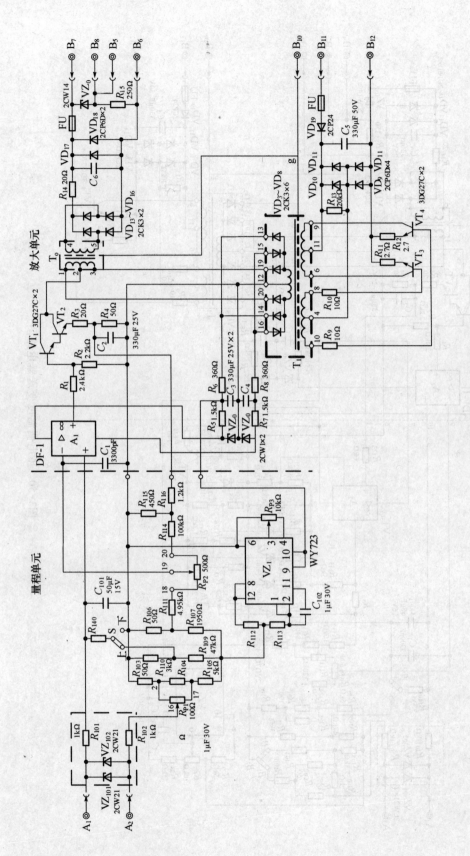

图3-49 直流毫伏变送器电路图

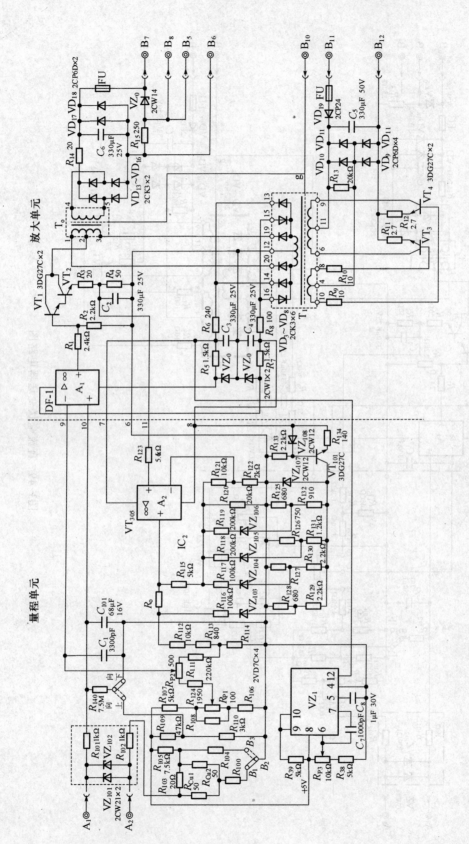

图3-50 热电偶温度变送器电路图

70

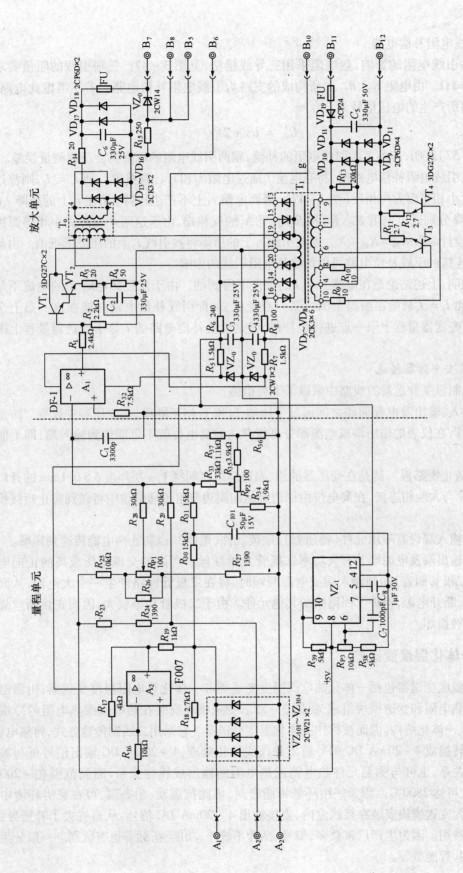

图3-51　热电阻温度变送器电路图

71

2）引线电阻补偿电路

为消除引线电阻的影响，热电阻采用三导线接法，见图 3 - 47。三根引线的阻值要求为 $r_1 = r_2 = r_3 = 1\Omega$。由电阻 R_{23}、R_{24}、r_2 所构成的支路为引线电阻补偿电路。若不考虑此电路，则热电阻回路所产生的电压信号为

$$U'_t = U_t + 2I_t r \tag{3 - 57}$$

式（3 - 57）表明，若不考虑引线电阻的补偿，则两引线电阻的压降将会造成测量误差。

当存在引线电阻补偿电路时，将有电流 I_r 通过电阻 r_2 和 r_3。调整 R_{24}，使 $I_r = I_t$，则流过 r_3 的两电流大小相等而方向相反（图 3 - 47），因而电阻 r_3 上不产生压降。I_t 在 r_1 上的压降 $I_t r$ 和 I_r 在 r_2 的压降分别通过电阻 R_{30}、R_{31} 和 R_{29} 引至 A_1 的反相端，由于这两个压降大小相等而极性相反，并且设计时取 $R_{29} = R_{30} + R_{31}$，因此引线 r_1 上的压降将被引线 r_2 上的压降所抵消。由此可见，三导线连接的引线补偿电路可以消除热电阻引线的影响。

应当说明，上述结论是在电流 $I_r = I_t$ 的条件下得到的。由于流过热电阻 R_t 的电流不是一个常数，因此 $I_r = I_t$ 只能在测温范围内某一点上成立，即引线补偿电路只能在这一点上全补偿。一般取变送器量程上限一点进行全补偿，就是说使补偿电路的 I_r 等于变送器量程上限时的 I_t。

6. 本质安全防暴措施

在四线制温度变送器的线路中采取了下列措施：

（1）输入、输出及电源回路之间通过变压器 T_0 和 T_1 相互隔离，在变压器中设有"防止短接板"。这样，在仪表的输出端或电源部分可能存在的高电位就不可能传到输入端，即不能传送到现场。

所谓"防止短路板"，就是在变压器的原、副边绕组之间绕上一层厚度 $\delta > 0.1\text{mm}$ 的开口铜片，这个铜片与大地相连接，在高电位由原边绕组向副边绕组传递的途中将碰到防止短接板而进入大地。

（2）在输入端设有限压元件（稳压管）、限流元件（电阻），以防止高电能传递到现场。

（3）在输出端及电源端装有大功率二极管及熔断丝。当高的交流电压或高的正向电压（对大功率二极管而言）加到输入端或电源两端时，将在二极管回路产生一个大电流，从而把熔断丝烧毁，断开电源，保护了回路中的其他元件。由于二极管功率较大，因而在熔断丝烧毁过程中不致被损坏。

二、一体化温度变送器

一体化温度变送器包括一体化热电偶温度变送器和一体化热电阻温度变送器，由测温元件热电偶或热电阻和变送模块组成，见图 3 - 52。变送模块安装在热电偶或热电阻的冷端接线盒内，形成一体化结构，因而被称作一体化温度变送器。它采用二线制传输方式，将热电偶、热电阻信号转换成 4～20mA DC 信号输出并作线性化处理，4～20mA DC 输出信号可与被测温度成线性关系，也可与测温元件热电偶或热电阻的输出成线性关系，测温范围在 - 200～1600℃，最大可达 2800℃。因为采用环氧树脂密封，因此抗震动、耐高温、可在恶劣环境中安装使用。因为变送模块安装在接线盒内，直接输出 4～20mA DC 信号，从而省去了补偿导线，节约了安装费用。因为生产厂家众多，型号、品种不统一，功能、指标等也有区别。一般分为普通型、数显型、智能型等。

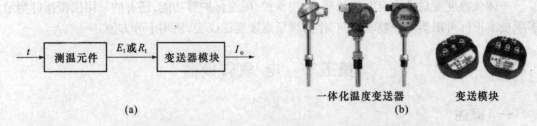

图 3 - 52　一体化温度变送器

(a) 结构框图;(b) 实物图。

1. 主要指标

基本误差: ±0.5%FS、±0.2%FS、智能型 ±0.2%FS;

输入信号:热电偶:K、E、J、B、S、T、N。热电阻:Pt100、Cu50、Cu100(三线制、四线制)。智能型温度变送器的输入信号可通过手持器和 PC 机任意设置;

输出信号:4～20mA DC,智能型 4～20mA DC 叠加 HART 数字信号;

测量范围:客户指定;

显示方式:四位数字显示现场温度,智能型可通过 PC 机或手持器设定选择显示现场温度、传感器值、输出电流和百分比等工程单位;

工作电压:普通型号 12～35V,智能型 12～45V,额定工作电压为 24V;

允许负载电阻:24VDC 供电时 500Ω,负载电阻:$R_L = 50(V - 12)\Omega$;

环境温度:−25 − +80℃(常规型)、−25 − +70℃(数显型)、−25 − +75℃(智能型);

防爆等级:ExiaIICT6、ExdIIBT4;

防护等级:IP65、IP68。

2. 工作原理

如图 3 − 53 所示,热电偶或热电阻传感器将被测温度转换成电信号,再将该信号接入变送模块,变送模块包含输入网络、热电偶冷端温度补偿电路、放大电路、V/I 转换电路、线性化电路、稳压电路等相关电路,输入网络包含热电阻测量电桥和调零电路,稳压电源给热电阻测量电桥提供稳定电源。经调零后的信号输入到运算放大器进行信号放大,放大后的信号一路经 V/I 转换后以 4～20mA DC 直流电流输出;另一路经 A/D 转换器处理后送到表头显示。变送器的线性化电路有两种,均采用反馈方式。对热电阻传感器,用正反馈方式作线性化处理;对热电偶传感器,用多段折线逼近法进行线性化处理。一体化数字显示温度变送器有 LCD、LED 两种显示方式。

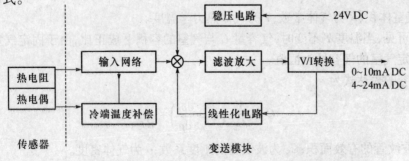

图 3 − 53　一体化热电偶结构框图(普通型)

一体化温度变送器还有断偶处理、反接保护、限流保护等功能,还有的采用模拟指针指示,多项技术指标可根据用户要求定制,作为现场温度变送仪表,使用十分方便。

第五节 电/气转换器

一、概述

电/气转换器是将电动仪表输出的 4~20mA 直流电流信号转换成可被气动仪表接收的 20~100kPa 标准气压信号,以实现电动仪表和气动仪表的联用,构成混合控制系统,发挥电、气仪表各自的优点。

电/气转换器的主要性能指标:基本误差为 ±0.5%,变差为 ±0.5%;灵敏度为 0.05%。

二、气动仪表的基本元件

气动仪表由气阻、气容、弹性元件、喷嘴—挡板机构和功率放大器等基本元件组成。

1. 气阻

气阻与电子线路中的电阻相似,它可以改变气路中的气体流量。在流体成层流状态时,气阻的大小与两端的压降成正比,与流过的流量成反比,可表示为

$$R = \frac{\Delta p}{M} \tag{3-58}$$

式中:R 为气阻;Δp 为气阻两端的压降;M 为气体的质量流量。

气阻有恒气阻(如毛细管、小孔等)与可调气阻(变气阻)以及线性气阻与非线性气阻之分。流过气阻的流体为层流状态时,气阻呈现为线性;而在流过气阻的流体为紊流状态时,气阻呈现为非线性。

2. 气容

气容在气路中的作用与电容在电路中的作用相似,它是一个具有一定容积的气室,是储能元件,其两端的气压不能突变。气容分固定气容和弹性气容两种,气容结构原理图如图 3-54 所示。

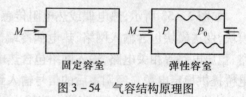

图 3-54 气容结构原理图

根据气体状态方程,固定气容可表示为

$$C = \frac{V}{RT} \tag{3-59}$$

式中:V 为气室体积;R 为气体常数;T 为气体热力学温度。

由上式可见,当温度 T 不变时,气容量 C 与气室的容积 V 成正比,由于固定气室的容积恒定,因此,固定气室的气容量为恒值。

弹性气容的表达式为

$$C = \frac{A_e^2}{C_b} \rho \left(1 - \frac{dp_0}{dp} \right) + \frac{V}{RT} \tag{3-60}$$

式中:A_e 为波纹管的有效面积;C_b 为波纹管的刚度系数;ρ 为气体密度。

由上式可知,弹性气容在工作过程中容积 V 发生变化,则气容量 C 也随之改变,当波纹管内、外压力的变化量不相等时,气容量还与弹性气容的结构变量和内、外压力变化量的比值有

关。当内、外压力的变化量相等时,即 $dp_0 = dp$ 时,则弹性气容就变为固定气容。

3. 弹性元件

弹性元件为适应不同的工作目的,可做成不同的结构和形状。它们包括各种不同形状的弹簧、波纹管、金属膜片和非金属膜片等。这些不同结构和形状的弹性元件,在气动仪表中分别用来产生力,存储机械能,缓冲振动,把某些物理量(力、差压、温度)转换为位移,在仪器的连接处产生一定的操纵拉力等。

弹性原件的质量指标有弹性特性、刚度与灵敏度、滞后与迟滞量、弹性后效现象等。

弹性特性——弹性原件的变形与作用力或其他变量之间的关系。

刚度与灵敏度——通常把使弹性原件产生单位形变(位移)所需的作用力或力矩称为弹性元件的刚度。刚度的倒数称为灵敏度。

弹性滞后与迟滞量——在弹性原件的弹性范围内,逐渐加载和卸载的过程中,弹性特性不重合的现象叫做弹性元件的弹性滞后现象。迟滞量表征滞后最大值,用相对量表示,即弹性元件的正、反行程的位移最大变差 Γ_{max} 与最大位移量 s_{max} 的百分比。

弹性后效现象——弹性元件在弹性变形范围内,其位移(形变)不能立即和所施载荷相对应,需经一段时间后,才能达到相应的载荷的形变。弹性元件的弹性后效有时达 2% ~ 3%。

弹性元件的滞后现象和后效现象是弹性元件的缺点,为减小其影响,常用特种合金(如铍青铜)来制作弹性元件。

4. 喷嘴挡板机构

喷嘴挡板机构的作用是把微小的位移转换成相应的压力信号,它由恒节流孔(恒气阻)、节流气室和喷嘴挡板所形成的变节流孔(变气阻)组成,图 3 – 55 为其结构图,图 3 – 56 为其背压与挡板位移特性。

图 3 – 55 中,恒节流孔是一孔径 d 为 0.1 ~ 0.25mm,长为 5 ~ 20mm 的毛细管;喷嘴直径 D 为 0.8 ~ 1.2mm. 。喷嘴挡板构成一个变气阻,气阻值取决于喷嘴挡板间的间隙 δ。喷嘴和恒节流孔之间的气室直径约 2mm。140kPa 的气源压力 p_s 经恒节流孔进入节流气室,再由喷嘴挡板的间隙排出。当挡板的位置改变时,气室压力 p_B(常称喷嘴背压)也改变。

当 δ 在 δ_a ~ δ_b 区间变化时,p_B 和 δ 呈线性关系。δ_a ~ δ_b 是喷嘴挡板的工作区,只有百分之几毫米的变化范围,其间 p_B 有 8kPa 变化量。可见,喷嘴挡板机构把微小的位移变化量转换成相当大的气压信号。p_B 的变化量经功率放大器放大 10 倍后,输出压力为 20 ~ 100kPa。

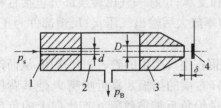

图 3 – 55　喷嘴挡板结构图
1—恒节流孔;2—节流气室;3—喷嘴;4—挡板。

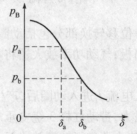

图 3 – 56　喷嘴背压与挡板位移特性

5. 功率放大器

功率放大器将喷嘴挡板的输出压力和流量都放大,目前广泛采用耗气式放大器,它由壳体、膜片、锥阀、球阀、簧片、恒气阻等组成。图 3 – 57 为其结构原理图。

当输入信号(喷嘴背压)p_B增大时,金属膜片受力而产生向下的推力,此力克服簧片的预紧力,推动阀杆下移,使球阀开大,锥阀关小,A 室的输出压力增大。锥阀与球阀都是可调气阻,这两个可调气阻构成一个节流气室(A)。当阀杆产生位移时,同时改变锥阀与球阀的气阻值。一个增加,另一个减小,即改变了节流气室的分压系数。因此,对于一定的背压 p_B 就有一输出值与之相对应。

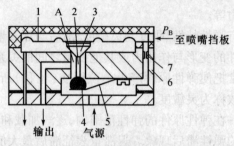

图 3 - 57　功率放大器结构原理图

1—膜片;2—阀杆;3—锥阀;4—球阀;5—簧片;6—壳体;7—恒气阻。

三、电/气转换器工作原理和结构

电/气转换器是基于力矩平衡原理工作的,其结构形式有多种,现以具有正、负两个反馈波纹管的电/气转换器为例讨论其工作原理。转换器由电流—位移转换部分、位移—气压转换部分、气动功率放大器和反馈部件组成,如图 3 - 58 所示。

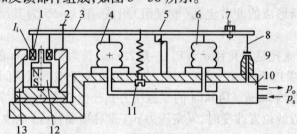

图 3 - 58　电/气转换器结构图

1—动圈;2—限位螺钉;3—杠杆;4—正反馈波纹管;5—十字簧片支承;6—负反馈波纹管;
7—平衡锤;8—挡板;9—喷嘴;10—气动放大器;11—调零弹簧;12—铁芯;13—磁钢。

电流—位移转换部分包括动圈、磁钢系统、杠杆和支承;位移—气压转换部分包括杠杆系统及喷嘴挡板;气动功率放大器将喷嘴的背压进行功率放大后输出气压 p_o;反馈部件为正、负反馈波纹管。

当输入电流 I_i 进入动圈后,产生的磁通与永久磁钢在空气隙中的磁通相互作用,从而产生向上的电磁力,带动杠杆3绕支承5转动,安装在杠杆右端的挡板8靠近喷嘴9,使其背压升高,经气动放大器进行功率放大后,输出压力 p_o。p_o 送给负反馈波纹管6产生向上的负反馈力,p_o 同时送给正反馈波纹管产生向上的正反馈力,以抵消一部分负反馈的影响。因而不需太大的输入力矩就可达到平衡,从而可以缩小磁钢与动圈尺寸以及动圈距簧片支承的距离,大大减小整个转换器的体积。平衡锤7用以平衡整个活动系统的质量,使转换器在倾斜位置上仍能正常工作,同时也可以提高其抗振性能。作用在杠杆上的力如下:

(1)测量力 $F_i = K_i I_i$。式中,K_i 为电磁结构常数。

76

（2）负反馈力 $F_{f1} = p_o A_1$。式中，A_1 为负反馈波纹管的有效面积。

（3）正反馈力 $F_{f2} = p_o A_2$。式中，A_2 为正反馈波纹管的有效面积。

（4）当杠杆转动角度 φ 时，十字簧片产生的附加力矩为 $M_\varphi = C\varphi$。式中，C 为杠杆系统的等效转角刚度；φ 为杠杆转角。C 和 φ 一般都很小，故附加力矩可略而不计。

（5）调零作用力 F_0。通过调零弹簧施加于主杠杆上的作用力。

图 3-59 为杠杆的受力平衡图。O 点为杠杆的支点。按力矩平衡原理可得如下关系式：

$$F_i l_i + F_{f2} l_{f2} + F_0 l_0 = F_{f1} l_{f1} \tag{3-61}$$

将 F_i、F_{f2} 和 F_{f1} 代入式（3-61），经整理后得

$$p_o = \frac{K_i l_i}{A_1 l_{f1} - A_2 l_{f2}} I_i + \frac{F_0 l_0}{A_1 l_{f1} - A_2 l_{f2}} \tag{3-62}$$

由式（3-62）可知：

（1）输入电流与输出压力 p_o 呈比例关系。改变 l_{f1} 和 l_{f2} 可调节转换器量程，改变 F_0 可调节转换器零点。式中第二项用以确定转换器输出压力的起始值（20kPa）。

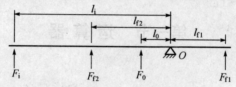

图 3-59　杠杆的受力平衡图

（2）当第一项分母 $(A_1 l_{f1} - A_2 l_{f2})$ 取得较小时，便能减小 $K_i l_i$，从而可缩小转换器的体积。但测量力矩和反馈力矩之差也不能取得过小。为了保证精度，要求它们比附加力矩大得多。

（3）第二项分母值与两个波纹管面积之差有关，故波纹管面积随温度变化对输出的影响可以相互抵消，即起到温度补偿作用。

至此，实现了电流—压力转换。

第四章 运算器和执行器

运算器接收来自变送器或转换器的统一标准信号,它可对一个或几个输入信号进行加、减、乘、除、平方、开方等多种运算,以实现各种算法,满足自动检测和控制系统的要求。例如,在采用节流装置测量气体流量时,采用乘除运算对温度、压力进行自动补偿,使所测得的结果成为标准状态下的流量值;对差压变送器的输出信号进行开方运算,使运算器的输出值与流量信号呈线性关系。执行器接收来自控制器的控制信号,并将其转换成直线位移或角位移,去操纵控制机构(控制阀等)使被控量发生变化以实现自动控制。

本章先介绍两种典型的运算器——乘除器和开方器,再介绍电动执行器和气动执行器。

第一节 运 算 器

一、乘除器

1. 概述

乘除器可对两个或三个 $1\sim5V$ 的直流电压信号进行下列四种运算,运算结果以 $1\sim5V$ 直流电压或 $4\sim20mA$ 直流电流输出。

乘除运算
$$U_o = N\frac{(U_{i1}-1)(U_{i2}+K_2)}{U_{i3}+K_3} + 1$$

乘后开方
$$U_o = \sqrt{N(U_{i1}-1)(U_{i2}+K_2)} + 1$$

乘法运算
$$U_o = \frac{N}{4}(U_{i1}-1)(U_{i2}+K_2) + 1$$

除法运算
$$U_o = 4N\frac{U_{i1}-1}{U_{i3}+K_3} + 1$$

式中:U_{i1}、U_{i2}、U_{i3} 为乘除器的输入信号;U_o 为乘除器的输出信号;N 为运算系数;K_1、K_2 为可调偏置电压。

为使乘除器适用于气体流量测量时的温度和压力补偿,在乘除器中设置了附加偏置电路,使 K_1、K_2 的大小和正负均可随补偿要求而改变,运算系数 N 也可按补偿要求选定。

乘除器的主要性能指标:当 $U_{i1}=U_{i3}\geqslant3V$ 或 $U_{i2}=U_{i3}$ 时,U_{i2} 或 U_{i1} 由 $0\sim100\%$ 变化时仪表的基本误差不超过 $\pm0.5\%$;当 $U_{i1}=1.5V$,$U_{i2}=5V$,而 U_{i3} 由 $1.5\sim5V$ 变化时,仪表的基本误差不超过 $\pm0.5\%$,但当 $U_{i3}<3V$ 而 U_{i1} 和 U_{i2} 均大于 $3V$ 时不计精度。电流输出端的负载电阻为 $0\sim100\Omega$。

乘除器最基本的运算关系是乘除复合运算,而实现乘除复合运算的基础是乘法运算。这里先讨论乘法运算的实现方法和乘除器构成的基本原理。

1) 乘法运算的实现方法

实现乘法运算的方法有几种,例如,可利用霍耳元件的霍耳效应,也可应用单向矩形脉冲或正、负矩形脉冲的调宽调高原理来构成乘法线路。在电动仪表中,目前应用单向矩形脉冲的调宽调高原理来实现乘法运算。

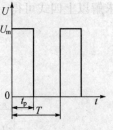

图 4-1　单向矩形脉冲

现有图 4-1 所示的单向矩形脉冲,其直流分量可表示为

$$U_D = \frac{t_p}{T} U_m \qquad (4-1)$$

式中:t_p 为矩形脉冲宽度;T 为矩形脉冲周期;U_m 为矩形脉冲幅值。

$\frac{t_p}{T}$ 表征矩形脉冲高电位与低电位持续时间的不对称程度,称为占空系数,用 S 表示,即 $S = \frac{t_p}{T}$。于是式(4-1)可表示为

$$U_D = SU_m \qquad (4-2)$$

由上式可知,欲对两个输入信号 x_1 和 x_2(电流或电压信号)进行乘法运算,只要使两信号分别正比于 S 和 U_m 便可实现。

设　　　　　　　　　　　　$S = k_1 x_1$,$U_m = k_2 x_2$

则　　　　　　　　　　　　$U_D = Sk_2 x_2$ 或 $U_D = k_1 k_2 x_1 x_2$

上式表明,U_D 与输入信号 x_1 和 x_1 之积成比例。因此,如将输入信号 x_1 控制矩形脉冲的宽度(调宽),而由另一个输入信号 x_2 控制矩形脉冲的幅值(调高),所得的矩形脉冲再经滤波取得直流分量,这样就完成了乘法运算。乘法运算电路如图 4-2 所示,它由调宽电路、调高电路和滤波电路串联而成。其中调高电路和滤波电路实现 S 和 x_2 相乘,并赋予系数 k_2,这两个电路通常称为乘法电路 M。

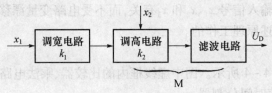

图 4-2　简单乘法运算电路方框图

需要说明的是,在调宽电路中,若由 x_1 的大小改变矩形脉冲周期 T,而保持脉冲宽度 t_p 不变,这同样改变了占空系数 S,故其作用是一样的。

2) 应用负反馈原理构成乘除器

图 4-2 所示的简单乘法电路难以达到运算精度的要求,这是因为它是开环的,电路元件变量的漂移将会造成输出的不稳定,并且很难保证调宽电路 S 和 x_1 的线性关系。为了提高运算精度,应采用负反馈技术,即在 x_1 与 S 之间设置一个放大系数足够大的放大器,而在反馈回路上再设置一套调高和滤波电路(即乘法电路 M_2,其系数为 k_3),如图 4-3 所示。电路的第三个输入信号 x_3(作为除数)加入新增的调高电路。设放大器的放大系数为 K,放大器的输入偏差为 ε,反馈信号为 x_f,则可由图 4-3 列出以下关系式:

$$\begin{cases} x_1 - x_f = \varepsilon \\ S = Kk_1\varepsilon \\ U_D = k_2 Sx_2 \\ x_f = k_3 Sx_3 \end{cases}$$

求解以上四式可得

$$U_{\mathrm{D}} = \frac{Kk_1k_2x_1x_2}{1 + Kk_1k_3x_3} \qquad (4-3)$$

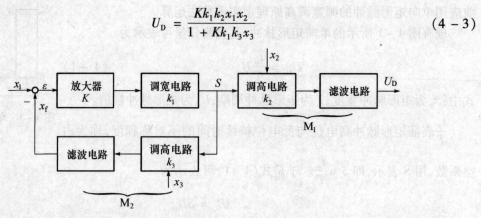

图 4 - 3　乘除器构成方框图

当 $Kk_1k_3x_3 \gg 1$，即满足深度负反馈条件时，则有

$$U_{\mathrm{D}} = \frac{k_2x_1x_2}{k_3x_3}$$

设 $k_2 = k_3$，则

$$U_{\mathrm{D}} = \frac{x_1x_2}{x_3} \qquad (4-4)$$

式(4-4)即为乘除复合运算的关系式。此式表明，在满足深度负反馈的条件下，乘除器的输出信号的大小仅与输入信号 x_1、x_2 和 x_3 有关，而不受电路变量漂移和非线性的影响。

乘除器就是基于上述原理工作的。

2. 工作原理

乘除器的构成如图 4 - 4 所示。图中虚线框内的比较器、乘法电路 1 和乘法电路 2 组成基本运算电路，即自激振荡时间分割器。

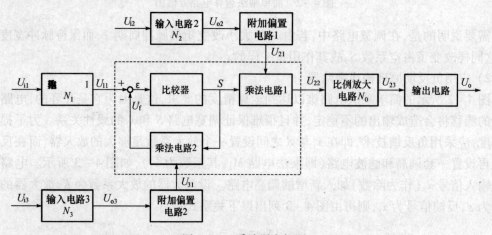

图 4 - 4　乘除器方框图

作为被乘数的电压 U_{11} 与反馈电压 U_{f} 相比较后的差值 ε 输入比较器，再将 ε 放大并转换成相应的脉冲量 S，S 为两个乘法电路的输入信号。作为除数的电压 U_{31} 进入系数为 k_3 的乘法

电路 2 与 S 相乘,其积为反馈电压 U_f;作为乘数的电压 U_{21} 进入系数为 k_2 的乘法电路 1 与 S 相乘,得到运算电路的输出电压 U_{22}。按式(4−3)的推导方法,在比较器的放大倍数足够大的条件下,由图 4−4 可求得

$$U_{22} = \frac{k_2 U_{11} U_{21}}{k_3 U_{31}}$$

设 $k_2 = k_3$,则

$$U_{22} = \frac{U_{11} U_{21}}{U_{31}} \tag{4−5}$$

式(4−5)即为运算电路的基本关系式。

鉴于乘除器的输入、输出信号的起点均不为零,且考虑气体流量测量时对温度、压力作补偿的需要,因此在乘除器中还设置了输入电路、附加偏置电路、比例放大电路以及输出电路。

输入电路的作用是从输入信号中减去与运算无关的 1V 电压,并将以 0V 为基准的信号移至以电平 U_B 为基准。三个输入电路的运算关系式分别为

$$\begin{cases} U_{11} = N_1(U_{i1} - 1) \\ U_{o2} = N_2(U_{i2} - 1) \\ U_{o3} = N_3(U_{i3} - 1) \end{cases}$$

式中:N_1、N_2、N_3 分别为输入电路 1、2、3 的比例系数。

附加偏置电路用来提供偏置电压,两个附加偏置电路的运算关系式分别为

$$\begin{cases} U_{21} = U_{o2} + U_{p2} = N_2(U_{i2} - 1) + U_{p2} \\ U_{31} = U_{o3} + U_{p3} = N_3(U_{i3} - 1) + U_{p3} \end{cases}$$

式中:U_{p2}、U_{p3} 分别为附加偏置电路 1、2 的偏置电压。

比例放大电路用来调整仪表的量程,其运算关系式为

$$U_{23} = N_0 U_{22}$$

式中:N_0 为比例系数。

输入电路的作用是进行加 1 运算,并将以 U_B 为基准的电压信号转换成以 0V 为基准的输出电压信号;它还进行功率放大,以提高仪表的负载能力。其输出关系为

$$U_o = U_{23} + 1 = N_0 U_{22} + 1$$

将 U_{11}、U_{21}、U_{31} 的关系式代入式(4−5)并与 U_o 的关系式联立可得

$$U_o = N_0 \frac{N_1(U_{i1} - 1)[N_2(U_{i2} - 1) + U_{p2}]}{N_3(U_{i3} - 1) + U_{p3}} + 1$$

设 $N = \dfrac{N_0 N_1 N_2}{N_3}$,$K_2 = \dfrac{U_{p2}}{N_2} - 1$,$K_3 = \dfrac{U_{p3}}{N_3} - 1$

则

$$U_o = N \frac{(U_{i1} - 1)(U_{i2} + K_2)}{U_{i3} + K_3} + 1 \tag{4−6}$$

上式即为乘除器的基本运算关系式。其他运算关系式均可通过改变乘除器的接线由式(4−6)演变而得。例如,当 $K_3 = -1$,$U_{i3} = U_o$ 时,则由式(4−6)可得到乘后开方运算关系式,其余运算关系式可按式(4−6)自行演变。

3. 线路分析

乘除器电路示于图 4−11,它由放大单元(包括图 4−4 中的输入电路 1、比较器、乘法电路

81

1、乘法电路 2、比例放大电路、输出电路和稳压电源)和量程单元(包括输入电路 2、3 和附加偏置电路 1、2)两部分组成。若进行乘除运算,输入信号 U_{i1}、U_{i2} 和 U_{i3} 分别接到 AB、CD 和 FH 上;24V 电源接至 L_1、L_2。在输出端 7、8 间可得到 4～20mA 直流电流,或者在 5、6 两端得到 1～5V 的直流电压。下面分析各部分电路。

1）输入电路

乘除器的三个输入电路都是差动电平移动兼减 1V 电路。输入电路 1 如图 4－5(a)所示。输入电路 2 和输入电路 3 相同,如图 4－5(b)所示。

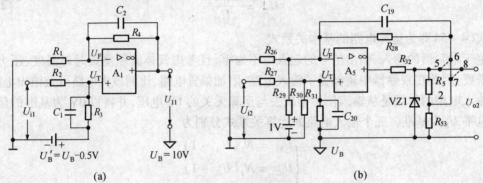

图 4－5　输入电路

(a) 输入电路 1;(b) 输入电路 2。

在图 4－5(a)输入电路 1 中,当 A_1 为理想运算放大时,则有

$$U_F = \frac{R_1(U_{11} + U_B)}{R_1 + R_4},\ U_T = \frac{R_3 U_{i1} + R_2(U_B - 0.5)}{R_2 + R_3}$$

因　　　　　　　　　　　　　　$U_F = U_T$

且　　　　　　　　　　　　　$R_1 = R_2 = 500\text{k}\Omega$

　　　　　　　　　　　　　　$R_3 = R_4 = 250\text{k}\Omega$

则　　　　　　　　　　　　$U_{11} = \frac{1}{2}(U_{i1} - 1)$　　　　　　　　　　(4－7)

即　　　　　　　　　　　　　$N_1 = \frac{1}{2}$

输入电路 2 和输入电路 3,因其比例系数 N_2 和 N_3 是待定值,故电路形式与输入电路 1 不完全相同。在图 4－5(b)所示的输入电路 2 中,$R_{26} = R_{27} = R_{28} = R_{29} = R_{30} = R_{31} = 500\text{k}\Omega$,按同样的方法,可推导出电路输入/输出的关系式。当跨接线为实线连接时有

$$U_{o2} = \frac{R_{52} + R_{53}}{R_{53}}(U_{i2} - 1) = N_2(U_{i2} - 1)$$　　　　　　(4－8)

式中:比例系数 $N_2 = \frac{R_{52} + R_{53}}{R_{53}}$。

当跨接线为虚线连接时,则

$$N_2 = \frac{R_{53}}{R_{52} + R_{53}}$$

所以,N_2 可以大于 1,也可以小于 2。

同理可求得输入电路 3 的关系式(图 3 - 11(b))。当跨接线为实线连接时为

$$U_{o3} = \frac{R_{56} + R_{57}}{R_{57}}(U_{i3} - 1) = N_3(U_{i3} - 1) \qquad (4 - 9)$$

式中:比例系数 $N_3 = \dfrac{R_{56} + R_{57}}{R_{57}}$。

当跨接线为虚线连接时,则

$$N_3 = \frac{R_{57}}{R_{56} + R_{57}}$$

R_{52}、R_{53}、R_{56} 和 R_{57} 都是待定电阻,它们的阻值根据运算要求而定。

在输入电路 2、3 中还有限幅电路,分别由 R_{32}、VZ_1 和 R_{45}、VZ_2 组成,其作用是防止输入电路的输出电压超过后面附加偏置电路的共模输入电压范围。稳压管 VZ_1 和 VZ_2 均为 2CW18,限幅值在 10 ~ 12V,若取 10V,当 U_{i2} 和 U_{i3} 为 1 ~ 5V 时,由式(4 - 8)和式(4 - 9)可知 N_2 和 N_3 的范围必须为

$$\begin{cases} N_2 \leqslant 2.5 \\ N_3 \leqslant 2.5 \end{cases}$$

2) 附加偏置电路

两套结构相同的附加偏置电路分别设置在输入电路 2、3 之后。它们的输入信号分别是输入电路 2、3 的输出信号 U_{o2} 和 U_{o3}。图 4 - 6 为附加偏置电路 1(参见图 4 - 11(b)),其输出信号为 U_{21}。若 A_6 为理想运算放大器,$R_{33} = R_{34} = R_{35} = R_{36} = 500\text{k}\Omega$,$R_{54}$、$R_{55}$ 和电位器 R_{P6} 的阻值远小于 $500\text{k}\Omega$,当跨接线为实线连接时,不难推出此电路的关系式为

$$U_{21} = U_{o2} + U_{p2} \qquad (4 - 10)$$

式中:U_{21}、U_{o2} 和 U_{p2} 均为以 U_B 为基准的电压值。当跨接线为虚线连接时,可得

$$U_{21} = U_{o2} - U_{p2} \qquad (4 - 11)$$

式中:U_{p2} 为附加偏置电压,其值(参见图 4 - 6)为

$$U_{p2} = \frac{R_{54} + R_{MN}}{R_{54} + R_{55} + R_{P6}} U_B$$

式中:R_{54}、R_{55} 为待定电阻;R_{MN} 为电位器 R_{P6} 上半部分阻值。

选择不同阻值的 R_{54} 和 R_{55} 以及改变电位器 R_{P6} 滑触点的位置可改变 U_{p2} 的大小。改变跨接线的连接方式可改变其正负号。

同理可求出附加偏置电路 2(参见图 4 - 11(b))的输出关系式为

$$U_{31} = U_{o3} \pm U_{p3} \qquad (4 - 12)$$

式中:U_{p3} 为附加偏置电压,其值为

$$U_{p3} = \frac{R_{58} + R_{XY}}{R_{58} + R_{59} + R_{P8}} U_B$$

式中:R_{59}、R_{58} 为待定电阻;R_{XY} 为电位器 R_{P8} 上半部分阻值。

3) 自激振荡时间分割器

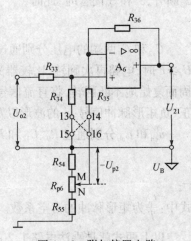

图 4 - 6 附加偏置电路

自激振荡时间分割器的作用是实现式(4-4)的关系式。它包括比较器、乘法电路1和乘法电路2。其原理电路示于图4-7(a)。比较器由 A_2、R_5 和 C_4、C_5 等组成。两套乘法电路(图4-7(a)的虚线框中)的结构和变量完全相同,分别由 VT_1、VT_2、VD_1、R_9 和 C_{12} 以及 VT_3、VT_4、VD_2、R_6、C_7组成。来自附加偏置电路的信号 U_{21} 和 U_{31} 分别作为乘法电路的输入电压;由输入电路1来的信号 U_{11} 加在比较器的同相输入端,反相输入端所加的信号是乘法电路2的输出电压 U_f,它与 U_{11} 相比较,其差值为 ε。乘法电路1的输出信号为 U_{22},它送至比例放大电路。

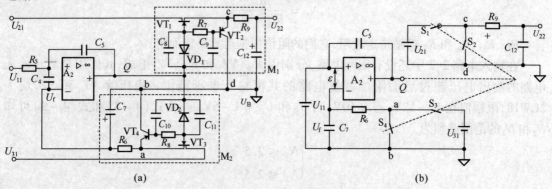

图4-7　自激振荡时间分割器
(a) 原理电路;(b) 等效电路。

　　由比较器输出的正、负矩形脉冲信号控制两组电子开关:一组由 VT_1 和 VT_2 组成;另一组由 VT_3 和 VT_4 组成。若将 $VT_1 \sim VT_4$ 视为理想的电子开关,则图4-7(a)可以等效成图4-7(b)的电路,其中 $S_1 \sim S_4$ 分别等效于 $VT_1 \sim VT_4$。

　　当 $U_{11} - U_f \geq h$(振荡器的不灵敏区为 $2h$)时,比较器输出正脉冲信号,S_1 和 S_2 闭合,S_2 和 S_4 断开。此时

$$u_{cd} = U_{21}, u_{ab} = U_{31}$$

同时,U_{21} 经电阻 R_9 向电容 C_{12} 充电;U_{31} 经 R_6 向 C_7 充电。于是 C_{12} 和 C_7 两端的电压按指数规律升高,当 C_7 两端的电压 U_f 升高到使 $U_{11} - U_f \leq -h$ 时,电路翻转,比较器输出负脉冲信号,S_1 和 S_3 断开,S_2 和 S_4 闭合时,此时,

$$u_{cd} = u_{ab} \approx 0$$

　　C_{12} 和 C_7 两端的电压分别通过 R_9 和 R_6 放电。当 C_7 两端的电压 U_f 因放电而下降到使 $U_{11} - U_f \geq h$ 时,电路再次翻转,比较器又输出正脉冲信号,电路工作情况重复前一过程。电路如此周而复始地不断翻转,将直流信号 U_{21} 和 U_{31}"分割"成矩形脉冲信号 u_{cd} 和 u_{ab}。比较器输出的正、负矩形脉冲信号 u_Q 的波形以及 u_{ab}、u_{cd}、u_f 的波形如图4-8所示。

　　u_{cd} 和 u_{ab} 分别通过 R_9、C_{12} 和 R_6、C_7 滤波后,在 C_{12} 和 C_7 两端取得其直流分量 U_{22} 和 U_f 为

$$U_{22} = \frac{t_p}{T} U_{21}, \quad U_f = \frac{t_p}{T} U_{31}$$

式中: $\frac{t_p}{T}$ 为矩形脉冲的占空系数。

　　以上两式就是乘法电路1、2的运算关系式。

　　因为振荡器的不灵敏区很小,即 $U_{11} - U_f \approx 0$,故有

$$S = \frac{t_p}{T} = \frac{U_{11}}{U_{31}}$$

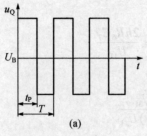
(a)

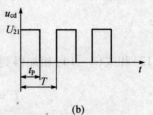
(b)

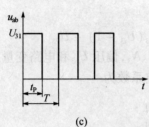
(c)

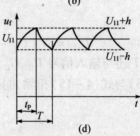
(d)

图 4-8 自激振荡时间分割电压波形

进而可求得自激振荡时间分割器的运算关系式为

$$U_{22} = \frac{U_{11}U_{21}}{U_{31}}$$

此式与式(4-4)完全相同。

下面通过图 4-8(d)来计算 t_p 和 T。

在比较器输出的正脉冲作用下,S_3 闭合时,U_{31} 通过 R_6 向 C_7 充电,若 $t = 0$ 时 C_7 两端的电压为 $u_f(0) = U_{11} - h$,则其变化规律为

$$u_f(t) = \left[U_{31} - (U_{11} - h) \right]\left(1 - e^{-\frac{t}{R_6 C_7}}\right) + (U_{11} - h)$$
$$= U_{31} - \left[U_{31} - (U_{11} - h) \right]e^{-\frac{t}{R_6 C_7}}$$

当电容 C_7 充电至 $u_f(t) = U_{11} + h$,电路翻转,此时,$t = t_p$,则有

$$U_{11} + h = U_{31} - \left[U_{31} - (U_{11} - h) \right]e^{-\frac{t_P}{R_6 C_7}}$$

即

$$e^{-\frac{t_P}{R_6 C_7}} = \frac{U_{31} - U_{11} - h}{U_{31} - U_{11} + h}$$

因 $R_6 C_7 \gg t_p$,故 $e^{-\frac{t_P}{R_6 C_7}} \approx 1 - \frac{t_p}{R_6 C_7}$,代入上式可得

$$t_P = \frac{2hR_6 C_7}{U_{31} - U_{11} + h} \approx \frac{2hR_6 C_7}{U_{31} - U_{11}} \qquad (4-13)$$

在 $t = t_p$ 以后,C_7 充电结束并开始放电,此时电压 u_f 由 $U_{11} + h$ 开始下降,其变化规律为

$$u_f(t) = (U_{11} + h)e^{\frac{t - t_p}{R_6 C_7}}$$

当电容 C_7 放电至 $u_f(t) = U_{11} - h$ 时,电路再次翻转,此时 $t = T$(振荡周期),则有

$$U_{11} - h = (U_{11} + h)e^{\frac{T - t_P}{R_6 C_7}}$$

85

即

$$e^{-\frac{T-t_P}{R_6C_7}} = \frac{U_{11} - h}{U_{11} + h}$$

按照求取 t_p 的同样方法,由上式可得到

$$T - t_P = \frac{2hR_6C_7}{U_{11} + h} \approx \frac{2hR_6C_7}{U_{11}} \qquad (4-14)$$

将式(4-13)和式(4-14)相加得到振荡周期为

$$T = \frac{2hR_6C_7U_{31}}{(U_{31} - U_{11})U_{11}} \qquad (4-15)$$

由于

$$U_{11} = N_1(U_{i1} - 1), \quad U_{31} = N_3(U_{i3} - 1) + U_{P3}$$

因此,振荡周期 T 还与输入信号 U_{i1}、U_{i3},运算系数 N_1、N_3,偏压 U_{p3} 和电路变量有关。

将式(4-13)与式(4-15)相除,同样可求得占空系数为

$$S = \frac{t_P}{T} = \frac{U_{11}}{U_{31}}$$

由自激振荡时间分割器的工作原理可以看出,若要振荡器持续振荡而正常工作,必须满足启振条件

$$U_{31} > U_{11}$$

即

$$N_3(U_{i3} - 1) + U_{P3} > N_1(U_{i1} - 1)$$

否则,U_f 恒小于 U_{11},比较器输出始终为高电位,振荡器无法产生自激振荡。由于振荡器正常工作必须满足这个条件,故它限制了乘除器的运算范围。

在图 4-7(a)中,C_5 为正反馈电容,起加速翻转,改善波形前、后沿和提高运算精度的作用;电容 C_4 具有频率补偿的作用,提高电路工作的稳定性;乘法电路中的 C_8、C_9、C_{10} 和 C_{11} 为加速电容,用以加速电子开关翻转;二极管 VD_1、VD_2 给晶体管 VT_2、VT_4 的偏流提供通路。同时,当 A_2 输出正脉冲时,由于 VD_1、VD_2 的隔离作用,使 VT_1 和 VT_3 导通时的栅压始终为零,从而保证了 VT_1 和 VT_3 在导通时的等效电阻的恒定;R_7、R_8 分别为 VT_2 和 VT_4 的偏流电阻。

4) 比例放大电路

比例放大电路将自激振荡时间分割器的输出信号 U_{22} 放大,其输出 U_{23} 送至输出电路。由于该电路采用同相输入方式,具有很高的输入阻抗,故不影响前一级电路的工作。比例放大电路示于图 4-9。

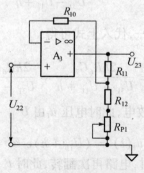

图 4-9 比例放大电路

若 A_3 为理想运算放大器,可得电路的运算关系式为

$$U_{23} = N_0 U_{22} \qquad (4-16)$$

式中:比例系数 $N_0 = \dfrac{R_{11} + R_{12} + R_{P1}}{R_{12} + R_{P1}}$。

调整电位器 R_{P1} 可改变 N_0 的大小,借此调整仪表量程。本乘除器 $N_0 = 4$,调整范围为 $3.8 \sim 4.2$。

5)输出电路

输出电路将电压信号 U_{23} 转换成整机的输出信号 U_o 和 I_o。其电路原理如图 4-10 所示。电路的输出电压为

$$U_o = U_{23} + U_B - 9 = U_{23} + 1 \qquad (4-17)$$

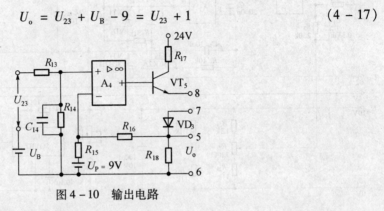

图 4-10　输出电路

图中,$R_{18} = 250\,\Omega$,所以电路的输出电流为

$$I_o = \frac{U_o}{R_{18}} = 4 \sim 20\,\text{mA}$$

考虑到 A_4 输出的下限电压高于输出电压 U_o 的起始值,因此电路中增设了二极管 VD_3。

4. 运算系数的讨论

1)运算系数关系式

从乘除复合运算关系式的推导可知

$$N = \frac{N_0 N_1 N_2}{N_3}$$

式中,$N_1 = \dfrac{1}{2}$,$N_0 = 4$,故有

$$N = 2\frac{N_2}{N_3} \qquad (4-18)$$

U_{p2} 与 K_2、U_{p3} 与 K_3 的关系分别为

$$K_2 = \frac{U_{p2}}{N_2} - 1,\ K_3 = \frac{U_{p3}}{N_3} - 1$$

即

$$U_{p2} = N_2(1 + K_2),\ U_{p3} = N_3(1 + K_3) \qquad (4-19)$$

2)运算系数限制条件

从输出电路 2、3 可知,N_2 和 N_3 应满足

$$N_2 \leqslant 2.5,\ N_3 \leqslant 2.5,$$

要使自激振荡时间分割电路能够振荡，N_1、N_3、U_{p3} 的取值范围应满足

$$N_3(U_{i3} - 1) + U_{p3} \geqslant N_1(U_{i1} - 1)$$

此外，考虑到乘除复合运算精度的要求，经验确定 N 的范围为 $\frac{1}{3} \leqslant N \leqslant 3$。对输入信号还有如下限制：当 $\frac{1}{3} \leqslant N < 2$ 时，$U_{i1} - 1 \leqslant 3(U_{i3} + K_3)$；当 $2 \leqslant N \leqslant 3$ 时，$U_{i1} - 1 \leqslant \frac{6}{N}(U_{i3} + K_3)$。

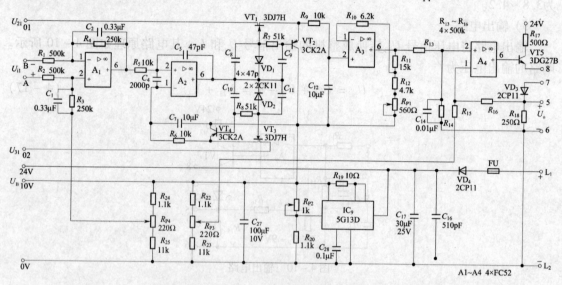

图 4-11(a)　乘除器放大单元电路图

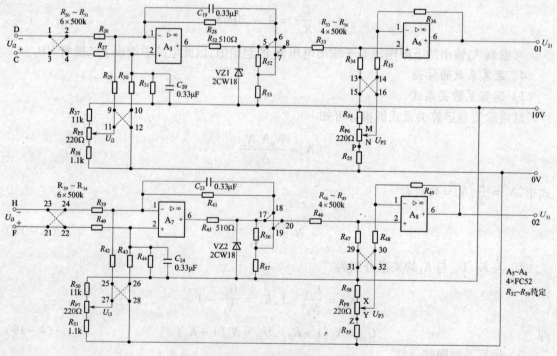

图 4-11(b)　乘除器量程单元电路图

88

二、开方器

1. 概述

开方器对 $1 \sim 5V$ 的直流电压信号进行开方运算,运算结果以 $1 \sim 5V$ 的直流电压或 $4 \sim 20mA$ 的直流电流输出。其运算关系为

$$U_o = K \sqrt{U_i - 1} + 1 \tag{4-20}$$

式中:U_i、U_o 分别为开方器的输入、输出信号;K 为开方系数。

仪表的基本误差:输入电压大于或等于 $1.09V$ 时,$\pm 0.5\%$;输入电压小于 $1.09V$,且大于或等于 $1.04V$ 时,$\pm 1\%$;输入电压小于 $1.04V$ 时,输出信号被切除。

开方器的作用是实现开方运算,它是控制系统中经常使用的一种运算器。例如,在图 $4-12$ 所示的流量测量控制系统中,开方器对差压变送器的输出信号进行开方运算,从而得到与被测流量成比例关系的电压或电流信号。

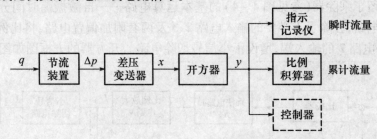

图 $4-12$　与节流装置配套的流量测量控制系统

图 $4-12$ 中,节流装置将被测流量 q 转换成差压信号 Δp(转换系数为 K_1),差压与流量成平方关系:$\Delta p = K_1 q^2$。

差压变送器将 Δp 成比例地转换成电压或电流信号 x(转换系数为 K_2):$x = K_2 \Delta p$。故差压变送器的输出 x 也与被测流量成平方关系:$x = K_1 K_2 q^2$。

开方器对信号 x 按下式进行开方运算(开放系数为 K)

$$y = K \sqrt{x} \tag{4-21}$$

则可得

$$y = K \sqrt{K_1 K_2 q}$$

这样,开方器的输出 y 就与被测流量 q 成比例关系了。因此将开方器的输出信号送至均匀刻度的指示、记录仪表,可直接读出流量值;若再配用比例积算器,就可对被测流量进行累积计算;同时,加接控制器还可实现流量的自动控制。

实现开方运算有许多方法,例如对乘除器线路作适当改动,或者直接使用乘除器,通过改变信号线的连接方式来实现开方运算;利用二极管开关电路得到一组折线,调整电路变量,使该组折线以一定精度逼近开方特性曲线。此外,应用霍耳元件也可组成开方运算电路。

本节介绍的开方器是在乘除器的基础上对电路作适当修改而构成的。它将乘除器运算电路(参见图 $4-3$)的除数(x_3)端与输出(U_D)端相接,而使一个乘数(x_2)保持不变。具体实施方法和线路如下所述。

在开方器中还设置有小信号切除电路,这是因为开方器对小信号的运算精度很低。小信

号的运算精度可通过开方器的放大系数来说明。

对运算关系式(4-21)求导得到

$$\frac{\mathrm{d}y}{\mathrm{d}x} = \frac{K}{2\sqrt{x}}$$

此式表明，开方器的放大系数 $\frac{\mathrm{d}y}{\mathrm{d}x}$ 与输入信号 x 有关。当 x 很小时，放大系数很大。也就是说，在输入信号 x 很小时，x 稍有波动，就会引起开方器输出 y 的很大变化，这将会使开方器在小信号输入时产生较大的运算误差。为了避免这一运算误差对测量和控制带来的不利影响，通常在输入信号很小时(小于输入满量程的 1%)将输出信号切除，即使开方器的输出为零。而在输入信号较大时，仍然满足开方器的运算关系式。

由于乘除器中没有小信号切除电路，故一般不使用乘除器来实现开方运算。

2. 工作原理

开方器保留了乘除器(参见图 4-4)的基本运算电路——自激振荡时间分割器以及输入电路 1 和输出电路，去除了不必要的输入电路 2、3 及两套附加偏置电路，将比例放大器的输出 U_{23} 连接至乘法电路 2 的输入端，增设了小信号切除电路。开方器的方框图如图 4-13 所示。

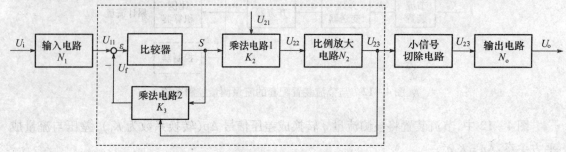

图 4-13　开方器方框图

图 4-13 的虚线框内为开方运算部分，它由比较器、乘法电路 1、2(K_2 和 K_3 分别为这两个乘法电路的乘法系数)和比例放大电路(比例系数为 N_2)所组成。U_{11}、U_{21} 和 U_{23} 分别为开方运算部分的输入信号和输出信号，其中 U_{21} 为一恒定电压，S 为比较器输出的脉冲信号。

由图 4-13 可列出以下关系式：

$$\begin{cases} U_{11} - U_f = \varepsilon \\ U_{22} = K_2 S U_{21} \\ U_{23} = N_2 U_{22} \\ U_f = K_3 S U_{23} \end{cases}$$

在比较器的放大倍数足够大的条件下，$\varepsilon \to 0$，即 $U_{11} \approx U_f$，故可推得

$$U_{11} = \frac{U_{23}^2}{K_2 N_2 U_{21}}$$

在本开方器中，$K_2 = K_3 = 1$，所以

$$U_{11} = \frac{U_{23}^2}{N_2 U_{21}}$$

即　　　　　　　　　　　　$$U_{23} = \sqrt{N_2 U_{21}} \sqrt{U_{11}} \tag{4-22}$$

90

当 U_{21} 和 N_2 为常数时,开方部分的输出信号 U_{23} 与这部分的输入信号 U_{11} 的开平方成正比。图 4-13 中,输入电路的运算关系式为

$$U_{11} = N_1(U_i - 1)$$

输出电路的输出信号,即整机输出信号 U_o 为

$$U_o = N_0 U_{23} + 1$$

将 U_{11}、U_o 的关系式与式(4-22)联立求解可得

$$U_o = N_0 \sqrt{N_1 N_2 U_{21}} \sqrt{U_i - 1} + 1$$

设 $K = N_0 \sqrt{N_1 N_2 U_{21}}$

则

$$U_o = K \sqrt{U_i - 1} + 1$$

在本开方器中,$N_1 = 1$,$N_2 = 2$,$N_0 = \dfrac{2}{3}$,$U_{21} = 4.5\text{V}$,故开方系数 $K = 2$。

将 K 值代入上式后得到开方器的运算关系式为

$$U_o = 2\sqrt{U_i - 1} + 1 \tag{4-23}$$

3. 线路分析

开方器的整机电路如图 4-16 所示。将该电路与乘除器的电路作比较可知,开方器的输入电路、输出电路分别与图 4-5(a)、图 4-10 类似;开方运算电路中的自激振荡时间分割器、比例运算电路与图 4-7、图 4-9 类似,读者可对照图 4-16 自行分析。

这里对开方器中自激振荡时间分割器的启振条件作一说明。由运算电路的工作原理可知,自激振荡时间分割器的启振条件应为

$$U_{23} > U_{11}$$

U_{11} 是以 U_B 为基准的 $0 \sim 4\text{V}$ 直流电压,取 U_{11} 的上限值 4V,即要求

$$U_{23} > 4\text{V}$$

由于

$$U_{23} = N_2 U_{22} = 2U_{22}$$

故要求

$$U_{22} > 2\text{V}$$

当 VT_1 饱和导通、VT_2 截止时,U_{22} 即为 U_{21} 对电容 C_8 的充电电压(见图 3-16),若忽略 VT_1 的饱和压降,则启振条件就是

$$U_{21} > 2\text{V}$$

本开方器 U_{21} 选定为 4.5V,因此满足振荡器的启振条件。

下面讨论小信号切除电路。

当输入信号小于满量程的 1% (即 $U_i < 1.04\text{V}$)时,要求将开方器的输出切除;当输入信号等于或大于满量程的 1% (即 $U_i \geqslant 1.04\text{V}$)时,输出按输入信号的开方关系变化。

小信号切除电路如图 4-14 所示,它由 A_4 等组成的比较器和作为电子开关的场效应管 VT_6、晶体管 VT_5 等构成。比例运算电路的输出信号 U_{23} 经电阻 R_{13} 加至 A_4 的同相输入端,电压 U_L 经电阻 R_{14} 加至 A_4 的反相输入端。

当 $U_{23} > U_L$ 时,比较器输出高电位,这时 VT_6 饱和导通,VT_5 截止。若忽略 VT_6 的饱和压降,本级的输出信号 $U_4 = U_{23}$;当 $U_{23} < U_L$ 时,比较器输出低电位,这时 VT_6 夹断,VT_5 饱和导通,若忽略 VT_5 的饱和压降,则 $U_4 = 0$(对 U_B 而言)。

切除点电压 U_L 的具体数值推导如下。

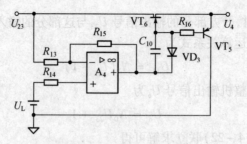

图 4 - 14 小信号切除电路

当输入电压 $U_i < 1.04V$ 时,输出被切除,这时对应的电压 U_L 可由式(4 - 22)确定:

$$U_{23} = \sqrt{N_2 U_{21}} \sqrt{U_{11}} = \sqrt{N_1 N_2 U_{21}} \sqrt{U_i - 1}$$
$$= 3 \sqrt{U_i - 1} \qquad\qquad (4 - 24)$$

当 $U_i = 1.04V$ 时,由上式可得到

$$U_{23} = 0.6(V)$$

由于比较器是一正反馈放大器,它具有很高的放大系数,所以当 $U_i = 1.04V$ 时,U_L 与 U_{23} 几乎相等,即

$$U_L = 0.6(V)$$

U_L 由稳压电源提供(图 4 - 16),调整电位器 R_{P5} 可改变 U_L 的大小,即改变切除点的电压。 由式(4 - 24)可知,当 $U_i = 1 \sim 5V$ 时,相应的 $U_{23} = 0 \sim 6V$,则

$$\frac{U_L}{U_{23max}} = \frac{0.6V}{6V} = 10\%$$

所以 U_i 的 1% 相应于 U_{23} 的 10%。

开方器输出电路的关系式为

$$U_o = N_0 U_{23} + 1 = \frac{2}{3} U_{23} + 1$$

当 $U_{23} < U_L$(相应的 $U_i < 1.04V$)时

$$U_o = 1(V)$$

当 $U_{23} = U_L$(相应的 $U_i = 1.04V$)时,可得到切除点的输出电压为

$$U_o = \frac{2}{3} \times 0.6 + 1 = 1.4(V)$$

因此,当 U_i 在 1.04 ~ 5V 范围内改变时,U_{23} 在 0 ~ 6V 范围内变化,相应的开方器输出电压 U_o 在 1.4 ~ 5V 范围内变化。开方器的输入输出关系示于图 4 - 15。

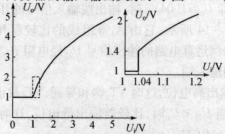

图 4 - 15 开方器输入/输出关系

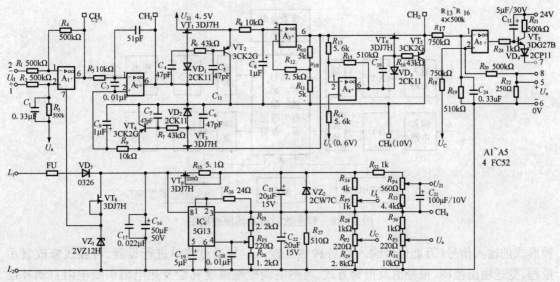

图4-16　开方器电路图

三、智能数学运算器

与常规模拟仪表相反,依靠软件编程,微处理器具有强大的运算功能,非常容易实现加、减、乘、除、比值、开方、非线性修正等数学运算,且运算精度高,硬件电路十分简单。图4-17是两款智能数学运算器。

(a)	(b)

图4-17　智能数学运算器
(a) NHR-M36智能数学运算器;(b) HR-D21智能数学运算器。

1. 智能数学运算器的原理构成

典型的智能数学运算器原理框图见图4-18,由微处理器、输入电路、A/D转换、D/A转换、EEPROM、隔离电路、输出电路、显示器、按键、RS232、RS485等组成,可对输入信号进行开方、加减、乘除、比值等数学运算,也可对各种非线性输入信号进行高精度的线性校正,经光电隔离后以电压或电流信号输出。显示器可以显示输入信号对应的测量值。可以有两路输出信号,用HART手操器可以对运算器进行设置,设置参数可永久保留在EEPROM中。输入、输出回路均采用光电隔离,以提高抗干扰能力。对开方运算可以任意选择开方运算范围,有小信号切除功能。串行通信可在RS-232C、RS-485通信方式中任意选择。输入电路可对热电偶做冷端温度补偿或做热电阻引线自动补偿。有单路输入/单路输出、单路输入/双路输出、双路输入/双路输出等形式。

2. HR-D21双回路数学运算器

HR-D21双回路数学运算器采用专用的集成仪表芯片,抗干扰能力强、稳定性好,接受多

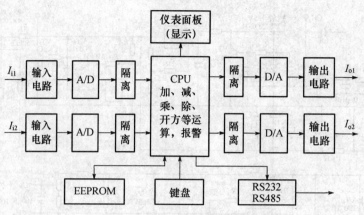

图4-18 智能数学运算器原理框图

种形式的输入信号(万能信号输入),各种热工输入信号通过菜单进行设置,可在线修改显示量程、变送输出范围、报警值及报警方式,有热电偶冷端温度补偿及热电阻引线电阻自动补偿功能、光电隔离、RS232 或 RS485 通信功能,采用标准 MODBUS RTU 协议与上位机连接。

主要指标

显示方式:以双排四位 LED 显示第一路测量值(PV1)和第二路测量值(PV2);

显示范围: -1999 ~ 9999 字;

测量精度: ±0.2% FS 或 0.5% FS;

分 辨 率:±1 字;

运算模型:

加减运算: $I_0 = AI_1 \pm BI_2$;

乘法运算: $I_0 = AI_1 \times BI_2$;

除法运算: $I_0 = AI_1 \div BI_2$;

计算精度: ±0.5% FS ±1 字或 ±0.2% FS ±1 字;

运算周期:0.4s;

输入信号

热电偶: K、E、S、B、J、T、R、WRe3 - WRe25;冷端温度自动补偿范围 0 ~ 50℃,补偿准确度 ±1℃;

热电阻:Pt100、Cu100、Cu50、BA2、BA1;引线电阻补偿范围≤15Ω;

线性电阻:0 ~ 400Ω;

远传电阻:30 ~ 350Ω(远传压力表);

直流电压:0 ~ 20mV DC、0 ~ 100mV DC、0 ~ 5V DC、1 ~ 5V DC、0 ~ 5V DC 开方、1 ~ 5V DC 开方、-5 ~ 5V DC;

直流电流:0 ~ 10mA DC、4 ~ 20mA DC、0 ~ 20mA DC、0 ~ 10mA DC 开方、4 ~ 20mA DC 开方;

输入阻抗:电压信号 Ri≥500kΩ;

输出信号

电流信号: 4 ~ 20mA DC,负载电阻 R≤500Ω; 0 ~ 10mA DC,负载电阻 R≤750Ω;

电压信号:0 ~ 5V DC,1 ~ 5V DC,负载电阻 R≥250kΩ,否则不保证连接外部仪表后的输出准确度;

输出精度：±0.2% FS 或 0.5% FS；

通讯输出：波特率 2400b/s、4800b/s、9600b/s 内部自由设定，采用 MODBUS RTU 通信协议；

电源：24V DC ±1V，负载电流 ≤30mA；

设定方式：面板轻触式按键数字设定，设定值断电永久保存；

通信方式：无通信、RS-232C 通信口、RS-485 通信口。

第二节　执 行 器

执行器一般由执行机构和调节机构两部分组成。执行机构系指产生推力或位移的装置，调节机构系指直接改变能量或物料输送量的装置，通常指控制阀（调节阀）。执行器安装在生产现场，使用条件一般较差，特别是控制介质具有高温、高压、剧毒、深冷、易燃易爆、易结晶、易渗透、强腐蚀及高黏度等不同特点时，执行器能否保持正常工作将直接影响自动控制系统的安全性和可靠性。执行器的阀门口径和流量特性选择是否适当和安装是否正确，将直接影响自动控制系统的控制质量。因此，执行器是自动控制系统中一个十分重要的组成部分，相当于人工控制中人的手脚。

执行器按驱动能源可分成电动执行器、气动执行器和液动执行器三大类，它们的特点及应用场合如表4-1所示。通过表4-1的简单比较显见，气动执行器具有结构简单，维修方便，动作可靠，出现故障的几率小，性能稳定，不随时间变化，受环境温度、湿度、电磁场等的影响小，防火防爆，输出推力较大，适用范围广，成本低等优点。并且它不但可直接与气动控制仪表相配用，而且也可以通过电/气转换器或电/气阀门定位器与电动控制仪表相配用。因而，气动执行器在过程控制中获得了广泛的应用。气动执行器又称气动控制阀，按其执行机构的差别有气动薄膜执行机构、气动活塞执行机构、气动长行程执行机构和气动滚动膜片执行机构等形式。气动薄膜控制阀在工程上应用尤为广泛。电动执行器有直行程和角行程两种，执行器接收来自控制器的控制信号，由执行机构将其转换成相应的角位移或直线位移，去操纵控制机构（控制阀），改变控制量，使被控变量符合预期要求。

表4-1　三种执行器的比较

种类 比较项目	电动 执行器	气动 执行器	液动 执行器	种类 比较项目	电动 执行器	气动 执行器	液动 执行器
结构	复杂	简单	简单	维护检修	复杂	简单	简单
体积	小	中	大	作用场合	隔爆型及防火防爆	防火防爆	要注意火花
配管配线	简单	较复杂	复杂	价格	高	低	高
推力	小	中	大	频率响应	宽	窄	窄
动作滞后	小	大	小	温度影响	较大	较小	较大

随着科学技术和工业生产的发展，出现了许多新型的执行器，如 DDZ-S 型、智能型等，新型执行器定位更精确、运行更平稳，有的带有 PID 控制功能，可直接组成控制回路。其中智能型执行器采用了微处理器，具有 HART 协议或现场总线通信功能，可成为现场总线控制系统中的一个节点，并且定位精度高、响应速度快、瞬时启停特性好、无爬行、摩擦小、无超调和振荡

现象等优点,有故障诊断和处理功能。

本节先讨论电动执行器构成和工作原理,再讨论气动执行器及其流量特性。

一、电动执行器

电动执行器有角行程和直行程两种,它将输入的直流信号线性地转换成位移量。这两种执行机构均是以两相交流电机为动力的位置伺服机构,两者电气原理完全相同,只是减速器不一样。下面讨论角行程执行机构。

角行程执行机构的输入信号为 4~20mA(DC),输入电阻为 250Ω,输出轴转矩为 16N·m、40N·m、100N·m、250N·m、600N·m、1600N·m、4000N·m、6000N·m、10000N·m,输出轴转角为 90°,全行程时间为 2s,基本误差为 ±2.5%,变差 1.5%。

1. 基本构成和工作原理

角行程电动执行机构由伺服放大器和执行机构两大部分组成,如图 4-19 所示。该执行机构适用于操纵蝶阀、挡板等转角式调节机构。

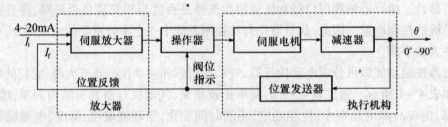

图 4-19　电动执行机构方框图

伺服放大器将输入信号 I_i 和反馈信号 I_f 相比较,所得差值信号经功率放大后,驱使两相伺服电机转动,再经减速器减速,带动输出轴改变转角 θ。若差值为正,伺服电机正转,输出轴转角增大;若差值为负时,伺服电机反转,输出轴转角减小。

输出轴转角位置经位置发送器转换成相应的反馈电流 I_f,回送到伺服放大器的输入端,当反馈信号 I_f 与输入信号 I_i 相平衡,即差值为零时,伺服电机停止转动,输出轴就稳定在与输入信号 I_i 相对应的位置上。

输出轴转角 θ 与输入信号 I_i 的关系为

$$\theta = KI_i$$

式中:K 为比例系数。

由上式可知,输出轴转角和输入信号成正比,所以电动执行机构可看成一比例环节。

电动执行机构还可以通过电动操作器实现控制系统的自动操作和手动操作的相互切换。当操作器的切换开关切向"手动"位置时,由正、反操作按钮直接控制电机的电源,以实现执行机构输出轴的正转和反转,进行遥控手动操作。

2. 伺服放大器

伺服放大器由信号隔离器、综合放大电路、触发电路和固态继电器等组成,如图 4-20 所示。它将来自调节器的电流信号和位置反馈信号进行综合比较,将差值放大,以足够的功率去驱动伺服电机旋转。

该伺服放大器使用信号隔离器代替原伺服放大器中的前置磁放大器,且采用过零触发的固体继电器技术,因而具有体积小、反应灵敏、抗干扰能力强、性能稳定、工作可靠等

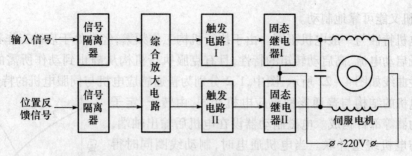

图 4 - 20　伺服放大器原理框图

优点。

1）信号隔离器

信号隔离器将输入信号、位置反馈信号与放大器电路进行相互隔离,其实质是一个隔离式电流/电压转换电路,它把输入的 $4 \sim 20mA$ 电流转换成 $1 \sim 5V$ 电压,送至综合放大电路。隔离器采用光电隔离集成电路,其精度为 $0.1\% \sim 0.25\%$,绝缘电阻大于 $50M\Omega$ 。

2）综合放大电路

综合放大电路由集成运算放大器 A_1 和 A_2 组成,如图 4 - 21 所示。A_1 将输入信号和位置反馈信号相减,得到偏差信号,A_2 再将其放大。R_{P1} 为调零电位器,调节 R_{P1} 使在输入信号和位置反馈信号相等时,放大电路输出为零。电位器 R_{P2} 用来调整放大倍数,通常为 60。

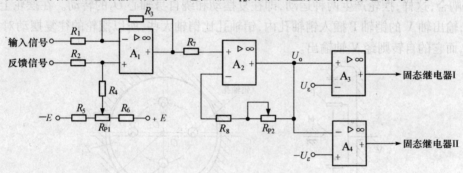

图 4 - 21　综合放大和触发电路

3）触发电路

触发电路由比较器 A_3 、A_4 组成,如图 4 - 21 所示。正偏差时,若 $U_o > U_\varepsilon$,则 A_3 输出为正,使固态继电器Ⅰ工作。负偏差时,若 $U_o < -U_\varepsilon$,则 A_4 输出为正,使固态继电器Ⅱ动作。无偏差或偏差小于死区（$2U_\varepsilon$）时,固态继电器Ⅰ、Ⅱ均不动作。

4）固态继电器

固态继电器是一个无触点功率放大器件,由触发电路控制其功率输出,去驱动伺服电机。

3．执行机构

执行机构由伺服电机、减速器和位置发送器三部分组成。它接收伺服放大器或操作器的输出信号,控制伺服电机的正、反转,再经减速器减速后变成输出力矩去推动调节机构动作。与此同时,位置发送器将调节机构的角位移转换成相应的直流电流信号,用以指示阀位,并反馈到伺服放大器的输入端,去平衡输入电流信号。

1）伺服电机

伺服电机的作用是将伺服放大器输出的电功率转换成机械转矩,并且当伺服放大器没有输出时,电机又能可靠地制动。

伺服电机特性与一般电机不同。由于执行机构工作频繁,经常处于启动工作状态,故要求电机具有低启动电流、高启动转矩的特性,且有克服执行机构从静止到动作所需的足够力矩。电机的特性曲线如图4-22所示,图中,1、2分别为普通感应电机与伺服电机的特性。

伺服电机的结构与普通笼型感应电机相同,由转子、定子和电磁制动器等部件构成。电磁制动器设在电机后输出轴端,制动线圈与电机绕组并联。当电机通电时,制动线圈同时得电,由此产生的电磁力将制动片打开,使电机转子自由旋转。当电机断电时,制动线圈同时失电,制动片靠弹簧力将电机转子刹住。

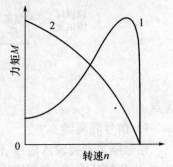

图4-22 电机特性曲线
1—普通感应电机;2—伺服电机。

2)减速器

减速器把伺服电机高转速、小力矩的输出功率转换成执行机构输出轴的低转速、大力矩的输出功率,以推动调节机构。它采用正齿轮和行星齿轮机构相结合的机械传动结构。

内行星齿轮传动机构如图4-23所示,它由系杆(偏心轴)H、摆轮Z_1、内齿轮Z_2、销轴P和输出轴V等构成。系杆H偏心的一端是摆轮Z_1的转轴,摆轮空套在该转轴上。当系杆转动时,摆轮的轴心O_2也随之转动,同时摆轮又与固定不动的内齿轮Z_2相啮合,这样,摆轮产生两种运动,即往复摆动和绕自身轴心O_2的转动。在摆轮上有几个销轴孔,输出轴V的销轴P插入销轴孔内,销轴孔比销轴大些,所以摆轮的往复摆动对V轴没有影响,而它的自转则经V轴输出。

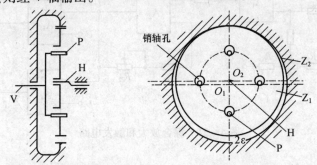

图4-23 内行星齿轮传动的工作原理
Z_1—摆轮即齿轮1;Z_2—内齿轮即齿轮2;H—系杆;V—输出轴;P—销轴。

行星齿轮机构的减速比由摆轮和内齿轮的齿数来决定,即

$$i = -\frac{z_2 - z_1}{z_1}$$

式中:i为减速比;z_1为摆轮的齿数;z_2为内齿轮的齿数。

一般z_2和z_1之差为1~4,故减速比可很大。式中负号表示摆轮和系杆的转动方向相反。

执行机构的减速器按输出功率的不同,可分为单偏心机构和双偏心机构两种。图4-24为一级圆柱齿轮传动和一级行星齿轮的单偏心轴传动机构。电机输出轴上的正齿轮2带动与偏心轴6联为一体的齿轮3转动,偏心轴带动齿轮4(即摆轮),沿内齿轮12作摆动和自身转动,摆轮的自转通过销轴5和联轴器7带动输出轴9转动,作为执行

98

机构的输出。

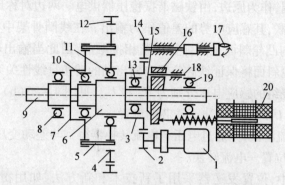

图4-24　单偏心轴的传动结构示意图

1—伺服电机;2,3,4,14—齿轮;5—销轮,销套;6—偏心轴;7—连轴器;9—输出轴;
8,10,11,13,19—轴承;12—内齿轮;15—弹簧片;16—凸轮;17—手动部件;18—限位销;20—差动变压器。

在单偏心传动机构中,偏心轴上只套有一个摆轮,因此它具有结构简单,制造、安装方便的优点;但无力平衡装置,在高速运转时,偏心力很大,而且摆轮和内齿轮的啮合对中心轴的径向作用也很大,所以这种结构不适用于高转速、大力矩的传动机构。

在输出力矩较大的执行机构中,可采用双偏心传动机构。它与单偏心机构的区别只是在一根轴上套有两段偏心轴,两段偏心轴上各套有一个摆轮,两个摆轮与内齿轮的啮合处正好相差180°,因此在工作时对中心轴的径向作用力减小,离心力也相互抵消,可以在高转速、大力距情况下工作。

减速器输出轴的另一端装有弹簧片和凸轮,凸轮借弹簧片的压力和输出轴一起转动。凸轮上有限位槽,用机座上的限位销来限制凸轮即输出轴的转角。

在减速器箱体上装有手动部件,用来进行就地手动操作,操作时只要把手柄拉出使齿轮14与齿轮3啮合,摇动手柄,减速器的输出轴即随之转动。

3）位置发送器

位置发送器的作用是将执行机构输出轴的转角（0°～90°）线性地转换成4～20mA的直流电流信号,用以指示阀位,并作为位置反馈信号I_f反馈到伺服放大器的输入端,以实现整机负反馈。

差动变压器是位置发送器的主要部件,它将执行机构的位移线性地转变成电压输出。其原理如图4-25所示。

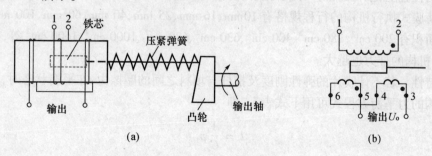

图4-25　差动变压器

（a）结构示意图;（b）原理图。

为了得到比较好的线性,差动变压器采用三段式结构。在一个三段式线圈骨架上,中间有一段绕有一个励磁线圈,作为原边,由铁磁谐振稳压器供电。两边对称地绕有两个完全相同的副边线圈,它们反相串联,其感应电势的差值作为输出。在线圈骨架中有一个可动铁芯,如图4-25(a)所示。铁芯与凸轮斜面是靠弹簧压紧相接触的,因此当输出轴旋转时,将带动凸轮使铁芯左右移动。凸轮斜面将保证铁芯位置与输出轴的转角呈线性关系。

差动变压器副边绕组的感应电压分别为 U_{34} 和 U_{56},见图4-25(b),由于两副边绕组匝数相等,故输出交流电压 U_o 的大小取决于铁芯的位置。

交流电压 U_o 经整流滤波,并通过电压/电流转换器得到与差动变压器铁芯位置相对应的直流反馈电流 I_f,完成位置—电流转换。

在新型的执行器中,位置发送器采用了新技术和新方法,如用霍耳效应传感器直接感应阀杆的纵向或旋转位移,实现了非接触式位置—电流转换;或采用装有球轴承和特种导电塑料薄片做成的电位器,实现了位置—电流转换;或采用磁阻效应的角度传感器,实现了非接触式位置—电流转换。这些新技术和新方法使位置反馈信号精度提高,装置体积减小,成本降低。

二、气动执行器

1. 气动执行机构

气动执行机构接收电/气转换器(或电/气阀门定位器)输出的 20~100kPa 气压信号,并将其转换成相应的输出力和推杆直线位移,以推动调节机构动作。

气动执行机构有薄膜式和活塞式两种,常见的气动执行机构均属薄膜式,它的特点是结构简单、动作可靠、维修方便、价格低廉,但输出行程较小,只能直接带动阀杆。活塞式执行机构的特点是输出推力大,行程长,但价格较高,只用于特殊需要的场合。

1) 气动薄膜式执行机构

气动薄膜式执行机构分正作用和反作用两种形式。信号压力增加时推杆向下动作的称为正作用式执行机构(ZMA);信号压力增加时推杆向上动作的称为反作用式执行机构(ZMB)。见图4-26。现以正作用式执行机构为例说明其结构和特性。

(1)结构。图4-26(a)为正作用式气动薄膜式执行机构(ZMA)结构图。

当信号压力通过上膜盖1和波纹膜片2组成的气室时,在膜片上产生一个推力,使推杆5下移并压缩弹簧6。当弹簧的作用力与信号压力在膜片上产生的推力相平衡时,推杆稳定在一个对应的位置上,推杆的位移即执行机构的输出,也称行程。

气动薄膜式执行机构的行程规格有 10mm、16 mm、25 mm、40 mm、60 mm、100 mm 等。膜片的有效面积有 200 cm²、280 cm²、400 cm²、630 cm²、630 cm²、1000 cm²、1600 cm² 等,有效面积越大,执行机构的推力也越大。

(2)特性。若不计膜片的弹性刚度及推杆与填料之间的摩擦力,在平衡状态时,气动薄膜式执行机构的力平衡方程式可用下式表示,即

$$l = \frac{A_e}{C_s} p_1 \qquad (4-25)$$

式中:p_1 为气室内的气体压力,在平衡状态时,p_1 等于控制器的输出压力 p_0;A_e 为膜片有效面积;l 为弹簧移位,即推杆的位移(又称行程);C_s 为弹簧刚度。

式（4-25）说明在平衡状态时,推杆位移 l 和输入信号 p_0 之间成比例关系,如图 4-27 虚线所示。图中,推杆的位移用相对变化量 l/L 的百分数表示。

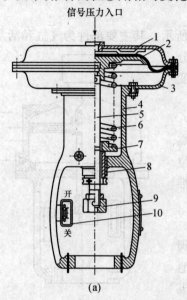 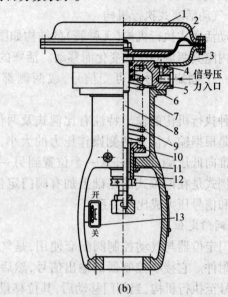

(a)　　　　　　　　　　(b)

图 4-26　气动薄膜式执行机构结构图

(a) 正作用式(ZMA 型);

1—上膜盖;2—波纹膜片;3—下膜盖;4—支架;5—推杆;6—压缩弹簧;

7—弹簧座;8—调节件;9—螺母;10—行程标尺。

(b) 反作用式(ZMB 型)。

上膜盖;2—波纹膜片;3—下膜盖;4—密封膜片;5—密封环;6—填块;7—支架;8—推杆;9—压缩弹簧;

10—弹簧座;11—衬套;12—调节件;13—行程标尺。

考虑到膜片的弹性、弹簧刚度 C_s 的变化及阀杆与填料之间的摩擦力,将使执行机构产生非线性偏差和正、反行程变差,如图 4-27 中实线所示。通常执行机构的非线性偏差小于 ± 4%,正、反行程变差小于 2.5%。实际使用中,将阀门定位器作为气动执行器的组成部分,可减小非线性偏差和变差。

在动态情况下,输入信号管线存在一定的阻力,而且信号管线和薄膜气室也可以近似为一个气容。因此执行机构可看成是一个阻容环节,薄膜气室内的压力 p_1 和控制器输出压力 p_0 之间的关系可以写为

$$\frac{p_1}{p_0} = \frac{1}{RC_s + 1} = \frac{1}{Ts + 1} \qquad (4-26)$$

式中:R 为从控制器到执行机构间导管的气阻;C 为薄膜气室及引压导管的气容;T 为时间常数,$T = RC$。

综合式(4-25)和式(4-26)可得控制阀推杆位移 l 与控制器输出压力 p_0 之间的关系为

$$\frac{l}{p_0} = \frac{A_e}{(Ts + 1)C_s} = \frac{K}{Ts + 1} \qquad (4-27)$$

式中:K 为执行机构的放大系数,$K = A_e/C_s$。

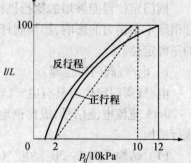

图 4-27　气动薄膜式执行机构
输入输出静态特性

由式（4-27）可知，气动薄膜式执行机构的动态特性为一阶滞后环节。其时间常数的大小与薄膜气室大小及引压导管长短和粗细有关，一般为数秒到数十秒之间。

2）气动活塞式执行机构

气动活塞式执行机构（无弹簧）的结构如图4-28所示。其主要部件为气缸和活塞，活塞在气缸内随其两侧差压的变化而移动。活塞的两侧可分别输入一个固定信号和可变信号，或两侧都输入可变信号。

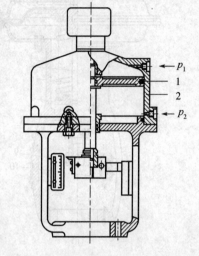

这种执行机构的输出特性有比例式及两位式两种。两位式是根据输入活塞两侧操作压力的大小，活塞从高压侧被推向低压侧，使推杆从一个位置到另一个极端位置。比例式是在两位式的基础上加有阀门定位器，使推杆位移和信号压力成比例关系。

2. 阀门定位器

阀门定位器与气动控制阀配套使用，是气动控制阀的主要附件。它接收控制器的输出信号，然后成比例地输出信号至执行机构，当阀门移动后，其位移量又通过机械装置负反馈到阀门定位器，因此定位器和执行机构构成了一个闭环系统。图4-29所示为阀门定位器功能示意图。来自控制器输出的信号 p_0 经比例放大后输出 p_1，

图4-28　气动活塞式执行机构结构图
1—活塞；2—汽缸。

用以控制执行机构动作，位置反馈信号再送回至定位器，由此构成一个使阀杆位移与输入压力成比例关系的负反馈系统。

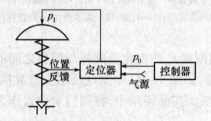

图4-29　阀门定位器功能示意图

阀门定位器能够增加执行机构的输出功率，减少控制信号的传递滞后，克服阀杆的摩擦力和消除不平衡力的影响，加快阀杆的移动速度，提高信号与阀位间的线性度，从而保证控制阀的正确定位。

1）电/气阀门定位器

电/气阀门定位器具有电/气转换器和阀门定位器的双重作用。它接收电动控制器输出的 4～20mA 直流电流信号，成比例地输出 20～100kPa 或 40～200kPa（大功率）气动信号至气动执行机构。

（1）结构。图4-30为电/气阀门定位器结构原理图。它由转换组件、气路组件、反馈组件和接线盒组件等部分构成。

转换组件包括永久磁钢、线圈、杠杆、喷嘴、挡板及调零装置等部件。其作用是将电流信号转换为气压信号。

102

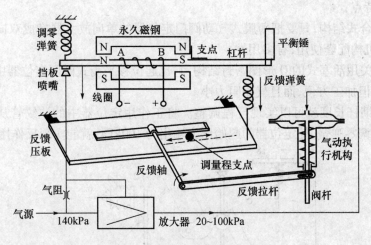

图 4－30　电/气阀门定位器原理图

气路组件包气动放大器、气阻、压力表及自动—手动切换阀等部件。它可实现气压信号放大和自动—手切换的功能。

反馈组件包括反馈弹簧、反馈拉杆、反馈压板等部件。它的作用是平衡电磁力矩，并保证阀门定位器输出与输入的线性关系。

接线盒组件由接线盒、端子板及电缆引线等部分组成。对于一般型和本质安全型无隔爆要求，而对于安全隔爆复合型则采取了隔爆措施。

（2）工作原理。阀门定位器是按力矩平衡原理工作的。来自控制器或输出式安全栅的 4～20mA 直流电流信号输入到转换组件的线圈中，由于线圈两侧各有一块极性方向相同的永久磁钢，所以线圈产生的磁场与永久磁钢的恒定磁场，共同作用在线圈中间的可动铁芯即杠杆上，使杠杆产生位移。当输入信号增加时，杠杆向下运动（即作逆时针偏转），固定在杠杆上的挡板便靠近喷嘴，使放大器背压升高，经放大后输出气压也随之升高。此输出作用在膜头上，使阀杆向下运动。阀杆的位移通过反馈拉杆转换为反馈轴和反馈压板的角位移，并通过调量程支点作用于反馈弹簧上，该弹簧被拉伸，产生一个反馈力矩，使杠杆顺时针偏转，当反馈力矩和电磁力矩相平衡时，阀杆就稳定在某一位置，从而实现了阀杆位移与输入电流信号成比例关系的特性。调整调量程支点的位置，可以满足不同阀杆行程的要求。

2）气动阀门定位器

气动阀门定位器品种很多，按其工作原理可分成位移平衡式和力（力矩）平衡式两大类。本节介绍力（力矩）平衡式阀门定位器。

（1）动作原理。见图 4－31，它是按力平衡原理工作的，当输入波纹管 1 的信号压力 p_0 增加时，使主杠杆 2 绕支点 15 逆时针转动，挡板 13 靠近喷嘴 14，喷嘴背压增加并经功率放大器 16 放大后，通入到执行机构 8 的薄膜气室，因其压力增加而使阀杆向下移动，并带动反馈杆 9 绕支点 4 转动，反馈凸轮 5 也跟着做逆时针方向转动，通过滚轮 10 使副杠杆 6 绕支点 7 顺时针转动，并将反馈弹簧 11 拉伸，弹簧 11 对主杠杆 2 的拉力与信号压力 p_0 作用在波纹管 1 上的力达到力矩平衡时仪表达到平衡状态。此时，一定的信号压力 p_0 就对应于一定的阀门位置。弹簧 12 是调零弹簧，调其预紧力可使挡板初始位置变化。弹簧 3 是迁移弹簧，在分程控制系统中用来改变波纹管对主杠杆作用力的初始值，以使定位器在接收不同输入信号范围（20～60kPa 或 60～100kPa）时，仍能产生相同的输入信号。

（2）结构特点：

① 采用组合式结构，只要把薄膜式气动阀门定位器的单向放大器换成双向放大器就可以与活塞式执行机构配套使用，有多用性。

② 切换开关用活塞式的 O 形圈密封结构，它比起位移平衡式阀门定位器中采用的平衡板式切换开关，不但加工方便，而且气路阻力小。

③ 改变反馈杆长度就可以实现行程调整。将正作用定位器中的波纹管从主杠杆的右侧换到左侧，调节调零弹簧，使定位器的起始压力输出为 100kPa，就能实现反作用调节。

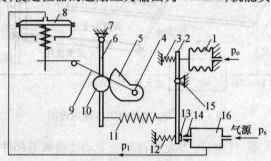

图 4 - 31　力平衡式阀门定位器

1—波纹管；2—主杠杆；3—迁移弹簧；4—凸轮支点；5—凸轮；6—副杠杆；7—支点；8—执行机构；9—反馈杆；

10—滚轮；11—反馈弹簧；12—调零弹簧；13—挡板；14—喷嘴；15—主杠杆支点；16—放大器。

3）阀门定位器的应用场合

（1）增加执行机构的推力。通过提高定位器的气源压力来增大执行机构的输出力，可克服介质对阀芯的不平衡力，也可克服阀杆与填料间较大的摩擦力或介质对阀杆移动产生的较大阻力。因此阀门定位器可用于高压差、大口径、高压、高温、低温及介质中含有固体悬浮物或黏性流体的场合。

（2）加快执行机构的动作速度。控制器与执行机构距离较远时，为了克服信号的传递滞后，加快执行机构的动作速度，必须使用阀门定位器，一般用于两者相距 60m 以上的场合。

（3）实现分程控制。分程控制时，两台定位器由一个控制器来操纵，每台定位器的工作区间由分程点决定，假定分程点为 50%，则控制器输出 0 ~ 50% 时，第一台定位器输出 0 ~ 100%，第二台定位器输出为 0；控制器输出 50% ~ 100% 时，第二台定位器输出 0 ~ 100%，第一台定位器输出一直保持在 100%。

（4）改善控制阀的流量特性。通过改变反馈凸轮的几何形状可改变控制阀的流量特性，这是因为反馈凸轮形状的变化，改变了执行机构对定位器的反馈量变化规律，使定位器的输出特性发生变化，从而改变了定位器输入信号与执行机构输出位移间的关系，即修正了流量特性。

3. 调节机构

调节机构又称控制阀（或调节阀），是执行器的控制部分。它和普通阀门一样，是一个局部阻力可以变化的节流元件。由于阀芯在阀体内移动，改变了阀芯与阀座之间的流通面积，即改变了阀的阻力系数，被控介质的流量相应地改变，从而达到控制工艺变量的目的。

1）控制阀的工作原理

从水力学的观点看，控制阀是一个局部阻力可以变化的节流元件。局部阻力是由阀芯和阀座间流通面积的局部缩小造成的。对于不可压缩流体，由流体的能量守恒原理可知，控制阀

体的压力损失为

$$\Delta p = \xi \frac{\rho}{2} v^2 \qquad\qquad (4-28)$$

式中：$\Delta p = p_1 - p_2$ 为阀前后压差；ξ 为阻尼系数，随阀的开度而变；$v = Q/A$ 为流体的平均流速；Q 为流体的体积流量；A 为阀的接管截面积；ρ 为流体的密度。

将式(4-28)中的 v 以 Q/A 代替，则可改写成

$$Q = \frac{A}{\sqrt{\xi}} \sqrt{\frac{2}{\rho}(p_1 - p_2)} \qquad\qquad (4-29)$$

由式(4-29)可知，当控制阀体的口径一定(A 一定)、阀上压差($p_1 - p_2$)和流体的密度 ρ 一定时，流量 Q 仅随阻尼系数 ξ 的变化而变化。因此，控制阀体就是依据执行机构输出的推杆位移量来改变阀门的开启程度，从而改变流通阻力以达到控制流体介质流量的目的。

2) 控制阀的结构

图4-32所示为常用的直通单座阀，它由上阀盖、下阀盖、阀体、阀座、阀芯、阀杆、填料和压板等零部件组成。执行机构输出的推力通过阀杆使用阀芯产生上、下方向的位移。上、下阀盖都装有衬套，对阀芯移动起导向作用。由于上、下都导向，称为双导向。阀盖上斜孔使阀盖内腔和阀后内腔互相连通，阀芯位移时，阀盖内腔的介质很容易经斜孔流入阀后，不致影响阀芯的移动。

由于调节机构直接与被控介质接触，为适应各种使用要求，阀体、阀芯有不同的结构，使用的材料也各不相同，现介绍其中常用的形式。

(1) 阀的结构形式。根据不同的使用要求，阀的结构形式很多，主要有以下几种：

① 直通单座阀。如图4-33(a)、(b)所示，阀体内只有一个阀芯和一个阀座。此阀的特点是泄漏量小，不平衡力大，因此它适用于泄漏量要求严格、压差较小的场合。

② 直通双座阀。如图4-33(c)所示，阀体内有两个阀芯和阀座。它与同口径的单座阀相比，流通力大20% ~ 25%。其优点是允许压差大，缺点是泄漏量大，故适用于阀两端压差较大、泄漏量要求不高的场合。不适宜用于高黏度和含纤维的场合。

③ 角形阀。如图4-33(d)所示。阀体为直角形，其流路简单，阻力小，适用于高压差、高黏度、含悬浮物和颗粒状物料流量的控制。一般用于底进侧出，此阀稳定性较好。在高压场合下，为了延长阀芯使用寿命，可采用侧进底出，但在小开度时容易发生振荡。

④ 三通阀。如图4-33(e)、(f)所示。阀体上有三个通道与管道相连。三通阀分为分流型和合流型。使用中流体温差应小于150℃，否则会使三通阀变形，造成泄漏或损坏。

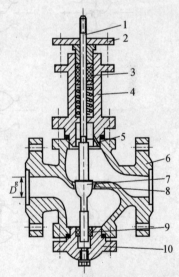

图4-32　直通单座阀

1—阀杆；2—压板；3—填料；4—上阀盖；
5—斜孔；6—阀体；7—阀芯；8—阀座；
9—衬套；10—下阀盖。

⑤ 蝶阀。如图 4 - 33(g)所示。挡板靠转轴的旋转来控制流体流量。它由阀体、挡板、挡板轴和轴封等部件组成。其结构紧凑、成本低、流通能力大,特别适用于低压差、大口径、大流量气体和带有悬浮物流体的场合,但泄漏量较大。其流量特性在转角达到 70° 前和等百分比特性相似,70° 以后工作不稳定,特性不好,所以蝶阀通常在 0° ~ 70° 转角范围内使用。

⑥ 套筒阀。如图 4 - 33(h)所示。套筒阀又叫笼式阀,阀内有一个圆柱形套筒。根据流通能力的大小,套筒的窗口可为四个、两个或一个。利用套筒导向,阀芯可在套筒中上、下移动。由于这种移动改变了节流孔的面积,从而实现流量控制。此阀具有不平衡力小、稳定性好、噪声低、互换性和通用性强,拆装、维修方便等优点,因而得到广泛应用。但不宜用于高温、高黏度、含颗粒和结晶的介质控制。

⑦ 偏心旋转阀。如图 4 - 33(i)所示。此阀也是一种新型结构的调节阀。球面阀芯的中心线与转轴中心偏移,转轴带动阀芯偏心旋转,使阀芯向前下方进入阀座。此阀具有体积小、质量轻、使用可靠、维修方便、通用性强、流体阻力小等优点,适用于黏度较大的场合。在石灰、泥浆等流体中,具有较好的使用性能。

⑧ 高压阀。如图 4 - 33(j)所示。高压阀是一种适用于高静压和高压差控制的特殊阀门,多为角形单座,额定工作压力可达 32000kPa。为了提高阀的寿命,根据流体分级降压的原理,目前已采用多级阀芯高压阀。

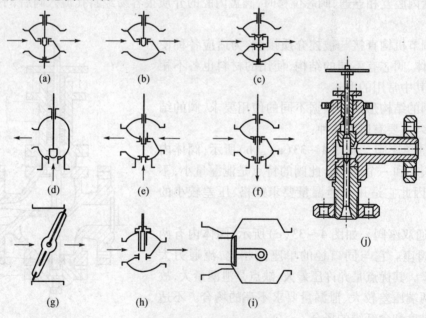

图 4 - 33 阀的结构形式

(2) 阀芯形式。根据阀芯的动作形式可分为直行程阀芯和角行程阀芯两大类。其中直行程阀芯又分为下列几种:

① 平板型阀芯。如图 4 - 34(a)所示。其结构简单,具有快开特性,可作两位控制用。

② 柱塞型阀芯。如图 4 - 34(b)、(c)、(d)所示。其中图(b)的特点是上、下可倒装,以实现正、反控制作用,阀的特性常见的有线性和等百分比两种。图(c)适用于角形阀和高压阀。图(d)为球形、针形阀芯,适用于小流量阀。

③ 窗口型阀芯。如图 4 - 34(e)所示。适用于三通控制阀,左边为合流型,右边为分流型,阀特性有直线、等百分比和抛物线三种。

④ 多级阀芯。如图4-34(f)所示。它是把几个阀芯串接在一起,起逐级降压作用,用于高压差阀,可防止气蚀破坏作用。

⑤ 套筒阀阀芯。如图4-34(g)所示。用于套筒型调节阀,只要改变套筒窗口形状,即可改变阀的特性。

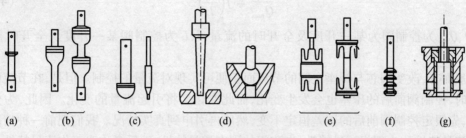

图4-34 直行程阀芯

图4-35所示为角行程阀芯。通过阀芯的旋转运动改变其与阀座间的流通截面。图(a)为偏心旋转阀芯,适用于偏转阀。图(b)为蝶形阀芯,适用于蝶阀。图(c)为球形阀芯,适用于球阀,图中所画为O形球阀和V形球阀。

(3)流体对阀芯的作用形式和阀芯的安装形式。根据流体通过控阀时对阀芯的作用方向,分为流开阀和流闭阀,如图4-36所示。流开阀稳定性好,有利于控制,一般情下多采用流开阀。

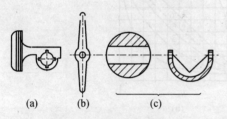

图4-35 角行程阀芯

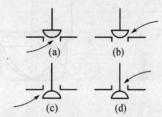

图4-36 两种不同流向的阀
(a)、(d) 流开阀;(b)、(c)流闭阀。

阀芯有正装和反装两种形式:阀芯下移时,阀芯与阀座间的流通截面积减小的称为正装阀;相反,阀芯下移时,流通截面积增加的称为反装阀。对于图4-37(a)所示的双导向正装阀,只要将阀杆与阀芯下端相接,即为反装阀,如图4-37(b)所示。公称直径 $D_g < 25mm$ 的阀,一般为单导向式,因此只能是正装阀。

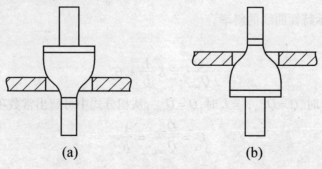

图4-37 阀芯的安装形式
(a)正装阀;(b)反装阀。

4. 控制阀的流量特性

控制阀的流量特性是指控制介质流过阀门的相对流量与阀门相对开度（即推杆的相对位移量）之间的函数关系,表达式为

$$\frac{Q}{Q_{max}} = f\left(\frac{l}{L}\right) \tag{4-30}$$

式中:Q、Q_{max}为控制阀为某一开度及全开时的流量;l、L为控制阀某一开度及全开时推杆的位移。

一般而言,改变阀芯与阀座之间的节流面积便可实现对流量的控制。但是,在节流面积改变的同时,控制阀前后的压差也会发生变化,而此变化又将引起流量的变化。因此,为分析问题方便,先假定控制阀前后的压差恒定不变,然后再引申到真实情况。我们把前一种情况下控制阀的流量特性称为理想流量特性,也称阀的固有流量特性;而后者称为工作流量特性或实际流量特性。

1) 理想流量特性

控制阀的理想流量特性取决于阀芯曲面的形状,不同阀芯曲面形状所对应的理想流量特性曲线如图 4-38 所示。

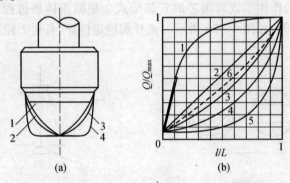

图 4-38 不同阀芯曲面形状与理想流量特性

1—快开特性;2—直线特性;3—抛物线特性;4—对数特性;5—修正的对数特性;6—修正的抛物线特性。

（1）直线流量特性,是指控制阀的相对流量与相对开度成直线关系,即单位行程变化所引起的流量变化为常数,其数学表达式为

$$d\left(\frac{Q}{Q_{max}}\right)\bigg/d\left(\frac{l}{L}\right) = K \tag{4-31}$$

式中:K为常数,表示特性曲线的斜率。

对上式积分得

$$\frac{Q}{Q_{max}} = K\frac{l}{L} + C \tag{4-32}$$

代入边界条件:$l=0$ 时,$Q=Q_{min}$;$l=L$ 时,$Q=Q_{max}$,从积分式中可解出常数项为

$$C = \frac{Q_{min}}{Q_{max}} = \frac{1}{R}$$

$$K = 1 - \frac{1}{R}$$

R 称为控制阀的可调比(或可控比),即控制阀所能控制的流量上限和流量下限之比。应

当注意,这里的流量下限 Q_{min} 并不等于控制阀的泄漏量,Q_{min} 一般为 Q_{max} 的 $2\% \sim 4\%$,而泄漏量仅为 Q_{max} 的 $0.1\% \sim 0.01\%$。在泄漏量到 Q_{min} 范围内的流量,控制阀不能按一定的特性来控制。国产控制阀理想可控比 $R = 30$。

由此,可得直线流量特性方程

$$\frac{Q}{Q_{max}} = \frac{1}{R}\left[1 + (R - 1)\frac{l}{L}\right] \qquad (4-33)$$

上式表明:Q/Q_{max} 与 l/L 之间在直角坐标系中呈直线关系,因 $R = 30$,当 $l/L = 0$ 时,$Q/Q_{max} = 0.033$;当 $l/L = 1$ 时,即控制阀全开,$Q/Q_{max} = 1$。因此,连接上述两点便可得到直线流量特性曲线,如图 $4-38$ 中直线 2。

从上式还可看出,当开度 l/L 变化 10% 时,所引起的相对流量的增量总是 9.67%,但相对流量的变化量却不同,我们以 10%、50%、80% 三点为例。

10% 开度时,流量的相对变化值为

$$\frac{22.7 - 13}{13} \times 100\% = 75\%$$

50% 开度时,流量的相对变化值为

$$\frac{61.3 - 51.7}{51.7} \times 100\% = 19\%$$

80% 开度时,流量的相对变化值为

$$\frac{90.3 - 80.6}{80.6} \times 100\% = 11\%$$

由此可见,直线流量特性控制阀在小开度工作时,流量相对变化量太大,控制作用太强,加剧振荡,易产生超调;在大开度工作时,流量相对变化量太小,控制作用弱,不够及时。因此,从控制系统来讲,直线流量特性控制阀适宜在较大开度下使用。

(2)对数流量特性,是指单位行程变化引起的相对流量变化与该点的相对流量成正比,其数学表达式为

$$d\left(\frac{Q}{Q_{max}}\right) \bigg/ d\left(\frac{l}{L}\right) = K\frac{Q}{Q_{max}} \qquad (4-34)$$

将上式积分并代入边界条件,定出常数项,最后可得对数流量特性方程为

$$\frac{Q}{Q_{max}} = R^{(l/L-1)} \qquad (4-35)$$

从上式看出,相对开度与相对流量成对数关系,故称对数特性。曲线如图 $4-38$ 中 4 所示。从特性曲线显然可知,它的斜率即控制阀的放大系数 K 是随开度的增加而增大的。在小开度时,流量小,流量的变化量也小,使控制作用平稳缓和;在大开度时,流量大,流量的变化量也大,使控制作用灵敏有效,这就克服了直线流量特性阀的不足,对自动控制系统的工作是十分有利的。

为了和直线流量特性相比较,同样以开度 10%、50%、80% 三点看,当开度变化 10% 时,其流量相对变化的百分比为

$$\frac{6.58 - 4.67}{4.67} \approx \frac{25.6 - 18.3}{18.3} \approx \frac{71.2 - 50.8}{50.8} \approx 0.40,即 40\%$$

因此,对数流量特性又称等百分比特性。

(3)快开流量特性,其数学表达式为

$$d\left(\frac{Q}{Q_{max}}\right)\bigg/d\left(\frac{l}{L}\right) = K\left(\frac{Q}{Q_{max}}\right)^{-1} \qquad (4-36)$$

将上式积分并代入边界条件,同样可求得流量特性方程式为

$$\frac{Q}{Q_{max}} = \frac{1}{R}\left[1 + (R^2 - 1)\frac{l}{L}\right]^{\frac{1}{2}} \qquad (4-37)$$

这种流量特性在小开度时,流量就比较大,随着行程的增加,流量很快达到最大值,故称为快开特性。特性曲线如图4-38中1所示。设阀座直径为D,则它的行程一般在$D/4$以内,若行程再增大时,阀的流通面积不再增大而失去控制作用。因此,快开流量特性阀比较适用于要求迅速开、闭的位式控制和程序控制系统中。

(4)抛物线流量特性,其数学表达式为

$$d\left(\frac{Q}{Q_{max}}\right)\bigg/d\left(\frac{l}{L}\right) = K\sqrt{\left(\frac{Q}{Q_{max}}\right)} \qquad (4-38)$$

将上式积分并代入边界条件可解得

$$\frac{Q}{Q_{max}} = \frac{1}{R}\left[1 + (\sqrt{R} - 1)\frac{l}{L}\right]^2 \qquad (4-39)$$

特性曲线如图4-38中3所示,它介于直线流量特性与对数流量特性之间,从而弥补了直线流量特性小开度时控制性能差的缺点。

2)工作流量特性

(1)串联管道中的工作流量特性。当控制阀串联安装于工艺管道时,除控制阀外,还有管道、装置、设备存在着阻力,该阻力损失随着通过管道的流量成平方关系变化。因此,当系统两端总压差Δp一定时,控制阀上的压差就会随着流量的增加而减小,如图4-39所示。这种压差的变化又会引起通过控制阀的流量变化,从而使阀的理想流量特性转变成为工作流量特性。

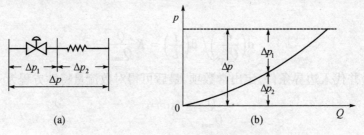

图4-39 阀串联于管道中压差变化情况

这种压差的变化又会引起通过控制阀的流量变化,从而使阀的理想流量特性转变成为工作流量特性。

设系统的总压差为$\Delta p_{系统}$,控制阀全开时阀前后压差为$\Delta p_{全开}$,则

$$S = \frac{\Delta p_{全开}}{\Delta p_{系统}} \qquad (4-40)$$

定义为压降比,也称阀阻比,控制阀全开时的压降比也用S_{100}表示。S表示了控制阀全开时阀上的压降占系统总压降的多少。这样,不同串联管道中的理想流量特性的变化情况可用S来

描述,如图 4-40 所示。

从图可见,当 $S=1$ 时,管道阻力损失为零,系统的总压差几乎全部降在控制阀上,此时即所谓理想特性。当 S 越小时,分配到控制阀上的压降越小,特性曲线下移,使理想直线流量特性畸变为快开特性,理想对数流量特性畸变为直线特性。可见,S 太小对控制是不利的,因此,一般要求 S 不小于 0.3。

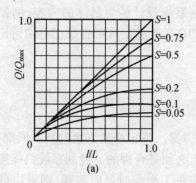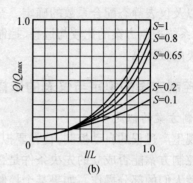

图 4-40 串联管道时的工作流量

(a) 线性;(b) 对数。

(2)并联管道中的工作流量特性。控制阀装于并联管道时,一般都装有手动旁路阀,如图 4-41 所示。设置手动控制阀的目的在于当控制系统失灵时,可用它作手动控制之用,以保证生产的连续进行。有时,由于产量提高,需要控制的流量增大,而原选用的控制阀又不能满足这一需要,这时也只好将手动旁路阀打开一点,这时管道流量将是通过控制阀的流量 Q_1 与旁路流量 Q_2 之和。在这种情况下,控制阀的特性也将发生变化而成为工作流量特性。

定义控制阀全开时通过的流量 $Q_{全开}$ 与总管最大流量 Q_{max} 之比为 χ,则不同 χ 值下的工作流量特性如图 4-42 所示。

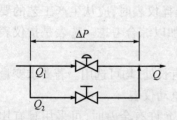

图 4-41 阀并联于管道

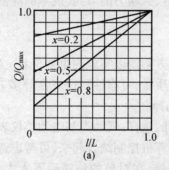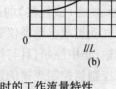

图 4-42 并联管道时的工作流量特性

(a) 线性;(b) 对数。

从图可见,当 $\chi=1$ 时,即旁路完全关闭,控制阀的工作流量特性与理想流量特性一致。随着 χ 值的逐渐减小,虽然控制阀本身的流量特性曲线形状没有变化,但管道系统的可控比将大大降低,泄漏量也增大。另外,在实际系统中,总是同时存在着串联管道阻力的影响,其阀上的压差随着流量的加大而降低,这就使系统的可控比更多地下降,从而控制阀在动作过程中流量变化更小,甚至几乎不起控制作用。可见,阀并联于管道这种工作方式是不好的。因此,要求 χ 值不应低于 0.8,即旁路量最多只能是总流量的百分之十几。

第三节　模拟式控制仪表的应用

在生产过程中,应用模拟式控制仪表可组成各种控制系统。本节从仪表实用角度讨论用单元组合仪表构成一个系统所涉及的一些问题,如控制方案的拟定、仪表的选择、仪表系统线路的连接以及仪表静态配合系数的确定。至于控制系统设计的更具体的内容,例如过程的结构与特性、系统控制方案的比较与选择、控制器的 PID 参数整定等都在第二篇中讨论或可参阅控制工程类的教科书。

一、控制方案的拟定与仪表的选择

1. 控制方案的拟定

要实现生产过程的自动控制,首先要拟定控制方案。确定控制方案的基本原则有:

(1) 控制方案能否成立的先决条件是在工艺上必须是合理的。控制系统只能按照预定的规律来代替人们的部分操作。如果某个控制方案在手工操作时可以实现,则采用自动控制也往往容易办到;如果某个控制方案根本不符合生产的工艺规律,则必然行不通。

(2) 控制方案要达到预定的工艺要求,在方案与控制规律的选择上必须是合适的。当控制对象的滞后很大时,扰动的出现比较频繁,不论怎样去改变整定参数,控制品质仍难符合要求。这时,除了要很好地选择检测点和控制手段外,必要时还可以采用某些复杂的控制回路。

(3) 控制方案要可靠运行,在操作上必须是安全的。对于某些具有危险性的生产过程,安全上的考虑要放在重要地位。应当采取各种预防措施,一旦发生事故,能够方便而又及时地紧急处理。

(4) 控制方案的评价,要看有无显著的经济效果。自动化本身不是目的,而是一种技术手段,自动化是为了提高生产,降低成本,确保安全和减轻劳动强度。经济效果的分析通常包括自动化投资、增产的产量和产值、劳动力的节约、成本的降低、自动化的总收益与投资回收期等项目。

2. 仪表选择

选择合适的仪表是使控制方案得以实施的重要保证。在选择仪表时,应从生产工艺的要求、现场使用条件、系统的控制质量、可靠性和经济性等多方面加以综合考虑。选表是指仪表类型、品种、特性(或规格)的选择。

(1) 气动类或电动类仪表的选择:气动类和电动类仪表各有长处,均可选用。若要求变量远距离传输、集中控制,且与计算机控制结合起来,可考虑选用电动仪表。

(2) 控制器控制规律的选择:在对象的纯滞后不太大和不允许有余差时,可采用具有比例、积分、微分作用的控制器,以获得较好的控制品质。当对象的时间常数较大,滞后较小时,应用微分作用可获得良好的效果。反之,微分作用不可能提供很多好处。在纯滞后时间内,微分控制是不起作用的。

(3) 控制阀的选择:控制阀是控制系统中的一个重要环节。经验证明,控制系统不能正常运行的原因,往往发生在控制阀上。阀门选得过大或过小都会降低控制质量或造成控制系统失灵。在设计工作中,大都采用经验准则和根据控制系统的各种条件来选择控制阀的特性。

(4) 仪表防爆规格的选择:对于具有危险性的生产过程,应根据有关规定选用本质安全型、防爆型或采取其他防爆措施。在构成本质安全型防爆系统时,必须使用安全栅。

二、控制系统构成举例

这里介绍几例用 DDZ – Ⅲ型仪表构成的控制系统及其接线图。

1. 单变量控制系统

单变量控制系统(非防爆或隔爆)的框图如图 4 – 43 所示。系统接线图如图 4 – 44 所示。图中,电源(DFY)将 220V 的交流电压转换成 24V 直流稳定电压,作为控制系统各仪表的供电。同时它还提供 24V 交流电源,作为记录仪驱动同步电机之用。

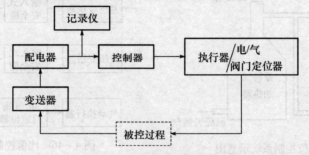

图 4 – 43　单变量控制系统方框图

配电器(DFP)对两线制变送器进行供电,它把变送器送来的 4 ~ 20mA 直流电流信号转换成 1 ~ 5V 的直流电压信号,再传送到控制器、记录仪中。

若构成隔爆系统时,变送器采用隔爆型,电/气阀门定位器采用隔爆结构。

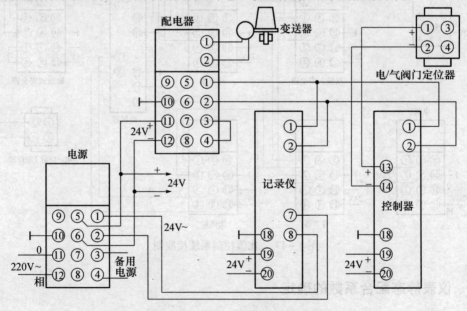

图 4 – 44　单变量控制系统接线图

2. 比值控制系统

在石油化工生产过程中,常常遇到要求两种物料以一定的比例混合或参与化学反应。如果比例失调,就可能造成生产事故或影响产品质量。例如天然气加氢脱硫比值控制系统,在这个系统中要严格控制加氢量,使天然气中硫转化为硫化氢的效率最高。原料天然气流量经比值器比值运算后的输出值,作为控制器的给定值,循环合成器的流量作为被控变量。使两流量

113

的比值保持不变,即能达到最佳转化。

加氢比值控制系统的示意图、方框图和接线图(本质安全防爆系统)分别如图4-45、图4-46和图4-47所示。该系统为本质安全型防爆系统,因此使用了安全栅,并且阀门定位器为本质安全型防爆结构。由图4-47可见,两个检测流量的差压变送器由一个双输入安全栅供电,该安全栅的两个输出信号分别被送至两个开方器进行开方运算,两个开方器的输出,一个作为控制器的测量值输入,另一个经比值器运算后作为控制器的电流外给定。

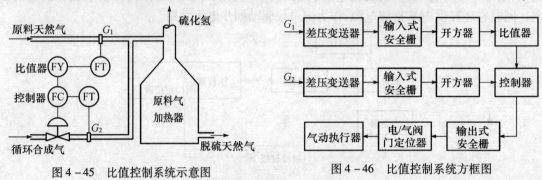

图4-45 比值控制系统示意图

图4-46 比值控制系统方框图

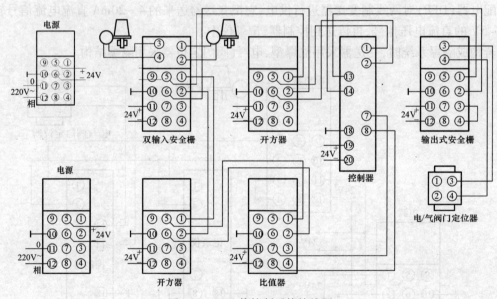

图4-47 比值控制系统接线图

三、仪表静态配合系数的确定

1.变送器量程的确定

在控制系统中,变送器量程的大小直接影响测量灵敏度和控制精度。为了提高系统的控制精度,希望变送器的转换系数大一些,这可通过零点迁移和合理选择变送器的量程来解决,选择的依据是系统工况和仪表允许的最小量程范围。

例如某一温度变量,正常工况下的变化范围在800~1000℃之内,可将热电偶在800℃和1000℃时所对应的毫伏数分别输入给温度变送器,调整零点和量程电位器,使其输出分别为4mA(对应于输入信号的下限)和20mA(对应于输入信号的上限)。这样,温度变送器的转换

系数为

$$K_T = \frac{20 - 4}{1000 - 800} = 0.08(\text{mA}/℃)$$

若不进行零点迁移,则温度变送器的转换系数为

$$K'_T = \frac{20 - 4}{1000 - 0} = 0.016(\text{mA}/℃)$$

2. 比值系数的确定

在比值控制系统中,比值器的系数 K_R 取决于两流量之比 k 和变送器的量程。例如有一比值控制系统,Q_1 变送器量程为 $0 \sim 800\text{kg/h}$,Q_2 变送器量程为 $0 \sim 1000\text{kg/h}$,流量经开方后输入比值器,若保持 $Q_2/Q_1 = k = 1.2$,则比值系数 K_R 可由下式求得:

$$K_R = \frac{Q_2/Q_{2\text{max}}}{Q_1/Q_{1\text{max}}} = k\frac{Q_{1\text{max}}}{Q_{2\text{max}}} = 1.2 \times \frac{800}{1000} = 0.96$$

式中:$Q_{1\text{max}}$ 和 $Q_{2\text{max}}$ 分别为两变送器量程的上限值。

如果不设计开方器,则比值系数可由下式计算:

$$K_R = k^2 \left(\frac{Q_{1\text{max}}}{Q_{2\text{max}}}\right)^2 = 0.9216$$

第二篇　过程控制系统

第五章　过程控制系统概述

生产过程自动化,一般指石油、化工、冶金、炼焦、建材、陶瓷以及热力发电等工业生产中连续或按一定程序周期进行的生产过程的自动控制。电力拖动及电机运转等过程的自动控制一般不包括在内。凡是采用模拟或数字控制方式对生产过程的某一或某些物理参数进行的自动控制通称为过程控制。

过程控制系统可以分为常规仪表过程控制系统与计算机过程控制系统两大类。前者在生产过程自动化中应用最早,已有七十余年的发展历史。后者是 20 世纪六七十年代后发展起来以计算机为核心的控制系统。本书主要介绍常规仪表过程控制系统。

第一节　过程控制的特点

生产过程的自动控制,一般是要求保持过程进行中的有关参数为一定值或按一定规律变化。显然过程参数的变化,不但受外界条件的影响,它们相互之间往往也存在着影响,这就增加了某些参数自动控制的复杂性和困难。过程控制有如下一些特点:

(1) 过程特性多样性。工业生产各不相同,生产过程本身大多比较复杂,生产规模也可能差异很大,这就给对过程(又称被控对象或简称对象)的认识带来困难,不同生产过程要求控制的参数各异,且被控参数一般不止一个,这些参数的变化规律不同,引起参数变化的因素也不止一个,并且往往相互影响,要正确描绘这样复杂多样的过程特性还不完全可能,至今也只能对简单的过程特性有明确的认识,对那些复杂多样的过程,还只能采用简化的方法来近似处理。虽然理论上有适应不同情况的控制方法,但由于过程特性辨识的困难,要设计出适应不同过程的控制系统至今仍非易事。

(2) 过程存在滞后。由于热工生产过程大多在比较庞大的设备内进行,过程的储存能力大,惯性也较大,内部介质的流动和热量转移都存在一定的阻力,并且往往具有自动转向平衡的趋势。因此当流入或流出过程的物质或能量发生变化时,由于存在能量、惯性和阻力,被控参数不可能立即被反映出来,滞后的大小取决于生产设备的结构和规模,并同研究它的流入量和流出量的特性有关。显然,生产规模越大,物质传递的距离越长,热量传递的阻力越大,造成的滞后越大。一般来说,热工过程大都具有较大滞后,对自动控制极为不利。

(3) 过程特性非线性。过程特性往往是随负荷而变的。即当负荷不同时,其动态特性有明显的差别。如果只以较理想的线性过程的动态特性作为控制系统的设计依据,难以达到控制目的。

(4) 控制系统比较复杂。由于生产安全上的考虑,生产设备的设计制造都力求使各种参数稳定,不会产生振荡,作为被控过程就具有非振荡环节的特性。热工过程往往具有自平衡的能力,即被控量发生变化后,过程本身能使被控量逐渐稳定下来,这就是惯性环节的特性。也有无自动趋向平衡的能力的工业过程,被控量会一直变化而不能稳定下来,这种过程就具有积分特性。

由于过程的特性不同,其输入与输出量可能不止一个,控制系统的设计在于适应这些不同的特点,以确定控制方案和控制器的设计或选型,以及控制器特性参数的计算与设定,这些都要以过程的特性为依据,而过程的特性正如上述那样复杂且难于充分认识,要完全通过理论计算进行系统设计与整定至今仍不可能。目前已设计出各式各样的控制系统如简单的位式控制系统、单回路及多回路控制系统以及前馈系统、计算机控制系统等,都是通过必要的理论计算,采用现场调整的方法,才能达到过程控制的目的。

第二节　过程控制系统发展概况

生产过程自动化是保持生产稳定、降低消耗、降低成本、改善劳动条件、促进文明生产、保证生产安全和提高劳动生产率的重要手段,是 20 世纪科学与技术进步的特征,是工业现代化的标记之一。

生产过程自动化的发展,经历了以下阶段:

(1) 初期阶段。20 世纪 40 年代前后,生产过程自动化主要是凭生产实践经验,局限于一般的控制元件及机电式控制仪器,采用比较笨重的基地式仪表实现生产设备就地分散的局部自动控制。在设备与设备之间或同一设备中的不同控制系统之间,没有或很少有联系。过程控制的目的主要是几种热工参数如温度、压力、流量及液位的定值控制,以保证产品质量和产量的稳定。

(2) 仪表化阶段。20 世纪 50 年代起及以后 10 年间,先后出现了气动与电动单元组合仪表和巡回检测装置,因而实现了集中监控与集中操纵的控制系统,对提高设备效率和强化生产过程有所促进,适应了工业生产设备日益大型化与连续化发展的需要。随着仪表工业的迅速发展,对过程特性的认识、对仪表及控制系统的设计计算方法都有了较快的发展。但从过程控制设计构思来看,仍处于各控制系统互不关联或关联甚少的定值控制范畴,只是控制的品质有较大的提高。

(3) 综合自动化阶段。20 世纪 60 年代至今,由于集成电路及计算机技术的飞速发展,由分散的机组或车间控制,向全车间、全厂甚至全企业的综合自动化发展,实现了过程控制最优化与管理调度自动化相结合的分散计算机控制系统。近年来,世界各工业发达国家全力进行工厂综合自动化技术的研究,力求在自动化技术、信息技术、计算机控制和各种生产加工技术的基础上,从生产过程全局出发,通过生产活动所需要的各种信息集成,把控制、优化、调度、管理、经营、决策融为一体,形成一个能适应各种生产环境和市场需求、多变性的、总体最优的高质量、高效益、高柔性的管理生产系统。这是过程控制发展的一个新阶段。

我国化工生产部门早在 20 世纪 60 年代初就开始采用计算机进行自动检测和数据处理,后来又在石油分馏装置上采用计算机自动而合理地调整模拟控制器的设定值,开始进行闭环计算机监控(Supervisory Computer Control, SCC),继而,又实现了某电站的电子计算机闭环控制。随后出现了采用数字计算机代替常规仪表的直接数字控制(Direct Digital Control, DDC),

并向最优化控制方向发展。20 世纪 80 年代中期,提出了现场总线的概念,至今现场总线控制系统(FCS)在我国已得到广泛的应用。在 20 世纪 70 年代,石油、化工、冶金及电站等重要的生产部门陆续采用计算机实现了 SCC 或 DDC 控制。但是,采用大型计算机对全厂或主要车间进行全面最优控制并不成功,原因是当时的计算机硬件可靠性还不能完全满足要求,加上综合控制系统十分复杂,难以建立适合的数字模型。特别是反映生产过程运行状态的一些参数至今还不能获得可靠的信息,对以上这些问题已经并且正进行着不少研究,但尚未得到完全满意的结果。

微型计算机与微处理器的迅速发展对实现分级计算机控制起到了决定性的作用。微型计算机小巧灵活,控制的范围较小,数学模型容易建立,不同的算式也容易利用软件实现,用来实现机组一级的分散控制颇为方便。即使微型计算机(单板机或单片机)出了故障,影响面小,容易从上一级的分散控制系统中脱出,既易于检查修复,也不致于影响全局。另外,冗余技术的采用也使得计算机故障的影响降到最低。

总之,由于计算机硬件可靠性提高,成本降低,有直观的 CRT 显示,便于人机联系,它既没有模拟常规仪表那样数量多、仪表庞大的缺点,也不会出现采用大型计算机控制过于集中而一出故障就影响全局那样令人生畏的问题。可见,采用分散集中的计算机控制,引起人们的重视是不足为奇怪的,目前已广泛应用于生产过程控制中,并对其不断更新和完善,故障率降低,可靠性有了极大的提高,可靠性早已不是影响装置应用的主要障碍。

过程控制系统采用微处理器与计算机控制(如 FCS)虽然发展很快,应用也日益广泛,但常规仪表控制系统和采用智能型控制器的小型控制系统仍然大量应用于工业生产中。

第三节　过程控制系统的组成

锅炉是生产蒸气的设备,几乎是工业生产中不可缺少的设备。保持锅炉锅筒内的水位高度在规定范围内是非常重要的,如水位过低,锅炉可能被烧干;水位过高,生产的蒸气含水量高,水还可能溢出;这些都是危险的。因此水位控制是保证锅炉正常生产必不可少的。

锅炉的给水量与蒸气的蒸发量保持平衡时锅炉内的水位保持不变。如锅炉的给水量变化或蒸气量变化,水位就会发生变化(Δh),因此,必须观察水位变化以调整给水量,使它随蒸气负荷的大小而增减,以达到维持水位在允许的范围内的目的,见图 5 - 1。

人工水位控制是靠人眼观察玻璃水位计,根据 Δh 的变化量,经过思考分析,动手去改变给水阀门的开度,保持水位在合理的规定位置处,如图 5 - 1(a)所示。采用仪表控制时,水位变化量 Δh 经液位变送器转换成统一的标准信号送到控制器,与由定值器送来的水位设定值信号进行比较和运算后发出控制命令,由执行器(电动或气动执行机构)改变阀门的开度,相应增减给水量,以保持给水量与蒸气蒸发量的平衡,这就实现了水位自动控制,如图 5 - 1(b)所示。由此可见,实现锅炉水位控制需要以下装置:反映水位变换情况的传感器与变送器(转换器),比较水位变化并进行控制运算的控制器,设定水位的定值器,实现控制命令的执行器,改变给水量的控制阀,用这些装置加上其他一些必要的装置对被控过程进行控制就构成一个过程控制系统,如图 5 - 2 所示。由此可见,过程控制系统应包括以下几部分。

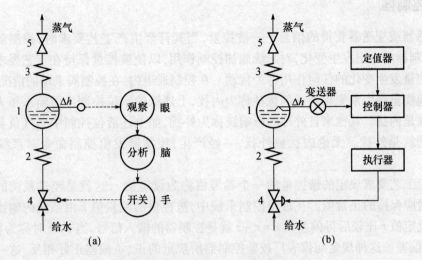

图 5-1　锅炉水位控制原理图

1—锅筒；2—省煤器；3—过热器；4—给水阀门；5—蒸气阀门。

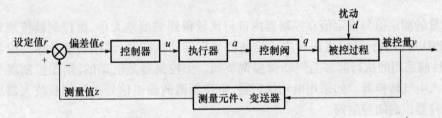

图 5-2　过程控制系统原理方框图

一、被控过程（简称过程）

被控过程（又称被控对象）是指生产过程被控制的工艺设备或装置，如上述进行水位控制的锅炉。被控过程通常有锅炉、加热炉、分馏塔、反应釜等生产设备以及储存物料的槽、罐或传输物料的管段等。当工艺设备中需要控制的参数只有一个，例如电阻加热炉的炉温控制，被控量就是炉温，则工艺设备与被控过程的特性是一致的。当工艺设备中被控参数不止一个，其特性互不相同时，则应各有一套可能是互相关联的控制系统，这样的工艺设备作为被控过程，应对其中不同的过程作不同的分析。

二、检测元件和变送器

反映生产过程与生产设备状态的参数很多，按生产工艺要求，有关的参数都应通过自动检测，才能了解生产过程进行的状况，以获得可靠的控制信息。凡需要进行自动控制的参数，都称为被控量，上例锅炉中的水位就是被控量。当系统只有一个被控量时，称为单变量控制系统；具有两个以上被控量和操纵量且相互关联时，称为多变量控制系统。被控量往往就是过程的输出量。

被控量由传感器检测。当其输出不是电量或虽是电量而非标准信号时，应通过变送器转换成 $0 \sim 10\mathrm{mA}$ 或 $4 \sim 20\mathrm{mA}$ 或 $1.96 \times 10^4 \sim 9.8 \times 10^4 \mathrm{Pa}$ 的标准信号。传感器或变送器的输出就是被控量的测定值（z）。

三、控制器

由传感器或变送器获得的信息——被控量,当其符合生产工艺要求时,控制器的输出不变;否则控制器的输出发生变化,对系统施加控制作用,以使被控量保持在工艺要求的范围之内。使被控量发生变化的任何作用称为扰动。在控制通道内,在控制阀未动的情况下,由于通道内质量或能量等因素变化造成的扰动称为内扰,上述锅炉水位控制中因给水压力变化引起水位波动就是内扰。其他来自外部的影响统称为外扰,如上述液位控制中蒸气负荷变化而引起水位波动就是外扰。无论内扰或外扰,一经产生,控制器发出控制命令对系统进行自动控制。

按生产工艺要求规定的被控量的一个参考值称为设定值 r,这就是经过系统的自动控制作用被控量应保持的正常值。在过程控制系统中,被控量的测量值 z 由系统的输出端反馈到输入端与设定值 r 比较后得偏差值 $e = r - z$ 就是控制器的输入信号,当 $z > r$ 时称为负偏差,$z < r$ 时称为正偏差。这种规定与仪表厂校验控制器所规定的正、负偏差正好相反,这一点在实际工作中要特别注意。

四、执行器

被控量的测定值与设定值在控制器内进行比较得到的偏差大小,由控制器按规定的控制规律(如 PID 等)进行运算,发出相应的控制信号去推动执行器,该控制信号称为控制器的输出量 u。目前采用的执行器多为气动薄膜调节阀。如控制器是电动的,则在控制器与执行器之间应加入电气转换器。如采用电动执行器,则控制器的输出信号需经伺服放大器后才能驱动电动执行器以启闭控制阀。

五、控制阀

由控制器发出的控制信号,通过电或气动执行器驱动控制阀门,以改变输入过程的操纵量 q,使被控量受到控制。控制阀是控制系统的终端部件,阀门的输出特性取决于阀门本身的结构,有的与输入信号呈线性关系,有的则呈对数或其他曲线关系。

气动阀门有气开式和气关式两种,前者是当控制器的输出增大时阀门开大,后者刚好相反,选择气开式或气关式的原则是从安全角度考虑的。即万一气源断路时,生产过程仍能安全运行。如上述锅炉水位控制应选用气关式给水控制阀。当气源增大时阀门关小,气源减小时阀门开大,气源切断时阀门全开,保证锅炉筒内供水充足,以免发生事故。但这并非一成不变的,主要是根据生产情况具体选择。仍以上述锅炉水位控制为例,如生产的蒸气作为汽轮机的气源,不允许蒸气大量带水,就不能采用气关阀,而应采用气开阀。

由于控制阀有气开和气关两种方式,故控制器也有正、反两种调节作用。所谓控制器的正作用是指被控量增大时,控制器的输出增大;反作用则相反。在上述锅炉水位控制中,采用气关式阀门时,控制器应取正作用;采用气开式阀门时则应取反作用。控制器的正、反作用,视实际情况选用。

最后应当指出,控制器是根据被控量测量值的变化,与设定值进行比较得出的偏差值对被控过程进行控制的。过程的输出信号即控制系统的输出,通过传感器和变送器的作用,将输出信号反馈到系统输入端,构成一个闭环控制回路,称为闭环控制系统,简称闭环。如果系统的输出信号只被检测和显示,并不被反馈到系统的输入端,它是一个未闭合的回路,称为开环控制系统,简称开环。开环系统只按过程的输入量变化进行控制,即使系统是稳定的,其控制质量也较低。而闭环系统能密切监控过程输出量的变化,抗干扰能力强,能有效地克服过程特性变化的影响,有一定的自适应能力,因而控制质量较高,应用也最广。

第四节 过程控制系统的类别

由于划分过程控制类别的方式不同,有种种不同的名称。按所控制的参数来分,有温度控制系统、压力控制系统、流量控制系统及液位控制系统等。按控制系统的任务来分,有定值控制系统(反馈控制系统)、前馈控制系统、比值控制系统、均匀控制系统、分程控制系统及自适应控制系统等。按控制器的动作规律来分,有比例控制系统、比例积分控制系统、比例积分微分控制系统及位式控制系统等。按控制系统是否构成闭合回路来分,有开环控制系统及闭环控制系统。按控制装置处理的信号的不同来分,有模拟控制系统及数字控制系统。按是否采用计算机来分,有常规仪表控制系统及计算机控制系统等。

以上这些分类都只反映了不同控制系统的某一方面的特点,人们视具体情况采用不同的分类,并无严格的规定。

过程控制主要是分析反馈控制的特性,按设定值的形式不同,可将过程控制系统分为如下三类。

一、定值控制系统

工业生产过程中大多要求将被控量保持在规定的小范围附近不变,此规定值就是控制器的设定值。前述锅炉水位控制就是要使水位保持在规定值不变,满足锅炉蒸发量与给水量的平衡关系,只要被控量在设定值范围内波动,控制系统的工作就是正常的。在定值控制系统中,设定值是固定不变的,引起系统变化的只是扰动信号,可以认为以扰动量为输入的系统是定值控制系统。

二、随动控制系统

生产过程中对被控量的要求是变化的,不可能规定一个固定的设定值。换句话说,控制系统的设定值是无规律变化的,自动控制的目的就是要使被控量相当准确而及时地跟随设定值变化。例如加热炉燃料与空气的混合比例控制,燃料量是按工艺过程的需要而手动或自动地不断改变,控制系统就要使空气量跟着燃料量的变化自动按规定的比例增减空气量,保证燃料经济地燃烧,这就是随动控制系统。自动平衡记录仪表的平衡机构是跟随被测信号的变化而自动达到平衡位置,也是一种随动控制系统。

三、程序控制系统

控制系统的设定值是按生产工艺要求有规律变化的,自动控制的目的是要使被控量按规定的程序自动进行,以保证生产过程顺利完成,如工业炉及干燥窑等周期作业的加热设备,一般包含加热升温、保温后逐次降温等程序,设定值按此程序而自动地变化,控制系统就按设定程序自动进行下去,达到程序控制的目的。

上述各种反馈控制系统中,信号的传送都是连续变化的,故称为连续控制系统或模拟控制系统,统称为常规过程控制系统。在石油、化工、冶金、建材、陶瓷及电力等工业生产中,定值控制是主要的控制系统,其次是程序控制系统与随动控制系统。本书将以定值控制为讲述重点。

第五节　过程控制系统的品质指标

在过程控制中,由于控制器的自动控制作用而使被控量不再随时间变化的平衡状态称为稳态或静态。被控量随时间而变化,系统未处于平衡状态时则称为动态或瞬态。当改变控制器的设定值或干扰进入系统,原来的平衡状态就被破坏,被控量随即偏离设定值,控制器及控制阀门都会相应动作,改变操控量的大小,使被控量逐渐回到设定值,恢复平衡状态。可见,从扰动开始,由于控制器的作用,在系统达到平衡之前,系统中的各个环节与被控量都在不断变化中,在阶跃信号输入的情况下整个过渡过程可能有几种不同的状态,如图 5-3 所示。图中 a 为发散振荡过程,b 为等幅振荡过程,c 为衰减振荡过程,d 为非周期过程,当然还可能出现其他过程。显然前两种过程是不稳定的,不能采用;后两种过程可以稳定下来,是可以接受的,一般都希望是衰减振荡的控制过程。非周期过程虽然能稳定下来,但偏离设定值的时间较长,过渡过程进行缓慢,除特殊情况外,一般难以满足要求。

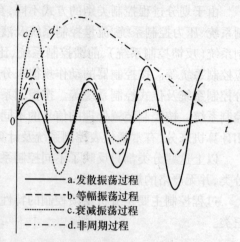

图 5-3　几种不同的过渡过程

总之,控制过程就是克服和消除干扰的过程。一个控制系统的优劣,就在于它受到扰动后能否在控制器的控制作用下再稳定下来,克服扰动回到设定值的准确性和快慢程度如何,这些都符合要求时就是一个良好的控制系统。控制系统是否稳定、快速而准确达到平衡状态(即稳态或静态),通常采用以下几个指标来衡量:

1. 递减比

衰减振荡过程是最一般的过渡过程,振荡衰减的快慢对过程控制的品质关系极大。由图 5-4 可见,第一、二两个周期的振幅 B_1 与 B_2 的比值充分反映了振荡衰减的程度,称之为递减比 n,即

$$n = \frac{B_1}{B_2}$$

递减比 n 表示曲线变化一个周期后的衰减快慢,一般用 $n:1$ 表示。在实际工作中,控制系统的递减比习惯于采用 4:1,即振荡一周后衰减了 3/4,即被控量经上下两次波动后,被控量的幅值降到最大值的 1/4,这样的控制系统就认为稳定性好。递减比也有用面积比表示的,如图中阴影线面积 A_1 与 A_2 之比,指标仍然是 4:1。

虽然公认 4:1 递减比较好,但并非唯一的,特别是对一些变化比较缓慢的如温度过程,采用 4:1 递减比,可能还嫌过程振荡过甚,显得很不适用。如采用 10:1 递减比,效果会好得多。因此递减比需视具体过程不同选取。

2. 动态偏差

扰动发生后,被控量偏离稳定值或设定值的最大偏差值称为动态偏差,也称为最大过调量,如图 5-4 中的第一波峰 B_1。过渡过程达到此峰值的时刻称为峰值时间 T_p。动态偏差大,

持续时间又长,是不允许的。如化学反应器,反应温度有严格的规定范围,超过此范围就会发生事故。有的生产过程,即使是短暂超过也不允许,如生产炸药的温度限值极严,控制系统的动态偏差必须控制在温度限值以下,才能保证安全生产。

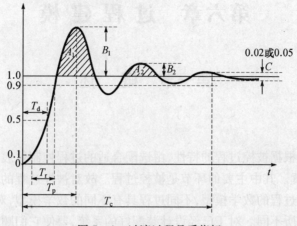

图 5 – 4　过渡过程品质指标

3. 调整时间 T_c

平衡状态下的控制系统,受到扰动作用后平衡状态被破坏,经系统的控制作用,过渡到被控量返回允许的波动范围以内,即被控量在稳定值的 5%(或 2%)以内,达到新的平衡状态所经历的时间,称为调整时间 T_c,也称为过渡过程时间或稳定时间。对于过阻尼系统,一般以响应曲线由稳定值变化 10% 算起上升到稳定值的 90% 所经历的时间称为上升时间 T_r,也有规定为由 5% 上升到 95% 为上升时间的。对于欠阻尼系统,一般由 0 算起,上升到 100% 所经历的时间为上升时间。响应曲线第一次达到稳定值的 50% 的时间称为延迟时间 T_d。这些都是反映过渡过程快慢的指标。

4. 静态偏差

过渡过程终了时,被控量的变化在规定的小范围内波动,被控量与最大稳态值或设定值之差值称为静态偏差或残余偏差,简称余差,如图 5 – 4 中的 C。余差的大小是按生产工艺过程的实际需要制定的,它是系统的静态指标。这个指标定高了,要求系统特别完善;定低了又难以满足生产需要,也失去自动控制的意义。当然从控制品质着眼,自然是余差越小越好。应根据过程的特性与被控量允许的波动范围,综合考虑决定,不能一概而论。

第六章　过程建模

第一节　概　述

一、基本概念

过程控制系统是根据被控过程的特性,由选配合适的过程控制仪表所组成,有时还附有连锁、报警和通信等装置。其中主要的环节是被控过程。故对被控过程的特性应有充分认识,尽可能精确地了解被控过程的数学模型,不同过程具有不同的数学模型,对它实施的控制方案与选用的控制仪表就有所不同。对于已经设计装配好的系统,要使它们顺利地运行,也必须了解过程的数学模型,才能整定好系统的调节参数,从而获得满意的控制效果。

在研究被控过程特性时,我们常用被控过程数学模型、被控过程动态特性、对象动态特性等术语,它们指的都是过程的特性。描述过程数学模型的方法有三种,分别是特性方程、曲线和图表,在过程控制中特性方程用得最多,曲线次之。特性方程有微分方程、传递函数和状态方程等,是用数学方程式或函数表示的,又叫参数模型。曲线一般有阶跃响应曲线、脉冲响应曲线和频率特性曲线等。图表很少使用,一般转换成曲线。曲线和图表又叫非参数模型。

被控过程是指正在运行中的多种多样的被控制的生产工艺设备及在这些生产设备中进行着的与温度、压力、流量、液位、浓度、密度、黏度、碱度、pH 值、物料成分或配比等相关的物理或化学反应。所谓被控过程的特性就是这些生产过程的变化规律。这些变化过程都是在特定生产设备中进行的,过程特性自然与生产设备的特点密切相关。研究过程的特征,通常是以某种形式的扰动输入过程,引起过程的输出发生相应的变化。这种变化在时域或频域上用微分方程或传递函数(也可用曲线等)进行描述,称为过程的数学模型。一般来说,过程的数学模型都具有非线性和分布参数的特点,使描述过程数学模型的方程十分复杂,故在研究过程数学模型时需进行一些简化,使非线性特性线性化。例如有几个扰动同时作用时,过程响应可看成每个扰动单独作用之和。显然,只有输入量在小范围内变化,过程的输出量也在小范围内变化,并可视为线性时才能这样处理。如果输入量与输出量变化范围大,则可将它分为几个小区域。在小区域范围内可认为过程特性是线性的,可按叠加原理进行处理。

被控过程可以分为单被控量与多被控量两类,也可按过程是否具有自平衡能力来区分。

二、多输入单输出过程

过程的输出量为被控量 y,当输入信号不止一个时,选其中容易被控制而又直接影响过程动态特性的一个作为控制器的输出 x,其余的输入信号均可看成扰动 $d_1, d_2, \cdots, d_n$,如图 6−1所示。被控量的传递函数 $Y(s)$ 为

$$Y(s) = W(s)X(s) + W_{d1}(s)D_1(s) + \cdots + W_{dn}(s)D_n(s) \qquad (6-1)$$

式中:$W(s)$ 为控制作用下过程的传递函数;$X(s)$、$D_1(s)\cdots, D_n(s)$ 为控制信号 x 及干扰 d_1,

$d_2 \cdots, d_n$ 的拉普拉斯函数;$W_{d1}(s), W_{d2}(s), \cdots, W_{dn}(s)$ 为在干扰 $d_1, d_2 \cdots, d_n$ 作用下过程的传递函数。

被控量 y 与输入控制作用 x 的联系称为"控制通道",被控量 y 与扰动 d 的联系称为"干扰通道"。在前例水位控制中,控制阀的位移引起水位的变化即为控制通道,蒸气负荷量的改变或控制阀前给水压力波动引起的水位变化,就是两个干扰通道。

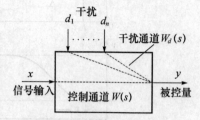

图6-1 多输入单输出过程
及其信号通道示意图

了解各通道的动态特性,是认识和分析过程动态特性所必需的,但这是相当困难的,因为控制通道的控制作用,在不断地反复进行,其动态特性直接影响过渡过程的稳定性。而外扰是随机的,往往是短暂作用,在过渡过程中,只影响被控量的幅值。因此,认识和掌握控制通道的数学模型,对控制系统的设计与整定极为重要。这里将要讨论的被控过程的数学模型主要是控制通道的动态特性。

三、多输入多输出过程

当过程中的被控量不止一个时,每个被控量有它各自的控制区,每个输入量有对应的输出量,如图6-2所示。过程的传递函数 $Y(s)$ 显然与控制通道传递矩阵 $W_T(s)$ 和干扰通道传递矩阵 $W_d(s)$ 有关,即

$$Y(s) = W_T(s)X(s) + W_d(s)D(s)$$

$$(6-2)$$

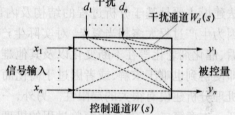

图6-2 多输入多输出过程
及其信号通道

当一个输入量(控制器的输出)只对一个被控量起作用时,则不同控制区是独立的,对各个被控过程的动态特性可以按多输入单输出过程逐个分析。当被控量之间有或者必须保持有一定的关系时,不可能进行独立控制,就必须采用综合控制,这就要求各控制器能协同步调或采取解耦控制,以防止被控量相互间的影响。

四、过程的自平衡能力

过程的特性,常用在阶跃信号作用下过程的阶跃响应特性表示。大多数热工过程,在扰动发生后并不能立即响应或立即显著响应,而有滞后现象;在达到新的平衡前,响应速度又会缓慢下来,如图6-3(a)所示,有的则再也不能平衡下来,如图6-3(b)所示。前者过程具有自平衡能力,称为自衡过程;后者过程无自平衡能力,称为无自衡过程。下面将要讨论的就是这两种过程的特性。本章只讨论单输入单输出的过程。

五、过程建模方法

过程的数学模型主要取决于生产过程本身的物理化学特性,并与生产设备的结构和运行状态有关。建立过程数学模型的基本方法,一般来说有机理分析法和试验法两种。

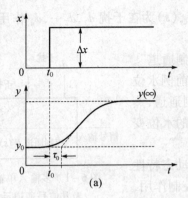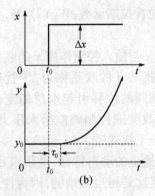

图6-3 过程的阶跃响应曲线

机理分析法建模又称为数学分析法建模或理论建模,可用于一些简单的被控过程。它原则上采用数理方法,根据过程的内部机理(运动规律),运用一些已知的定律、原理,如生物学定律、化学动力学原理、物料平衡方程、能量平衡方程、传热传质原理等,经过推演和简化而得到描述过程动态特性的数学模型。机理分析法建模的最大特点是当生产设备还处于设计阶段就能建立数学模型。由于该模型的参数直接与设备的结构、性能参数有关,因此,对新设备的研究和设计具有重要的意义。另外,对不允许进行试验的场合,该法是唯一可取的。机理分析法建模主要是基于分析过程的结构及内部物理化学过程,要求建模者应有相应的科学知识。因为生产过程大多相当复杂,对实际生产过程的机理并非完全了解,生产中的某些因素如积垢、催化剂老化等在不断变化以及其他难以描述的因素,要获得正确的数学表达式十分困难,即使得到也难于求解,或者因过于简化而失去意义。因此,对于较复杂的实际生产过程来说,机理分析建模有很大的局限性。另外,一般来说机理分析建模得到的模型还需要通过试验验证。本章第二、三节介绍简单过程的机理分析建模方法。

试验法建模是在实际生产过程中,根据过程输入、输出的试验数据,通过过程辨识与参数估计的方法建立被控过程的数学模型。与机理分析法相比,试验法建模的主要特点是不需要深入了解过程机理。试验法又分为加专门信号和不加专门信号两种,加专门信号就是在试验过程中改变所研究的过程输入量,对其输出量进行数据处理就可得到过程数学模型。所谓不加专门信号即利用过程在正常操作时所记录的信号,进行统计分析来求得过程的数学模型,一般来说这种方法只能定性地反映过程的数学模型,其精度较差。专门信号可分为时域信号、频域信号和随机信号。时域信号有阶跃信号、脉冲信号等,因简单易行而应用最多,又称时域法。频域信号有正弦信号、梯形波信号等,虽然复杂但能比较准确地获得模型参数而被采用,又称频域法。随机信号有白噪声、伪随机信号等,又称统计相关法。采用试验方法测取过程的响应曲线,是分析研究过程模型的通用方法。近年来由于系统辨识与仿真技术的发展,使过程动态特性的认识向前又迈进了一步。本章第四、五节介绍试验建模方法。

第二节　自衡过程的机理分析法建模

过程受到干扰作用后,平衡状态被破坏,无需外加任何控制作用,依靠过程本身自动平衡的倾向,逐渐达到新的平衡状态的性质,称为自平衡能力。例如简单的水箱液位对象,当水的流入量与流出量相等时,液位保持不变。当流入侧的阀门突然开大,水的流入量阶跃增多,液位便开始上升,随着液位的升高,水箱内液体的静压力增大,使水的流出量跟着增多,这一趋势

126

会使流出量再次等于流入量,液位就在新的平衡状态下稳定下来,如图6-4所示。自平衡是一种自然形式的负反馈,好像在过程内部具有比例控制器的作用,但过程的自平衡作用与系统的控制作用完全不同,后者是靠控制器施加的控制作用以消除流入量与流出量之间的不平衡的。

控制过程有无自平衡能力,取决于过程本身的结构,并与生产过程的特性有关。凡是受到干扰后,不依靠外加控制作用就能重新达到平衡状态的过程都具有自平衡能力,否则就是没有自平衡能力的过程。

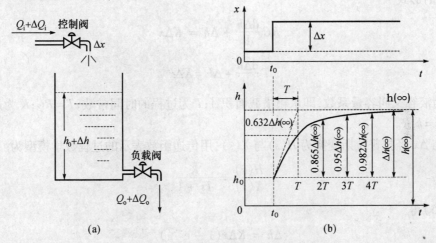

图6-4 单容过程及其阶跃响应曲线

一、无纯滞后单容过程

前述水箱内的液位对象就代表单容过程,在稳态下,$Q_o = Q_i$,液位 h 保持不变;当控制阀突然开大一些,$Q_i > Q_o$,液位逐渐上升,如果流出侧负载阀的开度不变,则随着液面的升高而流出量逐渐增大,这时流入量与流出量之差为

$$\Delta Q_i - \Delta Q_o = \frac{dV}{dt} = A\frac{d\Delta h}{dt} \qquad (6-3)$$

式中:ΔQ_i、ΔQ_o 为流入量与流出量的微变量;dV 为储存液体的微变量;A 为水箱横截面积;Δh 为液位微变量。

流入量的变化与控制阀的开度 Δx 有关,即

$$\Delta Q_i = k_x \Delta x$$

式中:k_x 为控制阀的流量系数。

流出量与液位变化关系可表示为

$$Q_o = k\sqrt{h_o}$$
$$\Delta Q_o = k\Delta h / 2\sqrt{h_o}$$

式中:k 为比例系数。

可见流量与液位是非线性的二次函数关系,过程的特性方程也将是非线性的。当只考虑液位与流量均只在有限小的范围内变化时,就可以认为流出量与液位变化呈线性关系,令

$k/2\sqrt{h_o} = 1/R$，则有 $\Delta Q_o = \dfrac{1}{R}\Delta h$，由此得流阻 R 为

$$R = \Delta h/\Delta Q_o \qquad (6-4)$$

将 ΔQ_o 及 ΔQ_i 代入式(6-3)即得

$$RA\frac{\mathrm{d}\Delta h}{\mathrm{d}t} + \Delta h = k_x R\Delta x$$

写成一般的形式

$$RC\frac{\mathrm{d}\Delta h}{\mathrm{d}t} + \Delta h = K\Delta x$$

或

$$T\frac{\mathrm{d}\Delta h}{\mathrm{d}t} + \Delta h = K\Delta x \qquad (6-5)$$

式中：C 为液容又叫容量系数，即水箱横截面积 A；T 为过程的时间常数，$T = RC$；K 为过程的放大系数，$K = k_x R$。

Δh 与 Δx 经拉普拉斯变换为 $H(s)$ 与 $X(s)$，用传递函数表示的过程数学模型为

$$\frac{H(s)}{X(s)} = \frac{K}{Ts+1} \qquad (6-6)$$

解式(6-5)得

$$\Delta h = K\Delta x(1 - \mathrm{e}^{-t/T}) \qquad (6-7)$$

这就是单容过程的阶跃响应，其曲线如图6-4(b)所示。显然，过程的特性与放大系数 K 和时间常数 T 有关。

1. 放大系数 K

过程输出量变化的新稳态值与输入量变化值之比，称为过程的放大系数。上例水箱液位对象，流入水量的大小以阀门开度变化值 Δx 表示，即当阀门开度增大 Δx，液位相应升高 $\Delta h(\infty)$ 并稳定不变。因此过程的放大系数可以表示为

$$K = \Delta h(\infty)/\Delta x \qquad (6-8)$$

上式表明，放大系数 K 与被控量的变化过程并无直接关系，只与被控量的变化终点与起点相关，故放大系数是过程的静态特性参数。

应当指出，过程的输入与输出不一定是同一个物理量，其量纲也不尽相同，如输入与输出均以变化值的百分数表示，则 K 为一个无因次的比值。这样表示对分析问题比较简单。

其次，把放大系数视为常数，只适合于线性系统。实际上，在不同负荷下，K 随负荷大小而有增减，但在扰动量小的情况下，把 K 视为常数仍然是允许的。

2. 时间常数 T

由图6-4(b)可见，时间常数是指被控量保持起始速度不变而达到稳定值所经历的时间 T，图中自起点沿响应曲线作切线，与新的稳态值 $h(\infty)$ 线相交，其交点与起始点之间的那段时间间距，就是时间常数 T。

由式(6-7)可知，时间常数 T 反映的是过程受到阶跃扰动作用后(这里指的是 Δx)，被控量(这里指的是 Δh)变化的快慢速度，当 $t = 0$ 时，$\Delta h = 0$，即被控量没有变化，当 $t = T$ 时，$\Delta h = 0.632h(\infty)$，经过 T 后，被控量变化值达到稳态值的63.2%，$2T$ 后达到86.5%，$3T$ 后达到95%，$4T$ 后达到98.2%，$5T$ 后达到99.3%，达到新的稳态值理论上要经过无限长的时间。实

际上,被控量在稳态值的2%范围内波动时,就认为已经达到新的稳态了,故 $4T$ 时间常数是评价响应时间长短的标准。T 大响应时间长,T 小响应时间短。

时间常数 $T = RC$,与 RC 电路的时间常数具有相同的量纲,其值反映了过程容量与惯性的大小,过程的容量与惯性大的时间常数也大,相反则时间常数小。可见,时间常数是由容量与阻力决定的动态参数。

3. 阻力 R

凡是物质或能量的转移,都要克服阻力,阻力的大小取决于不同的势头和流率。图 6-5 表示几种不同的阻力,其共同的特点是具有比例特性。图 6-5(a) 表示电阻,它取决于电压 u 和电流 i,其传递函数为

$$W(s) = \frac{I(s)}{U(s)} = \frac{1}{R_I} \qquad (6-9)$$

电过程的电阻 R_I 为

$$R_I = \frac{du}{di} \qquad (6-10)$$

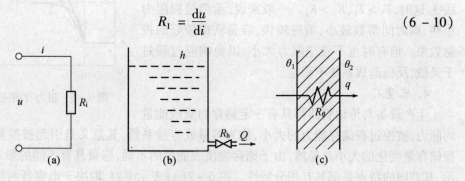

图 6-5　几种不同形式的阻力

图 6-5(b) 表示流阻(液阻),阻力的大小取决于流体的液面差变化 $d\Delta h$ 和流量变化 dQ,其传递函数为

$$W(s) = \frac{Q(s)}{H(s)} = \frac{1}{R_h} \qquad (6-11)$$

液体流动过程中的流阻

$$R_h = \frac{d\Delta h}{dQ} \qquad (6-12)$$

图 6-5(c) 表示热阻,取决于温度差变化 $d\Delta\theta$ 与热流量变化 dq,其传递函数为

$$W(s) = \frac{Q(s)}{\Theta(s)} = \frac{1}{R_\theta} \qquad (6-13)$$

热过程中的热阻 R_θ 为

$$R_\theta = \frac{d\Delta\theta}{dq} \qquad (6-14)$$

可见,不同过程所具有的阻力,就是被控量 y 发生变化时,对流量 Q 的影响,可表示为

$$R = dy/dQ \qquad (6-15)$$

它与式(6-4)是一致的,如前述单容水箱中的液位过程,负载阀具有的流阻可以这样理解,它是使流量产生单位变化时液位差变化的大小,显然由式(6-4)可得:$\Delta h = R\Delta Q_o$。

应该看到,当过程处于平衡状态时,流入量与流出量以及被控量都处于相对稳定的状态,阻力就显得没有意义,只要因扰动而产生不平衡,稳定被破坏,阻力就起作用,故阻力与放大系数 K 及时间常数 T 相关。仍沿前例,由于阻力不同,在同样扰动作用下,被控量变化有快有慢,达到稳定所经历的时间也就长短不一,如图 6-6 所示。图中曲线 1 为原来的响应曲线,曲线 2 是负载阀开度增加,流阻 R 减小,液位只需很小变化就能引起流出量 ΔQ_o 发生较大的变化,被控量很快达到新的较低稳定值,因而响应过程缩短,$T_2 < T_1$,$K_2 < K_1$。相反,如果负载阀的开度减小,即流阻 R 增大,则液位要改变较多,才能使 ΔQ_o 相应增大,被控量要经过更长的时间才能达到新的稳态值,如曲线 3,这时,$T_3 > T_1$,$K_3 > K_1$。一般来说,希望过程阻力小些,则时间常数较小,响应较快,容易获得较好的控制效果。但有时也不希望阻力太小,以免响应过程过于灵敏,反而造成系统不稳定。

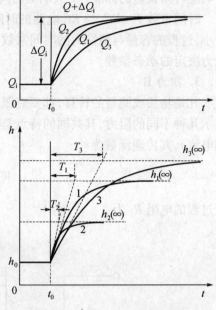

图 6-6　阻力对响应特性的影响

4. 容量 C

生产设备与传输管路都具有一定储存物质或能量的能力,被控过程储存能力的大小,称为容量或容量系数,其意义是引起被控量单位变化时过程储存量变化的大小。显然,由于储存物质或能量的不同,容量具有不同的形式,如图 6-7 所示,其共同的特点是都具有积分特性。图 6-7(a)表示电容,取决于电容器两极板间的端电压 u_c 及电流 i,其关系式为

$$u_c = \frac{1}{C_I} \int_0^t i(t)\,\mathrm{d}t \qquad (6-16)$$

其传递函数为

$$W(s) = \frac{U_c(s)}{I(s)} = \frac{1}{C_I s} \qquad (6-17)$$

电过程中的电容 C_I 为电荷量变化 $\mathrm{d}q$ 与电压变化 $\mathrm{d}u_c$ 之比

$$C_I = \mathrm{d}q/\mathrm{d}u_c \qquad (6-18)$$

图 6-7(b)表示热容,取决于温度 θ 及热流量变化 Δq,其关系为

$$\theta = \frac{1}{C_\theta} \int_0^t \Delta q(t)\,\mathrm{d}t \qquad (6-19)$$

其传递函数为

$$W(s) = \frac{\Theta(s)}{Q(s)} = \frac{1}{C_\theta s} \qquad (6-20)$$

热过程的热容可以定义为被储存的热量变化 $\mathrm{d}Q$ 与温度变化 $\mathrm{d}\theta$ 的比值,即

$$C_\theta = \mathrm{d}Q/\mathrm{d}\theta \qquad (6-21)$$

图 6-7(c)表示气容,取决于气体绝对压力 P,储存气体的体积 V_0 与储存气体的重量、流量的变化 ΔQ 有关,其关系为

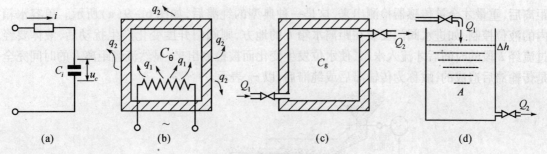

图 6-7 不同形式的容量

$$P = \frac{RT}{V_0} \int_0^t \Delta Q(t)\,dt \qquad (6-22)$$

其传递函数为

$$W(s) = \frac{P(s)}{Q(s)} = \frac{RT}{V_0 s} = \frac{1}{C_g s} \qquad (6-23)$$

气容 $C_g = V_0/RT$，其意义是当容器内气体压力改变 1 单位时，容器内气体储存重量将变化 dw（即储存能力），故气容也可以表示为 $C_g = dw/dp$。

图 6-7(d)表示液容，取决于流体的液位 h 与流量变化 ΔQ，其关系为

$$h = \frac{1}{A} \int_0^t \Delta Q(t)\,dt \qquad (6-24)$$

其传递函数为

$$W(s) = \frac{H(s)}{Q(s)} = \frac{1}{As} \qquad (6-25)$$

液容 A 就是容器的断面积，当容器的断面积不变时，液容为常数。

当过程的流入量与流出量相等时，不会引起容量变化，当流入量与流出量变化时，容量才会发生变化，故容量是一个动态参数，它只影响响应速度，并不影响放大系数，随着过程容量的增大，过渡过程相对增长，如图 6-8 所示。

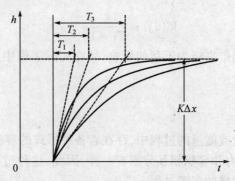

图 6-8 容量对阶跃响应曲线的影响

二、有纯滞后单容过程

当被控量的检测地点与产生扰动的地点之间有一段物料传输距离时，就会出现纯滞后。如输送皮带秤的扰动发生在电动控制阀，与称重传感器相距一段距离 L，皮带必须经过这一段

距离后,重量才会被传感器检测出来,这是一种典型的纯滞后,如图6-9(a)所示。单容水箱内的液位控制,如进水阀门安装在距离水箱 L 的地方,则阀门开度变化产生扰动后,液体要经过流经 L 段的时间后才流入水箱,使水位发生变化而被检测出来,显然流经距离 L 的时间完全是传输滞后造成的,故称为传输滞后或纯滞后,以 τ_0 表示。

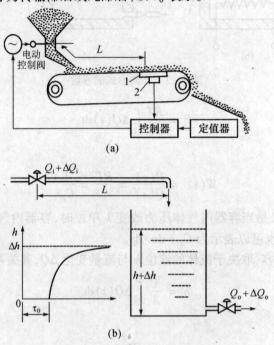

图6-9 有纯滞后的单容对象

1—称量框架;2—称重传感器。

具有纯滞后单容过程的微分方程通常表示为

$$T\frac{d\Delta h}{dt} + \Delta h = K\Delta x(t - \tau_0) \tag{6-26}$$

其传递函数为

$$W(s) = \frac{K}{Ts+1}e^{-\tau_0 s} \tag{6-27}$$

由于纯滞后给自动控制带来极为不利的影响,故在实际工作中总是尽量把它消除或减到最小。

三、多容过程

在热工生产与传输质量或能量的过程中,存在着各种形式的容积和阻力,加上过程多具有分布参数,好像被不同的阻力和容积相互分割着一样,因此,这种过程的动态特性可以近似看作多个集中容积和阻力所构成的多容过程。

气—水换热器是较有代表性的多容过程,如图6-10(a)所示,蒸汽从水管外流过,将它所携带的热量传给水管,水被加热后流出换热器。显然,在沿管子水流方向的温度分布是不同的,故是一种具有分布参数的过程。蒸汽与水管、水管与冷水进行热交换时都存在热阻(对流热阻与传导热阻)和容积上的差别,而且阻力与容积并不止一个,就是说这是一个多容过程。对于这种具有分布参数的多容过程的动态特性,可近似地以三个串联集中容积来讨论,比较简

132

单。以 R_1 为蒸汽流入阻力，R_2 为水管外壁热阻，R_3 为水管内壁热阻，R_4 为冷凝水出口阻力；C_g 为换热器容纳的蒸汽的热容，C_b 为换热器的热容，C_c 为水的热容；T_g 为蒸汽温度，T_b 为换热管平均温度，T_c 为水的出口平均温度，可将换热器等效为水力模型，如图 6 – 10(b) 所示。

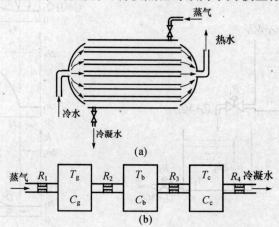

图 6 – 10　多容过程及其等效水利模型

　　串级集中容积的特点是受到扰动后，被控量的变化速度，开始变化较缓慢，经过一段时间后响应速度才能达到最大。这段延迟时间主要是过程的容量造成的，称为容量滞后，以 τ_c 表示，这是多容过程的主要特征。构成过程的容积越多，容量滞后越大。图 6 – 11 表示 1 ~ 8 个储存容积过程的响应曲线。以双容过程为例，通过曲线拐点 B 作切线，与稳态值 $y(\infty)$ 交于 A 点，与横坐标交于 C 点，即得等效时间常数 T，容量滞后为 τ_c 及纯滞后为 τ_0。由图可见，曲线 $ODBE$ 近似地当成是由一个纯滞后 ODC 及一个单容过程动态特性曲线 CBE 所构成的。滞后 $DC = \tau_c$，可近似地当成容量滞后。在近似处理中，将 $\tau_c + \tau_0 = \tau$ 作为滞后处理是允许的。

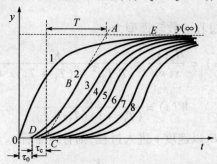

图 6 – 11　多容过程的响应曲线

　　多容过程动态特性，以两个串级的单容过程构成的双容过程比较典型，由图 6 – 12 可见，

$$\Delta Q_2 - \Delta Q_3 = A_2 \frac{\mathrm{d}\Delta h_2}{\mathrm{d}t}$$

$$\Delta Q_3 = \frac{\Delta h_2}{R_2}, \Delta Q_2 = \frac{\Delta h_1}{R_1}$$

$$\Delta Q_1 - \Delta Q_2 = A_1 \frac{\mathrm{d}\Delta h_1}{\mathrm{d}t}$$

$$\Delta Q_1 = K_x \Delta x$$

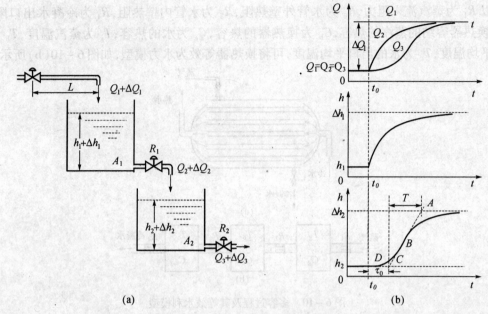

图 6 - 12　双容过程及其响应曲线

消去中间变量后可得

$$T_1 T_2 \frac{d^2 \Delta h_2}{dt^2} + (T_1 + T_2) \frac{d\Delta h_2}{dt} + \Delta h_2 = K\Delta x \qquad (6-28)$$

式中：T_1 为第一容积的时间常数，$T_1 = R_1 A_1 = R_1 C_1$；T_2 为第二容积的时间常数，$T_2 = R_2 A_2 = R_2 C_2$；K 为过程的放大系数，$K = k_x R_2$；A_1、A_2 为两个对象的断面积，也就是两个水箱的容量系数 C_1、C_2。

用传递函数表示的双容过程的数学模型为

$$W(s) = \frac{H_2(s)}{x(s)} = \frac{K}{T_1 T_2 s^2 + (T_1 + T_2)s + 1}$$

或

$$W(s) = \frac{K}{(T_1 s + 1)(T_2 s + 1)} \qquad (6-29)$$

如果输入量经一段距离 L，以速度 v 进入过程，则有纯滞后 $\tau_0 = L/v$，其传递函数为

$$W(s) = \frac{K}{(T_1 s + 1)(T_2 s + 1)} e^{-\tau_0 s} \qquad (6-30)$$

工业生产中大多数是多容过程，其传递函数一般可表示为

$$W(s) = \frac{K}{(T_1 s + 1)(T_2 s + 1) \cdots (T_n s + 1)} e^{-\tau_0 s} \qquad (6-31)$$

显然，计算多容过程的传递函数相当复杂，一般采用等容环节的串联近似 n 阶多容过程，这时可认为 $T_1 = T_2 = \cdots = T_n = T$，则 n 阶多容过程的传递函数为

$$W(s) = \frac{K}{(Ts + 1)^n} e^{-\tau_0 s} \qquad (6-32)$$

过程控制中的热工过程大多数具有这种特性，采用上式进行计算要简便一些。

134

第三节　无自衡过程的机理分析法建模

一、单容过程

将图 6 - 4(a)水箱的出口阀换成定量式水泵,就成为无自衡能力的单容过程,如图 6 - 13(a)所示。由于水泵的出水量与水箱内的液位无关,当流入侧发生扰动,即进水阀的开度变化 Δx,液位 h 即开始发生变化,因为对水泵的出水量并无影响,故液位会一直逐渐上升(或减小)直至液体溢出(或流干)为止。其阶跃响应曲线如图 6 - 13(b)所示,其动态特性可简单表示为

$$A \frac{\mathrm{d}\Delta h}{\mathrm{d}t} = \Delta Q_i = k_x \Delta x$$

或

$$\frac{\mathrm{d}\Delta h}{\mathrm{d}t} = \frac{k_x}{A}\Delta x = \varepsilon \Delta x = \frac{1}{T_a}\Delta x$$

其解为

$$\Delta h = \Delta x \varepsilon t = \frac{1}{T_a}\Delta x t \tag{6 - 33}$$

式中:ε 为响应速度,$\varepsilon = \tan\alpha / \Delta x$,定义为在阶跃扰动作用下被控量的变化速度;$T_a$ 为响应时间;t 为进行时间。

由式(6 - 33)得无自衡单容过程的传递函数

$$W(s) = \frac{H(s)}{X(s)} = \frac{1}{T_a s} \tag{6 - 34a}$$

过程含有纯滞后 τ_0 时,其传递函数为

$$W(s) = \frac{1}{T_a s}\mathrm{e}^{-\tau_0 s} \tag{6 - 34b}$$

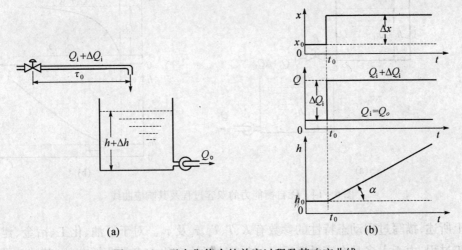

图 6 - 13　无自衡能力的单容过程及其响应曲线

二、双容过程

同样将图 6 - 12 中的流出阀门换成定量泵,就成为无自衡能力的双容过程,见图 6 - 14

（a）。在 t_0 时刻发生扰动 Δx 时，液位 Δh_2 开始变化，起始变化速度较低，经一段时间后达到最大变化速度，响应曲线如图 6-14（b）所示，动态特性方程为

$$R_1 A_1 \frac{d^2 \Delta h_2}{dt^2} + \frac{d\Delta h_2}{dt} = \frac{k_x}{A_2}\Delta x$$

或

$$T\frac{d^2 \Delta h_2}{dt^2} + \frac{d\Delta h_2}{dt} = \frac{1}{T_a}\Delta x \qquad (6-35)$$

式中：T 为时间常数，$T = R_1 A_1 = R_1 C_1$；T_a 为响应时间，$T_a = A_2 / k_x$。

双容过程的传递函数为

$$W(s) = \frac{1}{(Ts+1)}\frac{1}{T_a s} \qquad (6-36)$$

如过程具有纯滞后 τ_0，则传递函数为

$$W(s) = \frac{1}{(Ts+1)}\frac{1}{T_a s}e^{-\tau_0 s} \qquad (6-37)$$

对于多容过程，则相应有

$$W(s) = \frac{1}{T_a s(Ts+1)^n} \qquad (6-38)$$

及

$$W(s) = \frac{1}{T_a s(Ts+1)^n}e^{-\tau_0 s} \qquad (6-39)$$

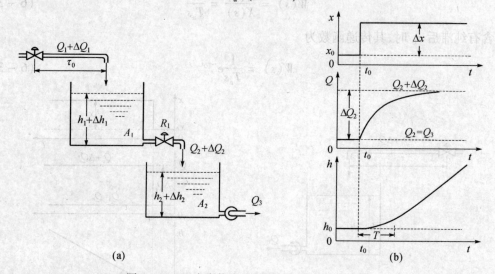

图 6-14　无自衡能力的双容过程及其响应曲线

综上所述，描写过程动态特性的参数有 K、T、T_a、τ_c 及 τ_0。对于石油、化工、冶金、建材及陶瓷等热工过程，由于大多具有容量滞后 τ_c，被控过程的变化大多是非振荡的，其响应曲线是 S 形，即受到扰动作用后，开始变化速度缓慢，经过一定时间后变化速度达最大值，以后又缓慢变化达到新的平衡。如果过程没有自平衡能力，则被控量会不断变化，不会再平衡下来。

过程是过程控制系统中的重要组成部分，要完善系统的特性，必须根据不同过程的特征，设计最佳控制规律或恰当选配控制仪表并正确整定控制器的参数。这就是分析和了解过程数

学模型的目的。

第四节　时域法过程建模

机理分析法虽然有较大的普遍性,但由于很多工业过程内部机理较复杂,对某些物理、化学过程目前尚不完全清楚,所以对这些较复杂的过程建模较为困难。另外,实际工业过程多半有非线性因素,在进行数学推导时常常做一些近似与假设,虽然这些近似和假设有一定的实际依据,但并不能完全反映实际情况,甚至会带来估计不到的影响。因此即使用机理分析法得到过程数学模型,仍然希望采用试验方法加以验证。尤其当实际过程较复杂求不出数学模型时,更希望通过试验方法辨识过程数学模型。

试验法建模是在实际生产过程(设备)中,根据过程输入、输出的试验数据,通过过程辨识与参数估计的方法建立被控过程的数学模型。在试验法建模中时域法用的最多,一般是用试验方法测出过程的响应曲线,与几种标准传递函数的响应曲线进行比较,即可确定所辨识的过程属于哪一类传递函数,再从响应曲线求出传递函数的各个参数,从而获得被控过程的数学模型。这种方法对二、三阶控制系统的设计与整定都适用。

一、阶跃扰动法测定过程响应曲线

测定过程的阶跃响应曲线应在较狭窄的动态范围内进行,既可以保持线性,又不致于影响生产的正常运行。实验方法如图 6 – 15 所示,当过程已处于稳定状态时,利用控制阀快速输入一个阶跃扰动 Δx,并保持不变。过程的输入与输出信号经变送器后由快速记录仪记录下来,在记录纸上可以同时记下控制阀开度 Δx 及被控量 y 的响应曲线。实测时应注意以下事项:

（1）扰动量要选择恰当,选大了会影响生产,这是不允许的;选小了可能受干扰信号的影响而失去作用。一般取通过控制阀门流入量最大值的 10% 左右为宜。当生产上限制较严时应降到 5%,相反也可提高到 20% ,以不影响生产正常运行为准。

图 6 – 15　测定过程阶跃响应原理

（2）试验要进行到被控量接近稳定值,或者至少要达到被控量变化速度已达最大值之后。

（3）试验要在额定负荷或平均负荷下重复进行几次,至少要获得两次基本相同的响应曲线,以排除偶然性干扰的影响。

（4）扰动要正、反方向变化,分别测出正、反方向变化的响应曲线,以检验过程的非线性。显然,正、反方向变化的响应曲线应是类同的。

（5）要特别注意记录下响应曲线的起始部分,如果这部分没有测出或者不准确,就难以获得过程的动态特性参数。

二、矩形脉冲法测定过程的响应曲线

若生产上不允许长时间的阶跃扰动,可以采用矩形脉冲法。即利用控制阀加一扰动后,待被控量上升(或下降)到将要超过生产上允许的最大偏差值时,立即清除扰动,让被控量回到起始值。这种方法的优点是施加扰动的时间短,扰动幅值大,可达 20% 或 30% ,被控量的变化不会超过生产上的允许值,对生产的影响远小于阶跃扰动法。故此法应用较多。

测定的过程脉冲响应曲线,需换算成阶跃响应曲线才能与标准传递函数的响应曲线进行比较。换算方法并不复杂,先看第一种方法。将矩形脉冲 $x(t)$ 分解成两个阶跃信号如图 6-16 所示,即有

$$x(t) = x_1(t) + x_2(t)$$

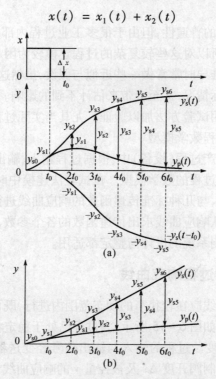

图 6-16 矩形脉冲分解成两个阶跃作用

而 $$x_2(t) = -x_1(t-t_0)$$

因此 $$x(t) = x_1(t) - x_1(t-t_0) \tag{6-40}$$

这是因为 $x_1(t)$ 与 $x_2(t)$ 是等幅反相的,它们在时间上相差 t_0。对应于阶跃函数 $x_1(t)$ 及 $x_2(t)$ 的阶跃响应曲线分别为 $y_s(t)$ 及 $-y_s(t-t_0)$,如图 6-17 所示,相应的脉冲响应 $y_p(t)$ 为

$$y_p(t) = y_s(t) - y_s(t-t_0)$$

或 $$y_s(t) = y_p(t) + y_s(t-t_0) \tag{6-41}$$

将所测绘的脉冲响应曲线等分成时间间隔为 t_0 的若干段,在第一个 t_0 区间,脉冲响应曲线与阶跃响应曲线一致,在 $2t_0$ 区间,将前一区间的响应曲线加上本区间的脉冲响应即得本区间的阶跃响应曲线,依此类推,将前一区间的阶跃响应曲线叠加在后一区间的脉冲响应曲线上,即可得到阶跃响应曲线 $y_s(t)$。图 6-17(a)表示有平衡能力的过程,$y_p(t)$ 衰减很快,$y_s(t)$ 达到一个有限的稳定值。图 6-17(b)表示无自平衡能力的过程,$y_p(t)$ 不会完全衰减,$y_s(t)$ 会不断上升(或下降)。

再看第二种方法。把阶跃信号想像成每隔时间 t_0 加上一个持续时间为 t_0 的矩形脉冲信号,则阶跃响应

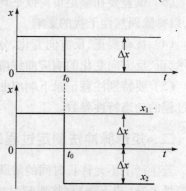

图 6-17 由脉冲响应曲线 $y_p(t)$ 求阶跃响应曲线 $y_s(t)$(方法一)

138

曲线就可看成是每隔时间 t_0 重复加上一条脉冲响应曲线而合成的,假设用 $x_s(t)$ 表示阶跃信号,$x(t)$ 表示矩形脉冲信号,见图 6-18,有

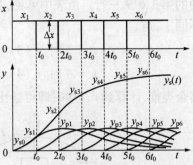

$$x_s(t) = x_1(t) + x_2(t) + x_3(t) + \cdots$$
$$= x_1(t) + x_1(t - t_0) + x_1(t - 2t_0) + \cdots$$
$$= \sum_{i=0}^{\infty} x_1(t - it_0), (i = 0, 1, 2, \cdots)$$

相应的响应信号分别为 $y_s(t)$ 和 $y_p(t)$,有

$$y_s(t) = y_{p1}(t) + y_{p2}(t) + y_{p3}(t) + \cdots$$
$$= y_{p1}(t) + y_{p1}(t - t_0) + y_{p1}(t - 2t_0) + \cdots$$
$$= \sum_{i=0}^{\infty} y_{p1}(t - it_0) \qquad (6-42)$$

图 6-18　由脉冲响应曲线 $y_p(t)$
求阶跃响应曲线 $y_s(t)$(方法二)

测得脉冲响应在 0、t_0、$2t_0$、$3t_0$…各点的值后,即可由式(6-42)计算出 $y_s(t)$ 的第 n 个值为

$$y_s(nt_0) = y_{p1}(nt_0) + y_{p1}(nt_0 - t_0) + y_{p1}(nt_0 - 2t_0) + \cdots + y_{p1}(nt_0 - nt_0)$$
$$= \sum_{i=0}^{n} y_{p1}(it_0), (i = 0, 1, 2, \cdots, n) \qquad (6-43)$$

因为阶跃响应第一个点的数值为零,因此,式(6-43)说明第 n 个阶跃响应的值等于前 n 个矩形脉冲响应值的和。这样,由式(6-43)求得阶跃响应曲线上各点的值,就可得到阶跃响应曲线。如果用表格处理测得的数据,以上两种方法都十分简单方便,见表 6-1。从表中可以看出,两种方法的实质是一样的。

表 6-1　脉冲响应曲线转化为阶跃响应曲线(脉冲宽度为 t_0)

时间 曲线	0	t_0	$2t_0$	$3t_0$	$4t_0$	$5t_0$	$6t_0$
y_p	$y_{p0} = 0$	y_{p1}	y_{p2}	y_{p3}	y_{p4}	y_{p5}	y_{p6}
y_s (方法一)	$y_{s0} = y_{p0} = 0$ 与 y_{p0} 相同	$y_{s1} = y_{p1}$ 与 y_{p1} 相同	$y_{s2} = y_{s1} + y_{p2}$	$y_{s3} = y_{s2} + y_{p3}$	$y_{s4} = y_{s3} + y_{p4}$	$y_{s5} = y_{s4} + y_{p5}$	$y_{s6} = y_{s5} + y_{p6}$
y_s (方法二)	$y_{s0} = \sum_{i=0}^{0} y_{pi} = y_{p0} = 0$ 与 y_{p0} 相同	$y_{s1} = \sum_{i=0}^{1} y_{pi} = y_{p1}$ 与 y_{p1} 相同	$y_{s2} = \sum_{i=0}^{2} y_{pi}$	$y_{s3} = \sum_{i=0}^{3} y_{pi}$	$y_{s4} = \sum_{i=0}^{4} y_{pi}$	$y_{s5} = \sum_{i=0}^{5} y_{pi}$	$y_{s6} = \sum_{i=0}^{6} y_{pi}$

脉冲宽度 t_0 的选择,视被控量的幅值而定,并要考虑过程的惯性和滞后时间的大小。一般的方法是在正式测定前,取不同宽度 t_0 的脉冲试扰动几次,观察被控量的变化,选其中最适合的一次继续进行测定。正式测定时,必须保证在 t_0 时刻脉冲幅值应立即降到起始值,否则,可能将有自平衡能力的过程错认为无自平衡能力的过程,测试结果当然是错误的。

矩形脉冲法实例:采用煤气加热材料预热炉,材料进入炉内后分成两路在炉中盘旋,被燃烧器四壁喷出的火焰加热,如图 6-19(a)所示。采用矩形脉冲法,设 $t_0 = 2\text{min}$,脉冲幅值为 0.2t/h,即利用煤气阀门施加一个扰动,使燃料量变化 0.2t/h,经 2min 后立即将阀门准确回到原位。原料温度随燃气的增加而上升,测定原料出口温度 T,每分钟记录一次,共记 40min,如

表 6-2 所示。由脉冲响应函数 $y_p(t)$ 即可算出相应于各点的阶跃响应函数 $y_s(t)$，如表 6-2 中的第 3、6、9 三行。由表中可见，当 $t = 0$、1、2 时，$y_p(t)$ 与 $y_s(t)$ 是相同的，从 $t = 3$ 开始以后就不同了，当

$$t = 3 \text{ 时}, y_s(3) = y_p(3) + y_s(1) = 0.60 + 0.25 = 0.85$$

$$t = 4 \text{ 时}, y_s(4) = y_p(4) + y_s(2) = 0.69 + 0.48 = 1.17$$

其余类推，计算到 $t = 40$，即可绘出过程的阶跃响应曲线，如图 6-19(b) 所示。

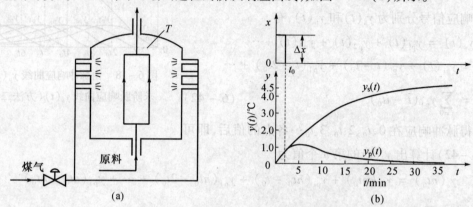

图 6-19 材料预热炉及原料出口温度响应曲线

表 6-2 矩形脉冲法测得的 y_p 与 y_s 值

t/min	0	1	2	3	4	5	6	7	8	9	10	11	12	13
y_p/℃	0	0.25	0.48	0.60	0.69	0.61	0.56	0.51	0.47	0.43	0.39	0.36	0.33	0.30
y_s/℃	0	0.25	0.48	0.85	1.17	1.46	1.73	1.97	2.22	2.40	2.59	2.76	2.92	3.06
t/min	14	15	16	17	18	19	20	21	22	23	24	25	26	27
y_p/℃	0.27	0.24	0.22	0.20	0.18	0.16	0.15	0.14	0.13	0.12	0.11	0.10	0.09	0.08
y_s/℃	3.19	3.30	3.41	3.50	3.59	3.66	3.74	3.80	3.87	3.92	3.98	4.02	4.07	4.10
t/min	28	29	30	31	32	33	34	35	36	37	38	39	40	
y_p/℃	0.07	0.06	0.05	0.04	0.03	0.03	0.02	0.02	0.01	0.01	0.01	0	0	
y_s/℃	4.14	4.16	4.19	4.20	4.22	4.23	4.24	4.25	4.25	4.26	4.26	4.26	4.26	

三、由阶跃响应曲线求过程的传递函数

测量阶跃响应曲线的目的是为了得到表征所测过程的传递函数，为分析、设计控制系统，整定控制器参数或改进控制系统提供必要的参考数据。工程上常用的有近似法、图解法及两点法等。

1. 无滞后一阶自衡过程的特性参数

一阶非周期过程比较简单，只需确定放大系数 K 及时间常数 T 即可得到传递函数。

（1）静态放大系数 K：由所测阶跃响应曲线估计并绘出被控量的最大稳态值 $y(\infty)$，如图 6-20 所示，放大系数 K 为

$$K = [y(\infty) - y(0)]/\Delta x \tag{6-44}$$

（2）时间常数 T：由响应曲线起点作切线与 $y(\infty)$ 相交点在时间坐标轴上的投影，就是时

间常数 T。由于切线不易作准，从式(6-7)可知，在响应曲线 $y(t_1)=0.632y(\infty)$ 处，量得的 t_1 就是 T，即 $t_1=T$，还可计算出 $t_2=2T, t_3=T/2$ ，$t_4=T/1.44$ 各点用于校准。

2. 具有纯滞后一阶自衡过程的特性参数

当所测响应曲线的起始速度较慢，曲线呈 S 状时，可近似认为带纯滞后的一阶非周期过程，将过程的容量滞后也当纯滞后处理，则传递函数为

$$W(s)=\frac{K}{Ts+1}\mathrm{e}^{-\tau s} \tag{6-45}$$

对于 S 状的曲线，常用以下几种方法处理。

(1) 切线法。这是一种比较简便的方法，即通过响应曲线的拐点 A 作一切线，在时间轴上的交点即为滞后时间 τ，与 $y(\infty)$ 线的交点在时间轴上的投影即为等效时间常数 T，如图 6-21 所示。过程的放大系数 K 可按式(6-44)计算。

(2) 计算法。被控量 $y(t)$ 以相对值表示，即 $y_0(t)=y(t)/y(\infty)$，当 $t\geqslant\tau$ 或 $t<\tau$ 时有

$$y_0(t)=\begin{cases}0 & t<\tau\\1-\mathrm{e}^{-(t-\tau)/T} & t\geqslant\tau\end{cases}$$

选择几个不同的时间 $t_1,t_2,\cdots$，可得相应的 $y_0(t)$，如图 6-21 所示。由此可得在时间 t_1 与 t_2 的两个联立方程

$$\begin{cases}y_0(t_1)=1-\mathrm{e}^{-\frac{t_1-\tau}{T}}\\y_0(t_2)=1-\mathrm{e}^{-\frac{t_2-\tau}{T}}\end{cases}\quad(t_2>t_1>\tau)$$

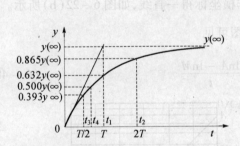

图 6-20 无滞后一阶过程的响应曲线

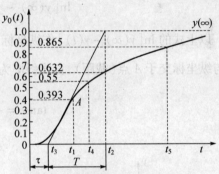

图 6-21 有纯滞后过程的一阶近似

两边取对数

$$\begin{cases}-\dfrac{t_1-\tau}{T}=\ln[1-y_0(t_1)]\\[2mm]-\dfrac{t_2-\tau}{T}=\ln[1-y_0(t_2)]\end{cases}$$

联立求解得

$$T=\frac{t_2-t_1}{\ln[1-y_0(t_1)]-\ln[1-y_0(t_2)]}$$

$$\tau=\frac{t_2\ln[1-y_0(t_1)]-t_1\ln[1-y_0(t_2)]}{\ln[1-y_0(t_1)]-\ln[1-y_0(t_2)]} \tag{6-46}$$

在响应曲线上量出 t_1、t_2 相对应的 $y_0(t_1)$、$y_0(t_2)$ 值,即可按上式计算时间常数 T 及纯滞后 τ 值。

一般选择 $y_0(t_1) = 0.393$,$y_0(t_2) = 0.632$,因此得

$$T = 2(t_2 - t_1), \tau = 2t_1 - t_2 \tag{6-47}$$

计算出 T 与 τ 后,还应在 t_3、t_4、t_5 时刻所对应的曲线值进行校验,当与下列数值相近时为合格,即

$$t_3 < \tau \text{ 时,} \qquad y_0(t_3) = 0$$
$$t_4 = (0.8T + \tau) \text{ 时,} \qquad y_0(t_4) = 0.55$$
$$t_5 = (2T + \tau) \text{ 时,} \qquad y_0(t_5) = 0.865$$

这样计算出来的 T 与 τ 较上述切线准确,而放大系数 K 仍按上法求取。

(3) 图解法。除上述两种方法外,图解法也是一种很好的处理方法,可以得出较精确的结果。设已测得一阶过程的响应曲线如图 6-21 所示,通过响应曲线的拐点 A 作一切线,切线在时间轴上的交点即为滞后时间 τ,不考虑 τ 的影响,式(6-7)可表示为

$$y(t) = K\Delta x(1 - e^{-t/T})$$

或

$$y(t) = y(\infty)(1 - e^{-t/T})$$

整理得

$$y(\infty) - y(t) = y(\infty)e^{-t/T}$$

见图 6-22(a),两边取对数得

$$\ln[y(\infty) - y(t)] = -\frac{t}{T} + \ln y(\infty)$$

以上式的 $\ln[y(\infty) - y(t)]$ 作纵坐标,时间 t 作横坐标得一直线,如图 6-22(b)所示。直线与纵坐标交于 A 点(截距),直线斜率为 $-\frac{1}{T}$,由图可见

$$\tan\alpha = -\frac{1}{T} = -\frac{\ln A - \ln M}{t} \tag{6-48}$$

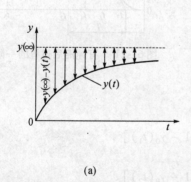
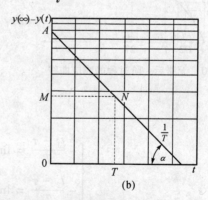

图 6-22 一阶过程的响应曲线及时间常数图解

当 $t = T$ 时,$\ln A - \ln M = 1$,因此 $M = 0.368A$,即相当于 $0.368A$ 所对应的时间,即为时间常数 T。过程的放大系数 K 也按式(6-44)计算。

3. 二阶自衡过程的特性参数

由式(6-29),$W(s) = K/(T_1 s + 1)(T_2 s + 1)$,假定放大系数 $K = 1$,二阶过程的阶跃响应特

性方程可表示为

$$y(t) = 1 + \frac{T_1}{T_2 - T_1}e^{-t/T_1} - \frac{T_2}{T_2 - T_1}e^{-t/T_2} \tag{6-49}$$

其响应曲线如图6-23所示,在曲线拐点处有

$$\frac{\mathrm{d}^2 y(t)}{\mathrm{d}t^2} = 0$$

因此得

$$t_1 = \frac{T_1 T_2}{T_1 - T_2}\ln\frac{T_1}{T_2} \tag{6-50a}$$

由图可见

$$AB = 1 - AF = 1 - y(t_1)$$

$$= \frac{T_2}{T_2 - T_1}\left(\frac{T_1}{T_2}\right)^{T_1/(T_2-T_1)} - \frac{T_1}{T_2 - T_1}\left(\frac{T_1}{T_2}\right)^{T_2/(T_2-T_1)} \tag{6-50b}$$

拐点 A 处的斜率 $\tan\alpha$ 为

$$\tan\alpha = \frac{1}{T_2 - T_1}\left[\left(\frac{T_1}{T_2}\right)^{T_1/(T_2-T_1)} - \left(\frac{T_1}{T_2}\right)^{T_2/(T_2-T_1)}\right] \tag{6-50c}$$

由图还可得

$$BC = AB/\tan\alpha, \quad A'E = t_1\tan\alpha$$

将式(6-50a、b、c)代入上式可得

$$\begin{cases} BC = \dfrac{\dfrac{T_2}{T_2 - T_1}\left(\dfrac{T_1}{T_2}\right)^{T_1/(T_2-T_1)} - \dfrac{T_1}{T_2 - T_1}\left(\dfrac{T_1}{T_2}\right)^{T_2/(T_2-T_1)}}{\dfrac{1}{T_2 - T_1}\left[\left(\dfrac{T_1}{T_2}\right)^{T_1/(T_2-T_1)} - \left(\dfrac{T_1}{T_2}\right)^{T_2/(T_2-T_1)}\right]} = T_2 + T_1 \\[4mm] A'E = \dfrac{T_1 T_2\ln\left(\dfrac{T_1}{T_2}\right)}{T_1 - T_2}\dfrac{1}{T_2 - T_1}\left[\left(\dfrac{T_1}{T_2}\right)^{T_1/(T_2-T_1)} - \left(\dfrac{T_1}{T_2}\right)^{T_2/(T_2-T_1)}\right] \\[4mm] = \dfrac{\dfrac{T_1}{T_2}\ln\left(\dfrac{T_1}{T_2}\right)}{\left(1 - \dfrac{T_1}{T_2}\right)^2}\left[\left(\dfrac{T_1}{T_2}\right)^{1/\left(1-\frac{T_1}{T_2}\right)} - \left(\dfrac{T_1}{T_2}\right)^{\left(\frac{T_1}{T_2}\right)\left(1-\frac{T_1}{T_2}\right)}\right] \end{cases} \tag{6-51}$$

上式表明 $A'E$ 是 T_1/T_2 的函数,相互关系值如表6-3所示。在拐点作切线可得 BC 值与 $A'E$ 值,再从表中的 $A'E$ 值可得相应的 k 值,由 $BC = T_2 + T_1$ 和 $k = T_1/T_2$ 即可得出 T_1 和 T_2 的值。

表6-3　$A'E$ 与 $k(= T_1/T_2)$ 值关系

k	$A'E$	k	$A'E$	k	$A'E$	k	$A'E$	k	$A'E$
0	0	0.20	0.2693	0.40	0.3319	0.60	0.3563	0.80	0.3656
0.05	0.1347	0.25	0.2913	0.45	0.3410	0.65	0.3589	0.85	0.3665
0.10	0.1809	0.30	0.3002	0.50	0.3466	0.70	0.3620	0.90	0.3671
0.15	0.2393	0.35	0.3236	0.55	0.3523	0.75	0.3641	1.00	0.3679

4. n 阶自衡过程的特性参数

上述图6-22所作不是直线时,表明过程并非一阶过程,而是二阶或更高阶过程。事实

上,只要测得的阶跃响应曲线的起始变化速度很慢时,都是二阶以上的过程。

这里讨论三阶过程,其传递函数为

$$W(s) = \frac{K}{(T_1 s + 1)(T_2 s + 1)(T_3 s + 1)}$$

其中 $T_1 > T_2 > T_3$,则过程的阶跃响应可表示为

$$y(t) = y(\infty) - Ae^{-t/T_1} + Be^{-t/T_2} - Ce^{-t/T_3} \tag{6-52}$$

其响应曲线如图6-24所示。过程的放大系数 K 仍可按式(6-44)计算。

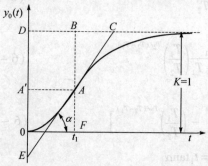

图6-23 有自平衡能力过程的响应曲线

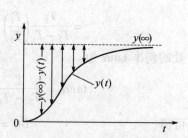

图6-24 三阶过程的响应曲线

为了计算时间常数,应在响应曲线上仔细量出 $y(\infty) - y(t)$ 的数值,并转绘在半对数坐标纸上,连接各点得曲线1,见图6-25。当时间 t 相当大时,式(6-52)的后两项与第一项相比可忽略不计,则该式可简化为

$$y(t) = y(\infty) - Ae^{-t/T_1}$$
$$y(\infty) - y(t) = Ae^{-t/T_1}$$

两边取对数得:$\ln[y(\infty) - y(t)] = -\dfrac{t}{T_1} + \ln A$,这与一阶过程相同,是简化公式的近似结果。

把曲线1的直线段延长得直线段2,交于 $t = 0$ 的纵坐标上的 A 点,直线段2的斜率为 $-\dfrac{1}{T_1}$,由直线2量出 $0.368A$ 所对应的时间就是 T_1。

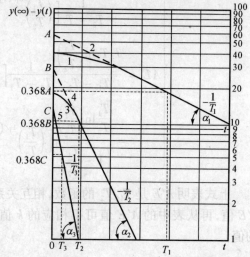

图6-25 时间常数 T_1、T_2、T_3 图解计算

由图6-25可见,当时间 t 较大时,曲线1反映 Be^{-t/T_2} 项不能忽略,Ce^{-t/T_3} 已衰减很大。由曲线2的真数值减去同一时间下曲线1的真数值即得曲线3,则式(6-52)可写成

$$y(t) = y(\infty) - Ae^{-t/T_1} + Be^{-t/T_2}$$

即

$$Ae^{-t/T_1} - y(\infty) + y(t) = Be^{-t/T_2}$$

两边取对数

$$\ln[Ae^{-t/T_1} - y(\infty) + y(t)] = -t/T_2 + \ln B$$

式中 Ae^{-t/T_1} 就是图中的曲线2,$y(\infty) - y(t)$ 就是曲线1,两者之差即为曲线3,这表明过程是三阶的。再沿曲线3的直线段延长交于纵坐标 $t = 0$ 的 B 点即得直线4,其斜率为 $-1/T_2$,在直

144

线 4 的数值为 0.368B 处所对应的时间即为 T_2。继续采用同样的方法,将直线 4 减去直线 3 得直线 5,它的直线方程为

$$\ln\left\{Be^{-t/T_2} - \left[Ae^{-t/T_1} - y(\infty) + y(t)\right]\right\} = -\frac{1}{T_3} + \ln C$$

直线与纵坐标交于 C 点,其斜率为 $-1/T_3$。同理在直线 5 上与 0.368C 相对应的时间就是 T_3。如求得的 5 不是直线而是曲线,则说明过程高于三阶,应用同样的方法继续求取直线 6,直到所得的最后一条线是直线为止。理论上应用此法可求 n 阶过程的传递函数,但阶数越高,图解越难。对等容的串联过程,由于时间常数 T_1、T_2、T_3 的差别很小,采用此法难以获得近似直线,故不宜应用。

例 空气和氨气在氧化炉中反应产生硝酸。氧化炉温度为生产的主要指标。试验时以氨控制阀产生氨气压力为 0.01MPa 的扰动,测出氧化炉温度响应值如表 6-4 所示,求氧化炉二阶近似传递函数。

表 6-4　氧化炉温度响应值

t/s	0	17	37	57	77	97	117	137	……稳态值
炉温/℃	0	0	2.4	6.8	11.6	15.6	19.2	22.6	……35.6

由上表可见 $\tau = 17s$。以 $y(\infty)$ 表示稳态值,$y(t)$ 表示瞬态值,将 $[y(\infty) - y(t)]$ 与时间 t 的对应值整理成表 6-5。

表 6-5　$[y(\infty) - y(t)]$ 与 t 对应关系

t/s	0	20	40	60	80	100	120	……∞
$[y(\infty) - y(t)]$/℃	35.6	33.2	28.8	24.0	20.0	16.4	13.0	……0

用上述图解法,以 $\ln[y(\infty) - y(t)]$ 为纵坐标,时间 t 为横坐标,在半对数坐标纸上绘成图 6-26,各点并未落在直线上,表明所测过程不是一阶而是二阶的。沿较大时间 t 的直线段作直线,交纵坐标于 A 点,如图中虚线所示,其斜率为 $-1/T_1$,在 0.368A 处所对应的时间为时间常数 T_1,也可由直线的斜率求出,即

$$\tan\alpha = -\frac{AB}{BC} = -\frac{\ln A - \ln B}{BC}$$

$$= \frac{\ln 45 - \ln 13}{120} = -\frac{1.25}{120}$$

则时间常数

$$T_1 = \frac{120}{1.25} = 96(s)$$

再以虚线值 (Ae^{-t/T_1}) 减去实线值 $[35.6 - y(t)]$ 即得一直线 NM,其斜率为 $-1/T_2$,即

$$\tan\alpha' = -\frac{M_0}{N_0} = \frac{\ln M - \ln 1}{N_0}$$

$$= \frac{\ln 92 - \ln 1}{44} = -\frac{2.219}{44}$$

则时间常数　　　　$T_2 = 44/2.219 = 19.83 \approx 20(s)$

由图可见在 0.368M 处作时间轴垂线也可求得 T_2。

过程的放大系数 K 为

$$K = \frac{y(\infty)}{\Delta x} = \frac{35.6}{0.01} = 3560(℃/MPa)$$

由此得过程的传递函数为

$$W(s) = \frac{3560}{(96s + 1)(20s + 1)}$$

5. n 阶等容自衡过程的特性参数

1）切线法。

二阶等容自衡过程的传递函数为

$$W(s) = \frac{K}{(Ts + 1)^2}$$

在阶跃扰动 Δx 作用下,阶跃响应为

$$y = K\Delta x\left[1 - \left(1 + \frac{t}{T}\right)e^{-t/T}\right] \tag{6-53}$$

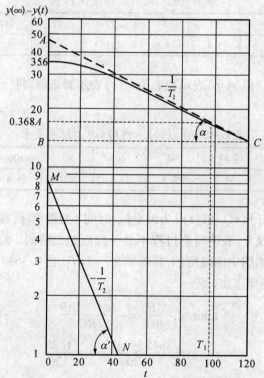

图 6-26 时间常数 T_1 与 T_2 图解计算法

式中:$K\Delta x = y(\infty)$。

上式可改写成取一阶与二阶导数

$$\begin{cases} y = y(\infty)\left[1 - \left(1 + \frac{t}{T}\right)e^{-t/T}\right] \\ y' = y(\infty)\dfrac{t}{T^2}e^{-t/T} \\ y'' = y(\infty)\left(1 - \dfrac{t}{T}\right)\dfrac{1}{T^2}e^{-t/T} \end{cases} \tag{6-54}$$

146

等容过程的响应曲线如图 6-27 所示,通过曲线的拐点 B 作切线,分别交于 A、C 两点。在拐点 B 处

$$y'' = 0, t = T_B = T$$

拐点的坐标为

$$\begin{cases} T_B = T \\ y_B = y(\infty)(1 - 2e^{-1}) \end{cases}$$

切线方程为

$$y = y(\infty)\left(\frac{1}{T}e^{-1}t - 3e^{-1} + 1\right)$$

当 $t = 0$ 时,切线与纵坐标交于 D 点,其截距为 b

$$b = y(\infty)(3e^{-1} - 1)$$

即

$$\frac{b}{y(\infty)} = (3e^{-1} - 1) = 0.104$$

当 $y = 0$ 时,切线与横坐标相交,得滞后时间

$$\tau = \frac{3e^{-1} - 1}{e^{-1}}T = 0.283T \qquad (6-55)$$

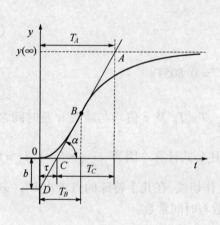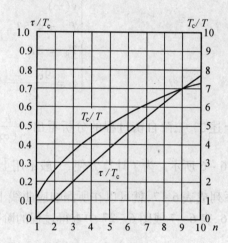

图 6-27 切线法求二阶等容过程特性

切线与稳态值 $y(\infty)$ 交于 A 点,得过程的响应时间

$$T_A = \frac{b + y(\infty)}{\tan\alpha} = \frac{3y(\infty)e^{-1}}{y(\infty)\frac{1}{T}e^{-1}} = 3T \qquad (6-56)$$

式中

$$\tan\alpha = y'_B = y(\infty)\frac{1}{T}e^{-1}$$

过程的等效时间常数 T_c 为

$$T_c = \frac{1}{e^{-1}}T = T_A - \tau \qquad (6-57)$$

对于三阶等容过程,其传递函数为

$$W(s) = \frac{K}{(Ts + 1)^3}$$

在阶跃扰动作用下,其阶跃响应为

$$\begin{cases} y = y(\infty)\left\{1 - \left[1 + \dfrac{t}{T} + \dfrac{1}{2}\left(\dfrac{t}{T}\right)^2\right]e^{-t/T}\right\} \\[3mm] y' = \dfrac{1}{2}y(\infty)\dfrac{t^2}{T^3}e^{-t/T} \\[3mm] y'' = y(\infty)\left(\dfrac{t}{T^3} - \dfrac{t^2}{2T^4}\right)e^{-t/T} \end{cases} \tag{6-58}$$

在拐点处 $\qquad\qquad\qquad\qquad\qquad y'' = 0, t_B = T_B = 2T$

拐点处坐标为 $\qquad\qquad\qquad\qquad \begin{cases} T_B = 2T \\ y_B = y(\infty)(1 - 5e^{-2}) \end{cases} \tag{6-59}$

通过拐点的切线方程为

$$y = y(\infty)\left(\dfrac{2}{T}e^{-2}t - 9e^{-2} + 1\right)$$

同样可以求得

$$\begin{cases} \dfrac{b}{y(\infty)} = 9e^{-2} - 1 = 0.218 \\[2mm] T_A = 4.5T \\[2mm] T_B = 2T \\[2mm] \tau = \dfrac{9e^{-2} - 1}{2e^{-2}}T = 0.805T \end{cases} \tag{6-60}$$

从上述二、三阶自衡过程的分析看出，$\dfrac{b}{y(\infty)}$、T_A、T_B 及 τ 值均与阶数 n 及时间常数 T 有关，如表 6-6 所示。为了计算方便，一般不用上述公式计算。因为 $\dfrac{b}{y(\infty)} = f(n)$，$T_A = f(n, T)$，将此关系列成表 6-7，就可以在所测响应曲线上作切线，在几个特殊的点求出 $b/y(\infty)$ 及 T_A，由表 6-6、表 6-7 或图 6-27 中查得过程的阶数与时间常数。

表 6-6　$b/y(\infty)$、T_A、T_B、τ 与 n、T 的关系

n	$b/y(\infty)$	T_A	T_B	τ
$n = 2$	0.104	$3T$	T	$0.283T$
$n = 3$	0.218	$4.5T$	$2T$	$0.804T$

表 6-7　$b/y(\infty)$、T_A/T、T_B/T、T_c/T、τ/T 与 n 的关系

n	1	2	3	4	5	6	7	8	9	10	14	25
$b/y(\infty)$	0	0.104	0.218	0.319	0.410	0.493	0.570	0.642	0.710	0.773	1.000	1.50
T_A/T	1	3	4.5	5.89	7.22	8.51	9.77	10.95				
T_B/T	-	1	2	3	4	5	6	7	8	9	13	24
T_c/T	1	2.712	3.692	4.480	5.120	5.700	6.250	6.710	7.160	7.580	9.100	12.33
τ/T	0	0.282	0.805	1.430	2.100	2.810	3.560	4.310	5.080	5.860	9.120	18.50

过程的阶数 n 也可采用近似公式计算：

$$n = 24 \frac{\frac{\tau}{T_{\mathrm{C}}} + 0.12}{2.93 + \frac{\tau}{T_{\mathrm{C}}}} \tag{6-61}$$

当 n 为 $1 \sim 6$ 阶时,可用更简单的公式计算:

$$n \approx 1 + 10 \frac{\tau}{T_{\mathrm{C}}} \tag{6-62}$$

过程的时间常数 T 可按下列公式计算:

$$T = \frac{\tau + 0.5 T_{\mathrm{C}}}{n - 0.35} \tag{6-63}$$

采用此法显得相当简便,虽然比较粗略,计算结果也能满足生产上的需要。

切线法的特点是简单易行,但切线不易作准,由所求得的传递函数画出的阶跃响应曲线不一定与所测得的响应曲线相符,如果相差太大,表明不能用 n 阶等容过程的传递函数表达,而应用前述 n 阶过程的传递函数表示,并用相应的图解法求其传递函数。

(2) 两点法。为了避免在响应曲线上作切线的困难,只在响应曲线上适当选择两个点,分别是 $y(t_1) = 0.4 y(\infty)$ 与 $y(t_2) = 0.8 y(\infty)$,如图 $6-28$ 所示,则 n 与 T 可用近似公式计算:

$$\sqrt{n} = \frac{1.075 t_1}{t_2 - t_1} + 0.5 \tag{6-64}$$

或

$$n = \left(\frac{1.075 \frac{t_1}{t_2}}{1 - \frac{t_1}{t_2}} + 0.5 \right)^2 \tag{6-65}$$

$$T = (t_1 + t_2)/2.16 n \tag{6-66}$$

采用式(6-64)或式(6-65)求得 n,取最接近的整数值,误差为 $\pm 1\%$;利用式(6-66)求得的 T,在 n 为 $1 \sim 16$ 阶时,误差为 $\pm 2\%$;可见是相当可靠的。将 n 与 t_1/t_2 的关系列成表 $6-8$,计算更为方便。

表 6-8　n 与 t_1/t_2 的关系

n	1	2	3	4	5	6	7	8	9	10	11	12	13	14
t_1/t_2	0.317	0.460	0.534	0.584	0.618	0.640	0.666	0.684	0.699	0.712	0.724	0.734	0.748	0.751

采用两点法不一定要完全画出过程的阶跃响应曲线,只要测得被控量变化到 $y(t_1) = 0.4 y(\infty)$ 和 $y(t_2) = 0.8 y(\infty)$ 处时对应的时间 t_1 和 t_2 的值,就可以求出过程的近似传递函数,使用相当方便。另外,由表 $6-8$ 可以看出,当 n 在 6 阶以上时,t_1/t_2 的递增值已很小,因此求出的 n 值可靠性也会下降。两点法经验公式是在理论指导下,对许多响应曲线和传递函数通过大量的凑试、反复修正,最后拟合得到的,公式简单,其精度可满足工程上的使用要求,对于工程计算,$1\% \sim 2\%$ 的精度范围是足够的。

对于高阶等容过程,其放大系数计算公式相同,见式(6-44)。

不论是切线法还是两点法,得到的传递函数都应该进行验证。一般情况下,工程上常把复杂的生产过程等效为三阶以下的系统,尤其是近似为带有纯滞后的一阶或二阶惯性环节,简化了问题,避免了繁琐的设计计算,同样可以得到高质量的控制效果。

6.无自衡过程的传递函数

(1)积分过程。响应曲线是一条等速变化的直线,如图 6 – 29 所示。响应时间就是直线的斜率,因此 T_a 按下式计算:

$$T_a = \frac{1}{\tan\alpha}\Delta x \qquad (6-67)$$

将 T_a 代入式(6 – 34a),即得所求的传递函数。

(2)带有滞后的单容过程。响应曲线开始变化速度缓慢,然后以等速上升,响应曲线如图 6 – 30 所示。沿响应曲线等速上升部分作切线,交时间坐标于 A 点,则 OA 就是滞后时间 τ_0;响应时间 T_a 也按式(6 – 67)计算,将它们代入式(6 – 34b),即得所求的传递函数。

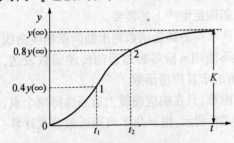

图 6 – 28　两点法求过程传递函数图例

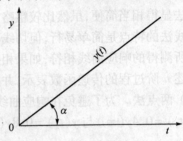

图 6 – 29　积分过程近似法

(3)带有滞后的双容过程。这种过程的阶跃响应曲线与图 6 – 30 有所不同,一般要经一段滞后时间 τ_0 以后才开始响应,如图 6 – 31 所示。同样作响应曲线的切线交时间坐标于 A 点,得纯滞后时间 τ_0 及时间常数 T,响应时间 T_a 按式(6 – 67)计算。把这些参数代入式(6 – 37)即得所求的传递函数。

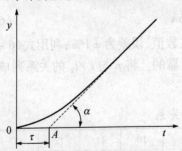

图 6 – 30　有滞后的单容过程近似法

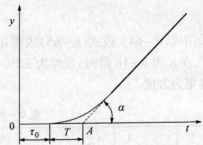

图 6 – 31　有纯滞后双容过程的响应曲线

(4)多容过程。无自衡的多容过程的传递函数表达式如式(6 – 38)所示,在阶跃信号 Δx 作用下阶跃响应曲线如图 6 – 32(a)所示,其特性方程为

$$
\begin{aligned}
y(t) &= \frac{\Delta x}{T_a} L^{-1}\left[\frac{1}{s(1+T_s)^n}\frac{1}{s}\right] \\
&= \frac{\Delta x}{T_a} L^{-1}\left[\frac{1}{s^2} - \frac{nT}{s} + \frac{n(n+1)}{2}T^2 - \cdots (-1)^m \frac{n(n+1)\cdots(n+m-1)}{m!}T^m s^{m-2} + \cdots\right] \\
&= \frac{t}{T_a}\Delta x - \frac{nT}{T_a}\Delta x + \cdots
\end{aligned}
\qquad (6-68)
$$

当 $t \to \infty$ 时,切线 $y_L(t)$ 与被控量 $y(t)$ 重合,切线方程为

150

$$y_L(t) = \left(\frac{t}{T_a} - \frac{nT}{T_a}\right)\Delta x = \frac{(t - nT)}{T_a}\Delta x \qquad (6-69)$$

当 $y_L(t) = 0$ 时,切线与时间坐标相交点为 t_a,代入上式得

$$y_L(t) = (t_a - nT)\frac{\Delta x}{T_a} = 0$$

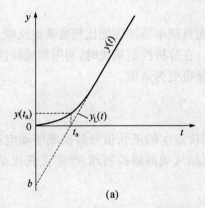
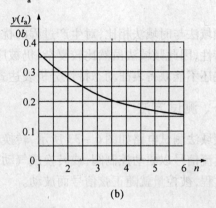

图 6-32　多容积分过程近似法

即
$$t_a = nT$$

时间常数 T 为
$$T = t_a/n \qquad (6-70a)$$

当 $t = 0$ 时,切线与纵坐标交点为 b,代入上式得

$$y_L(t) = (0 - nT)\frac{\Delta x}{T_a} = 0b = \frac{t_a}{T_a}\Delta x \qquad (6-70)$$

响应时间 T_a 为
$$T_a = \frac{t_a}{0b}\Delta x \qquad (6-70b)$$

当 $t = t_a = nT$ 时,$y(t_a)$ 为

$$y(t_a) = \frac{T}{T_a}\Delta x e^{-n}\left[n + n(n-1) + \frac{(n-2)n^2}{2!} + \cdots + \frac{n^{n-1}}{(n-1)!}\right] \qquad (6-71)$$

它与式(6-70)的比值

$$\frac{y(t_a)}{0b} = e^{-n}\left[1 + (n+1) + \frac{(n-2)n}{2!} + \frac{(n-3)n^2}{3!} + \cdots + \frac{n^{n-2}}{(n-1)!}\right] \qquad (6-72)$$

这是 n 的单值函数,由它可算出表 6-9 或绘成图 6-32(b)。

表 6-9　$y(t_a)/0b$ 与 n 的关系

n	1	2	3	4	5	6
$y(t_a)/0b$	0.368	0.271	0.224	0.195	0.175	0.161

　　只要从响应曲线上量出 t_a、$y(t_a)$、$0b$,即可由表 6-9 确定 n 值,由式(6-70a)计算时间常数 T,由式(6-70b)计算响应时间 T_a。当计算的 n 不是整数时,取得最相近的整数值。如求出的 $n > 6$,即 $y(t_a)/0b \leqslant 0.161$ 时,则过程可视为有滞后的单容过程,可按前述方法进行处理。过程的阶数 n 也可按下式计算

$$n = \frac{1}{2\pi}\left(\frac{0b}{y(t_a)}\right)^2 - \frac{1}{6} \tag{6-73}$$

如算出的 $n \geqslant 3$,还可简化为具有纯滞后的双容过程处理。

第五节　频域法过程建模

频域法与时域法相比,对生产过程的扰动较小,而且频率特性还能比较准确地反映过程的动态特性,因此频域法虽然比较复杂,仍被广泛采用。在分析控制系统时,利用频域特性图表,对那些还不能获得表征动态特性分析表达式的过程显得更为适用。

一、测试方法

频域法测试电路如图 6-33 所示,转换器将测试仪发生的正弦信号转换成驱动电动执行器的电流信号以驱动控制阀,或转换成气动信号以驱动气动薄膜控制阀,产生正弦扰动,送入被测过程,被控量就随正弦信号而波动。

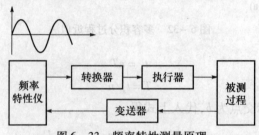

图 6-33　频率特性测量原理

变送器将检测到的被控量波动信号,转换成频率特性测试仪可以处理的电信号,送入频率特性仪,记录下过程的频率特性。也可用信号发生器配合 X-Y 函数记录仪,测定过程的频率特性,其系统原理如图 6-34 所示。正弦信号送入控制阀产生正弦扰动 Δx,过程的输出当过渡过程结束后也将是稳定的正弦信号,只因其中混有干扰成分,故输出波形是不平滑的。信号发生器的正弦信号同时送入 X-Y 记录仪,故过程的输入与输出波形同时被记录下来。

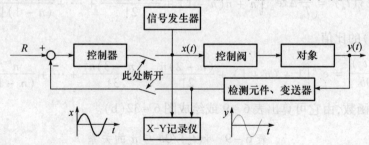

图 6-34　频率特性测试系统原理图

测试频率特性应在不衰减振荡的稳定工况下进行,振荡幅值可以在允许的范围内选择得尽可能大,故测量误差会相对小一些。

试验要在几种不同频率的正弦波输入下测量几次,每次都要量出输入与输出波形的幅值以计算幅值增益 $A(\omega)$:

$$A(\omega) = A_o(\omega)/A_i(\omega) \tag{6-74}$$

式中：$A_i(\omega)$ 为角频率为 ω 的输入正弦波幅值；$A_o(\omega)$ 为角频率为 ω 的输出波形幅值；ω 为角频率，$\omega = 2\pi f$。

量出输入与输出波形峰值之间的距离 d 及同一曲线两个峰值之间的距离 d_0，见图 6 – 35，即可计算输出与输入的相位差：

$$\varphi = -2\pi \frac{d}{d_0} = -360° \times \frac{d}{d_0} \tag{6 – 75}$$

在记录图上量出不同频率下的幅值与相位差，按规定坐标作图，即可得到过程的幅频特性与相频特性，从而得到被测过程的数学模型。

二、测试注意事项

首先要结合过程的特点选择适合的频率范围。对于热工过程，通过控制阀产生的正弦信号应该是低频或超低频的，一般为 0.01Hz，有的化工过程，周期可能长达 1h，其频率 f 为 $\frac{1}{3600} = 0.00028\text{Hz}$。

已知过程的最小时间常数 $T_{\min}$，相应的角频率为 $\omega_{\min}$，测试频率由较高向较低进行，当自 ω_p 开始，幅值不再改变，则测试角频率可在下列范围内选择：

$$\frac{\omega_p}{20 \sim 30} \sim (20 \sim 30)\omega_{\min} \tag{6 – 76}$$

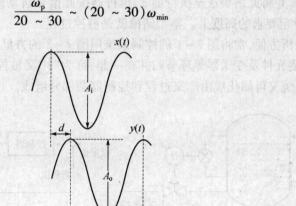

图 6 – 35　频率特性法绘出的输入输出波形

也可先找出最高频，即当过程输出信号幅值降到最小直至接近于零时，信号的频率为最大 $\omega_{\max}$，确定了最小与最大频率范围，将它分成 $5 \sim 10$ 段，依次将 $5 \sim 10$ 段频率的正弦信号送入过程，每个频率下至少要有 $2 \sim 3$ 个周期的测试记录。在确定最高频率时要考虑过程动态特性的起始状态，必要时应在另一些起始状态下重新确定最高频率再进行分段测试。

其次，要合理确定输入正弦波的幅值，如幅值过大，可能引起饱和现象，测不到准确的结果；幅值过小，会出现死区，测试结果同样不准确。因此输入信号幅值的选择，至少要使过程输出信号为记录仪可以识别的程度，并保证过程工作在线性范围以内。显然，如果记录的输出曲线不是完整的正弦波形，表明输入信号的幅值不当，过程也没有工作在线性范围以内。

由于频域法辨识过程特性花费时间太长，对于缓慢变化的热工过程显得更为不便。

另外，统计相关法也是辨识过程数学模型的一种实用方法。

第七章　单回路控制系统

第一节　概　述

一、系统的组成

单回路控制系统又称简单控制系统。它是由被控过程、检测元件及变送器、控制器和执行器组成一个闭合回路的反馈控制系统,其典型例子如图7-1所示。

在生产上常用液体储槽作为中间容器,从前一工序来的半成品不断流入槽中,而槽中的液体又送至下一个工序进行加工。流入量(或流出量)的变化会引起槽内液位 H 的波动,严重时会溢出或抽干。因此,槽内液位就成为被控量,它经液位检测元件和变送器1之后,变成统一标准信号,再送到液位控制器2与工艺要求的液位高度——设定值进行比较,按预定的运算规律算出结果,并将此结果送至执行器3,执行器按此信号自动地开大或关小阀门,以保持槽内液位 H 在设定要求的高度上。整个储槽就是被控过程。

为了分析方便,常将图7-1的控制系统用图7-2的方框图来表示。如果再把执行器、被控过程、检测元件及变送器等环节归并在一起,称为"广义被控过程",简称"广义过程",则单回路控制系统又可简化成由广义过程和控制器两部分组成。

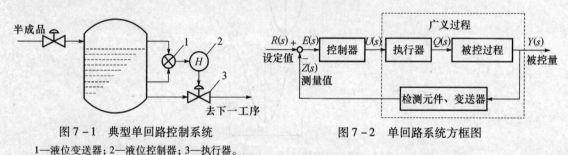

图7-1　典型单回路控制系统　　　　　　图7-2　单回路系统方框图
1—液位变送器；2—液位控制器；3—执行器。

单回路控制系统是所有过程控制系统中最简单、最基本、应用最广泛和成熟的一种。它适用于被控过程滞后时间较小、负荷和干扰变化不大、控制质量要求不很高的场合。单回路控制系统虽然简单,但它的设计和控制器的参数整定方法却是各类复杂控制系统设计和整定的基础。因此,我们首先对它进行讨论。

二、控制系统的工程考虑

就一个生产过程控制工程来说,主要包括四部分内容:自动控制系统的方案设计、工程设计、工程安装和仪表的单校及系统的联校、控制器的参数整定等。

控制系统的方案设计是整个自动化工程中的关键一步。如果控制方案设计不当,无论选用何种自动化仪表,安装如何精心,都不能使控制系统投入运行或充分发挥自动化仪表的作用,一个单回路控制系统的方案设计,应考虑以下几个问题:合理选择被控量和操纵量以构成反馈回路;被控量信息的获取和变送;执行器的选择;控制器的选型;在多参数系统中还要考虑各单回路系统间的关联影响。

控制系统的工程设计是在方案设计的基础上进行的,包括仪表的选型、控制室及仪表控制盘设计、仪表供电供气系统设计、信号系统设计和仪表防护设计等。与此相应要完成工程规模所需数量的图表,这些图表是工程施工的依据。

自动控制系统的正确安装是保证自动化仪表能发挥作用的前提。系统安装好后,还需要在现场对每一台仪表进行单校,对每一个控制回路进行联校,这是整个自动控制系统投入运行前必须进行的一项工作。

控制系统质量的好坏主要决定于被控过程的特性与控制器特性的配合。在生产过程中,有各种各样的控制过程,它们对控制器的特性有不同的要求,控制器的参数整定就是设法使它的特性能够与被控过程的特性配合好,从而获得满意的控制质量。因此,当控制方案一经确定,控制器的参数整定就成为提高控制系统质量的关键。

本章仅就控制系统的方案设计和控制器的参数整定两个方面的问题加以讨论。

第二节　　被控量和操纵量的选择

一、被控量的选择

被控量的选择是控制系统方案设计中的核心部分,它的选择对稳定生产、提高产品的产量和质量、改善劳动条件等都具有决定性的意义。对于一个生产过程来说,影响正常运行的因素很多,但并非都要加以控制,所以就要求设计人员必须深入生产实际,调查研究,熟悉和掌握工艺操作的要求,找出那些对产品的产量和质量,以及安全生产都具有决定意义,能最好地反映工艺生产状态变化的参数,而这些参数往往又是人工控制难以满足要求,或虽能满足要求但操作十分紧张而频繁。

被控量的选择方法有两种:一种是选直接参数,另一种是选择间接参数。能直接反映生产过程产品产量和质量,以及安全运行的参数称为直接参数。例如,蒸气锅炉锅筒水位控制系统,水位是直接参数,因它直接表征了锅炉运行安全与否。显然,用直接参数作为被控量最好。

当选直接参数为被控量有困难时,可以选那些能够间接地反映产品产量和质量、以及安全生产的参数作为被控量。例如,化工生产中常用精馏塔把混合物分离为较纯组分的产品或中间产品,显然对控制的要求就是使产品达到规定的纯度,因而塔顶或塔底馏出物的浓度最能直接反映生产过程的要求,把它选作被控量最好。但是,由于目前对于成分检测还存在不少问题,例如介质本身的物理、化学性质及使用条件的限制,使准确检测还有困难,取样周期也长,这往往满足不了自动控制的要求,因而可用塔顶或塔底的温度这个间接参数作为被控量,来代替成分控制系统较为合适。

在选择间接参数为被控量时,应考虑以下原则:必须考虑工业生产的合理性和检测仪表的生产现状;间接参数应与直接参数有某种单值的函数关系。例如在精馏塔成分控制中,成分是温度和压力的函数,如果保持压力一定,则成分与温度就成单值函数关系了。因此,在组成压力控制系统的同时,便可用温度控制系统来代替成分控制系统。另外,间接参数要具有足够的灵敏度,以保证能代替直接参数的控制。

二、操纵量的选择

选择了被控量以后,下一步的工作是确定操纵量。能控制被控量变化的因素很多,但并不是任何一个因素都可选为操纵量而组成可控性良好的控制系统。为此,设计人员要在熟悉和掌握生产工艺机理的基础上,认真分析生产过程干扰因素的来源和大小,以被控过程特性参数对控制质量的影响为依据,正确地选择操纵量。

1. 放大系数对控制质量的影响

为讨论方便,我们将图 7-2 的方框图简化成图 7-3 的形式。

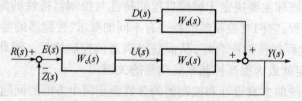

图 7-3 单回路控制系统简化方框图

设控制器、干扰通道、被控过程的传递函数 $W_c(s)$、$W_d(s)$、$W_o(s)$ 分别为

$$W_c(s) = K_c$$

$$W_d(s) = \frac{K_d}{(T_1 s + 1)(T_2 s + 1)}$$

$$W_o(s) = \frac{K_o}{Ts + 1}$$

由此可得出系统的闭环传递函数为

$$\frac{Y(s)}{D(s)} = \frac{W_d(s)}{1 + W_c(s) W_o(s)} \tag{7-1}$$

控制系统的偏差为(在此情况下,$Z(s) = Y(s)$)

$$E(s) = R(s) - Y(s) = R(s) - \frac{W_d(s) D(s)}{1 + W_c(s) W_o(s)} \tag{7-2}$$

对于定值控制系统而言,$R(s) = 0$,因而

$$E(s) = -\frac{W_d(s)}{1 + W_c(s) W_o(s)} D(s)$$

由终值定理可求得控制系统的余差为

$$C = e(\infty) = \lim_{t \to \infty} e(t) = \lim_{s \to 0} s E(s)$$

$$= \lim_{s \to 0} s \frac{-W_d(s)}{1 + W_c(s) W_o(s)} D(s)$$

对于单位阶跃干扰函数有 $D(s) = \frac{1}{s}$,因而将 $W_c(s)$、$W_o(s)$、$W_d(s)$、$D(s)$ 的表达式代入上式,可求得系统得余差为

$$C = \frac{-K_d}{1 + K_c K_o} \tag{7-3}$$

由式(7-3)可知,在选择操纵量时,应使干扰通道的放大系数 K_d 越小越好,这样可使余差减小,控制精度得到提高。似乎控制通道的放大系数 K_o 越大,余差越小,但是,由于最佳控制过程的 K_o 与 K_c 的乘积为一常数,而控制器的放大系数 K_c 是可调的,因而即使 K_o 较小,也可通过选取较大的 K_c 来补偿,总可以做到 K_o 与 K_c 的乘积满足我们的要求。这样一来,在选择操纵量时可不考虑 K_o 的影响。但是,由于控制器的 K_c 总有一定的范围,当被控过程控制通道的放大系数超过了控制器 K_c 所能补偿的范围时, K_o 对余差的影响就显示出来了。因此,在选择操纵量时,仍宜对控制通道的放大系数作适当考虑,一般总希望 K_o 要大一点,以加强控制作用,但必须以满足工艺生产的合理性为前提条件。

为了说明如何根据放大系数来选择操纵量,我们举一个例子来加以说明。图7-4为合成氨厂变换炉,一氧化碳和水蒸气在触媒存在的条件下发生作用,生成氢气和二氧化碳,同时放出热量。生产工艺要求一氧化碳的变换率要高,蒸气的消耗量要小,触媒的寿命要长。显然选择直接参数作为被控量是不行的,因此,生产上通常是用变换炉一段反应温度作为被控量,以间接地控制变换率和其他质量指标。

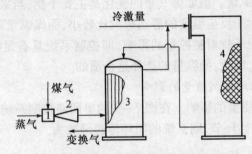

图7-4 CO 变换过程示意图

1—混合器;2—喷射泵;3—换热器;4—变换炉。

为了选择操纵量,必须对干扰情况进行分析,影响变换炉一段反应温度的因素是相当多的,总的说来有煤气的流量、压力、温度、成分,蒸气的压力、流量,冷激量以及触媒的活性等。

在以上诸因素中,触媒的活性不可能根据我们的要求而任意改变,因此是一种不可控的因素。

煤气成分的波动虽然会引起反应温度的显著变化,但它是由造气车间提供的,这里它也是一种不可控因素。事实上,煤气经煤气柜后不仅使压力变得比较稳定,而且成分也是相当均匀的。煤气温度的变化,即热水饱和塔出口煤气温度的变化对反应温度的影响较大,但只要保证热水饱和塔操作平稳,则煤气的温度变化就不会很大。

蒸气压力在变换工段之前已进行了定值控制,因此是稳定的。

这样,排除了以上这些因素之后,可供我们选择作为操纵量的只有冷激量、煤气量和蒸气量三种。通过实验测试,三种因素对反应温度的相对放大系数为

冷激量对反应温度通道的相对放大系数:

$$K_1 = \frac{温度的相对变化量}{冷激量的相对变化量} = \left(\frac{10}{500}\right) / \left(\frac{100}{4000}\right) = 0.8$$

煤气量对反应温度通道的相对放大系数:

$$K_2 = \frac{温度的相对变化量}{煤气量的相对变化量} = \left(\frac{2.5}{500}\right) / \left(\frac{100}{6250}\right) = 0.31$$

蒸气量对反应温度通道的相对放大系数：

$$K_3 = \frac{温度的相对变化量}{蒸气量的相对变化量} = \left(\frac{14.5}{500}\right) / \left(\frac{1}{16.5}\right) = 0.48$$

根据上述各相对放大系数的大小，可对如下三种控制方案进行对比分析。

（1）选择冷激量为操纵量。这一控制方案可得到较大的控制通道放大系数，因而系统具有很强的抗干扰能力。但是，工艺上安排这种管线的目的是保证开、停车的方便和手动粗调变换炉的反应温度。在一般情况下，冷激量阀门是关着的。并且事实上也证明，当选择冷激量做操纵量时，会使反应温度变化过于剧烈，很难稳定。因此，不论从工艺过程的合理性或是实际应用结果，都说明这一方案是不可取的。

（2）选择煤气量为操纵量。这一方案不能得到较大的控制通道放大系数，抗干扰能力弱。假如蒸气量的变化是主要干扰，则因干扰通道的放大系数 K_3 大于控制通道的放大系数 K_2，余差必然增大，因而这一方案也是不可取的。

（3）选择蒸气量为操纵量。假如煤气量的变化是主要干扰，当采用这一方案时，不论在什么情况下，煤气量的变化对于反应温度的静态影响比较小，而操纵量对于反应温度的静态影响比较大，从而能有效地克服干扰对被控量的影响，即控制系统具有足够的抗干扰能力。同时，从工艺上分析也比较合理，因此，操纵量的选择是合适的。

2. 干扰通道动态特性对控制质量的影响

（1）时间常数对控制质量的影响。在图 7-3 的单回路控制系统中，设各环节的放大系数均为 1，干扰通道为一阶惯性环节，则系统的闭环传递函数为

$$\frac{Y(s)}{D(s)} = \frac{W_d(s)}{1 + W_c(s)W_o(s)} = \frac{1}{T_d} \frac{1}{[s + (1/T_d)][1 + W_c(s)W_o(s)]} \tag{7-4}$$

系统的特征方程为

$$\left(s + \frac{1}{T_d}\right)[1 + W_c(s)W_o(s)] = 0 \tag{7-5}$$

由式（7-4）、式（7-5）可见，由于在干扰通道中增加了一个一阶惯性环节，使系统的特征方程式发生了变化，即在根平面上增加一个（$-1/T_d$）附加极点 a，如图 7-5 所示。随着时间常数 T_d 的增大，极点 a 将沿着实轴向虚轴靠近。这样，与此极点 a 对应的过渡过程分量的衰减系数减小了，使过程变慢，过渡过程时间加长。但是，由于该极点是位于实轴上的，这种影响并不很大，而重要的影响在于过渡过程中的非恒定分量的系数乘上一个 $1/T_d$ 的数值，即使过渡过程动态分量的幅值减小了 T_d 倍，从而使控制过程的超调量随着 T_d 的增大而减小，控制质量得到提高。

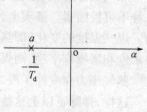

图 7-5　根平面上的
附加极点

同理可知，当干扰通道惯性环节的阶数增加时，控制质量将获得进一步改善。因此，当干扰通道的时间常数变大或时间常数个数增多，均将使这一通道的动态响应变得和缓，对干扰起了一个滤波作用。

（2）滞后时间对控制质量的影响。设干扰通道存在纯滞后时间 τ_{d0}，系统的闭环传递函数为

$$\frac{Y(s)}{D(s)} = \frac{W_d(s)}{1 + W_c(s)W_o(s)}e^{-\tau_{d0}s} \qquad (7-6)$$

或写成

$$Y(s) = \frac{W_d(s)D(s)}{1 + W_c(s)W_o(s)}e^{-\tau_{d0}s}$$

将上式作拉氏反变换,便可得到系统在单位阶跃干扰作用下,被控量的时间响应。

$$y(t) = y'(t - \tau_{d0}) \qquad (7-7)$$

上式中的 $y'(t)$ 系指 $\tau_{d0} = 0$ 时被控量的时间特性。由式(7-7)可知,干扰通道存在纯滞后时间时,从理论上讲不影响控制系统的质量,仅仅使被控量在时间上平移了一个 τ_{d0} 值。

干扰通道存在容量滞后时间 τ_{dc} 时,它将使干扰信号变得和缓一些,τ_{dc} 越大,干扰变得越平缓,对系统克服干扰就越有利。因此,τ_{dc} 对控制质量的影响与时间常数 T_d 的影响一致。

(3)干扰作用位置对控制质量的影响。一个被控过程往往存在着多个干扰,而各个干扰与被控量的传递函数是不同的。设被控过程由三个相互独立的单容环节串联组成,各环节的放大系数都等于1,时间常数相差也不甚悬殊,干扰分别由1、2、3个位置进入系统,如图7-6所示。这里仅定性地讨论干扰作用位置对控制质量的影响。

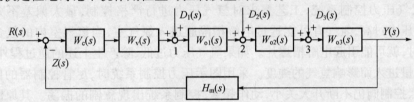

图7-6 干扰从不同位置进入控制系统

为了能更清楚地看出干扰作用位置对控制质量的影响,现将图7-6画成图7-7的形式。

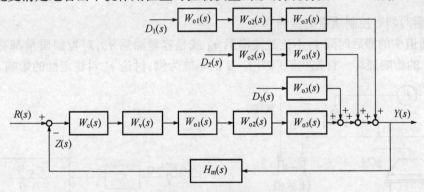

图7-7 干扰位置对控制质量的影响

前已指出,干扰通道具有的惯性环节阶数增加,对干扰信号的缓和作用越强,系统克服它的影响就越容易,控制质量也就越高。由图7-7可见,D_1 对被控量的影响最小,D_2 次之,而 D_3 的影响最大。这就是说,在选择操纵量时,应力求使干扰信号远离被控量检测点,即越靠近控制阀的位置进入系统,以利于提高控制质量。

至于干扰幅值大小对控制质量的影响是不言而喻的。幅值越大,对被控量的影响也越大,克服它的影响也越难,甚至无法进行控制。因此,当发现某一干扰幅值太大时,就需要考虑是否单独设计一个控制系统来稳定该干扰,或者采取其他措施以减小该干扰的幅值。

3. 控制通道动特性对控制质量的影响

1）时间常数 T 对控制质量的影响

控制通道时间常数的大小反映了控制作用的强弱，或者说反映了克服干扰影响的快慢。时间常数太大，将使控制作用太弱，反应迟钝，过渡过程时间加长，控制质量下降。在各种各样的被控过程中，T 较大的多，如炼油厂管式加热炉燃料油主出口温度这一控制通道，$T > 15\text{min}$；某些化学反应器进料量对反应温度通道的时间常数在几分钟以上。当出现 T 过大时，可采取以下措施：合理地选择执行器的位置，使之尽量减小从执行器到被控量检测点之间的容量系数，从而减小控制通道的时间常数；采用前馈或更复杂的控制系统方案。

时间常数小，控制作用强，克服干扰影响快，过渡过程时间缩短。但是，当时间常数过小时，就容易引起过渡过程的多次振荡，使被控量难于稳定下来，即系统稳定性受到影响。在过程控制过程中，时间常数过小的机会不多，但随着现代化生产日新月异地飞速发展，在许多工艺中，反应速度加快了，设备结构尺寸减小了，这就象征着被控过程时间常数日益减小，可能使得控制系统过于灵敏而不能保证控制质量。当出现 T 过小的情况时，可考虑采取如下措施：尽量选择快速的检测元件、控制器、执行器；使用反微分单元适当降低控制通道的灵敏度；在可能时，从工艺上进行适当改革，以增大控制通道的时间常数。例如图 7-8 所示为某化工厂烧碱电解槽氢气压力控制系统，工艺要求对氢气压力进行严格控制，最大偏差不允许超过 ±30Pa。氢气压力过高，氢气有可能透过电解槽隔膜进入氯气室，当氯气室内的氢含量增加到 4% ~96% 时，就可能引起电解槽爆炸。如果氢气压力过低，除产生上述的逆过程外，还有可能因空气的大量进入而影响氢气的纯度。采用图示压力控制系统时，尽管控制器的比例度已放到最大数值，控制阀仍不断开大关小，动作频繁，控制系统出现急剧的振荡。其原因就在于被控介质很轻，控制通道十分灵敏，时间常数仅为 1s。当在控制器的输出端接上一个反微分单元以降低广义过程的灵敏度之后，当控制器的参数 $\delta = 80\%$、$T_i = 0.8\text{min}$ 时，系统获得了良好的控制效果。

2）滞后时间对控制质量的影响

控制通道中的滞后时间 τ，不论是纯滞后 τ_0 或是容量滞后 τ_c，对控制质量都有不好的影响，其中 τ_0 的影响最坏。首先我们以图 7-9 的系统为例，讨论 τ_0 对稳定性的影响。

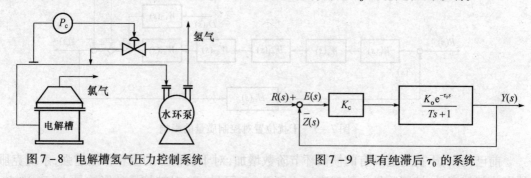

图 7-8　电解槽氢气压力控制系统　　　　图 7-9　具有纯滞后 τ_0 的系统

设控制器用比例作用，放大系数为 K_c，当过程不存在纯滞后 τ_0 时，其开环传递函数为

$$W_k(s) = W_c(s)W_o(s) = \frac{K_c K_o}{Ts + 1}$$

由奈氏判据可知，不论开环系数 $K_c K_o$ 为多大，闭环系统总是稳定的。频率特性如图 7-10 所示。

若过程存在纯滞后 τ_0，即过程传递函数为

$$W_o(s) = \frac{K_o}{Ts + 1}e^{-\tau_0 s}$$

则系统的开环传递函数为

$$W'_k(s) = W_c(s)W_o(s) = \frac{K_c K_o}{Ts + 1}e^{-\tau_0 s} \tag{7-8}$$

由于纯滞后 τ_0 的存在仅使相角滞后增加了 $\omega\tau_0$ 弧度，而幅值不变。据此，可在无 τ_0 时的 $W(j\omega)$ 上取 ω_1、ω_2、ω_3…各点，例如 A 点处，频率为 ω_1，取 $W(j\omega_1)$ 的幅值，但相角滞后则增了 $\omega_1\tau_0$ 弧度，从而定出新的 $W'(j\omega_1)$ 点 A'，同理可得到 ω_2、ω_3、ω_4…时的各点，将它们连接起来即为 $W'(j\omega)$ 的幅相频率特性图形。

由 $W'(j\omega)$ 特性曲线可见，具有纯滞后时，随着 $K_c K_o$ 的增大，有可能包围 $(-1, j0)$ 点，同时，若 τ_0 值大，包围 $(-1, j0)$ 点的可能性更大。所以，纯滞后时间 τ_0 的存在降低了控制系统的稳定性。

τ_0 对系统动态质量的影响可用图 7-11 来说明，其中曲线 C 为被控量在干扰作用下的变化趋势，曲线 A、B 分别代表无滞后和有滞后情况下操纵量对被控量的校正作用，曲线 D、E 表示无滞后和有滞后时，被控量在干扰和控制二者共同作用下变化过程，y_0 为检测变送器的不灵敏区。当无 τ_0 时，控制器在 t_1 时刻感受正偏差信号而产生校正作用 A，从 t_1 以后被控量将沿此曲线 D 变化。当有纯滞后时，控制器从 t_1 时刻也感受到正偏差信号并发出校正作用，但被控量对此校正作用毫无反应，即在纯滞后 τ_0 时间内，被控量只受干扰作用的影响，只有在 $(t_1 + \tau_0)$ 之后，控制器的校正作用才对被控量起作用并沿曲线 E 变化。比较曲线 D 和 E，显见纯滞后使超调量增加了。反之，当控制器接受负偏差时，所产生的校正作用将使被控量继续下降，可能造成过渡过程的振荡加剧，以至回复时间拉长。

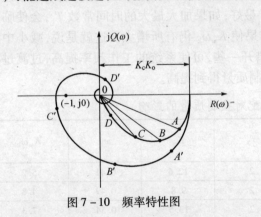

图 7-10　频率特性图

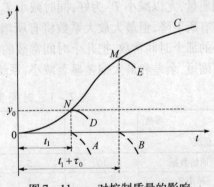

图 7-11　τ_0 对控制质量的影响

容量滞后对控制质量的影响要比纯滞后的影响和缓一些。因为在 τ_c 时间内，被控量尚有一定的变化，但同样会拖延控制作用，使控制作用不及时，控制质量下降。对 τ_c 较大的过程不能简单地采用增大放大系数的办法提高控制质量，因为在增大起始段控制作用的同时，后段的控制作用也同样地被增大。这样很容易造成超调现象，使被控量剧烈波动。克服 τ_c 对控制质量影响的有效方法是引入微分作用。

由上述分析可知，在选择操纵量时，要设法使控制通道的时间常数适当地小一点，滞后时间则越小越好。

3）时间常数匹配对控制质量的影响

控制系统的广义过程往往包括几个时间常数,讨论它们之间的匹配对控制质量的影响有着重要意义。当一个控制系统还处于设计阶段时,可通过这种分析有效地选择操纵量,使这种匹配朝着有利于提高控制质量的方向进行;在控制方案已经确定时,仍可通过这种分析,合理地选择检测元件和执行器,以改善控制系统的控制质量。

过程控制系统的控制质量可以用它的"准品质指标"给予综合性的描述。设控制系统的临界放大系数为 K_m,临界振荡频率为 ω_k,则 $K_m\omega_k$ 被定义为系统的准品质指标。这样,不论 K_m 或 ω_k 提高1倍,就认为控制系统的控制质量提高1倍。我们以被控过程具有三个时间常数的控制系统为例来加以说明,如图7-12所示。

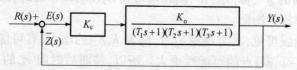

图7-12 被控过程具有三个时间常数的控制系统

根据代数判据判别系统的稳定性时,在稳定边界条件下,系统的总增益 K_m、临界频率 ω_k 和时间常数 T 有下列关系:

$$K_m = (T_1 + T_2 + T_3)\left(\frac{1}{T_1} + \frac{1}{T_2} + \frac{1}{T_3}\right) \tag{7-9}$$

$$\omega_k = \sqrt{\frac{T_1 + T_2 + T_3}{T_1 T_2 T_3}} \tag{7-10}$$

设 $T_1 = 10, T_2 = 5, T_3 = 2$,按上列关系可计算得到:$K_m\omega_k = 5.2$,若改变其中一个或两个时间常数的大小,$K_m\omega_k$ 值也随之变化,其结果如表7-1所示。从计算结果可知:减小最大的那个时间常数不但无益,反而使 $K_m\omega_k$ 比原状态减小,控制质量下降;减小 T_2 或 T_3 都有助于改善控制质量,尤以减小 T_3 为好,同时减小 T_2 和 T_3 最好;如果加大最大的时间常数 T_1,会使临界频率有所下降,但最大放大系数将有所增加,结果使 $K_m\omega_k$ 仍有所增大。这就是说,减小中间大小的那个时间常数,把几个时间常数的数值错开一些,可使系统的工作频率提高,过渡过程时间缩短,余差和最大偏差显著减小,系统的控制质量得到提高。

表7-1 时间常数匹配对控制质量的影响

参数 变化情况	T_1	T_2	T_3	K_m	ω_k	$K_m\omega_k$
原始数据	10	5	2	12.6	0.41	5.2
减小 T_1	5	5	2	9.8	0.49	4.8
减小 T_2	10	2.5	2	13.5	0.54	7.3
减小 T_3	10	5	1	19.8	0.57	11.2
加大 T_1	20	5	2	19.2	0.37	7.1
减小 T_2 T_3	10	2.5	1	19.3	0.74	14.2

通过以上干扰通道和控制通道动态特性对控制质量影响的分析,可得出按过程动态特性选择操纵量的一般原则:

（1）操纵量应具有可控性、工艺操作的合理性、经济性。

（2）由于干扰通道的时间常数越小,对被控量的影响越大,而控制通道的时间常数小,对

162

被控量的控制作用强。因此,选择操纵量时应使干扰通道的时间常数越大越好,而控制通道的时间常数应该适当小一些,纯滞后时间则越小越好。

(3) 如果有几个干扰同时作用于控制系统,由于由检测元件处进入的干扰对被控量的影响最严重,因此,在选择操纵量时应尽力使干扰远离被控量而向执行器靠近。

(4) 如果广义过程是由几个时间常数串联而成的,在选择操纵量时应当尽可能地避免几个时间常数相等或相近的状况,它们越错开越好。

为了说明如何应用以上原则,我们以喷雾式干燥设备的控制系统为例进行讨论。

为了将浓缩的乳液干燥成乳粉,生产上常采用喷雾式干燥设备,工艺流程如图 7-13 所示。已浓缩的乳液由高位槽流下,经过滤器去掉凝结块,然后至干燥筒顶部喷出,空气则由风机送至换热器,热空气经风管进入干燥筒,乳液中的水分即被蒸发,乳粉则随湿空气一道送出,再行分离。工艺要求干燥后的产品含水量波动要小。由于干燥筒出口的气体温度与产品的含水量有密切关系,因而可被选做被控量。

操纵量的选择则需要对干扰情况进行分析。在该设备中,影响干燥筒出口温度的因素显然有乳化物的流入量 d_G、蒸气流量 d_P 以及鼓风机风量 d_Q。因此,可供选择做操纵量的有乳化物流量、旁通空气量和加热蒸气量,图中分别以 1、2、3 三个控制阀门位置代表这三种控制方案。为了便于比较各控制方案的优劣,需要对控制系统中各环节的特性进行分析。经计算和实验测定得知:检测元件的时间常数为 5s;干燥筒可以看成由一个 2s 纯滞后环节和具有三个时间常数均为 8.5s 的环节串联;换热器可用具有两个时间常数均为 100s 的环节来表示;风管可用一个 3s 纯滞后环节来表示。三个控制方案的方框图分别表示于图 7-14、图 7-15、图 7-16。

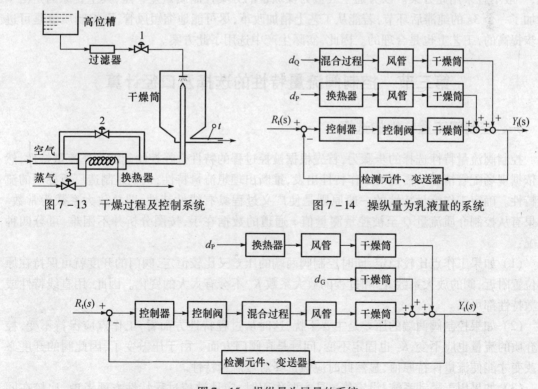

图 7-13　干燥过程及控制系统　　　　图 7-14　操纵量为乳液量的系统

图 7-15　操纵量为风量的系统

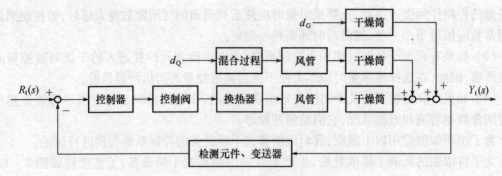

图 7-16 操纵量为蒸气量的系统

由图可看出,选择不同的操纵量,虽然各干扰对被控量的通道没有改变,但是进入控制系统的相对位置发生了变化。在系统中,乳化物流量干扰 d_G 对出口温度的影响最显著,风量干扰 d_Q 次之,蒸气量干扰 d_P 最不灵敏。在不同控制方案中,对克服这三种干扰的能力各不相同。图 7-14 方案中,由于控制通道的滞后比其他两种方案都小,因而控制作用很强,可以认为是最好的控制方案;图 7-15 方案中,由于控制通道增加了一个 3s 的纯滞后环节,控制质量势必比前者差一些;图 7-16 方案中又增加了两个时间常数均为 100s 的环节,控制作用更不灵敏,操作周期势必最长,难以满足工艺对控制质量的要求,因而是不可取的。以上仅是从控制质量方面考虑。再从工艺上考虑,方案一是不合理的,因为以乳化物流量作为操纵量,为克服干扰对出口温度的影响,它就不可能始终在最大值上工作,也就限制了该装置的生产能力,也不能保证产量的稳定。另外,在乳液管线上装设控制阀,容易使浓缩乳液结块,降低产品质量,因此,一般不宜采用此方案。以旁通空气量为操纵量的方案控制质量差一点,其主要原因是由于增加了一个 3s 的纯滞后环节,若能从工艺上稍加改革,尽可能地缩短风管,则控制质量是可进一步提高的,工艺上也是合理的。因此,实际生产中选用了此方案。

第三节　控制阀流量特性的选择及口径计算

一、控制阀流量特性的选择

控制阀流量特性选择的步骤为,首先根据被控过程的特性选择控制阀的工作流量特性,然后依据现场配管情况从需要的工作特性出发,推断出理想流量特性,也就是制造厂所标明的流量特性。确定工作流量特性的一般原则是使广义过程具有线性特性,即总放大系数为常数。如果有从控制介质流量 Q 至被控量测量值 z 通道的数据在手,按图分析并不困难,可分四种工况:

(1) 如果工作点比较稳定,同时控制阀两端的压差又比较恒定,阀门的开度就可保持在原来位置附近,阀的放大系数 K_v 和过程的放大系数 K_0 不会有太大的变化。因此,用直线特性或对数特性都可以。

(2) 如果控制阀两端的压差是主要干扰,这时从过程特性方面看,工作点应保持不变,控制介质的流量也应不变,K_0 也固定不变,问题是在阀门方面。由于压差变了,因此阀的开度必须改变才能使流量保持原值,显然此时应该选择对数流量特性。

(3) 如果用于随动系统,设定值 r 是主要作用时,应从被控过程特性方面考虑,比较在同一负荷下不同测量值 z 的放大系数,如果 K_0 是恒定的,则应选择直线流量特性。如果 K_0 随着

流量 Q 的上升而下降,那么 K_v 应随 Q 的上升而增大,这样才能使它们的乘积接近恒定值,因此应该选择对数流量特性;如果 K_o 随着 Q 的上升而上升,那么 K_v 应该随 Q 的上升而下降,因此,应该选择快开流量特性。

(4) 在定值控制系统中,当负荷是主要干扰时,应比较在同一测量值 z 下不同负荷时被控过程的放大系数,选择原则同前。

控制阀流量特性选择的方法很多,但可归结为理论计算法和经验法两大类,理论计算法繁杂很少使用。表 7-2 列出了根据干扰情况选择流量特性的经验,表 7-3 列出了根据流量特性的使用特点选择流量特性的经验以供参考。

表 7-2　典型系统在不同干扰下流量特性的选择

控制系统及被控变量	主要干扰	选用工作流量特性
流量控制系统(流量 Q)	压力 p_1 或 p_2	对数
	设定值 Q	直线
压力控制系统(压力 p)	压力 p_2	对数
	压力 p_3 或设定值 p_1	直线
液位控制系统(液位 H)	流入量 Q	直线
	设定值 H	对数
温度控制系统(出口温度 T_2)	加热流体温度 T_3 或压力 p_1	对数
	受热流体流量 Q_1	对数
	受热流体入口温度 T_1	直线
	设定温度 T_2	直线

表 7-3　依据使用特点选择工作流量特性

	直线特性	对数特性
流量特性的选择	压降随负荷增大而逐渐下降	压降随负荷增大而急剧下降
		阀压降在小流量时要求大,大流量时要求小
	介质为气体的压力系统,其阀后管线长为30m	介质为气体的压力系统,其阀后管线短于3m
		液体介质压力系统;流量范围窄小的系统;阀需加大口径的场合
	工艺参数给得准	工艺参数不准
	外界干扰小的系统	外界干扰大的系统
		阀的压降占系统压降小的场合,$S < 0.6$
	阀口径较大,从经济上考虑时	从系统安全角度考虑时
	介质含有固体颗粒,为减小磨损时	

理想流量特性的选择应依据现场配管情况来确定。当 $S > 0.6$ 时,即控制阀两端的压差变化较小,由于此时理想流量特性畸变较小,因而,要求的工作特性就是理想流量特性。在遇到

工作特性为快开特性时,往往选择理想流量特性为直线特性,当 $S = 0.6 \sim 0.3$ 时,即控制阀两端的压差变化较大,不论要求的工作特性是什么,都选用对数理想流量特性;当 $S < 0.3$ 时,已不适于控制阀工作,因而必须从管路上想办法,使 S 值增大再选用合适的流量特性阀。

二、控制阀的口径计算

确定控制阀的口径尺寸是选择控制阀的重要内容之一。口径选择合适与否,直接关系到工艺操作能否正常进行,控制质量的好坏和生产的经济性。

1. 流量系数的计算

1) 定义

由式(4 – 29)流量方程式为

$$Q = \frac{A}{\sqrt{\xi}} \sqrt{\frac{2\Delta p}{\rho}}$$

若 Q 的单位取 m^3/h;A 的单位取 cm^2; p 的单位取 10^5Pa;ρ 的单位取 g/cm^3,则上式改写为下列方程:

$$Q = 5.09 \frac{A}{\sqrt{\xi}} \sqrt{\frac{\Delta p}{\rho}} = K_V \sqrt{\frac{\Delta p}{\rho}} \qquad (7 – 11)$$

式中
$$K_V = 5.09 \frac{A}{\sqrt{\xi}} \qquad (7 – 12)$$

K_V 称为流量系数。从上式可知,Q 正比于 K_V,K_V 的大小反映了流过阀的流量,即流通能力的大小。因 K_V 正比于流通面积 A,而 A 取决于阀芯的直径 D_g,又因 K_V 正比于 $1/\sqrt{\xi}$,而阻力系数 ξ 取决于阀的结构,因此,为了反映不同口径、不同结构的控制阀流量系数的大小,需要规定一个统一的试验条件。采用不同单位制时流量系数的定义不同,表 7 – 4 列出了国际上常用的三种流量系数的定义。控制阀的流量系数用 C 表示。为了表示控制阀的容量,规定以阀全开时的流量系数作为其额定流量系数,用 C_{100} 表示。我国采用国际单位制,即使用 K_V。控制阀流量系数标准试验接管方式见图 7 – 17。

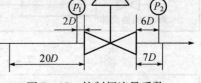

图 7 – 17 控制阀流量系数标准试验接管方式

表 7 – 4 流量系数的定义

符号	单位制	定义	互相关系
K_V	国际单位制	控制阀全开,阀前后压差为 100kPa,温度为 5 ~ 40℃ 的水(密度为 1g/cm^3)每小时流经阀门的体积数,用 m^3 表示。	$K_V = 1.01 C$ $K_V = 0.865 C_v$
C	工程单位制	控制阀全开,阀前后压差为 1kg/cm^2,温度为 5 ~ 40℃ 的水(密度为 1g/cm^3)每小时流经阀门的体积数,用 m^3 表示	$C = 0.9903 K_V$ $C = 0.857 C_v$ 我国曾长期使用
C_v	英制单位	控制阀全开,阀前后压差为 1lb/in^2,温度为 60 ℉ 的水每分钟流经阀门的美加仑数,用美国加仑 US gal 表示	$C_v = 1.156 K_V$ $C_v = 1.167 C$

流量系数是反映控制阀容量大小、结构及流路形式对流通能力影响的综合参数,它与控制

阀的形式和口径大小有直接的关系。由式(7-12)可见,同类结构的控制阀有相近的阻力系数 ξ,相同口径和结构的控制阀其流量系数大致相等,口径大流量系数大。同口径不同结构的控制阀阻力系数 ξ 不同,流量系数也各不相同。如流线型结构的球阀、蝶阀阻力小,其流量系数比较大,而单座阀、多级高压阀等阻力大,其流量系数就比较小。因此用流量系数来表示阀的容量和流通能力是十分恰当的。由此,控制阀口径的选定,实质上就是对根据特定工艺条件确定的控制阀选型,进行流量系数计算,使按此流量系数选定的控制阀口径,能保证通过生产过程要求的最大流量,而又不留过多的裕量,同时控制阀的行程又能在比较合适的范围内。

2) K_V 值的计算

由式(7-11)可得到流量系数计算的基本公式

$$K_V = \frac{10Q\sqrt{\rho}}{\sqrt{\Delta p}} \qquad (7-13)$$

式中: Q 为流过控制阀的体积流量(m^3/h); Δp 为阀前后压差(kPa); ρ 为介质密度(g/cm^3)。

上式适用于不可压缩流体。对于气体或蒸气等可压缩流体,由于节流前后密度发生了变化,因此需要将上式加以修正。但这些公式在工程使用中有时会与实测值有较大偏差。迄今为止的研究表明,在下列情况下还需对上式做进一步的修正:

(1)当流体在阀体内形成阻塞流时,液体和气体都会发生阻塞流。

(2)当流体处于非湍流流动状态时,如高黏度或低流速流体的层流状态。

(3)当阀两端与工艺管道间装有过渡管件时。

其中以阻塞流的影响最大。各种情况下流量系数 K_V 的计算公式如表7-5所示。表中,膨胀系数法是目前国际上推荐的修正方法,这种方法引入了临界压差比 X_T 并以实际的实验数据为依据,提高了计算精度,尤其是对高压力恢复阀更为显著。平均密度法和膨胀系数法适用于可压缩流体的流量系数计算。对于可压缩流体,本节主要介绍用膨胀系数法计算流量系数时的修正方法。除表中所列公式外,工程上也采用其他方法计算 K_V 值,有关流量系数更详细的计算方法可参阅控制阀工程设计资料。

3) 阻塞流和压力恢复系数

不论是可压缩流体还是不可压缩流体,在保持阀前压力 p_1 一定,逐步降低阀后压力 p_2 时,流经控制阀的流量会增加到一个极限值,再继续降低 p_2 时流量不再增加,此时的流动状态称为阻塞流。阻塞流是控制阀能达到的最大流量状态。形成阻塞流后流量 Q 与 $\Delta p = p_1 - p_2$ 已不再遵循公式(7-11)的规律。图7-18表示了流体流过控制阀时的压力变化情况,图7-19表示了发生

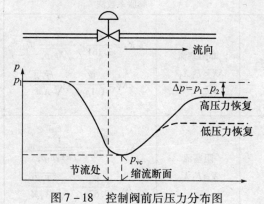

图7-18 控制阀前后压力分布图

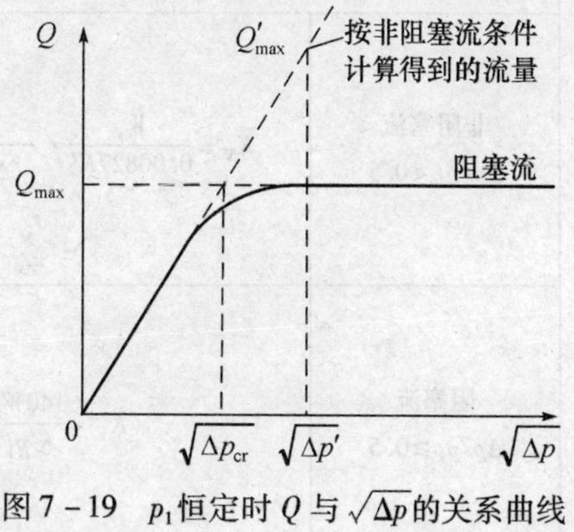

图7-19 p_1 恒定时 Q 与 $\sqrt{\Delta p}$ 的关系曲线

阻塞流时流量的变化情况。从图中可以看出 Q'_{max} 大大超过 Q_{max} 了,为精确求得此时的流量系数,只能把开始产生阻塞流时的阀压降 $\sqrt{\Delta p_{cr}}$ 作为计算用的压降而不能用实际压降 $\sqrt{\Delta p'}$,此时阀前后压差可表示为 $\Delta p_{cr} = (p_1 - p_2)_{cr}$,此后流量系数与阀差降变化无关(下标 cr 表示开始产生阻塞流)。因此,在计算流量系数时首先要确定控制阀是否处于阻塞流状态。

表 7-5 控制阀流量系数计算公式

流体	判别条件	计算公式	
液体	非阻塞流 $\Delta p < F_L^2(p_1 - F_F p_v)$	$K_V = 10Q_L \sqrt{\dfrac{\rho_L}{\Delta p}}$	
	阻塞流 $\Delta p \geqslant F_L^2(p_1 - F_F p_v)$	$K_V = 10Q_L \sqrt{\dfrac{\rho_L}{\Delta p_T}}$, $\Delta p_T = F_L^2(p_1 - F_F p_v)$	
	低雷诺数液体	$K'_V = K_V / F_R$, $K_V = 10Q_L \sqrt{\dfrac{\rho_L}{\Delta p}}$	
		平均密度法	膨胀系数法
气体	非阻塞流 $\dfrac{\Delta p}{p_1} < 0.5$	一般气体 $K_V = \dfrac{Q_N}{3.8} \cdot \sqrt{\dfrac{\rho_N(273+t)}{\Delta p(p_1+p_2)}}$ 高压气体 $K_V = \dfrac{Q_N}{3.8} \cdot \sqrt{\dfrac{\rho_N(273+t)}{\Delta p(p_1+p_2)}}\sqrt{Z}$	非阻塞流 $X < F_K X_T$ $K_V = \dfrac{Q_N}{5.19 p_1 Y} \cdot \sqrt{\dfrac{T_1 \rho_N Z}{X}}$ 或 $K_V = \dfrac{Q_N}{24.6 p_1 Y} \cdot \sqrt{\dfrac{T_1 M Z}{X}}$ 或 $K_V = \dfrac{Q_N}{4.57 p_1 Y} \cdot \sqrt{\dfrac{T_1 G_0 Z}{X}}$
	阻塞流 $\dfrac{\Delta p}{p_1} \geqslant 0.5$	一般气体 $K_V = \dfrac{Q_N}{3.3} \cdot \dfrac{\sqrt{\rho_N(273+t)}}{p_1}$ 高压气体 $K_V = \dfrac{Q_N}{3.3} \cdot \dfrac{\sqrt{\rho_N(273+t)}}{p_1}\sqrt{Z}$	阻塞流 $X \geqslant F_K X_T$ $K_V = \dfrac{Q_N}{2.9 p_1} \cdot \sqrt{\dfrac{T_1 \rho_N Z}{k X_T}}$ 或 $K_V = \dfrac{Q_N}{13.9 p_1} \cdot \sqrt{\dfrac{T_1 M Z}{k X_T}}$ 或 $K_V = \dfrac{Q_N}{2.58 p_1} \sqrt{\dfrac{T_1 G_0 Z}{k X_T}}$
		平均密度法	膨胀系数法
蒸气	非阻塞流 $\Delta p / p_1 < 0.5$	$K_V = \dfrac{W_s}{0.00827 K'} \cdot \dfrac{1}{\sqrt{\Delta p(p_1+p_2)}}$	非阻塞流 $X < F_K X_T$ $K_V = \dfrac{W_s}{3.16 Y} \cdot \dfrac{1}{\sqrt{X p_1 \rho_s}}$ 或 $K_V = \dfrac{W_s}{1.1 p_1 Y} \cdot \sqrt{\dfrac{T_1 Z}{XM}}$
	阻塞流 $\Delta p / p_1 \geqslant 0.5$	$K_V = \dfrac{140 W_s}{K' p_1}$	阻塞流 $X \geqslant F_K X_T$ $K_V = \dfrac{W_s}{1.78} \cdot \dfrac{1}{\sqrt{k X_T p_1 \rho_s}}$ 或 $K_V = \dfrac{W_s}{0.62 p_1} \cdot \sqrt{\dfrac{T_1 Z}{k X_T M}}$

流体	判别条件	计算公式	
两相流	1. 液体与非液化气体； 2. 液体与蒸气，其中蒸气占绝大部分 非阻塞流 $\Delta p < F_L^2(p_1 - p_v)$ $X < F_K X_T$	$K_V = \dfrac{W_g + W_L}{3.16\sqrt{\Delta p \rho_e}}$ 式中，$\rho_e = \dfrac{W_g + W_L}{\dfrac{W_g}{\rho_g Y^2} + \dfrac{W_L}{\rho_L}}$ 或 $\rho_e = \dfrac{W_g + W_L}{\dfrac{8.5 T_1 W_g}{Mp_1 Y^2 Z} + \dfrac{W_L}{\rho_L}}$ 或 $\rho_e = \dfrac{W_g + W_L}{\dfrac{T_1 W_g}{2.64 p_1 \rho_N Y^2 Z} + \dfrac{W_L}{\rho_L}}$	3. 液体与蒸气，其中液体占绝大部分 非阻塞流 $\Delta p < F_L^2(p_1 - p_v)$ $X < F_K X_T$	$K_V = \dfrac{W_g + W_L}{3.16 F_L \sqrt{\rho_m p_1 (1 - F_F)}}$ 式中，$\rho_m = \dfrac{W_g + W_L}{\dfrac{W_g}{\rho_g} + \dfrac{W_L}{\rho_L}}$ 或 $\rho_m = \dfrac{W_g + W_L}{\dfrac{8.5 T_1 W_g}{Mp_1} + \dfrac{W_L}{\rho_L}}$ 或 $\rho_m = \dfrac{W_g + W_L}{\dfrac{T_1 W_g}{2.64 p_1 \rho_N} + \dfrac{W_L}{\rho_L}}$

符号及单位

Q_L—液体体积流量(m^3/h)；Δp—阀前、后压差(kPa)；ρ_L—控制阀入口温度条件下液体密度(g/cm^3)；Δp_T——临界压差；p_1、p_2—阀前、后绝对压力(kPa)；p_v—液体饱和蒸气压力(kPa)；F_L—压力恢复系数；F_F—临界压力比系数；F_R—雷诺数修正系数；t—摄氏温度(℃)；Q_N—标准状态下气体流量(m^3/h)；ρ_N—标准状态下气体密度(kg/m^3)；Z—气体压缩系数，可从有关手册中查出；Y—膨胀系数，可由式(7-22)求得；X—压差比，$X = \Delta p/p_1$；T_1—阀入口处流体温度(K)；G_o—对空气的相对密度；M—气体分子量；k—气体绝热指数(比热容比)；X_T—临界压差比；F_K—比热容比系数；W_s—蒸气质量流量(kg/h)；ρ_s—蒸气阀前密度(kg/m^3)；K'—蒸气修正系数；W_g、W_L—气体质量流量、液体质量流量(kg/h)；ρ_g—控制阀入口压力、温度条件下气体密度(kg/m^3)；ρ_e、ρ_m—两相流有效密度(kg/m^3)

先看如何判断不可压缩流体流过控制阀时是否产生阻塞流。

由节流原理可知，流体在通过节流件时流速增加而静压降低，在通过节流口后流束截面继续缩小到一个最小值，此处流速最大而静压最低，称为缩流断面。缩流断面后流通截面扩大，流速减慢静压逐渐回升，称为压力恢复。而 $p_1 - p_2 = \Delta p$ 为不可恢复的压力损失。若以 p_{vc} 表示缩流断面处的压力，则当 p_{vc} 小于入口处温度下流体介质的饱和蒸气压力 p_v 时，部分液体发生相变蒸发为气体，形成气泡，夹在液体中形成两相流流出控制阀，此过程称为闪蒸。继续降低 p_{vc} 便会形成阻塞流。产生阻塞流时的 p_{vc} 用 p_{vcr} 表示，其值与流体介质物理性质有关：

$$p_{vcr} = F_F p_v \tag{7-14}$$

式中：F_F 是液体临界压力比系数，它是阻塞流条件下的缩流断面压力与阀入口温度下的液体饱和蒸气压力 p_v 之比，是 p_v 与液体临界压力 p_c 之比的函数，可由图7-20查得或由下式近似求得。

$$F_F = 0.96 - 0.28\sqrt{p_v/p_c} \tag{7-15}$$

式中：p_v、p_c 可从各类介质的物理数据表中查出。

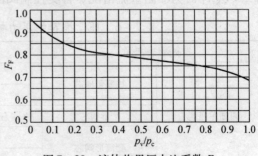

图7-20　液体临界压力比系数 F_F

为了能在计算流量系数时事先确定产生阻塞流时的阀压差 Δp_{cr}，引入了压力恢复系数 F_L，定义为

$$F_L = \sqrt{\frac{\Delta p_{cr}}{\Delta p_{vcr}}} = \sqrt{\frac{(p_1 - p_2)_{cr}}{p_1 - p_{vcr}}} \tag{7-16}$$

F_L 是阀体内部几何形状的函数。试验表明，对一特定形式的控制阀，F_L 是一个固定常数，它只与阀的结构、流路形式有关，而与阀径无关。它表示控制阀内流体流经节流处后动能变为静能的恢复能力。F_L 只用于不可压缩流体。

由式(7-16)可见，只要能求得 p_{vcr} 值，便可得到不可压缩流体是否形成阻塞流的判断条件，显然，$F_L^2(p_1 - p_{vcr})$ 即为产生阻塞流时的阀压降 Δp_T[又叫临界压差，常用 Δp_T 表示，$\Delta p_T = F_L^2(p_1 - F_F p_v)$]，因此，当 $\Delta p \geqslant F_L^2(p_1 - p_{vcr})$ 或 $\Delta p \geqslant F_L^2(p_1 - F_F p_v)$ 时，为阻塞流情况，需对流量系数计算公式修正，此时只要以 $F_L^2(p_1 - F_F p_v)$ 取代 Δp 代入式(7-13)或表7-5的液体流量系数计算公式中，便可求得正确的流量系数；当 $\Delta p < F_L^2(p_1 - p_{vcr})$ 或 $\Delta p < F_L^2(p_1 - F_F p_v)$ 时，为非阻塞流情况，无需修正。

一般 $F_L = 0.5 \sim 0.98$。当 $F_L = 1$ 时，$(p_1 - p_2)_{cr} = p_1 - p_{vcr}$，可以想像为阀前后压差由 p_1 直接下降到 p_{vcr}，与假设理想流体时推导的结果一样。F_L 越小，Δp 比 $p_1 - p_{vcr}$ 小得越多，即压力恢复越大。各种阀门因结构不同，其压力恢复能力和压力恢复系数也不相同。有的阀门流路好，流动阻力小，具有高的压力恢复能力，这类阀门称为高压力恢复阀，如球阀、蝶阀、文丘里角阀等。有的阀门流路复杂，流阻大，摩擦损失大，压力恢复能力差，则称为低压力恢复阀，如单座阀、双座阀等。阀的压力恢复能力大，F_L 小；反之，F_L 大。常用国产阀门的 F_L 值见表7-6。另外，还可以从控制阀工程设计资料中查到 F_L 与不同开度时流量系数的关系曲线。

再看如何判断可压缩流体流过控制阀时是否产生阻塞流。

对于可压缩流体，引入了一个称为压差比的系数 X，它定义为控制阀压降 Δp 与入口压力 p_1 之比

$$X = \frac{\Delta p}{p_1} \tag{7-17}$$

试验表明，若以空气作为试验流体，对于一个确定的控制阀，当产生阻塞流时，其压差比是一个固定的常数，称为临界压差比 X_T。对其他可压缩流体，只要把 X_T 乘以比热容比系数 F_K，即为产生阻塞流时的临界条件。X_T 的值只决定于阀的结构，即流路形式，可从制造商提供的图表或设计手册中查得 X_T 值，把 $F_K X_T$ 作为判断阻塞流的条件，当 $X \geqslant F_K X_T$ 时为阻塞流情况，当 $X < F_K X_T$ 时为非阻塞流情况。各类控制阀的 X_T 值见表7-6。

表7-6　IEC推荐的压力恢复系数 F_L 和临界压差比 X_T

控制阀结构形式		流向	F_L值	X_T值
直通单座阀	柱塞形阀芯	流开	0.90	0.72
		流闭	0.80	0.55
	V形阀芯	任意流向	0.90	0.75
	套筒形阀芯	流开	0.90	0.75
		流闭	0.80	0.70

控制阀结构形式		流向	F_L值	X_T值
直通双座阀	柱塞形阀芯	任意流向	0.85	0.70
	V形阀芯	任意流向	0.90	0.75
角型阀	柱塞形阀芯	流开	0.90	0.72
		流闭	0.80	0.65
	套筒形阀芯	流开	0.85	0.65
		流闭	0.80	0.60
	文丘里形	流闭	0.50	0.20
球阀	O形	任意流向	0.55	0.15
	V形	任意流向	0.57	0.25
蝶阀	60°全开	任意流向	0.68	0.38
	90°全开	任意流向	0.55	0.20
偏心旋转阀		流开	0.85	0.61

4）低雷诺数液体的修正

用雷诺数可以判断流体的流动状态是层流还是湍流。流量系数是在湍流条件下测得的，雷诺数增大时流量系数基本不变，但雷诺数减小时流量系数会变小，雷诺数很低时流体在层流状态，这时流量与阀压降成正比而不是开方关系，此时必须对雷诺数进行修正。修正后的流量系数可按下式计算：

$$K'_V = K_V/F_R \tag{7-18}$$

式中：K_V是按表7-5非阻塞流时液体流量系数公式计算得到的值；F_R是雷诺数修正系数，可按雷诺数的大小从图7-21中查得，而雷诺数可根据阀的结构由公式求得。

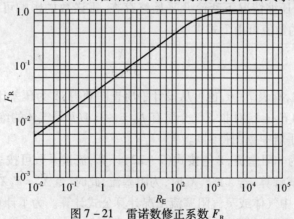

图7-21 雷诺数修正系数 F_R

对于有两个平行流路的控制阀，如双座阀、蝶阀、偏心旋转阀，雷诺数为

$$Re = 49490 \frac{Q_L}{\sqrt{F_L K_V} v} \tag{7-19}$$

对于只有一个流路的控制阀，如直通单座阀、套筒阀、球阀、角阀、隔膜阀等，雷诺数为

$$Re = 70700 \frac{Q_L}{\sqrt{F_L K_V} v} \tag{7-20}$$

式中:v 为液体在流动温度下的运动黏度($mm^2/s(cst)$);K_V 为修正前的流量系数;Q_L 流体的体积流量(m^3/h)。

从图 7-21 可见,当 $Re \geqslant 3500$ 时,F_R 已基本不变,因此,在测液体流量时,当雷诺数 $Re \geqslant 3500$ 时可不做低雷诺数修正。低雷诺数一般出现在输送高黏度液体的工况。

5) 闪蒸、空化及预防

液体流过控制阀时,当在缩流断面处的压力降低到等于或低于该液体在入口温度下的饱和蒸气压时,部分液体气化形成气泡,产生闪蒸。产生闪蒸时对阀芯等材质已开始有破坏作用,且影响液体流量系数计算公式的准确性。在流体离开缩流断面后有一个压力恢复过程,当 p_2 恢复到高于上述饱和蒸气压力时,气泡破裂恢复到液态,释放出能量,这个过程称为空化。闪蒸和空化都会产生振动和噪声,损坏阀芯,缩短阀的使用寿命,影响液体计算公式的正确性。因此在工程中应尽量设法予以避免。引起闪蒸的阀压降值为

$$\Delta p = F_L^2(p_1 - p_v) \tag{7-21}$$

由式(7-21)可得出防止闪蒸和空化的办法:

(1) 减小阀压降,使 $\Delta p < F_L^2(p_1 - p_v)$。

(2) 改变控制阀选型,即改变 F_L 值,使 $\Delta p < F_L^2(p_1 - p_v)$。

(3) 增加阀前压力,使缩流断面处的压力 p_{vc} 不低于饱和蒸气压力 p_v。

6) 气体、蒸气流量系数的修正

气体、蒸气等可压缩流体,在流过控制阀时其体积由于压力降低而膨胀,密度也随之减小,不论用阀前密度还是用阀后密度代入式(7-13)计算流量系数都会带来较大误差,必须对这种可压缩效应作必要的修正。国际上目前推荐的膨胀系数修正法,其实质就是引入了一个膨胀修正系数 Y 以修正从阀的入口到阀后缩流处气体密度的变化,理论上 Y 值和节流口面积与入口面积之比、流路形状、压差比 X、雷诺数、比热容比系数 F_K 等有关。工程应用中,由于气体介质流速比较高,在可压缩情况下紊流几乎始终存在,雷诺数的影响可以忽略。影响 Y 值的最主要是 X 和 F_K,Y 的数值可由下式求取:

$$Y = 1 - \frac{X}{3F_K X_T} \tag{7-22}$$

式中:X_T 为临界压差比,查表 7-6,也可从设计手册查图获得;X 为压差比,见式(7-17);F_K 为比热容比系数,空气的 $F_K = 1$,对非空气介质有 $F_K = k/1.4$(k 是气体的绝热指数,或比热容比,常见气体的 k 值可从手册中查图得到)。

当 $X < F_K X_T$ 时,为非阻塞流,Y 值按式(7-22)计算,流量系数可按表 7-5 中气体或蒸气非阻塞流工况计算公式计算;若 $X \geqslant F_K X_T$ 时,为阻塞流,此时,令 $X = F_K X_T$ 而 $Y = 1 - 1/3 = 2/3$,流量系数可按表 7-5 中气体或蒸气阻塞流工况计算公式计算。为了计算方便,计算蒸气流量系数时采用质量流量,密度采用阀入口温度和压力下的密度。

各种常用气体压缩系数 Z,已根据实验结果绘成曲线,可从有关手册中查出。

7) 两相混合流体

两相混合流体有两种类型,一种是液体和非凝性气体的混合流体,如水和空气的混合流体;另一种是液体和其本身蒸气的混合流体,如液氨和气氨的混合流体。对于两相混合流体,过去一般都采用分别计算液体和气体的流量系数,然后相加作为控制阀的总流量系数值。这种方法是基于两种流体单独流动的观点,没有考虑到它们的相互影响。实际上当气相大大多

于液相时,液相成雾状,具有近似于气相的性质;当液相大大多于气相时,气相成为气泡而夹杂在液相中,具有液相的性质,但此时若用表$3-3-5$中的公式计算流量系数仍有较大误差,前者偏大后者偏小。因此,在计算两相流体流量系数时必须考虑两相流动之间的相互影响,寻找更准确的计算方法。

(1)液体与非液化气体两相流体。对于液体与非液化气体两相流体,目前多采用有效密度法。这种方法的基本出发点是,只要流体不产生闪蒸和阻塞流现象,液体和气体两种介质在控制阀内不发生相变,其各自的质量也就保持不变。液体的密度在整个过程中可看作恒定不变,而气体密度随阀内压力降低而变小。对此,只要采用膨胀系数修正法对气体密度加以修正,便可把气体也看作是不可压缩流体,然后再和液体部分的密度一起求出整个流体的有效密度ρ_e。在其他条件相同的情况下,密度为ρ_e的不可压缩流体的质量流量,正好与实际的液气两相混合流体的质量流量相等。因此,只要求得有效密度ρ_e,便能据此按不可压缩流体算出流量系数。

这种方法要求流体满足以下三个条件:①两相流必须均匀混合;②液体与气体均不发生相变;③两相流液体部分未发生闪蒸,气体部分未形成阻塞流。

如下列两式同时成立,即符合计算条件

$$\Delta p < F_L^2(p_1 - p_v) \tag{7-23}$$
$$X < F_K X_T \tag{7-24}$$

此时,可按表$7-5$中两相流中1的情况计算流量系数。

(2)液体与蒸气两相流体。对于液体与蒸气混合流体,情况更复杂一些,即使在阀前的管道内,液、气两相之间也不断进行着质量和能量的转换,很难准确测算液体和其蒸气各自的重量百分比。在缩流断面处及其下游,液、气之间质量和能量之间的转换更为明显,很难精确计算这种两相混合流体的密度。实验表明,在满足液体与非液化气体两相流体的三个条件,两相流体为非阻塞流符合式($7-23$)、式($7-24$)的情况下,当蒸气的重量百分比占绝大多数时,可按表$7-5$两相流中2的情况来计算流量系数并保证一定的计算精度。而当液体的重量百分比占绝大多数(如蒸气的重量百分比小于3%)时,可按表$7-5$两相流中3的情况计算流量系数。这时,蒸气重量的微小变化会引起总的有效密度较大的变化,因此应尽量避免在这种条件下使用控制阀。

8)管件形状修正

表$7-5$中的流量系数计算公式是按图$7-17$所示控制阀标准试验接管方式取得的,控制阀的公称直径必须与管道直径相同,且必须保证有一定直管段长度。如果控制阀实际配管情况不满足这些条件,如控制阀公称直径d小于管道直径D,阀两端装有渐缩器、渐扩器等过渡管件情况下(图$7-22$),由于这些过渡管件上的压力损失,使加在阀两端的压降减小,从而使阀的实际流量系数减小。因此,此时必须考虑附接管件的影响对流量系数加以修正,为此,引入管件形状修正系数F_P,F_P是流过装有附接管件调节阀的流量与不装有附接管件时的流量之

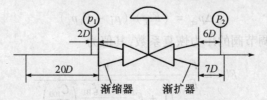

图$7-22$　有附加管件时控制阀流量系数试验接管方式

比,两种情况均在非阻塞流条件下测得。为了保证 ±5% 的最大允许偏差,可以通过实验确定 F_P,其压差值以不出现阻塞流为限。

如果允许采用估计值,可用下式计算:

$$F_P = \frac{1}{\sqrt{1 + \frac{\Sigma\xi}{0.0016}\left(\frac{C_{100}}{d^2}\right)^2}} \qquad (7-25)$$

式中:C_{100} 为初步选定的控制阀的额定流量系数;d 为控制阀口径(mm);$\Sigma\xi$ 为管件压力损失系数代数和

$$\Sigma\xi = \xi_1 + \xi_2 + \xi_{B1} - \xi_{B2} \qquad (7-26)$$

式中:ξ_1 为阀前阻力系数;ξ_2 为阀后阻力系数;ξ_{B1} 为阀入口处伯努利系数;ξ_{B2} 为阀出口处伯努利系数。

当入口和出口处管件直径相同时,$\xi_{B1} = \xi_{B2}$,在方程中互相抵消。当调节阀前、后管件直径不同时,

$$\xi_{B1} = 1 - \left(\frac{d}{D_1}\right)^4 \qquad (7-27)$$

$$\xi_{B2} = 1 - \left(\frac{d}{D_2}\right)^4 \qquad (7-28)$$

式中:D_1、D_2 为阀上、下游管道内径(mm)。

如果入口和出口附接管件是较短的同轴渐缩器和渐扩器时,系数 ξ_1、ξ_2 可按下式计算:

入口渐缩器 $\qquad\qquad \xi_1 = 0.5\left[1 - \left(\frac{d}{D_1}\right)^2\right]^2 \qquad (7-29)$

出口渐扩器 $\qquad\qquad \xi_1 = 1.0\left[1 - \left(\frac{d}{D_2}\right)^2\right]^2 \qquad (7-30)$

如果上游管道直径和下游管道直径相同,则 $\xi_{B1} = \xi_{B2}$,此时,

$$\Sigma\xi = \xi_1 + \xi_2 = 1.5\left[1 - \left(\frac{d}{D}\right)^2\right]^2 \qquad (7-31)$$

上式中 D 是管道的内径。如果入口和出口管件不符合上述情况,ξ_1 和 ξ_2 无法计算,只能通过实验获得。

(1)液体介质时管件形状的修正。非阻塞流时,管件形状修正后的流量系数 K'_V 按下式计算:

$$K'_V = \frac{K_V}{F_P} \qquad (7-32)$$

式中:K_V 为未修正前计算出来的流量系数;F_P 为管件形状修正系数,按式(7-25)计算。

阻塞流时,由于附接管件的影响,临界压差 Δp_{cr} 变为

$$\Delta p_{cr} = (F'_L)^2(p_1 - F_F p_v) \qquad (7-33)$$

式中:F'_L 是附接管件后调节阀的压力恢复系数,其值为

$$F'_L = \frac{F_L}{F_P}\frac{1}{\sqrt{1 + F_L^2\frac{\xi_1 + \xi_{B1}}{0.0016}\left(\frac{C_{100}}{d^2}\right)^2}} \qquad (7-34)$$

174

令
$$F'_L F_P = F_{LP} \tag{7-35}$$

式中：F_{LP} 称为附接管件时压力恢复与管件形状组合修正系数，其值为

$$F_{LP} = \frac{F_L}{\sqrt{1 + F_L^2 \frac{\xi_1 + \xi_{B1}}{0.0016} \left(\frac{C_{100}}{d^2}\right)^2}} \tag{7-36}$$

把式（7-35）代入式（7-33）后得

$$\Delta p_{cr} = \left(\frac{F_{LP}}{F_P}\right)^2 (p_1 - F_F p_v) \tag{7-37}$$

上式即为附接渐缩器和渐扩器时的临界压差，当 $\Delta p \geqslant \Delta p_{cr}$ 时，为阻塞流，按下式修正流量系数 K'_V：

$$K'_V = \frac{K_V}{F_{LP}} \tag{7-38}$$

（2）气体介质时管件形状的修正。在附接管件的影响下，气体流经控制阀时，临界压力比 X_T 和膨胀系数 Y 都发生变化，分别以 X_{TP} 和 Y_P 来表示，其计算公式为

$$X_{TP} = \frac{X_T}{F_P^2} \frac{1}{\sqrt{1 + \frac{X_T}{0.0018}(\xi_1 + \xi_{B1})\left(\frac{C_{100}}{d^2}\right)^2}} \tag{7-39}$$

$$Y_P = 1 - \frac{X}{3F_F X_{TP}} \tag{7-40}$$

非阻塞流时（$X < F_K X_{TP}$），修正后的流量系数 K'_V 为

$$K'_V = \frac{Q_N}{5.19 p_1 Y_P F_P} \cdot \sqrt{\frac{T_1 \rho_N Z}{X}} \tag{7-41}$$

或

$$K'_V = \frac{Q_N}{24.6 p_1 Y_P F_P} \cdot \sqrt{\frac{T_1 M Z}{X}} \tag{7-42}$$

或

$$K'_V = \frac{Q_N}{4.57 p_1 Y_P F_P} \cdot \sqrt{\frac{T_1 G_0 Z}{X}} \tag{7-43}$$

阻塞流时（$X \geqslant F_K X_{TP}$），修正后的流量系数 K'_V 为

$$K'_V = \frac{Q_N}{2.9 p_1 F_P} \cdot \sqrt{\frac{T_1 \rho_N Z}{k X_{TP}}} \tag{7-44}$$

或

$$K'_V = \frac{Q_N}{13.9 p_1 F_P} \cdot \sqrt{\frac{T_1 M Z}{k X_{TP}}} \tag{7-45}$$

或

$$K'_V = \frac{Q_N}{2.58 p_1 F_P} \cdot \sqrt{\frac{T_1 G_0 Z}{k X_{TP}}} \tag{7-46}$$

式中：k 为气体绝热指数；G_0 为气体的相对密度（空气 $G_0 = 1$），无量纲；M 为气体分子量；Z 为气体压缩系数。

管件形状修正是比较繁琐的，有时还必须反复进行计算。为了简化计算过程，对修正量较小者（例如小于 10%）也可考虑不做此项修正。根据资料和实践，当管道直径和阀口径比在 1.25~2.0 范围内，各种控制阀的管件形状修正系数 F_P 多数大于 0.90，而 F_{LP} 都小于 0.90，因

此，除了阻塞流时需要进行管件形状修正外，非阻塞流时，只有球阀、90°全开蝶阀等少数控制阀，当 $D/d \geqslant 1.5$ 时才要进行修正。设计手册中把各种调节阀的 C_{100}/d^2 和 F_P、F_{LP}、X_{TP}、F_{LP}/F_P 等系数，按 D/d 为 $1:1.25$、$1:1.5$ 及 $1:20$ 三种情况分别给出，为简化计算提供了方便。

以上讨论的流体计算公式适用于介质是牛顿型不可压缩流体、可压缩流体或上述两者的均相流体，对泥浆、胶状液体等非牛顿型流体是不适用的。

2. 口径计算步骤

在绘出了工艺生产流程，作出热量和物料衡算，确定了被控过程、操纵量和被控量后，即可着手对控制阀的口径进行计算。其步骤为：

（1）计算流量的确定。根据现有的生产能力、设备负荷及介质的状况，决定计算的最大工作流量 Q_{max} 和最小工作流量 Q_{min}。

（2）计算差压的确定。根据调节阀流量特性和系统特点选定 S 值，然后确定计算压差。

（3）流量系数的计算。根据控制介质类型和工况，判断是否产生阻塞流，选用合适的 K_V 值计算公式，求最大、最小流量时的流量系数 K_{Vmax}、K_{Vmin}，并根据工艺情况决定是否修正。

（4）流量系数 K_V 值得选用。根据 K_{Vmax} 值，进行放大圆整，在所选用的产品型号的标准系列中，选取大于 K_{Vmax} 并与其最接近的 K_V 值。各类控制阀的流量系数等技术数据可由设计手册查得。直通单座阀技术数据见表 7 - 7。

表 7 - 7 国产直通单座阀技术数据（R:50，F_L:流开 0.92，流关 0.85）

公称直径 DN/mm		20				25	40		50	65	80	100	150		200
流量系数 K_V	直线	1.8	2.8	4.4	6.9	11	17.6	27.5	44	69	110	176	275	440	690
	等百分比	1.6	2.5	4.0	6.3	10	16	25	40	63	100	160	250	400	630
公称压力 PN/MPa		0.6,1.6,4.0,6.4													
工作温度范围/℃		常温型：- 20 ~ 200，- 40 ~ 250；高温型：- 60 ~ 450													

（5）调节阀开度计算。

（6）调节阀实际可控比验算。

（7）阀座直径和公称直径确定。

口径计算步骤中的几个问题说明如下：

（1）计算最大流量 Q_{max} 的确定：①在计算 K_{Vmax} 时要按最大流量来考虑，为了使控制阀满足控制的需要，计算最大流量时应考虑工艺生产能力、被控过程负荷变化、控制阀克服干扰时必须通过的最大动态流量、预期扩大生产等因素，显然，计算最大流量 Q_{max} 应大于稳态最大流量。但必须防止过多地考虑裕量，使阀口径选大，这不仅造成经济损失、系统能耗大，而且控制阀处于小开度工作，使可控比减小，控制性能变坏，严重时引起振荡，使阀的寿命变短，特别是高压控制阀更要注意这一点。②还要考虑经济性和 S 值的影响。控制阀是装在管路系统中的，其调节作用的好坏直接和 S 有关，S 越大，控制阀流量特性畸变越小，流量放大倍数越大，调节性能越能得到保证，但阀压降比较大，动力损耗也大。S 值小，流量放大倍数小，动力损耗也小。因此，要兼顾调节性能、动力损耗和设备投资，合理的选择 S 值，使阀的计算最大流量值 Q_{max} 同时兼顾最大流量和可调比的要求。③由于控制阀在制造时，K_V 值有 $\pm (5 \sim 10)\%$ 的误差，从稳妥考虑，计算最大流量也必须大于稳态最大流量。迄今为止，计算最大流量的确定在很大程度上仍取决于设计人员的经验，一般情况下可以以稳态最大流量的 1.15 ~ 1.5 倍来

176

计算。

下面是一种比较实用的计算 K_{Vmax} 的方法。令

$$n = \frac{Q_{max}}{Q_n} \qquad\qquad (7-47)$$

$$m = \frac{K_{Vmax}}{K_{Vn}} \qquad\qquad (7-48)$$

式中：n 为流量放大倍数；m 为流量系数放大倍数；Q_{max} 为计算最大流量；Q_n 为正常条件的流量；K_{Vmax} 为最大流量系数；K_{Vn} 为正常条件的流量系数。

从调节阀的基本流量方程可以求出

$$\frac{Q_{max}}{Q_n} = \frac{K_{Vmax}}{K_{Vn}} \frac{\sqrt{\Delta p_{Qmax}}}{\sqrt{\Delta p_n}}$$

式中：Δp_{Qmax}、Δp_n 为分别为 Q_{max}、Q_n 对应的压差。

上式可简化为

$$n = m \frac{\sqrt{\Delta p_{Qmax}}}{\sqrt{\Delta p_n}} \qquad\qquad (7-49)$$

设系统的压力损失总和为 $\sum p$，上式右边分子、分母各除以 $\sum p$ 后整理得

$$m = n \frac{\sqrt{S_n}}{\sqrt{S_{Qmax}}} \qquad\qquad (7-50)$$

式中：S_{Qmax}、S_n 为分别为计算最大流量和正常流量情况下的阀阻比。

由式（7-50），只要求出 S_{Qmax}，便可由 n、S_n 求得 m 值，代入式（7-48）计算可得 K_{Vmax}。求 S_{Qmax} 与工艺对象有关，可参阅有关设计资料。

（2）计算压差的确定。压差的确定是控制阀计算中最关键的问题，但要准确求得压差值，在工程设计中是很困难的。从控制阀的工作特性分析中知道，要使流量特性不发生畸变，在阀门全开时应使阀上压差占整个系统压差的比值越大越好。但另一方面，从装置的投资考虑希望控制阀的压差尽可能小，以节约动力资源。所以，在确定计算压差时，应兼顾两方面来考虑。先选择距控制阀最近的两个压力基本稳定的设备作为系统的计算范围，按最大流量计算系统内除控制阀外的各局部阻力所引起的压力损失总和 $\Delta p_管$，即管道、弯头、节流装置、手动阀门、热交换器等压力损失之和，选择 S 值（一般 $S = 0.3 \sim 0.5$），计算压差则可根据 S 的定义得到

$$\Delta p_{全开} = \frac{S \Delta p_管}{1-S} \qquad\qquad (7-51)$$

再考虑设备压力 p 波动的影响使 S 进一步下降，可再增加（5%~10%）p 作为余地，故

$$\Delta p_{全开} = \frac{S \Delta p_管}{1-S} + (0.05 \sim 0.1)p \qquad\qquad (7-52)$$

必须注意，在确定计算压差时要尽量避免液体介质的空化作用和噪声。

（3）开度验算。由于决定控制阀口径时 K_V 值的圆整和 S 值对全开时最大流量影响等因素，还应进行开度验算，以验证控制阀的实际工作开度是否在正确的开度上。对于不同的流量特性，开度和流量的对应关系不一样，工作特性与理想特性又有差别，因此，应按不同特性和工

作条件进行验算。开度验算的方法较多,各有差异,这里介绍一种比较实际的公式。

直线理想流量特性控制阀

$$K \approx \left[1.03 \sqrt{\cfrac{S}{S-1+\cfrac{K_V^2 \Delta p}{Q_i^2 \rho}}} - 0.03 \right] \times 100\% \qquad (7-53)$$

对数理想流量特性控制阀

$$K = \left[\cfrac{1}{1.48} \lg \sqrt{\cfrac{S}{S-1+\cfrac{K_V^2 \Delta p}{Q_i^2 \rho}}} + 1 \right] \times 100\% \qquad (7-54)$$

式中:Q_i 为被验算开度处的流量(m^3/h);K 为对应 Q_i 的工作开度;Δp 为调节阀全开时的压差,即计算压差(100kPa);ρ 为介质密度(g/cm^3;S 为压阻比。

对 K 的验算要求条件为:直线特性控制阀不带定位器时,$K_{max}<86\%$,带定位器时,$K_{max}<89\%$;对数特性控制阀不带定位器时,$K_{max}<92\%$,带定位器时,$K_{max}<96\%$。如果最大开度过小,说明控制阀口径选得过大,阀经常工作在小开度,造成调节性能下降和经济上的浪费。不论何种流量特性的控制阀,一般要求 $K_{min}>10\%$,因为在小开度时,流体对阀芯、阀座的冲蚀严重,容易损坏阀芯,从而使控制性能变坏甚至失灵。

(4)可控比验算。控制阀的理想可控比 R 是假定阀两端压差为恒定值的条件下求得的。但在实际使用中,这是难于办到的。由于控制阀串联管道阻力的变化,使阀压差随之变化,从而也使可控比发生变化,在这种情况下控制阀所能控制的流量上限与下限之比称为实际可控比,可用下式表示:

$$R_{实} = \cfrac{Q_{max}}{Q_{min}} = \cfrac{K_{Vmax}}{K_{Vmin}} \cfrac{\sqrt{\Delta p_{全开}}}{\sqrt{\Delta p_{系统}}} = R\sqrt{S}$$

控制阀的理想可控比 $R=30$,但在实际运行中受工作特性的影响,S 越小,最大流量相应减小;同时,工作开度不是从零至全开,而是 10% ~ 90% 的开度范围内工作,使实际可控比进一步下降,一般只能达到 10 左右,因此,验算时应以 $R=10$ 进行。即

$$R_{实} = 10\sqrt{S} \qquad (7-55)$$

当 $S \geq 0.3$ 时,$R_{实} \geq 3.5$,已能满足一般生产要求,因此,此时可不进行验算。

图 7-23 和图 7-24 分别是液体介质和气体介质时,控制阀口径计算和选择程序框图。

计算实例:在某系统中,拟选用一台对数流量特性的直通单座阀,用于流关方式,不带定位器,根据工艺要求最大流量为 $Q_{max}=100m^3/h$,最小流量为 $Q_{min}=30m^3/h$,阀前压力 $p_1=800kPa$,最小压差 $\Delta p_{min}=60kPa$,最大压差 $\Delta p_{max}=500kPa$,被调介质是水,水温为 18℃,安装时初定管道直径为 125mm,$S=0.5$,问应选多大口径的控制阀?

解:

(1)首先判别是否为阻塞流。

判别式:$F_L^2(p_1-F_F p_v)$

阀用于流关方式,由表 7-7,$F_L=0.85$

查水在 18℃时的饱和蒸气压:$p_v=0.02(10^5 Pa)$(查手册等)

查水的临界压力:$p_c=221(10^5 Pa)$(查手册等)

查临界压力比,见图 7-20;$F_F=0.95$

故 $F_L^2(p_1-F_F p_v)=0.85^2 \times (800-0.95 \times 0.02)=578(kPa)$

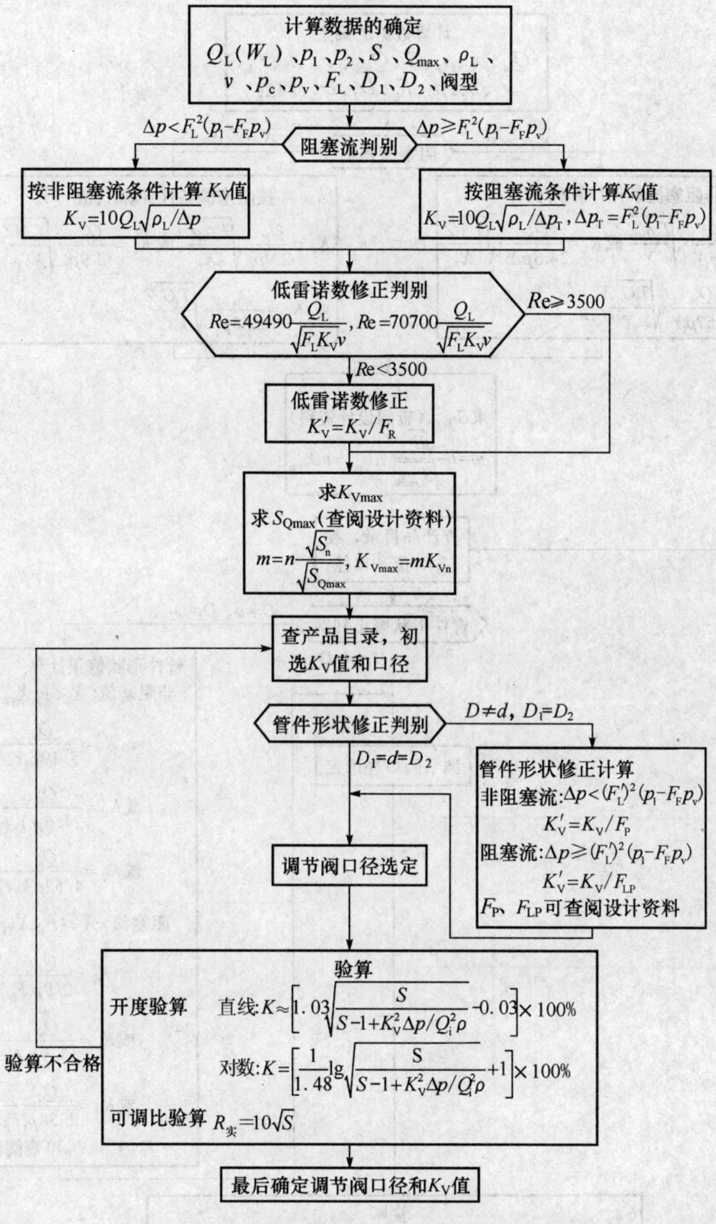
计算数据的确定
$Q_L(W_L)$、p_1、p_2、S、Q_{max}、ρ_L、ν、p_c、p_v、F_L、D_1、D_2、阀型
$\Delta p < F_L^2(p_1 - F_F p_v)$
$\Delta p \geqslant F_L^2(p_1 - F_F p_v)$
阻塞流判别
按非阻塞流条件计算K_V值
$K_V = 10Q_L\sqrt{\rho_L/\Delta p}$
按阻塞流条件计算K_V值
$K_V = 10Q_L\sqrt{\rho_L/\Delta p_T}$, $\Delta p_T = F_L^2(p_1 - F_F p_v)$
低雷诺数修正判别
$Re = 49490\frac{Q_L}{\sqrt{F_L K_V}\nu}$, $Re = 70700\frac{Q_L}{\sqrt{F_L K_V}\nu}$
$Re \geqslant 3500$
$Re < 3500$
低雷诺数修正
$K_V' = K_V/F_R$
求K_{Vmax}
求S_{Qmax}(查阀设计资料)
$m = n\frac{\sqrt{S_n}}{\sqrt{S_{Qmax}}}$, $K_{Vmax} = mK_{Vn}$
查产品目录，初选K_V值和口径
管件形状修正判别
$D \neq d$, $D_1 = D_2$
$D_1 = d = D_2$
管件形状修正计算
非阻塞流：$\Delta p < (F_L')^2(p_1 - F_F p_v)$
$K_V' = K_V/F_P$
阻塞流：$\Delta p \geqslant (F_L')^2(p_1 - F_F p_v)$
$K_V' = K_V/F_{LP}$
F_P、F_{LP}可查阀设计资料
调节阀口径选定
验算
开度验算
直线：$K \approx \left[1.03\sqrt{\frac{S}{S - 1 + K_V^2\Delta p/Q_i^2\rho}} - 0.03\right] \times 100\%$
对数：$K = \left[\frac{1}{1.48}\lg\sqrt{\frac{S}{S - 1 + K_V^2\Delta p/Q_i^2\rho}} + 1\right] \times 100\%$
可调比验算 $R_{实} = 10\sqrt{S}$
验算不合格
最后确定调节阀口径和K_V值

图 7－23　液体介质时的控制阀口径计算框图

因为 $\Delta p_{max} = 500\text{kPa} < F_L^2(p_1 - F_F p_v)$，所以不会产生阻塞流。

（2）流量系数计算。按表 7－5 中液体非阻塞流时的公式计算。

$$K_V = 10Q_{max}\sqrt{\frac{\rho_L}{\Delta p_{min}}} = 10 \times 100\sqrt{\frac{1}{60}} = 129$$

（3）由 $K_V = 129$ 查表 7－7，向上圆整得直通单座阀流量系数为 $K_V = 160$，初选控制阀的公称直径 $DN = 100\text{mm}$。

（4）不必进行管道形状修正。因为管道直径（125mm）与调节阀公称直径（100mm）之比为 1.25，小于 1.5。（如需修正，则用修正后的 K_V 值重新选择控制阀的公称直径和流量系数。）

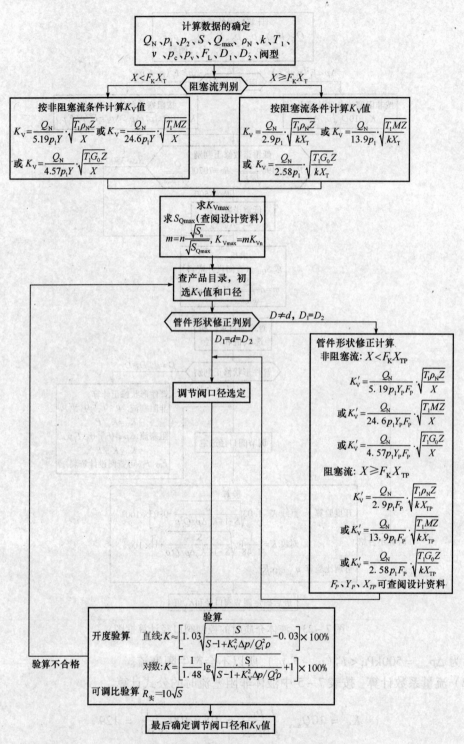

图 7-24　气体介质时的控制阀口径计算框图

（5）验算开度。

最大开度

$$K_{\max} = \left[1.03 \sqrt{\dfrac{S}{S - 1 + \dfrac{K_V^2 \Delta p_{\min}}{Q_i^2 \rho}}} - 0.03 \right] \times 100\%$$

$$= \left[1.03 \sqrt{\dfrac{0.5}{0.5 - 1 + \dfrac{160^2 \times 0.60}{100^2 \times 1}}} - 0.03 \right] \times 100\%$$

$$= 68.8\%$$

最小开度 $\quad K_{\min} = \left[1.03 \sqrt{\dfrac{0.5}{0.5 - 1 + \dfrac{160^2 \times 0.60}{30^2 \times 1}}} - 0.03 \right] \times 100\% = 14.8\%$

最大开度小于 86%，最小开度大于 10%，验算合格。

（6）实际可控比验算。

$$R_{\text{实}} = 10 \sqrt{S} = 10 \times \sqrt{0.5} = 7.07$$

而

$$\frac{Q_{\max}}{Q_{\min}} = \frac{100}{30} = 3.3$$

所以 $R_{\text{实}} > \dfrac{Q_{\max}}{Q_{\min}}$，满足要求。

因为 $S = 0.5 \geqslant 0.3$，已能满足一般生产要求，因此，也可不进行验算。

三、控制阀允许压差的计算

执行机构的输出力是用于克服负荷的有效力，负荷主要是指流体流过控制阀时产生的不平衡力或不平衡力矩（指蝶阀、球阀、偏旋阀等）及阀的摩擦力、密封力、重量等。设执行机构的输出力为 F，它的力平衡方程式为

$$F = F_t + F_0 + F_f + F_w \tag{7-56}$$

式中：F_t 为作用在阀芯上的不平衡力；F_0 为阀全闭时阀芯对阀座密封所附加的压紧力；F_f 为填料和阀杆的摩擦力；F_w 为阀芯等各种活动部件的重量。

式（7-56）中各力的大小和方向将随执行机构的类型而变化，下面通过典型的执行机构讨论控制阀允许压差的计算。

1. 气动薄膜执行机构的输出力

有弹簧的气动薄膜执行机构，由于气动压力信号作用在薄膜所产生的推力大部分被弹簧所平衡，因此，输出力比无弹簧型要小。对于正作用式气动薄膜执行机构，它的输出力方向向下，记为 F，对于反作用式其输出力方向向上，记为 $-F$，$\pm F$ 均为信号压力 p 与薄膜有效面积 A_e 的乘积与弹簧的反作用力 $C_s(L_0 + l)$ 之差，即

$$\pm F = p A_e - C_s(L_0 + l) \tag{7-57}$$

式中：A_e 为薄膜有效面积（m^2）；l 为推杆位移量（m^2）；C_s 为弹簧刚度（N/m）

$$C_s = \frac{A_e p_r}{L} \tag{7-58}$$

p_r 为弹簧范围，相当于使弹簧产生全行程变形量 L 所需加在薄膜上的压力变化范围（Pa）；L_0 为弹簧预紧量（m）

$$L_0 = \frac{p_i A_e}{C_s} \tag{7-59}$$

p_i 为弹簧的启动压力,相当于使弹簧产生预紧变形量 L_0 所需加在薄膜上的压力(Pa)。

弹簧在自由状态时,$p_i = 0$,p_i 可根据需要在一定范围内调整。

将式(7-58)、式(7-59)代入式(7-57)得

$$\pm F = A_e \left(p - p_i - p_r \frac{l}{L} \right) = A_e p_F \tag{7-60}$$

上式中的 p_F 为执行机构的有效输出压力,是用来克服负荷的有效压力。增大 p_F 或增大有效面积 A_e 都可提高执行机构的输出力 F。调节阀使用的弹簧范围有 20～60kPa、20～100kPa、40～200kPa、60～100kPa、60～180kPa 等多种,调整各种弹簧范围的启动压力,可使执行机构具有不同的输出力,不同的弹簧范围与不同有效面积的薄膜相配之后,可得到各种输出力,以适应各种不同工况的要求。

2. 不平衡力和不平衡力矩

流体流过调节阀时,阀芯受到动压和静压的作用,产生使阀芯上下移动的轴向力或使阀芯旋转的切向力。对于直线位移调节阀来说,阀芯所受到的轴向合力称为不平衡力,对于角位移调节阀,旋转阀芯受到的的切向合力矩称为不平衡力矩。不平衡力或不平衡力矩直接影响阀芯位移或转角与执行机构信号压力的既定关系。

影响不平衡力和不平衡力矩的因素很多,如阀的结构类型、口径和流体物理状态等。如果工艺介质及控制阀都已确定,不平衡力或不平衡力矩主要与阀前压力、阀前后压差和流体流向有关。

流体流向不同时,阀芯所受的不平衡力不一样,图 7-25 是较大口径单座阀正装阀芯在两种不同流向下、压差不变时不平衡力与位移行程之间的关系曲线。图中假定使阀杆受压的不平衡力为"+",受拉伸的不平衡力为"-"。图中曲线表明,阀芯在全关位置时不平衡力 F_t 最大,随着阀芯开启而逐渐变小。由于中间位置动压难以用公式表示,因此在选择执行机构计算作用力时,主要根据全关来确定,也就是选择最不利的工作状态。

见图 7-26(a),对于流开状态,即阀杆在流体流出端时,不平衡力 F_t 为

$$F_t = p_1 \frac{\pi}{4} d_g^2 - p_2 \frac{\pi}{4} (d_g^2 - d_s^2) = \frac{\pi}{4} (d_g^2 \Delta p + d_s^2 p_2) \tag{7-61}$$

式中:d_g、d_s 为阀芯、阀杆的直径(m);p_1、p_2 为发前后压力(Pa);Δp 为压差,$\Delta p = p_1 - p_2$(Pa)。

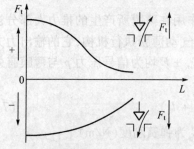

图 7-25 单座阀不平衡力与位移的关系

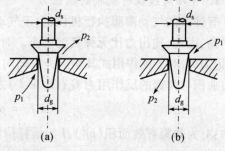

图 7-26 单座阀阀芯的不平衡力

从式(7-61)可以看出,F_t 始终为正值,阀杆处于受压状态。另外,d_g、Δp 和 p_2 越大,则不平衡力 F_t 越大。因此,对于高压差、高静压和大口径的单座阀,不平衡力是较大的。

对于流闭状态,见图 7 –265(b),即阀杆在流体流入端时的不平衡力 F_t 为

$$F_t = \frac{\pi}{4}d_g^2 p_2 - \frac{\pi}{4}(d_g^2 - d_s^2)p_1 = -\frac{\pi}{4}(d_g^2\Delta p - d_s^2 p_1) \tag{7 – 62}$$

从上式可以看出,对于小流量阀和小口径高压阀,由于 $d_s \geqslant d_g$,故 F_t 为正值,阀杆受压;对于 DN25 以上的单座阀,因为 d_s 大大小于 d_g,F_t 为负值,阀杆受拉;阀口径在此两者之间时,即 $d_s < d_g$ 时,F_t 可能为正,也可能为负,说明对同一调节阀,在全行程范围内,有时由于 p_1 和 p_2 的变化,可能使阀杆所受的不平衡力发生方向性的变化。

3. 允许差压的计算

从前面的计算公式可以看出,阀两端差压 Δp 增大时,其不平衡力或不平衡力矩也随之增大,当执行机构的输出力小于不平衡力时,它就不能在全行程范围内实现输入信号与阀芯位移的准确关系。对于确定的执行机构,其最大输出力是固定的,因此,控制阀应限制在一定的压差范围内工作,在这个压差范围内,控制阀的不平衡力始终小于执行机构的最大输出压力,从而保证了输入信号与阀芯位移的准确关系,这个压差范围称为允许压差,用 $[\Delta p]$ 表示。

调节阀一般均使用流开状态,所以允许压差一般是指阀门处于流开状态时的允许压差。制造厂所列的允许压差一般均为 $p_2 = 0$ 的数据,选用时需注意。

执行机构的输出力 F 用于克服不平衡、压紧力、摩擦力和各种活动部件的重量。在正常润滑情况下,摩擦力 F_f 很小,各种活动部件重量也不大,因此在计算执行机构输出力时,一般把式(7 –56)简化成

$$F = F_t + F_0 \tag{7 – 63}$$

也就是说,执行机构的输出力只用来克服不平衡力 F_t 和阀门全闭时的压紧力 F_0(对于摩擦力大的调节阀,要考虑磨擦力 F_f)。F_0 的大小,取决于阀芯与阀座是硬密封接触还是软密封接触,对硬密封接触的调节阀,F_0 一般取 $p_0 = 5kPa$ 乘以薄膜有效面积 A_e。

下面来计算允许压差。把已确定的执行机构输出力 F、调节阀的不平衡力 F_t 和阀门全闭时的压紧力 F_0 代入式(7 –63),即可导出允许差压 $[\Delta p]$ 的计算公式。对于图 7 –26(a)所示的单座阀,若 $p_2 = 0$,则 $\Delta p = p_1$,按式(7 –61)有

$$F_t = \frac{\pi}{4}d_g^2 p_1$$

代入式(7 –63),有

$$[\Delta p] = p_1 = 4\frac{F - F_0}{\pi d_g^2} \tag{7 – 64}$$

这样,从资料中查出执行机构输出力 F,就可以求出调节阀两端的允许差压。各种控制阀的不平衡力、不平衡力矩和允许差压的计算公式可从设计手册中查到。

四、控制阀作用方式的选择

1. 控制阀气开、气关方式的选择

控制阀按作用方式可分为气开、气关两种。气开阀随着信号压力的增加而开度加大,无信号时,阀处于全关状态;气关阀随着信号压力的增加,阀逐渐关闭,无信号时,阀处于全开状态。对于一个控制系统来说,究竟选择气开或气关作用方式要由生产工艺要求来决定。一般来说,要根据以下几条原则进行选择:

（1）从生产的安全出发。当出现气源供气中断，控制器出了故障而无输出、阀的膜片破裂等情况而使控制阀无法工作以致使阀芯处于无能源状态时，应能确保工艺设备的安全，不致发生事故。如锅炉供水控制阀，为了保证发生上述情况时不致把锅炉烧坏，就应选择气关阀。

（2）从保证产品质量考虑。当发生上述使控制阀不能正常工作工况时，阀所处的状态不应造成产品的质量下降。如精馏塔回流量控制系统常选用气关阀，这样，一旦发生故障，阀门全开着，使生产处于全回流状态，这就防止了不合格产品被蒸发，从而保证了塔顶产品的质量。

（3）从降低原料和动力的损耗考虑。如控制精馏塔进料的控制阀常采用气开式。因为一旦出现故障，阀门是处于关闭状态的，不再给塔投料，从而减少浪费。

（4）从介质特点考虑。如精馏塔釜加热蒸气控制阀一般选用气开式，以保证发生故障时不浪费蒸气。但是，如果釜液是易结晶、易聚合、易凝结的液体时，则应考虑选用气关式控制阀，以防止在事故状态下由于停止了蒸气的供给而导致釜内液体的结晶或凝聚。

2. 执行机构正、反作用方式的决定

在确定了控制阀的气开、气关之后，便可着手决定执行机构的正、反作用方式。执行机构与阀体部件的配用情况如表7-8所列，依据所选的气开、气关阀，从该表中即可决定出执行机构的作用方式及型号。

表7-8 执行机构与阀配用情况

执行机构	作用方式	正作用		反作用
	型号	ZMA		ZMP
	动作情况	信号压力增加，推杆运动向下		信号压力增加，推杆运动向上
	阀芯导向型式	双导向		单导向
阀的作用方式	气开式			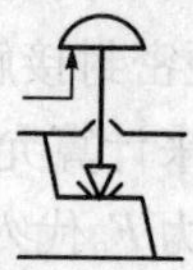
	气闭式		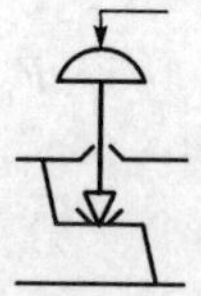	
	结论	双导向阀芯气开、气闭均配正作用执行机构；单导向阀芯气开配反作用执行机构，气闭配正作用执行机构		

第四节 控制器的选型

当被控量和操纵量确定之后，信号通道就定下来了，这样，我们就可以根据被控过程的特性和对控制质量的要求，选择控制器的控制作用，从而确定控制器的类型。为此，必须分析控制作用对控制质量的影响。由于在自动控制原理课程中已作了详细的讨论，在这里仅作扼要说明。

一、比例控制作用对控制质量的影响

为了具体说明比例控制作用对控制质量的影响，我们以图 7 – 27 的系统为例进行讨论。

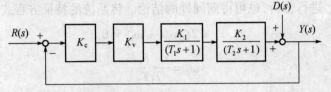

图 7 – 27　比例控制系统

设 $K = K_v K_1 K_2$，系统在干扰 $D(s)$ 作用下的闭环传递函数为

$$\frac{Y(s)}{D(s)} = \cfrac{1}{1 + \cfrac{K_c K}{(T_1 s + 1)(T_2 s + 1)}}$$

$$= \frac{(T_1 s + 1)(T_2 s + 1)}{T_1 T_2 s^2 + (T_1 + T_2)s + (1 + K_c K)} \qquad (7 – 65)$$

若 d 为阶跃干扰，幅值为 A，则式(7 – 65)可写成

$$Y(s) = \frac{A(T_1 s + 1)(T_2 s + 1)}{s[T_1 T_2 s^2 + (T_1 + T_2)s + (1 + K_c K)]}$$

系统的特征方程为

$$T_1 T_2 s^2 + (T_1 + T_2)s + (1 + K_c K) = 0 \qquad (7 – 66)$$

若令 $a = T_1 T_2，b = T_1 + T_2，c = 1 + K_c K$，则上式可化成标准二阶方程式：

$$as^2 + bs + c = 0$$

解上式可得特征方程的根 s_1、s_2：

$$s_1、s_2 = \frac{-b \pm \sqrt{b^2 - 4ac}}{2a}$$

$$= \frac{-(T_1 + T_2) \pm \sqrt{(T_1 + T_2)^2 - 4T_1 T_2(1 + K_c K)}}{2T_1 T_2}$$

$$= \frac{-(T_1 + T_2) \pm \sqrt{(T_1 - T_2)^2 - 4T_1 T_2 K_c K}}{2T_1 T_2} \qquad (7 – 67)$$

在式(7 – 67)中，随着 $(T_1 - T_2)^2 - 4T_1 T_2 K_c K$ 的取值不同（大于零，等于零，或小于零），其特征根的性质也不同。由于这里只是讨论控制器放大系数 K_c 大小对控制品质的影响，因此，式(7 – 67)中的 T_1、T_2、K 等参数均可认为是定值，下面分三种情况进行讨论。

(1) $(T_1 - T_2)^2 - 4T_1 T_2 K_c K > 0$：在 K_c 很小时，必有 $(T_1 - T_2)^2 - 4T_1 T_2 K_c K > 0$ 成立。特征根 s_1、s_2 均为负实根。由自动控制原理可知，这时控制系统的过渡过程将是不振荡的。

(2) $(T_1 - T_2)^2 - 4T_1 T_2 K_c K = 0$：只有 K_c 在前一种情况下逐渐增大到某一值时，上式才成立。特征根 s_1、s_2 则为两个相等的实根，控制系统的过渡过程将处于振荡与不振荡的临界状态。

(3) 当 $(T_1 - T_2)^2 - 4T_1 T_2 K_c K < 0$：只有 K_c 在第二种情况的基础上继续增大到某一值时，

185

这一关系才成立,特征根 s_1、s_2 为一对共轭复根,控制系统的过渡过程处于振荡状态,并且随着 K_c 的再增大,振荡将进一步加剧。

从上述分析可知,随着控制器放大系数 K_c 的增大,控制系统的稳定性降低。如果从控制系统的衰减系数 ξ_p 进行分析,也可得到同样的结论。将系统的特征方程式(7-66)改写成

$$s^2 + 2\xi_p \omega_0 s + \omega_0^2 = 0$$

式中

$$\omega_0^2 = \frac{1 + K_c K}{T_1 T_2}$$

$$2\xi_p \omega_0 = \frac{T_1 + T_2}{T_1 T_2}$$

即

$$\xi_p = \frac{T_1 + T_2}{2\sqrt{T_1 T_2(1 + K_c K)}} \tag{7-68}$$

由式(7-68)可见:当 K_c 较小时,ξ_p 值较大,并有可能大于1,这时过渡过程为不振荡过程。随着 K_c 的增加,ξ_p 值将逐渐减小,直至小于1,相应的过渡过程将由不振荡过程而变为不振荡与振荡的临界情况,并随 K_c 的继续增大,ξ_p 继续减小,过渡过程的振荡加剧。但是,不论 K_c 值增大到多大,ξ_p 不可能小于零,因而这个系统不可能出现发散振荡,即该系统总是稳定的,如图7-28所示。

因为这个系统是稳定的,因而可应用终值定理求得在幅值为 A 的阶跃干扰作用下,系统的稳态值(余差)为

$$y(\infty) = \lim_{t \to \infty} y(t)$$

$$= \lim_{s \to 0} s \frac{A(T_1 s + 1)(T_2 + 1)}{s[T_1 T_2 s^2 + (T_1 + T_2)s + K_c K + 1]} = \frac{A}{1 + K_c K} \tag{7-69}$$

式(7-69)表明:应用比例控制器构成的系统,其控制结果的稳态值不为零,即系统存在余差。随着控制器放大系数 K_c 的增大,余差将减小,但不能完全消除。因此,比例控制只能起到"粗调"的作用。

二、积分控制作用对控制质量的影响

我们以图7-29所示的系统为例,讨论积分控制作用对控制质量的影响。

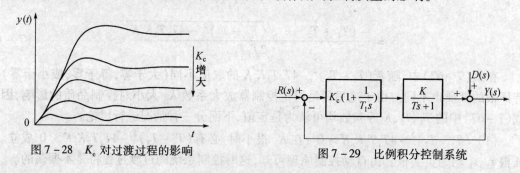

图7-28　K_c 对过渡过程的影响　　　　图7-29　比例积分控制系统

系统在阶跃干扰 d 的作用下,闭环控制系统的传递函数为

$$\frac{Y(s)}{D(s)} = \frac{1}{1 + K_c\left(1 + \frac{1}{T_I s}\right)\left(\frac{K}{Ts + 1}\right)}$$

$$= \frac{T_1 s(Ts + 1)}{T_1 s(Ts + 1) + K_c K(T_1 s + 1)} \tag{7-70}$$

假定阶跃干扰的幅值为 A，则有

$$Y(s) = \frac{AT_1 s(Ts + 1)}{s(T_1 Ts^2 + (K_c K + 1)T_1 s + K_c K)} \tag{7-71}$$

对式 (7-71) 应用终值定理，可求得在幅值为 A 的阶跃干扰作用下系统的稳态值。

$$y(\infty) = \lim_{s \to 0} sY(s) = 0 \tag{7-72}$$

即该系统的余差为零。积分控制作用能消除余差，这是它独有的特点。

对于积分控制作用对系统稳定性的影响，我们仍从闭环传递函数特征方程根的性质进行讨论。当然，从系统的衰减系数进行讨论，其结论也是一样的。

由式 (7-70) 得特征方程为

即

$$\begin{cases} T_1 s(Ts + 1) + K_c K(T_1 s + 1) = 0 \\ T_1 Ts^2 + (K_c K + 1)T_1 s + K_c K = 0 \end{cases} \tag{7-73}$$

同样，特征根的性质可由 $T_1^2 (K_c K + 1)^2 - 4T_1 TK_c K$ 的情况来判别。由于此处只讨论积分控制作用对控制质量的影响，即积分时间 T_1 变化对控制质量的影响，因而可假定 T、K_c、K 等参数保持不变。仍有三种可能情况：

(1) 当 $T_1^2 (K_c K + 1)^2 - 4T_1 TK_c K > 0$ 时，上式经移项化简可写成

$$(K_c K + 1)^2 > \frac{4TK_c K}{T_1} \tag{7-74}$$

上式关系要成立，T_1 必定较大。这时特征根 s_1、s_2 均为负实根，所以，控制系统的过渡过程为非振荡的。

(2) 当 $T_1^2 (K_c K + 1)^2 - 4T_1 TK_c K = 0$ 时，也就是 $(K_c K + 1)^2 = 4T_1 TK_c K/T_1^2$。要使这个关系成立，$T_1$ 一定比第一种情况时的值要小，此时特征根 s_1、s_2 为两个相等的实根，因此控制系统的过渡过程处于振荡与非振荡的临界状态。

(3) 当 $T_1^2 (K_c K + 1)^2 - 4T_1 TK_c K < 0$ 时，也就是 $(K_c K + 1)^2 < 4T_1 TK_c K/T_1^2$。同样，要使这一关系成立，此时的 T_1 值一定比第二种情况时的 T_1 要小。此时特征根 s_1、s_2 为一对共轭复根，控制系统的过渡过程处于振荡状态，并且，随着 T_1 的进一步减小，振荡加剧。

由上述分析可知：积分控制作用能消除余差，但降低了系统的稳定性，特别是当 T_1 比较小时，稳定性下降较为严重。因此，控制器在参数整定时，如欲得到与纯比例作用时相同的稳定性，当引入积分作用之后，应当把 K_c 适当减小，以补偿积分作用造成的稳定性下降。

三、微分控制作用对控制质量的影响

在图 7-27 所示的比例作用控制系统中，控制器再加入微分控制作用之后，系统在干扰作用下的闭环传递函数为

$$\frac{Y(s)}{D(s)} = \frac{1}{1 + K_c(1 + T_D s) \dfrac{K}{(T_1 s + 1)(T_2 s + 1)}}$$

$$= \frac{(T_1 s + 1)(T_2 s + 1)}{(T_1 s + 1)(T_2 s + 1) + K_c K(T_D s + 1)}$$

$$= \frac{(T_1 s + 1)(T_2 s + 1)}{T_1 T_2 s^2 + (T_1 + T_2 + K_c K T_D)s + (1 + K_c K)} \tag{7-75}$$

这个系统的特征方程为

$$T_1 T_2 s^2 + (T_1 + T_2 + K_c K T_D)s + (1 + K_c K) = 0 \tag{7-76}$$

或

$$s^2 + 2\xi_D \omega_0 s + \omega_0^2 = 0$$

式中

$$2\xi_D \omega_0 = \frac{T_1 + T_2 + K_c K T_D}{T_1 T_2}$$

$$\omega_0^2 = \frac{1 + K_c K}{T_1 T_2}$$

因此,系统的衰减系数为

$$\xi_D = \frac{T_1 + T_2 + K_c K T_D}{2\sqrt{T_1 T_2 (1 + K_c K)}} \tag{7-77}$$

比较式(7-68)与式(7-77)可以看出:两式的分母相同,仅式(7-77)的分子较式(7-68)多了一项 $K_c K T_D$,在我们讨论的稳定系统中,其 K_c、K、T_D 都为正值,故当 K_c 相同时,$\xi_D >$ ξ_P,并且 T_D 越大,ξ_D 也越大。ξ 值的增加将使系统过渡过程的振荡程度降低,也就是递减比增大,因而,在纯比例作用的基础上增加微分作用提高了系统的稳定性,最大偏差也减小了。此时,为了维持原有的递减比,即与纯比例作用具有相同的衰减系数,需将放大系数 K_c 适当增加,由此引起的稳定性下降由微分作用使稳定性提高来补偿。

设系统在幅值为 A 的阶跃干扰作用下,由式(7-75)应用终值定理可求得过渡过程的稳态值为

$$y(\infty) = \lim_{s \to 0} s \frac{A}{s} \frac{(T_1 s + 1)(T_2 s + 1)}{T_1 T_2 s^2 + (T_1 + T_2 + K_c K T_D)s + (1 + K_c K)} = \frac{A}{1 + K_c K} \tag{7-78}$$

由此可见,微分作用不能消除余差。但如上所述,由于这时的 K_c 值较纯比例作用时的 K_c 为大,所以余差比纯比例作用时为小。

由于微分作用是按偏差变化的速度来工作的,因而对于克服对象容量滞后的影响有明显的作用(超前控制作用),但对纯滞后则无能为力。

综上所述,控制系统引入微分作用之后,动态时将使递减比增大,振荡程度降低,静态时由于 K_c 的增大,静差将减小,因此将全面提高控制质量。也应指出,如果控制器的微分时间 T_D 整定得太大,这时即使偏差变化的速度不是很大,因微分作用太强而使控制器的输出发生很大变化,从而引起控制阀时而全开,时而全关,如同双位控制,严重影响控制质量和安全生产。因此,控制器参数整定时,不能把 T_D 取得太大,而应根据对象特性和控制要求作具体分析。

图 7-30 为某混和器物料出口温度控制系统分别采用 P、PI、PID 控制作用时的过渡过程曲线,从中可以看出各种控制作用对控制质量的影响。显然,当控制系统采用 PID 三作用的控制作用时效果最好。

PID 三种控制作用各有特点和不足,只有深入理解,充分发挥三种控制作用各自的特点,针对不同的控制系统根据理论和实践经验准确地确定各自的取值,得到 PID 参数的最佳匹配组合,才可以得到最佳的控制效果。表 7-9 列出了 PID 三种控制作用的特点,以便相互比较,加深理解。

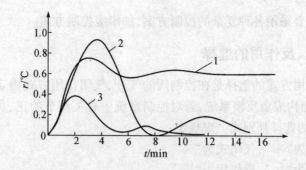

图 7 – 30　不同控制作用下的过渡过程曲线

曲线 1 – $\delta = 20\%$；曲线 2 – $\delta = 32\%$，$T_I = 5\min$；曲线 3 – $\delta = 10\%$，$T_I = 5\min$，$T_D = 0.25\min$。

表 7 – 9　PID 三种控制作用特点的比较

控制作用 作用时域	P	I	D
动态	控制作用快； 随着 K 增大，系统的稳定性下降	动态特性变差； 特别是积分时间较小时，系统的稳定性下降较为严重。采用积分后，一般应减小放大倍数	使最大偏差减小，过渡过程时间变短。对偏差有超前调节作用，对克服容量滞后有显著效果。可全面提高控制质量
静态	不能消除余差； 随着 K 增大，余差减小	积分可以消除余差	不能消除余差。但采用微分后可提高放大倍数，因此可使余差减小

四、控制器的选型

控制器的选型应根据被控对象的特性和工艺对控制质量的要求来确定。

P 控制器的选择：由于比例控制器的特点是控制器的输出与偏差成比例，阀门开度与偏差之间有相应关系。当负荷变化时，抗干扰能力强，过渡过程的时间短，但过程终了存在余差。因此，它适用于控制通道滞后较小、负荷变化不大、允许被控量在一定范围内变化的系统，如压缩机储气罐的压力控制、储液槽的液位控制、串级控制系统的副回路等。

PI 控制器的选择：由于比例积分控制器的特点是控制器的输出与偏差的积分成比例，积分作用使过渡过程结束时无余差，但系统的稳定性降低，虽然加大比例度可使稳定性提高，但又使过渡过程时间加长。因此，PI 控制器适用于滞后较小、负荷变化不大、被控量不允许有余差的控制系统，如流量、压力和要求较严格的液位控制系统。它是工程上使用最多、应用最广的一种控制器。

PID 控制器的选择：比例积分微分控制器的特点是微分作用使控制器的输出与偏差变化的速度成比例，它对克服对象的容量滞后有显著的效果，在比例基础上加入微分作用，使稳定性提高，再加上积分作用可以消除余差。因此 PID 控制器适用于负荷变化大、容量滞后较大、控制质量要求又很高的控制系统，如温度控制、pH 控制等。

若负荷变化很大、对象的纯滞后又较大的控制系统，当采用 PID 控制器还达不到工艺要求的控制质量时,则需要采用各种复杂的控制方案,如串级控制方案。

五、控制器正、反作用的选择

控制器正、反作用方式的选择是在控制阀的气开、气闭作用方式确定之后进行的,其确定原则是使整个单回路构成负反馈系统,若对控制系统中有关环节的正、负符号作如下规定,则可得出"乘积为负"的选择判别式。现规定:

控制阀:气开式为"＋",气闭式为"－";

控制器:正作用为"＋",反作用为"－";

对象:当通过控制阀的物料或能量增加时,按工艺机理分析,若被控量随之增加为"＋",随之降低为"－";

变送器一般视为正环节。

则控制器正、反作用选择判别式为

(控制器"±")(控制阀"±")(对象"±")="－"

由上式可知,当控制阀与被控对象符号相同时,控制器应选反作用方式,相反时应选正作用方式。例如锅炉水位控制系统,为了不使断气时锅炉供水中断而烧干爆炸,控制阀选气闭式,符号为"－";当进水量增加时,液位上升,被控对象符号为"＋"。因控制阀与被控对象的符号相反,控制器应选择正作用方式。

这一判别式也适用于串级控制系统副回路中控制器正、反作用的选择。

第五节　控制器的参数整定

控制系统的控制质量与被控对象的特性、干扰信号的形式和幅值、控制方案以及控制器的参数等因素有着密切的联系,对象的特性和干扰情况是受工艺操作和设备特性限制的,不可能任意改变。这样,控制方案一经确定,对象各通道的特性就成定局,这时控制系统的控制质量就只取决于控制器的参数了。所谓控制器的参数整定,就是确定最佳过渡过程中控制器的比例度 δ、积分时间 T_I 和微分时间 T_D 的具体数值。

所谓最佳过渡过程,就是在某种质量指标下,例如误差积分面积 $F = \int_0^\infty e(t)\,dt$ 最小,系统达到最佳调整状态。此时的控制器参数就是所谓的最佳整定参数。对于大多数过程控制系统,当递减比为 4∶1 时,过渡过程稍带振荡,不仅具有适当的稳定性、快速性,而且又便于人工操作管理,因此,目前习惯上把满足这一递减比过程的控制器参数也称最佳参数。

整定控制器的参数使控制系统达到最佳调整状态是有前提条件的,这就是系统结构必须合理,仪表和控制阀选型正确、安装无误和调校正确。否则,无论怎样去调整控制器的参数,是仍然达不到预定的控制质量要求的。这是因为控制器的参数只能在一定范围内起作用,参数整定仅仅是控制系统投运工作中的一个重要环节。

控制器参数整定的方法很多,但可归结为理论计算法和工程整定法两种。理论计算法有对数频率特性法、扩充频率特性法、M 圆法、根轨迹法等;工程整定法有经验法、临界比例度法、衰减曲线法和响应特性法。理论计算法要求获得对象的特性参数,由于工业对象的特性往往比较复杂,其理论推导和试验测定都比较困难。有的不能得到完全符合实际对象特性的资料;有的方法繁琐,计算麻烦;有的采用近似方法而忽略了一些因素。因此,最后所得数据可靠性不高,还需拿到现场去修正,因而在工程上采用较少。工程整定方法就是避开对象特性曲线和数学描述,直接在控制系统中进行现场整定,其方法简单,计算方便,容易掌握。当然这是一种近似的方法,所得到的控制器参数不一定是最佳参数,但相当适用,可以解决一般实际问题。

一、参数整定的理论基础

首先来讨论一个控制系统的过渡过程和稳定性及其特征方程的关系。图 7 - 3 所示的单回路控制系统,在干扰 $D(s)$ 的作用下,闭环控制系统的传递函数为

$$\frac{Y(s)}{D(s)} = \frac{W_d(s)}{1 + W_c(s)W_o(s)} = \frac{W_d(s)}{1 + W_k(s)}$$

式中:$W_k(s) = W_c(s)W_o(s)$ 为系统开环传递函数,闭环控制系统的特征方程为

$$1 + W_c(s)W_o(s) = 0$$

或
$$1 + W_k(s) = 0$$
其一般形式为

$$a_n s^n + a_{n-1}s^{n-1} + \cdots + a_1 s + a_0 = 0$$

式中各系数由广义对象的特性和控制器的整定参数值所确定,控制方案一经确定,广义对象特性就确定了,所以各系数只随控制器的整定参数而变化,特征方程根的值也随控制器的整定参数而变化。因此,控制器参数整定的实质就是选择合适的控制器参数,用控制器的特性去校正对象的特性,使其整个闭环控制系统的特征方程的每一个根都能满足稳定性要求。

根据自动控制原理,系统的自由运动分量与特征方程式根的关系如表 7 - 10 所示。从表 7 - 10 可知,如果特征方程有一个实根 $s = \alpha$,其通解 $Ae^{\alpha t}$ 所代表的运动分量是非周期性变化过程,当 α 为负数,则运动幅值将越来越小,最后衰减为零;α 为正数,运动幅值将越来越大。如果特征方程式有一对复根 $s = \alpha \pm j\omega$,则通解 $Ae^{\alpha t}\cos(\omega t + \varphi)$ 所代表的运动分量是一个振荡过程,当 $\alpha > 0$ 时,呈发散振荡,系统不稳定;当 $\alpha < 0$ 时,呈衰减振荡,系统是稳定的;当 $\alpha = 0$ 时,振荡既不衰减也不发散。

表 7 - 10 运动分量与特征方程根的关系

情况	根的性质		根在复平面上的位置	自由运动分量形式
1	实根 $S = a$	$a < 0$	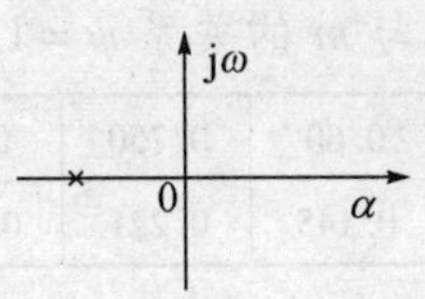	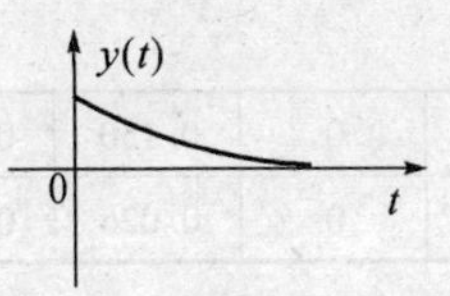
2		$a > 0$	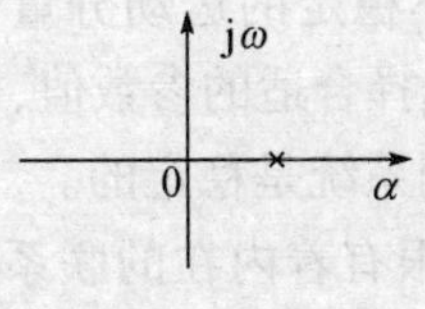	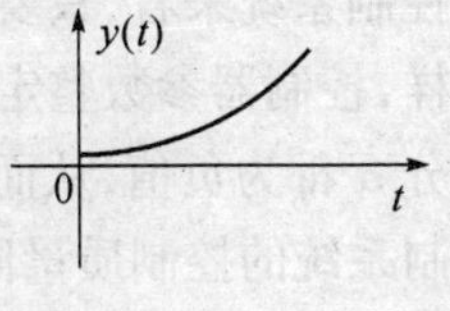

191

情况	根的性质		根在复平面上的位置	自由运动分量形式
1	一对复根 $S = a + j\omega$	$a > 0$		
2		$a < 0$		
3		$a < 0$		

对于稳定的振荡分量

$$y(t) = Ae^{-\alpha t}\cos(\omega t + \varphi)$$

式中：$\alpha > 0$，其递减率 ψ 与比值 α/ω 的大小有一定的关系。假定振荡分量在 $t = t_0$ 瞬间达到它的第一个峰值 y_{1m}，那么，经过一个振荡周期 T 以后，即在 $t = t_0 + 2\pi/\omega$ 瞬间又要达到一个峰值 y_{3m}，如图 7-31 所示。

由递减率的定义可得

$$\begin{aligned}\psi &= \frac{y_{1m} - y_{3m}}{y_{1m}} = \frac{e^{-\alpha t} - e^{-\alpha\left(t + \frac{2\pi}{\omega}\right)}}{e^{-\alpha t}}\\ &= 1 - e^{-2\pi\frac{\alpha}{\omega}}\\ &= 1 - e^{-2\pi m}\end{aligned}$$

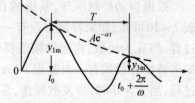

图 7-31　振荡分量的递减率

式中：m 为递减指数，为复根的实部 α 和虚部 ω 之比，它与递减率 ψ 有一一对应的关系，如表 7-11 所示。

表 7-11　ψ 与 m 的关系 $\psi = 1 - e^{-2\pi m}$

ψ	0	0.150	0.300	0.450	0.60	0.750	0.90	0.950	0.98	0.998	1
m	0	0.026	0.057	0.095	0.145	0.221	0.366	0.478	0.623	1	∞

由于特征方程式根的个数与微分方程的阶数相同，因此就有与阶数相同数目的运动分量，从自动控制系统来看，只要其中有一个不稳定的运动分量，那么整个系统就要变成不稳定的了。这样，控制器参数整定的目的就是选择合适的参数值，使特征方程所有实根及所有复根的实数部分 α 都为负值，从而保证整个控制系统是稳定的。

控制系统的控制质量同特征方程的根有着内在的联系。控制质量可归结为稳定性、快速性和准确性三个方面的要求，这些质量要求实质上就是要求控制系统特征方程的根分布在复数平面虚轴左侧的某一范围之内,即在图 7－32 的阴影区域内。

从稳定性看,实际生产过程要求控制系统不仅是稳定的,而且要有一定的稳定性裕量。稳定裕量可以用相角余量 γ、阻尼系数 ξ、递减率 ψ 和衰减指数 m 的大小来描述,因为它们都能表征过渡过程的衰减程度。对于二阶系统,它们之间都有一一对应的关系,在自动控制原理中经推证有如下结论:

相角余量

$$\gamma = \arctan \frac{2\xi}{\sqrt{1 - 2\xi^2}}$$

阻尼系数

$$\xi = \frac{\tan\gamma}{\sqrt{4 - 2\tan^2\gamma}}$$

递减比

$$\psi = 1 - e^{-2\pi\xi/\sqrt{1-\xi^2}}$$

递减指数

$$m = \frac{\alpha}{\omega} = \frac{\xi}{\sqrt{1-\xi^2}}$$

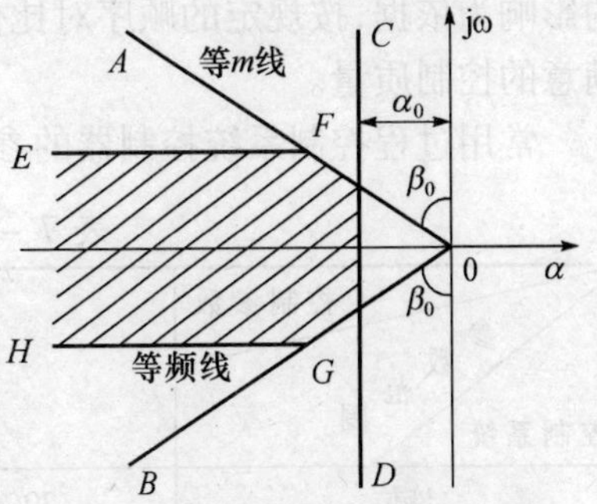

图 7－32 根平面中质量合格区域

因而,当 $\psi = 75\% \sim 90\%$ 时,$\gamma = 22.4° \sim 31.1°$,$\xi = 0.216 \sim 0.344$,$m = 0.221 \sim 0.366$。

在根平面上,$m = \alpha/\omega$,图 7－32 的折线 AoB 与虚轴间的夹角为 β_0,因而 $m = \alpha/\omega = \tan\beta$,$\beta = \beta_0 = $ 常数,它对应于复根的 $m = m_0 = $ 常数,或对应的递减率 $\psi = \psi_0 = $ 常数。这就是说,凡是位于该折线左面的任何一对共轭复根所代表的振荡过程都具有比 ψ_0 大的递减率,或比 m_0 大的递减指数。因此,在整定控制器参数时,要保证过渡过程具有一定的稳定裕量,也就是使闭环控制系统特征方程式的根位于 AoB 折线左侧。利用衰减频率特性来整定控制器的参数,就是根据给定的衰减指数而进行的。

从快速性看,一对共轭复根所代表的振荡分量的衰减速度取决于复根的实部 α。α 越大,则 $e^{-\alpha t}$ 衰减越快,所以当 α 相同时,衰减速度也是相同的,也就是被控量达到稳定状态所需过渡过程时间相同。如图 7－32 中和虚轴平行的垂线 CD 就代表相同的 $\alpha = \alpha_0$ 值。因此,要保证控制系统具有一定的快速性,就是通过对控制器的参数整定,使闭环控制系统特征方程式的根位于 CD 线左侧,可以证明,过渡过程时间 $t_s \approx 3/\alpha$。

在实际生产中,过渡过程的振荡频率不宜过高,因为过渡过程的振荡频率过高,势必使控制阀的动作过于频繁,加大了设备的磨损,同时,被控量的变化也过于频繁,不利于生产的正常进行,所以对过渡过程的振荡频率应加以限制。一对共轭复根所代表的振荡分量的振荡频率就是就是复根的虚部 ω。在图 7－32 中的水平线 EF 和 HG 就代表了频率相同的振荡分量,在此两直线之间的部分,其振荡频率必小于规定值。

从准确性看,最大偏差与干扰的幅度及衰减指数 m 有关,因此,对递减率的要求不仅要考虑稳定裕量,还应该兼顾最大偏差的要求。对于稳态值,由于它是一个静态特性,它与过渡过程没有显著的关系,因而不能从反映动态特性的根平面上有效地反映出来。

综上所述,要保证控制系统的控制质量,必须进行控制器的参数整定,用控制器的特性去校正对象特性,使整个闭环控制系统特征方程式的根全部落入图 7－32 阴影部分之内。控制器参数整定的方法虽然很多,但是,从根本上讲,都是从满足指定的稳定裕量要求出发的,不同之处只是在处理方法上的差异。

二、经验凑试法

此法是根据经验先将控制器的参数放在某一数值上，直接在闭环控制系统中，通过改变设定值施加干扰试验信号，在记录仪上看被控量的过渡过程曲线形状，运用 δ、T_I、T_D 对过渡过程的影响为依据，按规定的顺序对比例度 δ、积分时间 T_I、微分时间 T_D 逐个进行整定，直到获得满意的控制质量。

常用过程控制系统控制器的参数经验范围如表 7 – 12 所示。

表 7 – 12　控制器整定参数经验范围

控制系统	δ	T_I/min	T_D/min
液位	20% ~ 80%	—	—
压力	30% ~ 70%	0.4 ~ 3	—
流量	40% ~ 100%	0.1 ~ 1	—
温度	20% ~ 60%	3 ~ 10	0.3 ~ 1

控制器参数凑试的顺序有两种方法：一种认为比例作用是基本的控制作用，因此，首先把比例度凑试好，待过渡过程已基本稳定，然后加积分作用以消除余差，最后加入微分作用以进一步提高控制质量。其具体步骤为：

对 P 控制器，将比例度 δ 放在较大数值位置，逐步减小 δ，观察被控量的过渡过程曲线，直到曲线满意为止。

对 PI 控制器，先置 $T_I = \infty$，按纯比例作用整定比例度 δ，使之达到 4:1 衰减过程曲线；然后将 δ 放大 10% ~ 20%，将积分时间 T_I 由大至小逐步加入，直到获得 4:1 衰减过程。

对 PID 控制器，将 $T_D = 0$，先按 PI 作用凑试程序整定 δ、T_I 参数，然后将比例度 δ 减低到比原值小 10% ~ 20% 位置，T_I 也适当减小之后，再把 T_D 由小至大地逐步加入，观察过渡过程曲线，直到获得满意的过渡过程为止。

另一种整定顺序的出发点是：比例度与积分时间在一定范围内相匹配，可以得到相同递减比的过渡过程。这样，比例度的减小可用增大积分时间来补偿，反之亦然。因此，可根据表 7 – 13 的经验数据，预先确定一个积分时间数值，然后由大至小调整比例度以获得满意的过渡过程为止。如需加微分作用，可取 $T_D = \left(\dfrac{1}{3} \sim \dfrac{1}{4} \right) T_I$，放好 T_I、T_D 之后，再调整比例度。

在用经验法整定控制器参数的过程中，若观察到曲线振荡很频繁，则需把比例度 δ 加大以减小振荡；若曲线最大偏差大，且趋于非周期过程，则需把比例度减小。当曲线波动较大时，应增加积分时间 T_I；曲线偏离设定值后长时间回不来，则需减小积分时间。如果曲线振荡得厉害，需把微分作用减到最小或者暂时不加微分作用；如果曲线最大偏差大而衰减慢，则需把微分时间加长。总之，要以 δ、T_I、T_D 对控制质量的影响为依据，看曲线调参数，不难使过渡过程在两个周期内基本稳定，控制质量满足工艺要求。

三、临界比例度法

临界比例度法又称稳定边界法，是目前应用较广的一种控制器参数整定方法。临界比例度就是先让控制器在纯比例作用下,通过现场试验找到等幅振荡的过渡过程,记下此时的比例度 δ_k 和等幅振荡周期 T_k,再通过简单的计算求出衰减振荡时控制器的参数。具体步骤为:

(1)将 $T_I = \infty$,$T_D = 0$,根据广义对象特性选择一个较大的 δ 值,并在工况稳定的前提下将控制系统投入自动状态。

(2)将设定值突增一个数值,观察记录曲线,此时应是一个衰减过程曲线,逐步减小比例度 δ,再作设定值干扰试验,直到出现等幅振荡为止,如图 7-33 所示。记下此时控制器的比例度 δ_k 和振荡曲线的周期 T_k。

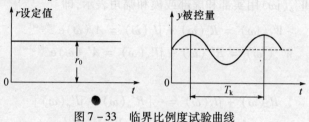

图 7-33　临界比例度试验曲线

(3)按表 7-13 计算衰减振荡时控制器参数。

表 7-13　临界比例度法参数计算表($\psi \geqslant 0.75$)

控制作用＼控制参数	δ	T_I	T_D
P	$2\delta_k$	—	
PI	$2.2\delta_k$	$0.85T_k$	—
PID	$1.7\delta_k$	$0.5T_k$	$0.13T_k$

使用临界比例度法整定控制器参数时,应注意以下几个问题:

(1)此法的关键是准确地测定临界比例度 δ_k 和临界振荡周期 T_k,因而控制器的刻度和记录仪应调校准确。

(2)当控制通道的时间常数很大时,由于控制系统的临界比例度 δ_k 很小,常使控制阀处于时而全开、时而全关状态,即处于位式控制状态,对生产不利,因而不宜采用此法进行控制器的参数整定;某些生产工艺不允许被控量作较长时间的等幅振荡时,也不能采用此法。

(3)有的控制系统临界比例度很小,控制器的比例度已放到最小刻度而系统仍不产生等幅振荡时,就把最小刻度的比例度作为 δ_k 进行控制器的参数整定。

临界比例度法虽然是一种工程整定方法,但它并不是操作经验的简单总结,而是有理论依据的,这就是根据控制系统边界稳定条件。这里作一简要说明。

设开环控制系统的传递函数为 $W_k(s)$,则闭环控制系统的特征方程为

$$1 + W_k(s) = 0$$

如果闭环控制系统处于边界稳定状态,则特征方程至少有一对虚根 $s = \pm j\omega$。将 $j\omega$ 代入特征方程就可得到

$$W_k(j\omega) = -1 \tag{7-79}$$

上式表示:当开环控制系统的频率特性曲线通过(-1,j0)点时,则闭环控制系统处于边界稳定状态,并且发生振荡的频率 ω_k 将等于 $W_k(j\omega)$ 曲线通过(-1,j0)点的那个频率,这就是奈奎斯特稳定判据。

当把控制系统归并为控制器 $W_c(s)$ 和广义对象 $W_o(s)$ 两大环节组成时,则式(7-79)可改写成

$$W_k(j\omega) = W_c(j\omega)W_o(j\omega) = -1 \qquad (7-80a)$$

或

$$W_c(j\omega) = \frac{-1}{W_o(j\omega)} = -W'_o(j\omega) \qquad (7-80b)$$

如果 $W_c(j\omega)$ 和 $W'_o(j\omega)$ 用实部和虚部或模和幅角表示,即

$$W_c(j\omega) = R_c(\omega) + jI_c(\omega) = A_c(\omega)e^{-j\theta_c(\omega)} \qquad (7-81a)$$

$$W'_o(j\omega) = R'_o(\omega) + jI'_o(\omega) = A'_o(\omega)e^{-j\theta'_o(\omega)} \qquad (7-81b)$$

则式(7-80)可写成

$$R_c(\omega) + jI_c(\omega) = -[R'_o(\omega) + jI'_o(\omega)]$$

$$A_c(\omega)e^{j\theta_c(\omega)} = A'_o(\omega)e^{j(\pi+\theta'_o(\omega))}$$

从而得到系统处于边界稳定的条件

$$\begin{cases} R_c(\omega) = -R'_o(\omega) \\ I_c(\omega) = -I'_o(\omega) \end{cases} \qquad (7-82)$$

或

$$\begin{cases} A_c(\omega) = A'_o(\omega) \\ \theta_c(\omega) = \pi + \theta'_o(\omega) \end{cases} \qquad (7-83)$$

由于广义对象的传递函数 $W_o(s)$ 是已知的,因此,可根据式(7-82)或式(7-83)计算出控制系统在边界稳定时的振荡频率 ω_k 和控制器的参数。例如,当控制器采用比例作用时,控制器的频率特性为

$$W_c(j\omega) = 1/\delta = K_c$$

所以

$$R_c(\omega) = 1/\delta, I_c(\omega) = 0$$

或

$$A_c(\omega) = 1/\delta, \theta_c(\omega) = 0$$

将上式代入式(7-82)或式(7-83)就可得到控制系统处于边界稳定时,控制器的比例度和振荡频率。

$$\begin{cases} \delta = \delta_k = -\dfrac{1}{R'_o(\omega)} = -R_o(\omega) \\ \omega = \omega_k \end{cases}$$

或

$$\begin{cases} \delta = \delta_k = \dfrac{1}{A'_o(\omega)} = A_o(\omega) \\ \omega = \omega_k \end{cases}$$

等幅振荡的周期为

$$T_k = \frac{2\pi}{\omega_k}$$

对于实际的控制系统,由于要求它不仅稳定,而且还要有一定的稳定裕量,即要求有一定

196

的递减率,因此,根据式(7-82)或式(7-83)所确定的参数还要修正。考虑到实际控制系统要求递减率 $\psi \geqslant 0.75$,再根据大量操作经验的总结,于是,便得到了控制器的整定参数与临界比例度 δ_k 和临界振荡周期 T_k 间的关系表。

四、衰减曲线法

衰减曲线法是针对经验法和临界比例度法的不足,并在此基础上经过反复实验而得出的一种参数整定方法。如果要求过渡过程达到 4:1 递减比,其整定步骤如下:

(1) 将 $T_I = \infty$,$T_D = 0$,在纯比例作用下,系统投入运行,按经验法整定比例度,直到出现 4:1 衰减过程为止。此时的比例度为 δ_s,操作周期为 T_s,如图 7-34 所示。

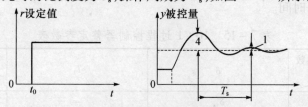

图 7-34 4:1 衰减过程曲线

(2) 根据 δ_s、T_s 值,按表 7-14 所列经验关系,计算出控制器的整定参数 δ、T_I 和 T_D。

(3) 先将比例度放到比计算值大一些的数值上,然后把积分时间放到求得的数值上,再慢慢放上微分时间,最后把比例度减小到计算值上,观察过渡过程曲线,如不太理想,可作适当调整。

表 7-14 4:1 过程控制器整定参数表

控制作用 \ 整定参数	δ	T_I	T_D
P	δ_s	—	—
PI	$1.2\delta_s$	$0.5T_s$	—
PID	$0.8\delta_s$	$0.3T_s$	$0.1T_s$

应用衰减曲线法整定控制器参数时,应注意下列事项:

(1) 此法的关键是要求取准确的 δ_s 和 T_s,因此,应校准控制器的刻度和记录仪,否则会影响整定结果的准确性。

(2) 对响应较快的小容量对象,如管道压力、流量等,在记录曲线上读 4:1 与求 T_s 比较困难,此时可通过记录指针的摆动情况来判断。指针来回摆动两次就达稳定可视为 4:1 过程,摆动一次的时间为 T_s。

(3) 工艺条件变动,特别是负荷的变化将会影响控制对象的特性,从而影响 4:1 衰减曲线法的整定结果。因此,在负荷变化比较大时,必须重新整定控制器参数,以求得新负荷下合适的控制器参数。

(4) 以获得 4:1 递减比为最佳过程,这符合大多数控制系统。但在有些过程中,例如热电厂锅炉的燃烧控制系统,就嫌 4:1 递减比振荡太厉害,则可采用 10:1 的衰减过程,如图 7-35 所示。在这种情况下,由于衰减太快,要测取操作周期较困难,但可测取从施加干扰开始至达到第一个波峰的飞升时间 t_r。

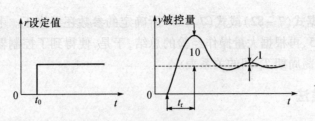

图 7 - 35　10∶1 衰减过程曲线

10∶1 衰减曲线法整定控制器参数的步骤和要求与 4∶1 衰减曲线法完全相同,仅采用的经验公式如表 7 - 15 所示。表中 δ'_s 系指控制过程出现 10∶1 递减比时的比例度,t_r 系指达到第一个波峰值的飞升时间。

表 7 - 15　10∶1 过程控制器整定参数表

控制作用 \ 整定参数	δ	T_I	T_D
P	δ'_s	—	—
PI	$1.2\delta'_s$	$2t_r$	—
PID	$0.8\delta'_s$	$1.2\,t_r$	$0.4\,t_r$

衰减曲线法同临界比例度法一样,虽然是一种工程整定方法,但它并不是操作经验的简单总结,而是有理论依据的。表 7 - 14 和表 7 - 15 中的公式是根据自动控制原理,按一定的递减率要求整定控制系统的分析计算,再对大量实践经验总结而得出的。

五、响应曲线法

上面介绍的三种控制器参数整定方法都不需预先知道对象的特性,如果有对象的特性在手,则可用响应曲线法,其整定精度将更高一些。整定步骤如下:

(1) 测定广义对象的响应曲线,并对已得到的响应曲线作近似处理,得到表征对象动态特性的纯滞后时间 τ_0 和时间常数 T_0,如图 7 - 36 所示。

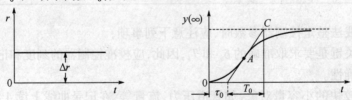

图 7 - 36　响应曲线及其近似处理

(2) 按下式求取广义对象的放大系数 K_o:

$$K_o = \frac{\Delta y}{y_{\max} - y_{\min}} \bigg/ \frac{\Delta p}{p_{\max} - p_{\min}} \qquad (7-84)$$

式中:Δy 为被控量测量值的变化量;Δp 为控制器输出的变化量;$y_{\max} - y_{\min}$ 为测量仪表的刻度范围;$p_{\max} - p_{\min}$ 为控制器输出变化范围。

(3) 根据对象的特性参数 τ_0、T_o 和 K_o,按表 7 - 16 公式确定 4∶1 递减过程控制器的参数 δ、T_I 和 T_D。

表 7 – 16　响应曲线法控制器整定参数经验公式表

整定参数 控制作用	δ	T_I	T_D
P	$\dfrac{K_o \tau_0}{T_o} \times 100\%$	—	—
PI	$1.1 \dfrac{K_o \tau_0}{T_o} \times 100\%$	$3.3\tau_0$	—
PID	$0.85 \dfrac{K_o \tau_0}{T_o} \times 100\%$	$2\tau_0$	$0.5\tau_0$

上述四种工程整定方法各有优缺点。经验法简单可靠,能够应用于各种控制系统,特别是干扰频繁,记录曲线不大规则的控制系统。其缺点是需反复凑试,花费时间长。同时,因是靠经验来整定的,是一种"看曲线,调参数"的整定方法,对于不同经验水平的人,对同一过渡过程曲线可能有不同的认识,从而得出不同结论,整定质量不一定高。因此,对于现场经验较丰富、技术水平较高的人使用此法较为合适。临界比例度法简便而易于掌握,过程曲线易于判断,整定质量较好,适用于一般的温度、压力、流量和液位控制系统。其缺点是对于临界比例度很小,或者工艺生产约束条件严格,对过渡过程不允许出现等幅振荡的控制系统不适用。衰减曲线法的优点是较为准确可靠,而且安全,整定质量较高。但对于外界干扰作用强烈而频繁的系统,或者由于仪表、控制阀,工艺上的某种原因而使记录曲线不规则,对难于从曲线判别其递减比和衰减周期的控制系统不适用。响应曲线法因是根据对象特性来确定控制器的整定参数的,因而整定质量高,其不足之处是要测响应曲线,比较麻烦。因此,在实际应用中,一定要根据生产过程的实际情况与各种整定方法的特点,合理选择使用。

六、衰减频率特性法

整定控制器参数的理论计算方法很多,仅频率特性法就有好几种,但它们的基本出发点是相同的,就是保证控制系统具有一定的稳定裕量,不同之处仅是具体处理方法上的差异,这里以衰减频率特性法为例进行讨论。

要求控制系统具有一定的稳定裕量,就是要求特征方程式所有根的衰减指数$(m = \alpha/\omega)$大于或等于指定的 m 值,即要求控制系统特征方程式的根落入图 7 – 32 根平面等 m 折线 AoB 上及其左侧。在折线 AoB 上的各点可以表示为 $-a \pm j\omega$,也可以表示为 $-|m\omega| \pm j\omega$,则把 W_k $(-m\omega \pm j\omega)$ 称为开环控制系统的衰减频率特性,简记为 $W_k(m, j\omega)$。显然,把传递函数中的 s 用 $(-m\omega \pm j\omega)$ 代入,即得到衰减频率特性 $W(m, j\omega)$。实际上,衰减频率特性 $W(m, j\omega)$ 是 s 平面上折线 AoB 上的点在 W 平面上的映射,它是 ω 和 m 的函数。当 $m = 0$ 时,s 平面上的折线 AoB 就和虚线重合,$W(m, j\omega)|_{m=0} = W(j\omega)$,即为普通的频率特性。显然,$W(j\omega)$ 是 $W(m, j\omega)$ 的一个特殊情况,而 $W(m, j\omega)$ 是 $W(j\omega)$ 的扩充。因此,衰减频率特性又称扩充频率特性。

一个闭环控制系统的特征方程为

$$1 + W_k(s) = 1 + W_c(s)W_o(s) = 0$$

当特征方程的根 $s = -m\omega + j\omega$ 时,上式可写成

$$1 + W_k(-m\omega + j\omega) = 0 \qquad (7 - 85)$$

或 $$W_k(m,j\omega) = -1$$

即 $$W_c(m,j\omega)W_o(m,j\omega) = -1$$

如果把控制器、广义对象的衰减频率特性 $W_c(m,j\omega)$、$W_o(m,j\omega)$ 用模和相角表示

$$\begin{cases} W_c(m,j\omega) = |W_c(m,j\omega)|e^{j\theta_c(m,\omega)} \\ W_o(m,j\omega) = |W_o(m,j\omega)|e^{j\theta_o(m,\omega)} \end{cases}$$

则有
$$\begin{cases} |W_c(m,j\omega)| = \dfrac{1}{|W_o(m,j\omega)|} \\ \theta_c(m,\omega) = \pi - \theta_o(m,\omega) \end{cases} \tag{7-86}$$

或
$$\begin{cases} \mathrm{Re}[W_k(m,j\omega)] = -1 \\ \mathrm{Im}[W_k(m,j\omega)] = 0 \end{cases} \tag{7-87}$$

根据式(7-86)或式(7-87)便可计算出在已知的对象特性和指定的稳定裕量——衰减指数 m 下的控制器参数。

从上述分析可见,这种整定参数的计算方法实际上是奈氏稳定性判据的扩展。奈氏判据指出,对于开环稳定的系统,如果开环频率特性 $W_k(j\omega)$ 包围 $(-1,j0)$ 点,则闭环系统是不稳定的;不包围该点,则闭环系统是稳定的;穿过该点,则系统处于稳定边界上。用衰减频率特性整定控制器的参数,其思路也是这样。如果开环系统的衰减频率特性 $W_k(m,j\omega)$ 曲线包围 $(-1,j0)$ 点,则闭环控制系统的稳定裕量将小于 m;不包围该点,则稳定裕量大于 m;穿过该点,则系统具有 m 数值的稳定裕量,见表7-17。因此,按式(7-86)或式(7-87)计算控制器参数,就是用控制器的特性去校正广义对象的特性,使整个闭环控制系统特征方程的主根位于 s 平面上具有指定稳定裕量 m 的 AOB 折线上,从而使控制系统的过渡过程具有相应于 m 值的递减率。

表7-17 衰减频率特性与开环频率特性比较

系统描述	包围$(-1,j0)$	过$(-1,j0)$	不包围$(-1,j0)$
开环频率特性 $W_k(j\omega)$	闭环系统不稳定	闭环系统处于稳定边界上	闭环系统稳定
衰减频率特性 $W_k(m,j\omega)$	闭环系统稳定裕量小于 m	闭环系统稳定裕量等于 m	闭环系统稳定裕量大于 m

为了使用方便,这里列出了经计算整理后的典型工业控制器的衰减频率特性。

P 控制器

$$W_c(m,j\omega) = K_c$$

PI 控制器

$$W_c(m,j\omega) = \frac{K_c}{T_I\omega}\sqrt{\frac{(1+m\omega T_I)^2 + \omega^2 T_I^2}{m^2+1}} \times$$
$$\exp\left[j\left(\frac{\pi}{2} + \arctan\frac{\omega T_I}{1-m\omega T_I} - \arctan m\right)\right] \tag{7-88}$$

PD 控制器

$$W_c(m,j\omega) = K_c\sqrt{\omega^2 T_D^2 + (1-m\omega T_D)^2} \times \exp\left[j\arctan\frac{\omega T_D}{1-m\omega T_D}\right] \tag{7-89}$$

PID 控制器

$$W_c(m,j\omega) = \frac{K_c}{\omega} \times \sqrt{\frac{\left(T_D\omega^2 + m\omega - T_Dm^2\omega^2 - \dfrac{1}{T_I}\right)^2 + (\omega - 2m\omega^2 T_D)^2}{m^2 + 1}} \times$$

$$\exp\left[j\left(\arctan\frac{T_D\omega^2 + m\omega - T_Dm^2\omega^2 - \dfrac{1}{T_I}}{\omega - 2m\omega^2 T_D} - \arctan m\right)\right] \qquad (7-90)$$

如果广义对象的传递函数为

$$W_o(s) = \frac{K_o e^{-\tau s}}{Ts + 1}$$

则该对象衰减频率特性为

$$W_o(m,j\omega) = \frac{K_o}{T(-m\omega + j\omega) + 1} \times \exp[-\tau(-m\omega + j\omega)]$$

$$= \frac{K_o e^{m\omega\tau}}{\sqrt{\omega^2 T^2 + (m\omega T - 1)^2}} \times \exp\left[j\left(\arctan\frac{\omega T}{m\omega T - 1} - \omega\tau\right)\right] \qquad (7-91)$$

对于该对象,利用式(7-86)可得不同控制作用时控制器整定参数的计算公式,以供参考试用。

P 控制器

$$\arctan\frac{\dfrac{\omega\tau}{\tau/T}}{\dfrac{m\omega\tau}{\tau/T} - 1} - \omega\tau = \pi \qquad (7-92)$$

$$K_c = \frac{\sqrt{\left(\dfrac{\omega\tau}{\tau/T}\right)^2 + \left(m\dfrac{\omega\tau}{\tau/T} - 1\right)^2}}{K_o e^{m\omega\tau}} \qquad (7-93)$$

从式(7-92)中求出 $\omega\tau$,代入式(7-93)中即可求出给定 m 之下的放大系数 K_c。

PI 控制器

$$K_c = \frac{1}{K_o \dfrac{\tau}{T} e^{m\omega\tau}}\left[\left(2m\omega\tau - \frac{\tau}{T}\right)\cos\omega\tau + \left(\omega\tau - m^2\omega\tau + m\frac{\tau}{T}\right)\sin\omega\tau\right] \qquad (7-94)$$

$$\frac{K_c}{T_I} = \frac{\omega\tau(1 + m^2)}{K_o\tau\dfrac{\tau}{T}e^{m\omega\tau}}\left[\omega\tau\cos\omega\tau - \left(m\omega\tau - \frac{\tau}{T}\right)\sin\omega\tau\right] \qquad (7-95)$$

对象特性 T、τ、K_o 是已知的,m 是已指定的,但在式(7-94)和式(7-95)中有三个未知数 ω、K_c、T_I,这样就会有无穷多组解,即任意给定一个 ω,可求出一对 K_c、T_I 值,所有各组的解都满足指定的递减率的要求。为了在递减率相同的情况下选择一组最佳的 K_c、T_I 值,可以采用其他一些判别控制过程质量指标的原则,如误差积分准则。但因为在递减率相同的条件下,增大 K_c 或减小 T_I 都能加快控制过程,对减小动态偏差和缩短过渡

过程时间都是有利的,因而一般采用 $\left(K_c, \dfrac{K_c}{T_I}\right)$ 最大的一组为最佳的控制器参数。

PD 控制器

$$K_c = \cfrac{1}{K_o \cfrac{\tau}{T} e^{m\omega\tau}}(1 + m^2)\omega\tau\sin\omega\tau \qquad (7-96)$$

$$K_c T_D = \frac{1}{K_o e^{m\omega\tau}}(m\sin\omega\tau - \cos\omega\tau) \qquad (7-97)$$

同样,在以上两个方程中有三个未知数,就有无穷多组解,给定一个 ω,便求出一组 K_c、$K_c T_D$,选择 $K_c T_D$ 乘积最大的一组参数,便可得出最佳控制器参数 K_c 及 T_D。

PID 控制器

PID 控制器具有三个整定参数 K_c、T_I 和 T_D,用式(7-86)进行整定计算时,两个方程中将有四个未知数 ω、K_c、T_I 和 T_D。这样,必然使合乎指定衰减系数 m 的解有无穷多组。但是,在实际使用 PID 控制器时,因一般取 $T_D/T_I = 0.15 \sim 0.25$,因此,在整定计算时还是只有两个独立的参数,其计算方法也就与 PI 控制器相同。

第八章　串级控制系统

第一节　概　述

单回路控制系统由于结构简单,因而得到广泛的应用。但随着工业技术的不断革新,生产不断强化,工业生产过程对工艺参数提出了越来越严格的要求;各工艺参数间的关系也日益复杂,此时单回路控制系统就显得无能为力了,因而产生了许多新型的控制系统。从结构上看,控制系统中采用了两个以上的检测元件和变送器,或控制器,或执行器,完成一些复杂或特殊的控制任务。这类控制系统被称为"复杂"系统,如串级、比值、分程、自选择性等控制系统。在常规控制系统中,串级控制系统对改善控制品质有独到之处,因而在生产过程控制中应用很广泛。本章将对串级控制系统的组成、特点、应用范围、设计和投运等问题进行讨论。

一、串级控制系统的组成

管式加热炉是炼油厂经常采用的设备之一,工艺要求炉出口温度要保持恒定,我们会很自然地考虑采用改变燃料油流量大小以达到控制炉出口温度的单回路控制方案,如图8-1所示。这个方案从表面看似乎很好,因为所有对温度的干扰因素都包括在控制回路之中,只要干扰导致了温度发生变化,控制器就可通过改变控制阀的开度来改变燃料油的流量,把变化了的温度重新调回到设定值。但是,实践证明,这种控制方案的控制质量很差,达不到生产要求,原因在于燃料油压力的变化将导致流量的变化,只有当它的影响使被控量发生变化之后,控制器才改变控制阀的开度,借以改变燃料油的流量以克服干扰,把被控量调回到设定值。可是,由于对象内部燃料油要经历管道传输、燃烧、传热等一系列环节,总滞后较大,这就导致控制作用不及时,特别是当燃料油压力变化较大且频繁时,将会使偏差增大,控制质量显著降低。

既然燃料油压力的变化是主要干扰,也就很自然地会想到,能否通过控制燃料油流量的方法来间接达到控制炉出口温度的目的,这就出现了如图8-2所示的第二种控制方案。

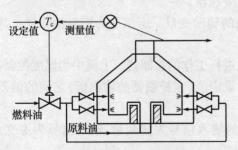

图8-1　管式加热炉出口温度单回路控制系统

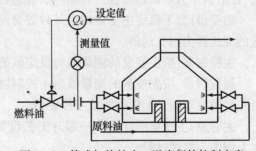

图8-2　管式加热炉出口温度间接控制方案

这种方案的优点是能够比较及时而有效地克服来自燃料油压力方面的干扰,因为只要燃料油流量由于其压力的波动而发生变化时,不等到它影响炉出口温度,流量控制器能较早发现并及时地进行控制,将燃料油流量的波动对炉出口温度的影响减弱到最低程度。但是,实践证明这个方案也有一个很大的缺陷,燃料油流量的稳定并不是目的,它是为控制炉出口温度服务的。在这个控制方案中,炉出口温度却不是被控量,因此,当来自原料入口流量和温度的变化、燃料油热质的变化、炉膛压力的变化等干扰因素使出口温度发生变化时,此流量控制系统就无法将已经变化了的温度调回来。

通过上面分析可以看出,这两种控制方案各有其优缺点,能否取二者之长将这两种方案结合起来呢?实践证明是可行的。这就是用温度控制器的输出作为流量控制器的设定值,而由流量控制器的输出去控制燃料油管线上的控制阀,如图 8 – 3 所示,其方框图如图 8 – 4 所示,这就是炉出口温度与燃料油流量的串级控制系统。因此,所谓串级控制系统就是由两台控制器串联在一起,控制一个控制阀的控制系统。

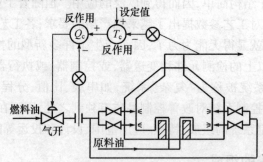

图 8 – 3　加热炉温度与流量串级控制系统

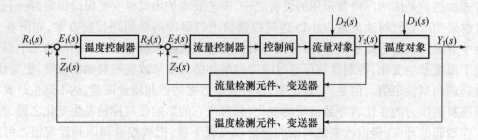

图 8 – 4　加热炉温度与流量串级控制方框图

为了便于问题的分析,对串级控制系统中常见的一些名词术语介绍如下:

主变量:在串级控制系统中,起主导作用的关系到产品产量和质量或操作安全的那个被控量,在上例中为炉出口温度。其相应的变送器为主变送器。

副变量:为了稳定主变量或因某种需要而引入的辅助变量。上例中为燃料油流量。其相应的变送器为副变送器。

主控制器:按主变量的测量值与设定值的偏差进行工作的控制器。上例中为温度控制器。

副控制器:按副变量的测量值与主控制器来的设定值(主控制器的输出值)之间的偏差进行工作的控制器。上例中为流量控制器。

主对象:主变量所处的那一部分工艺设备,它的输入信号为副变量,输出信号为主变量。在上例中为温度过程。

副对象:副变量所处的那一部分工艺设备,它的输入信号为操纵量,输出信号为副变量。在上例中为流量过程。

主回路:在串级控制系统方框图中,处于外环(也称主环)的整个回路。其中包括主控制器、副控制器、控制阀、副对象、主对象及主变量变送器等组成的闭合回路。

副回路:处于串级控制系统的内环(也称副环),由副控制器、控制阀、副对象及副变量变送器等组成的闭合回路。副回路有时又称随动回路。

一、二次干扰:作用在主对象上的干扰称为一次干扰,作用在副对象上的干扰称为二次干扰。

这样一来,串级控制系统的通用方框图可用图8-5来表示。

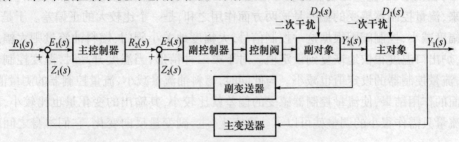

图8-5 串级控制系统通用方框图

二、串级控制系统的工作过程

我们仍以管式加热炉出口温度与燃料油流量串级控制系统为例来分析它的工作过程,从而得出串级控制系统克服干扰的一般过程。在该系统中,假定控制阀选用气开式,温度控制器和流量控制器均处于反作用状态。

在稳定状态下,有关物料量和能量达到平衡并维持不变。此时温度控制器和流量控制器的输出都处于相对稳定值,燃料油控制阀也相应地处于某一开度上。如果某个时刻系统中突然引进了某个干扰,那么,系统的稳定状态就遭到破坏,温度控制器和流量控制器将开始动作。

第一种情况:假定干扰来自燃料油流量的变化,即图8-4中的二次干扰D_2。由图很明显地看出,D_2至副变量y_2的距离短,至主变量y_1距离长,这就是说,燃料油流量一旦变化,将首先被流量控制器所发现并进行控制。在初始阶段,由于燃料油流量的变化不可能一下子影响到炉出口温度,因此,温度控制器的输出暂时也不变,即流量控制器的设定值也暂时不变,于是流量控制器就按照变化了的测量值与没变的设定值之差进行控制,改变控制阀的原有开度,使燃料油流量向原来的设定值靠近。显然,对于小干扰,经过流量控制器控制的结果,将不会引起炉出口温度的变化。对于大干扰,将会大大削弱它对炉出口温度的影响,随着时间的增长,燃料油流量变化对炉出口温度的影响将慢慢地显示出来,出口温度发生变化,温度控制器开始工作,不断改变着它的输出信号,即不断地改变着流量控制器的设定值,流量控制器将根据测量值与变化了的设定值之差进行控制,直到炉出口温度重新回复到设定值为止。这时控制阀将处于一个新的开度上。

第二种情况:假定干扰来自原料油方面,使炉出口温度升高。随着温度的升高,温度控制器开始动作,根据温度控制器是反作用的假定,它的输出减小,也就是说,流量控制器的设定值在减小。然而,由于此时燃料油流量并没有变,流量测量值暂时也不会变,因此,流量控制器的输入信号将呈现正偏差,又根据流量控制器为反作用的假定,其输出减小。前已假定控制阀为气开式,因此,在流量控制器输出减小的情况下,控制阀是趋向关小的,燃料油流量减小,炉出口温度逐渐下降。这一过程一直进行到炉出口温度回到原先设定值为止。在这整个过程中,燃料油流量是不断变化的,然而它是为着适应温度控制的需要,并不是本身干扰直接作用的结果。

第三种情况：作用在主、副对象上的一次干扰和二次干扰同时出现。这里又分两种可能，一种情形是干扰使主、副变量同向变化，例如炉出口温度升高，同时燃料油流量也因干扰作用而增大。另一种情形是干扰使主、副变量反向变化，例如炉出口温度因干扰作用升高，而燃料油流量却减小。对于第一种情形，当出口温度升高时，温度控制器感受的偏差为正，因此它的输出减小，也就是说，流量控制器的设定值减小。与此同时，燃料油流量增加，使测量值增大，这样一来，流量控制器感受的偏差是这两方面作用之和，是一个比较大的正偏差。于是它的输出要大幅度减小，控制阀则根据这一控制信号，大幅度地关小阀门，燃料油流量则大幅度地减小下来，炉出口温度很快地恢复到设定值。对于第二种情形，当温度升高时，温度控制器的输出减小，流量控制器的设定值也减小。与此同时，燃料油流量减小，流量控制器的测量值减小。这两方面的作用结果，使流量控制器感受的偏差就比较小，其输出的变化量也比较小，就是说燃料油流量只需作很小的调整就可以了。事实上，主、副变量反向变化，它们本身之间就有互补作用。

从以上分析可见，副控制器具有"粗调"的作用，而主控制器具有"细调"的作用，两者互相配合，使控制质量必然高于单回路控制系统。

串级控制系统中的主、副变量可以是不同的物理参数，如上例中的温度与流量串级；也可以是相同的物理参数，在上例中，若将副参数选择为炉膛温度，则构成温度与温度信号的串级控制系统。

需要指出的是，本章介绍的串级控制系统，从结构上看，是一个控制器的输出作为另一个控制器的设定值，两个控制器串联使用。从执行的任务看是完成定值控制。对于具有两个控制器串联，但完成其他控制任务（例如比值等）的系统将在后面另作讨论。

第二节　串级控制系统的特点

串级控制系统与单回路控制系统相比，在结构上前者具有两个控制器串联工作，并且多了一个副回路。这种结构上的差别必然使串级控制系统具有自己的特点，本节从理论上就以下几个方面进行分析，以深化对该系统的认识。

一、时间常数

串级控制系统能使等效副对象的时间常数变小，故能显著提高控制质量。设 $W_{c1}(s)$、$W_{c2}(s)$ 为主、副控制器的传递函数；$W_{o1}(s)$、$W_{o2}(s)$ 为主、副对象的传递函数；$H_{m1}(s)$、$H_{m2}(s)$ 为主、副变送器的传递函数；$W_v(s)$ 为控制阀的传递函数，则串级控制系统的方框图可用图 8-6 所示的一般形式来表示。

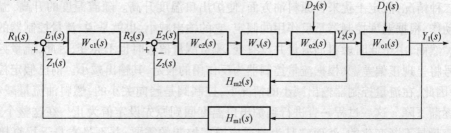

图 8-6　串级控制系统方框图的一般形式

如果把整个副控制回路看成为一个等效副对象,并以 $W'_{o2}(s)$ 表示,则图 8-6 可简化成图 8-7所示的单回路控制系统。

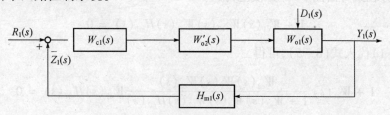

图 8-7　串级控制系统简化方框图

假定

$$W_{c2}(s) = K_{c2}, W_v(s) = K_v, H_{m2}(s) = K_{m2}, W_{o2}(s) = \frac{K_{o2}}{T_{o2}s + 1}$$

则由图 8-6 可求出副回路的等效传递函数

$$W'_{o2}(s) = \frac{Y_2(s)}{R_2(s)} = \frac{W_{c2}(s)W_v(s)W_{o2}(s)}{1 + W_{c2}(s)W_v(s)W_{o2}(s)H_{m2}(s)} \tag{8-1}$$

将各环节的传递函数代入式(8-1),可得

$$W'_{o2}(s) = \frac{K_{c2}K_v \dfrac{K_{o2}}{T_{o2}s + 1}}{1 + K_{c2}K_v \dfrac{K_{o2}}{T_{o2}s + 1}K_{m2}} = \frac{K'_{o2}}{T'_{o2}s + 1} \tag{8-2}$$

式中

$$\begin{cases} K'_{o2} = \dfrac{K_{c2}K_vK_{o2}}{1 + K_{c2}K_vK_{o2}K_{m2}} \\[3mm] T'_{o2} = \dfrac{T_{o2}}{1 + K_{c2}K_vK_{o2}K_{m2}} \end{cases} \tag{8-3}$$

将 $W'_{o2}(s)$ 与 $W_{o2}(s)$ 相比较,由于在一般情况下,$K_{m2} > 1$,故有

$$\begin{cases} K'_{o2} < K_{o2} \\ T'_{o2} < T_{o2} \end{cases} \tag{8-4}$$

上述计算表明:在串级控制系统中由于副回路的存在,使等效副对象的时间常数 T'_{o2} 是副对象本身的时间常数 T_{o2} 的 $\dfrac{1}{1 + K_{c2}K_vK_{o2}K_{m2}}$,在 K_v、K_{o2}、K_{m2} 不变的情况下,随着副控制器放大系数 K_{c2} 的增大,这种效果越加显著;$T'_{o2} < T_{o2}$ 意味着控制通道的缩短,从而使控制作用更加及时,响应速度更快,控制质量必然得到提高。另一方面,由于等效副对象的放大系数 K'_{o2} 是原来对象的放大系数的 $\dfrac{K_{o2}K_v}{1 + K_{c2}K_vK_{o2}K_{m2}}$,因此,串级控制系统中的主控制器的放大系数 K_{c1} 就可以整定得比单回路控制系统更大些,这对于提高控制系统的抗干扰能力也是有好处的,这一点将在后面再作分析。

二、工作频率

在串级控制系统中,由于副回路的存在起到了改善对象特性的作用,等效副对象的时间常数缩小了,因而使系统的工作频率提高。串级控制系统的工作频率可以从它的特征方程式中求得,而特征方程式可由图 8-7 方便地得到

$$1 + W_{c1}(s) W'_{o2}(s) W_{o1}(s) H_{m1}(s) = 0 \qquad (8-5)$$

将式(8-1)代入式(8-5),可得

$$1 + W_{c1}(s) \frac{W_{c2}(s) W_v(s) W_{o2}(s)}{1 + W_{c2}(s) W_v(s) W_{o2}(s) H_{m2}(s)} W_{o1}(s) H_{m1}(s) = 0$$

经整理之后有

$$1 + W_{c2}(s) W_v(s) W_{o2}(s) H_{m2}(s) + W_{c1}(s) W_{c2}(s) W_v(s) W_{o2}(s) W_{o1}(s) H_{m2}(s) = 0$$

$$(8-6)$$

现假定主回路各环节的传递函数为

$$W_{c1}(s) = K_{c1}, \quad H_{m1}(s) = K_{m1}, \quad W_{o1}(s) = \frac{K_{o1}}{T_{o1}s + 1}$$

而副回路各环节的传递函数同前,将这些环节的传递函数代入式(8-6)后,有

$$1 + k_{c2} K_v \frac{K_{o2}}{T_{o2}s + 1} K_{m2} + K_{c1} K_{c2} K_v K_{m1} \frac{K_{o2}}{T_{o2}s + 1} \frac{K_{o1}}{T_{o1}s + 1} = 0$$

将上式进行整理可得

$$s^2 + \frac{T_{o1} + T_{o2} + K_{c2} K_v K_{o2} K_{m2} T_{o1}}{T_{o1} T_{o2}} s + \frac{1 + K_{c2} K_v K_{o2} K_{m2} + K_{c1} K_{c2} K_{m1} K_{o1} K_{o2} K_v}{T_{o1} T_{o2}} = 0 \quad (8-7)$$

令

$$\begin{cases} 2\xi\omega_0 = \dfrac{T_{o1} + T_{o2} + K_{c2} K_v K_{o2} K_{m2} T_{o1}}{T_{o1} T_{o2}} = 0 \\ \omega_0^2 = \dfrac{1 + K_{c2} K_v K_{o2} K_{m2} + K_{c1} K_{c2} K_{m1} K_{o1} K_{o2} K_v}{T_{o1} T_{o2}} \end{cases} \qquad (8-8)$$

于是,特征方程就可以改写成标准形式

$$s^2 + 2\xi\omega_0 s + \omega_0^2 = 0 \qquad (8-9)$$

式中:ξ 为串级控制系统的衰减系数;ω_0 为串级控制系统的自然频率。

对式(8-9)求解,其特征根为

$$s_{1,2} = \frac{-2\xi\omega_0 \pm \sqrt{4\xi^2\omega_0^2 - 4\omega_0^2}}{2} = -\xi\omega_0 \pm \omega_0 \sqrt{\xi^2 - 1}$$

因为只有当 $0 < \xi < 1$ 时系统才会出现振荡,而振荡频率即为串级控制系统的工作频率,因此

$$\omega_{串} = \omega_0 \sqrt{1 - \xi^2}$$

$$= \frac{T_{o1} + T_{o2} + K_{c2} K_v K_{o2} K_{m2} T_{o1}}{T_{o1} T_{o2}} \frac{\sqrt{1 - \xi^2}}{2\xi} \qquad (8-10)$$

为便于比较,同样可求得图 8-8 的单回路控制系统的工作频率 $\omega_{单}$。

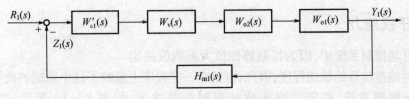

图 8-8　单回路控制系统

系统的特征方程式为

$$1 + W'_{c1}(s)W_v(s)W_{o2}(s)W_{o1}(s)H_{m1}(s) = 0 \qquad (8-11)$$

假定 $W'_{c1}(s) = K'_{c1}$，而其他环节的传递函数同前，则有

$$1 + K'_{c1}K_v\frac{K_{o2}}{T_{o2}s+1}\cdot\frac{K_{o2}}{T_{o1}s+1}K_{m1} = 0$$

对上式整理简化可得

$$s^2 + \frac{T_{o1}+T_{o2}}{T_{o1}T_{o2}}s + \frac{1+K'_{c1}K_vK_{o2}K_{o1}K_{m1}}{T_{o1}T_{o2}} = 0 \qquad (8-12)$$

$$\begin{cases} 2\xi'\omega'_0 = \dfrac{T_{o1}+T_{o2}}{T_{o1}T_{o2}} \\[3mm] \omega'^2_0 = \dfrac{1+K'_{c1}K_vK_{o2}K_{o1}K_{m1}}{T_{o1}T_{o2}} \end{cases} \qquad (8-13)$$

将单回路控制系统的特征方程表示成标准形式

$$s^2 + 2\xi'\omega'_0 s + \omega'^2_0 = 0 \qquad (8-14)$$

用同样的方法求得单回路控制系统的工作频率

$$\omega_{单} = \omega'_0\sqrt{1-\xi'^2} = \frac{T_{o1}+T_{o2}}{T_{o1}T_{o2}}\frac{\sqrt{1-\xi'^2}}{2\xi'} \qquad (8-15)$$

假如通过控制器的参数整定，使得串级控制系统和单回路控制系统具有相同的衰减系数，即 $\xi = \xi'$，则有

$$\begin{aligned} \frac{\omega_{串}}{\omega_{单}} &= \frac{T_{o1}+T_{o2}+K_{c2}K_vK_{o2}K_{m2}T_{o1}}{T_{o1}+T_{o2}} \\[3mm] &= \frac{1+(1+K_{c2}K_vK_{o2}K_{m2})T_{o1}/T_{o2}}{1+T_{o1}/T_{o2}} \end{aligned} \qquad (8-16)$$

因为 $1+K_{c2}K_vK_{o2}K_{m2} > 1$，所以 $\omega_{串} > \omega_{单}$。

由此可见，当主、副对象都是一阶惯性环节，主、副控制器均采用比例作用时，串级控制系统由于副回路改善了对象的特性，从而使整个系统的工作频率比单回路系统的工作频率有所提高。而且当主、副对象特性一定时，副控制器的放大系数 K_{c2} 越大，则工作频率越高，尤其是 T_{o1}/T_{o2} 比值较大的对象，这种效果越显著，如图 8-9 所示。

可以证明，上述结论对于主控制器采用其他控制作用，主对象是多容环节的情况也是正确的。

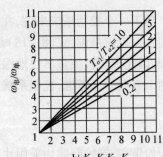

图 8-9　$\omega_{串}/\omega_{单}$ 与 $(1+K_{c2}K_vK_{o2}K_{m2})$ 关系曲线

三、抗干扰能力

在一个自动控制系统中,因为控制器的放大系数值决定了这个系统对偏差信号的敏感程度,因此,也就在一定程度上反映了这个系统的抗干扰能力。

对于串级控制系统,假定二次干扰从控制阀前进入,如图 8 – 10 所示,并可等效成图 8 – 11。如果用 $W'_{o2}(s)$ 代表图 8 – 11 中虚线部分的等效传递函数,则有

$$W'_{o2}(s) = \frac{W_v(s) W_{o2}(s)}{1 + W_v(s) W_{o2}(s) W_{c2}(s) H_{m2}(s)} \tag{8 – 17}$$

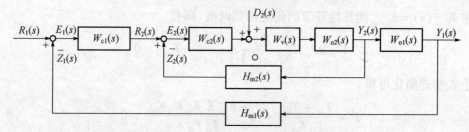

图 8 – 10　干扰从阀前进入的串级控制系统

对于图 8 – 11 所示的串级控制系统,在二次干扰作用下的闭环传递函数为

$$\frac{Y_1(s)}{D_2(s)} = \frac{W'_{o2}(s) W_{o1}(s)}{1 + W_{c1}(s) W_{c2}(s) W'_{o2}(s) W_{o1}(s) H_{m1}(s)} \tag{8 – 18}$$

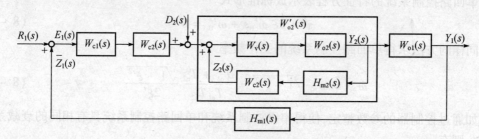

图 8 – 11　图 8 – 10 的等效方框图

在设定值作用下的闭环传递函数为

$$\frac{Y_1(s)}{R_1(s)} = \frac{W_{c1}(s) W_{c2}(s) W'_{o2}(s) W_{o1}(s)}{1 + W_{c1}(s) W_{c2}(s) W'_{o2}(s) W_{o1}(s) H_{m1}(s)} \tag{8 – 19}$$

对于一个控制系统来说,在干扰作用下,要求能尽快地克服它的影响,使被控量稳定在设定值上。也就是说,式(8 – 18)越接近 0,控制质量越好。而在设定值作用下,系统是一个随动过程,因此要求被控量尽快地跟随设定值变化,也就是说,式(8 – 19)越接近 1,控制质量越高。若两个方面一起考虑,控制系统的抗干扰能力可用它们的比值来评价,即

$$\frac{Y_1(s)/R_1(s)}{Y_1(s)/D_2(s)} = W_{c1}(s) W_{c2}(s) \tag{8 – 20}$$

如果主、副控制器均采用比例作用,放大系数分别为 K_{c1}、K_{c2}、则有

$$\frac{Y_1(s)/R_1(s)}{Y_1(s)/D_2(s)} = K_{c1} K_{c2} \tag{8 – 21}$$

这就是说,主、副控制器比例放大系数的乘积越大,抗干扰能力越强,控制质量越高。

为了便于比较,需分析同等条件下单回路控制系统(图 8 – 12)的抗干扰能力。由图 8 – 12 可得在干扰作用下的闭环传递函数为

$$\frac{Y(s)}{D_2(s)} = \frac{W_{\mathrm{v}}(s)W_{\mathrm{o2}}(s)W_{\mathrm{o1}}(s)}{1 + W'_{\mathrm{c}}(s)W_{\mathrm{v}}(s)W_{\mathrm{o2}}(s)W_{\mathrm{o1}}(s)H_{\mathrm{m1}}(s)} \qquad (8-22)$$

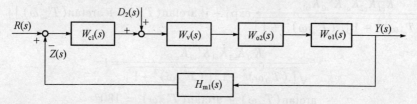

图 8 – 12　同等条件下的单回路控制系统

在设定值作用下的闭环传递函数为

$$\frac{Y(s)}{R(s)} = \frac{W'_{\mathrm{c}}(s)W_{\mathrm{v}}(s)W_{\mathrm{o2}}(s)W_{\mathrm{o1}}(s)}{1 + W'_{\mathrm{c}}(s)W_{\mathrm{v}}(s)W_{\mathrm{o2}}(s)W_{\mathrm{o1}}(s)H_{\mathrm{m1}}(s)} \qquad (8-23)$$

抗干扰能力为

$$\frac{Y(s)/R(s)}{Y(s)/D_2(s)} = W'_{\mathrm{c}}(s) \qquad (8-24)$$

如果控制器也选择比例作用,其放大系数为 K'_{c},则同等条件下的单回路控制系统的抗干扰能力为

$$\frac{Y(s)/R(s)}{Y(s)/D_2(s)} = K'_{\mathrm{c}} \qquad (8-25)$$

下面进一步分析串级控制系统与同等条件下的单回路控制系统的抗干扰能力的差别。由图 8 – 11 可写出串级控制系统的闭环特征方程式

$$1 + W_{\mathrm{c1}}(s)W_{\mathrm{c2}}(s)W_{\mathrm{o1}}(s)H_{\mathrm{m1}}(s)[Y_2(s)/D_2(s)] = 0 \qquad (8-26)$$

设

$$W_{\mathrm{c1}}(s) = K_{\mathrm{c1}}, \ W_{\mathrm{c2}}(s) = K_{\mathrm{c2}}, \ W_{\mathrm{v}}(s) = K_{\mathrm{v}}$$

$$W_{\mathrm{o1}}(s) = \frac{K_{\mathrm{o1}}}{T_{\mathrm{o1}}s + 1}, \ W_{\mathrm{o2}}(s) = \frac{K_{\mathrm{o2}}}{T_{\mathrm{o2}}s + 1}$$

$$H_{\mathrm{m1}}(s) = K_{\mathrm{m1}}, H_{\mathrm{m2}}(s) = K_{\mathrm{m2}}$$

则由图 8 – 11 的副回路可得

$$\frac{Y_2(s)}{D_2(s)} = \frac{W_{\mathrm{v}}(s)W_{\mathrm{o2}}(s)}{1 + W_{\mathrm{c2}}(s)W_{\mathrm{v}}(s)W_{\mathrm{o2}}(s)H_{\mathrm{m2}}(s)} = \frac{K_{\mathrm{v}}K_{\mathrm{o2}}}{1 + K_{\mathrm{c2}}K_{\mathrm{v}}K_{\mathrm{o2}}K_{\mathrm{m2}} + T_{\mathrm{o2}}s}$$

$$= \frac{K_{\mathrm{v}}K_{\mathrm{o2}}/(1 + K_{\mathrm{c2}}K_{\mathrm{v}}K_{\mathrm{o2}}K_{\mathrm{m2}})}{1 + [T_{\mathrm{o2}}/(1 + K_{\mathrm{c2}}K_{\mathrm{v}}K_{\mathrm{o2}}K_{\mathrm{m2}})]s} = \frac{K'_{\mathrm{o2}}}{1 + T'_{\mathrm{o2}}s} \qquad (8-27)$$

式中

$$\begin{cases} K'_{\mathrm{o2}} = \dfrac{K_{\mathrm{v}}K_{\mathrm{o2}}}{1 + K_{\mathrm{c2}}K_{\mathrm{v}}K_{\mathrm{o2}}K_{\mathrm{m2}}} \\ T'_{\mathrm{o2}} = \dfrac{T_{\mathrm{o2}}}{1 + K_{\mathrm{c2}}K_{\mathrm{v}}K_{\mathrm{o2}}K_{\mathrm{m2}}} \end{cases} \qquad (8-28)$$

于是,式(8 – 26)可化成

$$1 + K_{c1}K_{c2}K_{m1}\frac{K_{o1}}{T_{o1}s + 1}\frac{K'_{o2}}{T'_{o2}s + 1} = 0$$

或
$$\frac{K_{c1}K_{c2}K_{o1}K'_{o2}K_{m1}}{(T_{o1}s + 1)(T'_{o2}s + 1)} = -1 \tag{8-29}$$

在式(8-29)中,令 $s = j\omega$,则可表示成幅值和相角的形式

$$\frac{K_{c1}K_{c2}K_{o1}K'_{o2}K_{m1}}{\sqrt{[(T_{o1}\omega)^2 + 1][(T'_{o2}\omega)^2 + 1]}}\exp\{-j[\arctan(T_{o1}\omega) + \arctan(T'_{o2}\omega)]\} = -1$$

亦有
$$\frac{K_{c1}K_{c2}K_{o1}K'_{o2}K_{m1}}{\sqrt{[(T_{o1}\omega)^2 + 1][(T'_{o2}\omega)^2 + 1]}} = 1 \tag{8-30}$$

$$\arctan(T_{o1}\omega) + \arctan(T'_{o2}\omega) = 180° \tag{8-31}$$

由式(8-31)可求得串级控制系统的临界振荡频率 ω_{k1},将 ω_{k1} 代入式(8-30)便可求得控制器的临界放大系数为

$$[K_{c1}K_{c2}]_{k1} = \frac{\sqrt{[(T_{o1}\omega_{k1})^2 + 1][(T'_{o2}\omega_{k1})^2 + 1]}}{K_{o1}K'_{o2}K_{m1}} \tag{8-32}$$

为了保证控制系统具有一定的衰减要求,必须给予系统有一定的幅稳定裕度。对于 4:1 衰减过程,幅稳定裕度为 0.5,这时对应的控制器参数为

$$K_{c1}K_{c2} = 0.5\frac{\sqrt{[(T_{o1}\omega_{k1})^2 + 1][(T'_{o2}\omega_{k1})^2 + 1]}}{K_{o1}K'_{o2}K_{m1}} \tag{8-33}$$

又因为控制系统的工作频率与其临界振荡频率的关系为

$$\omega_k = \alpha\omega_\beta \tag{8-34}$$

式中: ω_k 为系统的临界振荡频率; ω_β 为系统的工作频率; $\alpha = 1.1 \sim 1.43$。

设串级系统的工作频率用 $\omega_串$ 表示,有 $\omega_{k1} = \alpha\omega_串$,将其代入式(8-33),便可得到串级控制系统在 4:1 衰减过程时的控制器参数值为

$$K_{c1}K_{c2} = 0.5\frac{\sqrt{[(T_{o1}\alpha\omega_串)^2 + 1][(T'_{o2}\alpha\omega_串)^2 + 1]}}{K_{o1}K'_{o2}K_{m1}} \tag{8-35}$$

显然,式(8-35)就表示了串级控制系统的抗干扰能力。

对于同等条件下的单回路控制系统,由图 8-12 可以写出闭环特征方程式

$$1 + W'_c(s)W_v(s)W_{o2}(s)W_{o1}(s)H_{m1}(s) = 0 \tag{8-36}$$

将上述各环节的传递函数代入上式,可得

$$1 + \frac{K'_cK_vK_{o1}K_{o2}K_{m1}}{(T_{o1}s + 1)(T_{o2}s + 1)} = 0 \tag{8-37}$$

令 $s = j\omega$,代入式(8-37)可得

$$\frac{K'_cK_vK_{o1}K_{o2}K_{m1}}{\sqrt{[(T_{o1}\omega)^2 + 1][(T_{o2}\omega)^2 + 1]}}\exp\{-j[\arctan(T_{o1}\omega) + \arctan(T_{o2}\omega)]\} = -1$$

亦有
$$\frac{K'_cK_vK_{o1}K_{o2}K_{m1}}{\sqrt{[(T_{o1}\omega)^2 + 1][(T_{o2}\omega)^2 + 1]}} = 1 \tag{8-38}$$

$$\arctan(T_{o1}\omega) + \arctan(T_{o2}\omega) = 180° \tag{8-39}$$

由式(8-39)可求得系统的临界振荡频率 ω_{k2}，将 ω_{k2} 代入式(8-38)便可求得单回路控制器的临界放大系数为

$$[K'_c]_{k2} = \frac{\sqrt{[(T_{o1}\omega_{k2})^2+1][(T_{o2}\omega_{k2})^2+1]}}{K_v K_{o1} K_{o2} K_{m1}} \tag{8-40}$$

按上面同样的考虑方法，即用工作频率 $\omega_单$ 代替式(8-40)中的临界振荡频率 ω_{k2}；4:1衰减过程的幅稳定裕度为0.5，就可得到单回路控制系统控制器的参数值为

$$K'_c = 0.5\frac{\sqrt{[(T_{o1}\alpha\omega_单)^2+1][(T_{o2}\alpha\omega_单)^2+1]}}{K_v K_{o1} K_{o2} K_{m1}} \tag{8-41}$$

这就是同等条件下单回路控制系统抗干扰能力的表达式。

将式(8-28)代入式(8-35)并与式(8-41)相除，经整理可得到串级控制系统与同等条件下单回路控制系统抗干扰能力之间的关系。

$$\frac{K_{c1}K_{c2}}{K'_c} = 0.5\frac{\sqrt{[(T_{o1}\alpha\omega_串)^2+1][(T'_{o2}\alpha\omega_串)^2+1]}}{K_{o1}K'_{o2}K_{m1}} \Big/ 0.5\frac{\sqrt{[(T_{o1}\alpha\omega_单)^2+1][(T_{o2}\alpha\omega_单)^2+1]}}{K_v K_{o1} K_{o2} K_{m1}}$$

$$= \frac{0.5\dfrac{\sqrt{[(T_{o1}\alpha\omega_串)^2+1][(T_{o2}\alpha\omega_串/(1+K_{c2}K_v K_{o2}K_{m2})^2+1]}}{K_v K_{o1}K_{o2}K_{m1}/(1+K_{c2}K_v K_{o2}K_{m2})}}{0.5\dfrac{\sqrt{[(T_{o1}\alpha\omega_单)^2+1][(T_{o2}\alpha\omega_单)^2+1]}}{K_v K_{o1}K_{o2}K_{m1}}}$$

$$= \sqrt{\frac{[(T_{o1}\alpha\omega_串)^2+1][(1+K_{c2}K_v K_{o2}K_{m2})^2+((T_{o1}\alpha\omega_串)^2)]}{[(T_{o1}\alpha\omega_单)^2+1][(T_{o2}\alpha\omega_单)^2+1]}} \tag{8-42}$$

在式(8-42)中，由于 $\omega_串 > \omega_单$，而且 $(1+K_{c2}K_v K_{o2}K_{m2}) > 1$，因此

$$[(T_{o1}\alpha\omega_串)^2+1] > [(T_{o1}\alpha\omega_单)^2+1]$$

$$[(1+K_{c2}K_v K_{o2}K_{m2})^2+(T_{o2}\alpha\omega_串)^2+1] > [(T_{o2}\alpha\omega_单)^2+1]$$

这就是说，$K_{c1}K_{c2}/K'_c > 1$，即 $K_{c1}K_{c2} > K'_c$。

以上证明了在串级控制系统中，由于系统多了一个副回路，当干扰落于副环时，其抗干扰能力比同等条件下的单回路控制系统提高了。可以证明，干扰落于副环时的抗干扰能力大于干扰落于主环时的抗干扰能力，但由于副回路的时间常数大大减小，抗一次干扰时的能力仍高于同等条件下的单回路控制系统。

四、对负荷变化有一定自适应能力

在单回路控制系统中，控制器的参数是在一定的负荷即一定的工作点下，按一定的质量指标要求而整定得到的，也就是说，一定的控制器参数只能适应于一定的负荷。如果对象具有非线性，随着负荷的变化，工作点就会移动，对象特性就会发生改变。原先基于一定负荷整定的那套控制器参数就不再能适应了，需要重新调整控制器参数以适应新的工作点，否则，控制质量会随之下降。

但是，在串级控制系统中，主回路虽然是一个定值控制系统，而副回路却是一个随动系统，它的设定值是随主控制器的输出而变化的。这样，主控制器就可以按照操作条件和负荷变化

213

相应地调整副控制器的设定值,从而保证在负荷和操作条件发生变化的情况下,控制系统仍然具有较好的控制质量。

从另一方面看,由式(8－3)可知,等效副对象的放大系数为 $K'_{o2} = K_{c2}K_vK_{o2}/1 + K_{c2}K_vK_{o2}K_{m2}$,虽然当负荷变动时,也会引起对象特性 K_{o2} 的变化,但是,在一般条件下有 $K_{c2}K_vK_{o2}K_{m2} \gg 1$,因此,$K_{o2}$ 的变化对等效对象的放大系数 K'_{o2} 来说,影响却是很小的。因而串级控制系统的副回路能自动地克服对象非线性的影响,从而显示出它对负荷变化具有一定的自适应能力。

第三节　串级控制系统的应用范围

上一节讨论了串级控制系统相对于单回路控制系统所具有的四个特点,从而说明了它的控制质量优于单回路系统。但是,事物总是一分为二的,它与单回路系统相比,所用的仪表较多,因而费用较高;它有两个回路,控制器的参数整定比较麻烦等。因而,在设计控制系统时必须坚持一个原则:凡是用单回路控制系统能满足控制要求的,就不再用串级控制系统。串级控制系统只有在下列情况下使用,它的特点才能充分发挥。

一、用于克服对象的纯滞后

一般工业对象都具有一定的纯滞后时间,当被控对象纯滞后时间较长时,用单回路系统往往满足不了对控制质量的要求,这时可采用串级控制系统。就是在离控制阀比较近、纯滞后时间较小的地方选择一个副变量,把干扰纳入副回路中。这样就可以在干扰作用影响主变量之前,及时地在副变量上得到反映,由副控制器及时采取措施来克服二次干扰的影响。由于副回路通道短、滞后小、控制作用及时,因而使超调量减小、过渡过程周期缩短、控制质量提高。这里需要指出:利用副回路的超前作用来克服对象的纯滞后仅仅是对二次干扰而言的。当干扰从主回路进入时,这一优越性就不存在了,这是因为一次干扰不直接影响副变量,只有当主变量改变以后,控制作用通过较大的纯滞后才能对主变量起控制作用。

图 8－13 为锅炉过热蒸气温度串级控制系统,它就是利用串级控制系统中副回路的超前作用克服对象纯滞后的实例。

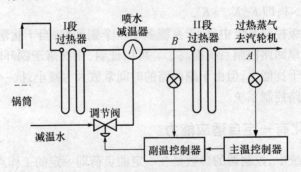

图 8－13　过热蒸气温度串级控制系统

工艺要求Ⅱ段过热器之后的 A 点温度 T_A 维持恒定值,减温水的流量作为操纵量。主要干扰有减温水压力变化引起的减温水流量变化和汽轮机负荷变化引起的过热蒸气流量变化。当汽轮机负荷突然增大时,蒸气流量也立即相应增加,检测点 A 的过热蒸气温度很快下降,为了使 A 点的过热蒸气温度保持不变,喷水减温器的喷水量应该减小以克服蒸气量增加所引起的过热蒸气温度下降。当减温水流量增大时,过热蒸气温度会下降,经过Ⅱ段过热器之后会使 A 点的蒸气温度下降,同样,为了使 A 点的温度保持不变,喷水减温器的喷水量也应该减小以克服减温水流量增大所引起的 A 点温度下降。若用单回路控制系统,因控制阀至 A 点的通道长,纯滞后大,显然不能满足控制质量要求。若在减温器与Ⅱ段过热器之间的 B 点,选择一个过热蒸气温度为副变量,A 点的过热蒸气温度为主变量,构成温度与温度的串级控制系统,控制质量则得到显著提高。因为如减温水压力波动等二次干扰出现时,在它没影响到 A 点过热蒸气温度之前,副回路就投入工作,使减温水流量的波动不影响或很少影响 A 点的过热蒸气温度。这样就大大减小纯滞后的影响,负荷变化的影响由主回路来克服。

二、用于克服对象的容量滞后

在工业生产中,有许多以温度或质量参数作为被控量的控制过程,其容量滞后往往比较大,生产上对这些参数的控制要求又比较高。如果采用单回路控制系统,则因容量滞后 τ_c 大,控制通道的时间常数又大,对控制作用反应迟钝而使超调量大,过渡过程时间长,控制质量不能满足要求。

如采用串级控制系统时,可以选择一个滞后较小的辅助变量组成副回路,使等效副对象的时间常数减小,以提高系统的工作频率,加快响应速度,缩短控制时间,从而获得较好的控制质量。对象容量滞后大、干扰情况复杂的情况下,串级控制系统使用最为普遍,但需要有较高的设计和使用水平,即副环时间常数不宜过小,以力求能包含多一些干扰,但也不宜过大,以免发生共振;副变量要灵敏可靠,确有代表性。否则,串级控制系统的各种长处得不到充分发挥,控制质量仍然不能满足要求。

例如,炼油厂管式加热炉出口温度控制系统,当燃料油热值改变时,原料油出口温度响应特性如图 8-14 所示,如果用一个纯滞后和一阶非周期环节来近似,其纯滞后时间为 0.3min,时间常数为 15min。对于这样的对象,即使采用 PID 三作用的单回路控制系统,原料油出口温度的波动仍然比较大,从而影响到后面分馏塔的分离效果。而燃料油热值变化对炉膛温度滞后较小,时间常数约为 3min,反应灵敏。如果取炉膛温度为副变量构成如图 8-15 所示的原料油出口温度与炉膛温度的串级控制系统,情况就大有好转。因为当干扰作用后,由于副回路的超前作用,它不需要通过时间常数为 15min 的主对象,而只要通过时间常数为 3min 的副对象就立刻为副回路的测温元件所感受,副控制器马上采取控制措施,使这一干扰被大大削弱或者完全克服掉,对出口温度的影响也就大大减小,所以过渡过程时间和超调量均大为减小,提高了控制质量。

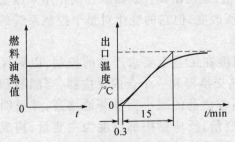

图 8-14　加热炉热值阶跃温度响应特性

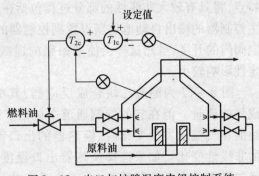

图 8-15　出口与炉膛温度串级控制系统

三、用于克服变化剧烈和幅值大的干扰

在讨论串级控制系统特点时已指出,系统对二次干扰具有很强的克服能力。利用这一点,只要在设计时把这种变化剧烈和幅值大的干扰包含在副回路中,并把副控制器的放大系数整定得比较大,就会使系统抗干扰能力大大提高,从而把干扰对主变量的影响减小到最低程度。图 8 – 16 所示的化肥厂中间脱气槽液位与压力串级控制系统就是这一应用的例证。

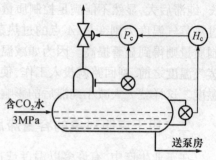

图 8 – 16 脱气槽液位与
压力串级控制系统

经过水洗,饱含 CO_2 压力为 3MPa(30kgf/cm²)的水进入中间脱气槽;压力减为 0.24MPa(2.4kgf/cm²)左右,放出 CO_2 气体后被送回泵房循环使用。分离出来的 CO_2 经过脱气塔分离送至纯碱或尿素车间,多余时则放空。在这个对象中,为保证足够的蒸发面积,液位成为主要的控制指标。影响液位的主要因素是压力,由于入口水中含 CO_2 气量不均匀,再加上生产负荷的经常变化,就使中间脱气槽的压力经常波动,变化幅度很大。另外,放出的 CO_2 气体有时送尿素车间使用,有时直接放空,这也加剧了压力的变化。对这个对象曾采用单回路液位控制系统,液位测量范围为 400mm(H_2O),在控制过程中,发现液位经常在整个检测范围内波动,甚至还发生把脱气槽中的水全部打干或者水从二氧化碳管中冒出来的事故。当把这个干扰很大的压力选为副变量,构成液位与压力串级控制系统,运行效果很好,液位一般在设定值的 ±8mm(H_2O)之内波动,满足了生产要求。

四、用于克服对象的非线性

一般工业对象的静特性都是有一定的非线性,负荷变化会引起工作点的移动,即对象特性发生变化。当负荷比较稳定时,这种变化不大,因此可以不考虑非线性的影响,可使用单回路控制系统。但当负荷变化较大且频繁时,就要考虑它所造成的影响了。因负荷变化频繁,显然用重新整定控制器参数来保证稳定性是行不通的。虽然可通过选择控制阀的特性来补偿使整个广义对象具有线性特性,但常常受到控制阀品种等各种条件的限制,这种补偿也是很不完全的。有效的办法是利用串级控制系统对操作条件和负荷变化具有一定自适应性的特点,将具有较大非线性的部分过程包括在副回路之中,当负荷变化引起工作点移动时,由主控制器的输出自动地重新设置副控制器的设定值,继而由副控制器的控制作用来改变控制阀门的开度,虽然这样会使副回路的递减比有所改变,但它的变化对整个控制系统的稳定性影响较小。

图 8 –17 为醋酸乙炔合成反应器,其中部温度在工艺上要求严格的控制,以确保合成气的质量。但在它的控制通道中包括了两个热交换器和一个合成反应器,当醋酸和乙炔混和气流量发生变化时,换热器的出口温度随着负荷的减小而显著地增高,并呈明显的非线性变化。如果选择换热器出口温度为副变量,反应器中部温度为主变量,构成温度与温度的串级控制系统,由于将具有非线性特性的换热器包括在副回路中,其控制质量就有极大的提高。

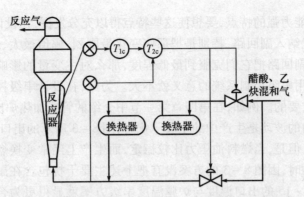

图 8 – 17　合成反应器中部温度与进口气体温度串级控制系统

综上所述,串级控制系统的适用范围比较广泛,尤其是当过程滞后较大、负荷和干扰变化比较剧烈的情况下,单回路控制系统不能胜任的工作,串级控控制系统则显示出了它的优越性。但是,在具体设计系统时应结合生产要求及具体情况,抓住要点,合理地运用串级控制系统的优点,达到提高控制量的目的。否则,不加分析地到处乱套,不仅会造成设备的浪费,而且也得不到预期的效果,甚至会影响生产正常进行。

第四节　串级控制系统的设计

合理地设计串级控制系统,才能使它的优越性得到充分发挥。一般来说,一个结构合理的串级控制系统,当干扰从副回路进入时,其最大偏差将是单回路控制系统的 $\frac{1}{10} \sim \frac{1}{100}$,当干扰从主对象进入时,串级系统仍比单回路系统优越,最大偏差仍能缩小到 $\frac{1}{3} \sim \frac{1}{5}$。因此,必须十分重视串级控制系统的设计工作。设计工作主要包括主、副回路的选择和主、副控制器的选型及正、反作用方式的确定。

一、主回路的选择

主回路的选择就是确定主变量。一般情况下,主变量的选择原则与单回路控制系统被控量的选择原则是一致的,即凡能够直接或间接地反映生产过程质量或者安全性能的参数都可被选用为主变量。由于串级控制系统副环的超前作用,使得工艺过程比较稳定,因此,在一定程度上允许主变量有一定的滞后,这就为直接以质量指标为主变量提供了一定的方便。具体的选择原则主要有:用质量指标作为被控量最直接也最有效,在条件许可时可选它作主变量;当不能选用质量指标作主变量时,应选择一个与产品质量有单值对应关系的参数作为主变量;所选的主变量必须具有足够的灵敏度;应考虑到工艺过程的合理性和实现的可能性。

二、副回路的选择

副回路的选择即确定副变量。由于串级控制系统的种种特点主要来源于它的副环,因此副环的设计好坏决定串级控制系统设计的成败。在主变量确定之后,副变量的选择一般应遵循下面几个原则。

(1) 副回路应包括尽可能多的主要干扰。前面分析已指出,串级控制系统的副回路具有动作速度快、抗干扰能力强的特点,要想使这些特点得以充分发挥,在设计串级控制系统时,应尽可能地把各种干扰纳入副回路,特别是把那些变化最剧烈、幅值最大、最频繁的主要干扰包括在副回路之内,由副回路把它们克服到最低程度,那么对主变量的影响就很小了,从而可提高控制质量,否则采用串级控制系统的意义就不大。为此,在设计串级控制系统时,研究系统的干扰来源是十分重要的。例如,在第四章第一节中介绍的管式加热炉出口温度控制系统,当燃料油流量或其压力的波动是生产中的主要干扰时,图8-3所示的出口温度与燃料油流量串级的方案是正确的。但是,当燃料油压力比较稳定,而生产上经常变换燃料油种类,或者原料油的处理量经常变动时,因图8-3的方案没有把上述主要干扰包含在副回路之内,因而是不可行的。若采用图8-15的出口温度与炉膛温度串级方案就显得更为合理,因为除将主要干扰(变换燃料油种类、调整原料油的处理量等)纳入副回路之外,还将原油的粘度、成分变化等次要干扰也包括在副回路中。这就是为什么同样是管式加热炉,有的工厂采用出口温度与燃料油流量或压力串级,而有的工厂则采用出口温度与炉膛温度串级的原因。

这里必须指出:副回路应尽可能多地包括一些干扰,但并非越多越好。因为事物总是一分为二的,包括的干扰多,能减小干扰对主变量的影响,这是有利的一面。但包括的干扰太多,势必使副变量的位置越靠近主变量,使副回路克服干扰的灵敏度反而下降。在极端情况下,副回路包括了全部干扰,主回路也就没有存在的必要,而和单回路控制系统基本一样了。因此,在选择副回路时,究竟要把哪些干扰包括进去,应对具体情况作具体分析。

(2)主、副对象的时间常数应匹配。在分析串级系统特点时已指出,由于副回路的存在,使串级系统比单回路系统的工作频率高得多,由式(8-16)可知

$$\frac{\omega_{串}}{\omega_{单}} = \frac{1 + (1 + K_{c2}K_v K_{o2}K_{m2})T_{o1}/T_{o2}}{1 + T_{o1}/T_{o2}}$$

上式说明了频率的提高与主、副对象时间常数的比值 T_{o1}/T_{o2} 有关,据此关系可作出 $\omega_{串}/\omega_{单}$ 与 T_{o1}/T_{o2} 的关系曲线,如图8-18所示。

从关系曲线可见,串级控制系统频率增长的速度,在主、副对象时间常数的比值 T_{o1}/T_{o2} 较小时最为显著,随着 T_{o1}/T_{o2} 进一步增大而明显减弱。一方面我们希望 T_{o2} 小一点以使副回路灵敏些,控制作用快一点。但另一方面,T_{o2} 过小,必然使比值 T_{o1}/T_{o2} 加大,此时对提高系统的工作频率意义不大。同时,T_{o2} 过小将导致副环过于敏感而不稳定。因此,在选择副回路时,主、副对象的时间常数比值应选择适当,一般认为 $T_{o1}/T_{o2}=3\sim10$ 之间较合适。

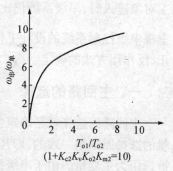

图8-18 $\dfrac{\omega_{串}}{\omega_{单}}$ 与 $\dfrac{T_{o1}}{T_{o2}}$ 关系曲线

当 $T_{o1}/T_{o2}>10$ 时,表明 T_{o2} 很小,副回路包括的干扰因素越来越少,副回路克服干扰能力强的优点未能充分利用,并且系统的稳定性也受到影响。当 $T_{o1}/T_{o2}<3$ 时,表明 T_{o2} 过大,副回路包括的干扰多,控制作用不及时。当 $T_{o1}/T_{o2}\approx1$ 时,主、副对象之间的动态联系十分紧密,如果在干扰作用下,不论主、副变量哪个先振荡,必将引起了另一个变量也振荡。这样,两个变量互相促进,振荡更加剧烈,这就是所谓"共振效应",显然应力求避免。

在实际应用中,比值 T_{o1}/T_{o2} 究竟取多大为好,应根据具体对象的情况和所希望达到的目的的要求而定。如果设置串级控制系统的目的主要是利用副环快速和抗干扰能力强的特点去克

服对象的主要干扰,那么副环时间常数就以小一点为好,只要能够准确地把主要干扰纳入副回路就行了。如果设置串级控制系统的目的是由于对象时间常数过大和滞后严重,因此希望利用副环可以改善对象特性这一特点,那么副环时间常数可以取得适当大一些。如果想利用串级控制系统克服对象的非线性,那么主、副对象的时间常数又宜拉开一些。

(3) 应考虑工艺上的合理性与可能性。因为自动控制系统是为生产服务的,因此在设计系统时,首先要考虑到生产工艺的要求,考虑到所设置的系统会不会影响到工艺系统的正常运行,然后再考虑其他方面的要求,否则将会造成劳而无功,甚至有害于生产。例如流化床催化裂化反应中,设计了如图 8-19 所示的温度与增压风量串级控制系统,反应器中的温度是反应工艺情况的指标,所以被选为主变量。由于此反应是吸热反应,其热量靠再生器烧焦的燃烧热来补充,并靠载热体与催化剂在反应器与再生器之间的循环来提供,即反应器温度受催化剂循环量或增压风量的影响。风量大,催化剂循环量多,携带热量大,反应温度高。为此,选择增压风量为副变量,与反应温度组成串级控制系统。这个系统从理论上看是合理的,但是实际使用却不理想。因为催化剂循环量的变动必然影响反应器内催化剂储存量的改变,而催化剂储存量却是催化裂化的一个重要操作条件,应该是稳定不变的。因此,这一串级控制方案对于工艺来说是不合理的。如果把这一串级控制方案改为增压风流量用单回路系统进行控制,以稳定催化剂循环量,而反应器温度通过反应器进料预热来控制,则效果将会更好。实践也证明,这样的方案是可行的。

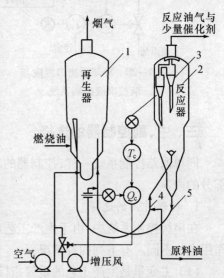

图 8-19 流化床催化裂化反应器温度与增压风串级控制系统

1—再生器;2—反应器;3—分离器;
4—再生 U 形管;5—待生 U 形管。

上述例子说明,在设计副回路时,必须注意到副变量设定值的变动在工艺上应是可行的。

(4) 要注意生产上的经济性。在副回路的设计中,若出现几个可供选择的方案时,应把经济原则和控制质量要求结合起来,能节约的应力求节约。

图 8-20 和图 8-21 所示为两个同类型的冷却器,都以被冷却气体的出口温度为主变量,但两个串级控制系统副回路的设计方案却各不相同。从控制的角度看,图 8-21 以压力为副参数肯定比图 8-20 以液位为副参数的方案要灵敏得多。但是,如从经济原则来考虑,以丙烯液面为副变量比以气丙烯压力为副变量的方案来得省。因为一方面后者仍然需要一套液面控制系统,使方案实施的基本投资提高了,另一方面要做到后者比前者控制质量好,在冷冻机入口压力相同的情况下,必须保证它的蒸发压力比前者高一些,才能有一定的控制范围,这就导致了冷却剂的作用不能充分发挥,使生产耗费增加。因此,只要以液位为副变量的串级控制方案能基本上满足工艺要求,就应尽可能地采用它。

必须指出,以上选择副回路时应考虑的一些问题,并不是在所有情况下都能适用,更不是每个控制系统都必须全面符合这些原则。应针对不同的问题作具体分析,以解决主要矛盾为上策。

串级控制系统中,操纵量的选择原则与单回路控制系统基本相同,这里不再赘述。

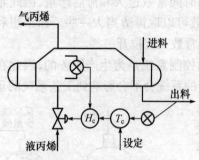

图 8-20　冷却器出口温度与
液位串级控制系统

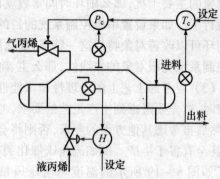

图 8-21　冷却器出口温度与
蒸发压力串级控制系统

三、主、副控制器的选择

同单回路控制系统一样,控制器的选择包括控制作用的选择和正、反作用方式的选择两个部分的内容。

1. 控制作用的选择

在串级控制系统中,由于生产工艺对主、副变量的控制要求不同,因而主、副控制器的控制作用也就不同。有下列四种情况:

(1) 主变量是生产工艺的重要指标,控制质量要求高,超出规定范围就要出次品或事故。副变量的引入主要是通过闭合的副回路来提高和保证主变量的控制精度。这是串级控制系统的基本类型。

因生产工艺对主变量的控制质量要求高,因而主控制器宜选 PI 控制作用。有时为了克服对象的容量滞后,进一步提高主变量的控制质量,则应加进微分作用,即选 PID 控制作用。对于副控制器,因对副变量的控制质量要求不高,一般选 P 作用就行了,因此时引进积分作用反而减弱了副回路的快速性。但这不是绝对的,当对象的时间常数较小、比力度又放得较大时,为了加强控制作用,也可适当引入积分作用。

(2) 生产工艺对主变量的控制质量要求比较高,对副变量的要求也不低。这时为使主变量在外界干扰作用下不致产生余差,主控制器需选择 PI 作用;同时,为了克服进入副环干扰的影响,保证副变量也达到一定的控制质量要求,副控制也应选 PI 作用。需要指出,因副控制器的设定值是由主控制器输出提供的,假如主控制器输出变化太剧烈,即使副控制器具有积分作用,副变量也不能稳定在工艺的数值上。因此,在参数整定时应考虑到这一点。

(3) 对主变量的控制质量要求不高,甚至允许它在一定范围内波动,但要求副变量能快速地、准确地跟随主控制器的输出而变化。显然此时主控制器应选 P 作用,而副控制器应选择 PI 作用。

(4) 对主变量的控制要求不十分严格,对副变量的控制质量要求也不高,采用串级控制的目的仅在于互相兼顾,例如串级均匀系统。此时,主、副控制器均可采用 P 作用。有时为了防止主变量在同向干扰作用下偏离设点值太远,主控制器也可适当引进积分作用。

总之,对主、副控制器控制作用的选择,应根据生产工艺的要求,通过具体分析而妥善地

220

选择。

2. 正、反作用方式的选择

在单回路控制系统中已指出，控制器正、反作用方式的选择原则是使整个控制系统构成负反馈系统，并且给出了"乘积为负"的判别式。这一判别式同样适用于串级控制系统副控制器正、反作用方式的选择。对于串级控制系统主控制器正、反作用的选择，其判别式为

$$（主控制器 ±）·（副对象 ±）·（主对象 ±）=（-）$$

因此，当主、副变量同向变化时，主控制器应选反作用方式，反向变化则应选正作用方式。

四、串级控制系统的实施方案

在主、副变量和主、副控制器选型确定之后，就可以考虑串级控制系统的具体构成方案。由于仪表种类繁多，人们对系统功能的要求也各不相同，因此对于一个具体的串级控制系统就有着不同的实施方案。究竟采用哪种方案为好，这就要看具体的情况和条件而定。一般来说，需要考虑以下几个问题：

（1）所选择的方案应能满足指定的操作要求。这里指除串级运行情况外，还有无需要副环或主环单独进行自控的考虑。对于一个具体的系统来说，要求它的功能越多，方案就越复杂，所用的仪表也越多。这不仅增加了投资费，而且维修工作量也大，出故障的可能性也多。因此，如非十分必要，以选用串级遥控方案为宜。

（2）系统要尽量简单可靠、设备投资少。这样既可使操作简便，又保证经济性。

（3）系统维修力求方便。特别是当某些单元出现故障时，应能立即切入遥控，以保证生产的正常进行和查找故障点。

（4）应考虑是否会有积分饱和现象，如有这种可能，就必须在方案设计时同时考虑抗积分饱和的措施。

为了说明上述原则的应用，我们以电动Ⅲ型仪表组成的两种串级控制系统方案为例。

图8-22的方案采用了两台控制器，主、副变量通过一台双笔记录仪同时进行记录。此方案结构简单，使用仪表较少，可进行手动遥控、副环自控和串级控制三种操作状态，能满足一般生产的要求，但存在主控制器不能单独运行的缺点。

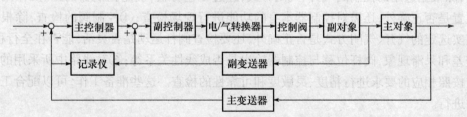

图8-22　电动Ⅲ型仪表组成的一般串级控制方案

图8-23的方案的特点是在副控制器的输出端上增加了一个切换开关，并且与主控制器输出相连接。因此，除能进行手动遥控、副回路自控和串级控制外，还能实现主回路直接自控。但是，对这种主回路的直接自控方式应当限制使用；特别是当副控制器为正作用时，只有主控制器换向后，方可进行这种主回路的直接自控。当切换回串级控制时，又要进行换向，否则将会造成不良的后果。

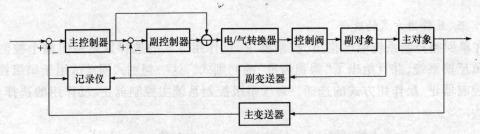

图 8-23　电动Ⅲ型仪表组成的主控—串级控制方案

第五节　串级控制系统的运行

串级控制系统的运行包括系统的投运和控制器参数整定两个方面,本节将重点介绍串级控制系统的整定方法。

一、串级控制系统的投运

所谓投运,就是通过适当的步骤使主、副控制器从手动工作状态转到自动工作状态。串级控制系统的投运方法,总的说来有两种:一种是先投副环后投主环;另一种是先投主环后投副环。目前普遍采用的投运方法是前一种,后一种方法用得很少。因此,下面介绍先副环后主环这种投运方法。和单回路系统的投运要求一样,串级控制系统的投运过程也必须保证无扰动切换的要求。这就是控制器从手动工作状态转入到自动工作状态时,在转换过程中必须保证没有扰动进入系统,当控制器从自动工作状态转入到手动工作状态时,同样也有这一要求。这是保证生产稳定运行的必要条件。

为了保证串级控制系统顺利地投入运行,必须做好投运前的各项准备工作,特别是对于新设计的系统,尤其不应忽视这一步。具体的准备工作包括:①电、气线路的检查,主要是检查线路有无接错及其通断情况,对气动管线还要检查有无漏气和堵死等情况;②一次仪表与变送器的检查,包括一次仪表和变送器的现场校验,要保证达到规定的精度和灵敏度要求;③控制器的检查,除根据选用的控制阀气开、气闭方式,经过工艺分析,确定控制器的正、反作用方向并校核放置是否正确外,还需对控制器本身的功能进行现场检查;④控制阀的检查,除根据工艺情况核实选定的气开、气闭方式是否正确外,还要检查阀杆运动是否灵活,能否在全行程工作,有无变差和呆滞现象,阀杆位移与控制器输出是否成线性关系等;⑤对线路中所采用的其他部件也应按照相应的要求进行精度、灵敏度和可靠性的检查。这些准备工作,可以配合工艺的启动一并进行。

不同类型的控制器,由于它们的结构特点不同,实现无扰切换的方法也不同,这里以电动Ⅲ型控制器组成的主控—串级方案的投运过程为例。

这种方案的原理图如图 8-24 所示,转换开关投向上方时,系统呈串级运行状态,投向下方时,则呈主控工作状态。本方案的投运步骤如下:

1. 投主控的步骤

(1) 主控制器置于"手动"位置,转换开关打到"主控"位置,通过主控制器的手操作器进行遥控。这时,副控制器的输出送假负载。

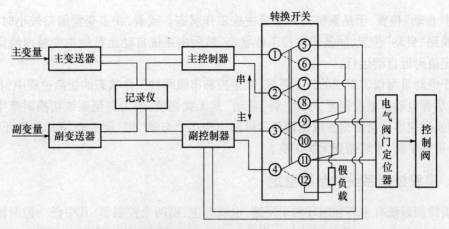

图 8-24　用电动Ⅲ型控制器组成主控—串级方案原理图

（2）当遥控使主变量等于工艺规定的设定值并且稳定后,在偏差表指示为零的时刻,将主控制器切换开关打到"自动"位置,系统即呈现主控工作状态。电动Ⅲ型控制器"手动"切换到"自动"时是无扰切换。切换后系统以主控状态在给定值附近自动运行。也可在偏差较小时,将主控制器切换到"自动"位置,由系统自动运行使主变量向给定值靠拢,然后以主控状态在给定值附近自动运行。

2. 主控转串级的投运步骤

（1）先做平衡,将副控制器切换开关打到"硬手动"或"软手动"位置,并调节副控制器的手动操作器,使其手动输出等于主控制器的自动输出,然后将转换开关由主控打到串级位置,此时控制系统即成副环遥控工作状态。这时,主控制器的输出送副控制器的外给定。

（2）将主控制器切换开关打到"硬手动"或"软手动"位置并调节其手动操作器,使副控制器的偏差表指示为零,然后将副控制器的切换开关打到"自动"位置,这时系统则成副环自控工作状态。或者仿照主控制器切换时的做法,在偏差较小时,将副控制器切换到"自动"位置,由系统自动运行使副变量向主控制器的手动输出(副控制器的设定值)靠拢,然后成副环自动运行状态。

（3）主环遥控使主变量向设定值靠拢,在副环控制稳定且主控制器偏差表指示等于零的时刻,将主控制器的切换开关打到"自动"位置,这时系统则成串级控制工作状态。或者在偏差较小时,将主控制器切换到"自动"位置,系统成串级控制工作状态,再由系统自动运行使主变量向给定值靠拢并在给定值附近自动运行。

3. 串级转主控的投运步骤

（1）先做平衡,调节副控制器的"硬手动"操作器,使副控制器的手动输出等于副控制器的自动输出,然后立即将副控制器的切换开关由"自动"打到"硬手动"位置,系统则成副环硬手操遥控工作状态。因事先平衡,切换前后副控制器的输出是一样的,故是无扰切换。也可直接将副控制器切换到"软手动"位置,系统则成副环软手操遥控工作状态。电动Ⅲ型控制器"自动"切换到"软手动"时是无扰切换,无需事先平衡。

（2）将主控制器切换开关打到"硬手动"或"软手动"位置,并调节主控制器的手操器,使主控制器的手动输出等于副控制器的手动输出,然后将转换开关从"串级"打到"主控"位置,于是控制系统呈主环遥控工作状态。这时,副控制器的输出又送假负载。

（3）主环遥控稳定,并且主变量偏差等于零的时刻,迅速将主控制器的切换开关由"手动"打到"自动"位置,于是系统又回复成主控工作状态。或者,在主变量偏差较小时,将主控制器切换到"自动"位置,回复成主控工作状态,然后由系统自动运行使主变量向给定值靠拢并在给定值附近自动运行。

对于电动Ⅲ型仪表组成的控制系统,在主控和串级两种工作状态的切换过程中,有两点需注意:①尽管电动Ⅲ型控制器"手动"切"自动"是无扰切换,但为避免系统切换时产生过大的波动,切换时应事先消除偏差或使偏差尽可能小些;②"自动"切"硬手动"和"转换开关"切换时,需要事先平衡,才能做到无扰切换。

二、串级控制系统的参数整定

串级控制系统有主环和副环两个回路,也就有主、副两个控制器,其中任一控制器的任一参数值发生变化,对整个串级系统都有影响。因此,串级控制系统控制器的参数整定比单回路控制系统要复杂一些。但整定的实质却是相同的,这就是通过改变控制器的参数,来改善控制系统的静、动态特性,以求取最佳的控制过程。

串级控制系统从主回路来看,是一个定值控制系统,因而其控制质量指标和单回路定值控制系统是一样的。从副回路来看,它是一个随动系统,一般讲,对它的控制质量要求不高,只要能准确、快速地跟随主控制器的输出而变化就行了。两个控制回路完成任务的侧重点不同,对控制质量要求也就往往不同,因此必须根据各自完成的任务和质量要求去确定主、副控制器的参数。串级控制系统控制器参数整定的方法,常用的有逐步逼近法、两步法和一步法三种。下面对这三种方法的步骤、特点及使用中应该注意的问题作一介绍。

1. 逐步逼近法

所谓逐步逼近法,就是先在主环断开的情况下,求其副控制器的整定参数,然后将副控制器参数放在所求得的数值上,再使主回路闭合起来求取主控制器的整定参数。之后,将主控制器参数放在所求的参数值上,再行整定,求出第二次副控制器的整定参数。比较两次整定的参数及控制质量,如果满意了,整定工作就此结束。如不满意,再依此法求取第二次主控制器的整定参数值。如此循环下去,直至求得合适的整定参数值。显然,每循环一次,其整定参数就与最佳参数接近一步,故称为逐步逼近法。

整定步骤可归纳为:

(1)主环断开,把副环看成一个单回路控制系统,按单回路控制系统参数整定的方法求取副控制器的整定参数$[W_{c2}]^1$。

(2)副控制器的参数置于$[W_{c2}]^1$数值上,将主环闭合,而把副环视为一个等效对象,这样串级系统又成为一个单回路控制系统,于是同样按单回路控制系统参数整定方法,求取主控制器的整定参数$[W_{c1}]^1$。

(3)系统处于串级运行状态,主控制器参数置于$[W_{c1}]^1$,主设定值加扰动,再求取副控制器的整定参数$[W_{c2}]^2$,至此已完成一次逼近循环。如控制质量已达到要求,整定工作就此结束。主、副控制器的整定参数分别取$[W_{c1}]^1$及$[W_{c2}]^2$。

(4)如果控制质量经一次循环还不能满足要求,则需要继续整定下去。将副控制器参数置于$[W_{c2}]^2$,再求取主控制器的整定参数$[W_{c1}]^2$。依此循环进行,逐步提高,直至控制质量满足要求。

这种方法虽属可行,但往往费时较多,特别是副控制器采用 PI 作用时。

2. 两步整定法

所谓两步整定法,就是根据串级控制系统分为主、副两个闭合回路的实际情况,分两步进行。第一步整定副控制器参数;第二步,把已整定好的副控制器视为串级控制系统的一个环节,对主控制器参数进行整定。

两步整定法依据于下述两个实际情况:①一个设计正确的串级控制系统,主、副对象的时间常数应适当匹配,一般要求 $T_{o1}/T_{o2} = 3 \sim 10$。这样,主、副回路的工作频率和操作周期就大不相同,主回路的工作周期远大于副回路的工作周期,从而使主、副回路间的动态联系很小,甚至可以忽略。因此,当副控制器参数整定好之后,可视它为主回路的一个环节,按单回路系统的方法整定主控制器参数,而不再考虑主控制器参数变化会反过来对副环的影响。②一般工业生产中,对主变量的控制要求很高、很严,而对副变量的控制要求较低。在多数情况下,副变量设置的目的是为进一步提高主变量的控制质量。因此,当副控制器参数整定好之后,再整定主控制器参数时,虽然会影响副变量的控制质量,但是,只要主变量通过主控制器的参数整定保证了控制质量,副变量的质量牺牲一点也是允许的。

两步法的整定步骤是:

(1) 在工艺生产稳定,系统处于串级运行,主、副控制器均为比例作用条件下,先将主控制器的比例度固定在100%刻度上,然后逐渐降低副控制器的比例度,求取副回路在满足某种递减比(例如4:1)下的副控制器比例度 δ_{2s} 和操作周期 T_{2s}。

(2) 在副控制器比例度等于 δ_{2s} 的条件下,逐步降低主控控制器的比例度,求取同样的递减比过程中主控制器的比例度 δ_{1s} 和操作周期 T_{1s}。

(3) 按已求得的 δ_{1s}、T_{1s}、δ_{2s}、T_{2s} 值,结合控制器的选型,按单回路控制系统衰减曲线法整定参数的经验公式,计算主、副控制器的整定参数值。

(4) 按照先副后主、先 P 次 I 后 D 顺序,将计算出的参数值设置到控制器上,作一些扰动试验,观察过渡过程曲线,适当调整,直至过渡过程质量最佳。

和逐步逼近法相比,显然此法简便得多,并且在对主、副变量控制质量要求不同的情况下,用此法整定的参数,其结果比较准确,因而获得了广泛的应用。

整定实例:某化肥厂硝酸生产过程中有一套氧化炉温度与氨气流量串级控制系统,炉温为主变量,对它的要求较高,最大偏差不得超过 ±5℃。对副变量氨流量要求不高,允许在一定范围内变化。其整定过程如下:

(1) 在串级运行条件下,将炉温控制器的比例度放在100%刻度上,$T_I = \infty$;氨流量控制器的 $T_I = \infty$,并将比例度由大至小逐步调整,使得副变量呈现4:1的振荡过程,此时副控制器的比例度 $\delta_{2s} = 32\%$,操作周期 $T_{2s} = 15s$。

(2) 将氨流量控制器的比例度置32%刻度上,$T_I = \infty$,将主控制器的比例度由100%往小的方向逐步调整,得到主变量呈现4:1振荡过程的参数 $\delta_{1s} = 50\%$,$T_{1s} = 7min$。

(3) 按4:1衰减曲线法控制器整定参数的经验计算公式,计算主、副控制器的整定参数。

主控制器:

$$\delta_1 = \delta_{1s} \times 1.2 = 60\%$$
$$T_1 = T_{1s} \times 0.5 = 3.5min$$

副控制器:

$$\delta_2 = \delta_{2s} = 32\%$$

将上述计算出的参数,按规定的次序分别置于主、副控制器上,使串级控制系统在该参数下运行。经运行考验,主变量稳定,满足了工艺的要求。

3. 一步整定法

两步整定法虽然适应性强,但由于分两步整定,要寻求两个4∶1衰减过程,因而仍比较费时。通过实践,对两步法进行了简化,从而得出了一步整定法。显然此法的整定准确性略低于两步整定法,但由于该方法更简单,因而获得了广泛应用。所谓一步整定法,就是根据经验先确定副控制器的整定参数,将其放好,然后按单回路控制系统控制器的整定方法,整定主控制器的参数。

一步整定法的依据首先在于它有实验基础。在生产实践中发现,对于一个在纯比例作用下的串级控制系统,当主变量满足4∶1衰减过程时,其主、副控制器的放大系数 K_{c1}、K_{c2} 可以有好几组,但 K_{c1} 与 K_{c2} 的相互关系近似满足 $K_{c1}K_{c2} = K_s$(常数)。表8-1为某控制系统的实验数据,可以说明这一结论的正确性。

表 8-1 主、副控制器参数匹配关系试验数据

序号 \ 参数	副控制器		主控制器		过渡过程时间 /min	K_s
	δ_2	K_{c2}	δ_1	K_{c1}		
1	40%	2.5	75%	1.33	9	3.32
2	30%	3.33	100%	1	10	3.33
3	25%	4	125%	0.8	8	3.2

当采用1~3组整定参数时,控制系统均得到4∶1衰减过程,过渡过程时间在9min左右,而 K_s 一般约为3.3。由此可见,在被控对象特性不变的情况下,为了得到同样的递减比控制过程,主、副控制器的放大系数可以在某一范围内任意匹配,而控制效果基本相同。这样,我们就可以依据经验,先将副控制器的参数确定一个数值,然后按一般单回路控制系统控制器参数的整定方法整定其主控制器的参数。虽然按经验一次放上的副控制器参数大小不一定合适,但可以通过调整主控制器的放大系数而得到补偿,使主变量最终得到4∶1的衰减过程。

一步整定法的依据也可以从理论分析给予证明。在串级控制系统的方框图中,如果把它的副回路看成是一个完成"粗调"任务的控制器,那么,整个串级控制系统可以看作是两个控制器串在一起的单回路控制系统。这时,等效控制器的放大系数 K_c,等于主控制器的放大系数 K_{c1} 与副回路放大系数 K'_2 的乘积,并且,在纯比例作用下,只要满足

$$K_c = K_{c1}K'_2 = K'_s \qquad (8-43)$$

控制系统就产生4∶1衰减过程。这里 K'_s 为某一特定值,而 K_{c1} 与 K'_2 允许在一定范围内任意匹配,只要二者的乘积为 K'_s 就行了。

下面我们来看 K'_s 与副控制器的放大系数有什么样的关系。当把副回路视为一等效对象时,其放大系数 K'_{o2} 已由式(8-3)给出。而 K'_2 就是 K'_{o2},因此有

$$K'_2 = K'_{o2} = \frac{K_{c2}K_vK_{o2}}{1 + K_{c2}K_vK_{o2}K_{m2}}$$

当 $K_v = K_{m2} = 1$ 时,则有

$$K'_2 = \frac{K_{c2}K_{o2}}{1 + K_{c2}K_{o2}} \qquad (8-44)$$

上式就是副回路放大系数 K'_2 与副控制器放大系数 K_{c2} 之间的关系式。对于确定的被控对象，K_{o2} 的数值是确定的，不同对象 K_{o2} 也不同。因此，如果把 K_{o2} 作为参变量，由式(8 - 44)可绘出一组 K'_2 与 K_{c2} 的关系曲线，如图 8 - 25 所示。

由图可见，在一定范围内，副回路的放大系数 K'_2 与副控制器的放大系数 K_{c2} 近似呈线性关系。K_{c2} 的范围越窄，线性关系越好，线性误差也越小。并且随着 K_{o2} 的增大，要保证 K'_2 与 K_{c2} 的线性关系，则 K_{c2} 的范围将缩小，而 K'_2 的范围将扩大，但在 $0 < K_{c2}K_{o2} < 0.5$ 这个范围内，K'_2 与 K_{c2} 总呈线性关系，即

$$K'_2 = kK_{c2} \qquad (8 - 45)$$

式中：k 为图 8 - 25 曲线中近似直线部分的斜率，由 K_{o2}

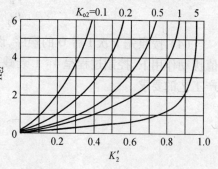

图 8 - 25 K'_2 与 K_{c2} 关系曲线

决定。K_{o2} 越大，k 值越小；反之，k 值越大。而 K_{c2} 受关系 $0 < K_{c2}K_{o2} < 0.5$ 所限制，K_{o2} 越大，K_{c2} 就越小。因此，K_{o2} 一经确定，k 值也就定了，K_{c2} 的范围也就相应地确定了。

将式(8 - 45)代入式(8 - 43)可得

$$K'_s = K_{c1}K'_2 = K_{c1}kK_{c2} \qquad (8 - 46)$$

由此可见，在线性范围内，K_{c1} 与 K_{c2} 可以任意匹配，只要乘积为 K'_s，均可获得 4 : 1 衰减过程。

在估计副控制器的比例度时，可利用图 8 - 25 的线性范围，即利用 $K_{c2}K_{o2} = 0.5$ 这一关系，从副对象的放大系数 K_{o2} 求出副控制器的最大放大系数 K_{c2}。如果 K_{o2} 无法测得，这时可用表 8 - 2 的经验范围确定 K_{c2}。

一步法的整定步骤：

（1）由副对象的 K_{o2} 或根据副变量的类型，由表 8 - 2 选择一个合适的副控制器放大系数 K_{c2}，按纯比例作用设置在副控制器上。

表 8 - 2　副控制器参数匹配范围

副变量	放大系数 K_{c2}	比例度 δ_2	副变量	放大系数 K_{c2}	比例度 δ_2
温度	5 ~ 1.7	20% ~ 60%	流量	2.5 ~ 1.25	40% ~ 80%
压力	3 ~ 1.4	30% ~ 70%	液位	5 ~ 1.25	20% ~ 80%

（2）将串级控制系统投入运行，然后按单回路控制系统数整定方法，整定主控制器的参数。观察控制过程，根据 K 值匹配原理，适当调整控制器参数，直到主变量控制质量最好。

（3）如果在整定过程中出现"共振"，只需加大主、副控制器任一比例度值就可以消除。如果共振太剧烈，可先切换到手动，待生产稳定后，重新投运，重新整定。

一步法的应用实例：某化工厂在石油裂解气冷却系统中，通过液态丙烯的汽化来吸收热量，以保持裂解气出口温度的稳定。为此，设置了一套裂解气出口温度与丙烯蒸发压力串级控制系统，如图 8 - 21 所示。对此系统采用一步整定法，其具体步骤为：

（1）副变量是压力，反应快、滞后小，因此，在经验范围 $\delta_2 = 30\% \sim 70\%$ 中，取 δ_2 为 40%。

（2）将副控制器的比例度放在 40% 刻度上，$T_I = \infty$，$T_D = 0$，在串级运行状态下，按 4 : 1 衰减过程整定主控制器参数得到 $\delta_{1s} = 30\%$，$T_{1s} = 3\min$。

（3）按 4∶1 衰减法的经验公式，计算主控制器的整定参数。

$$\delta_1 = \delta_{1s} \times 0.8 = 24\%$$
$$T_{I1} = T_{1s} \times 0.3 = 0.9\text{min}$$
$$T_{D1} = T_{1s} \times 0.1 = 0.3\text{min}$$

（4）按照先 P 次 I 后 D 的顺序，设置主控制器的参数值，使系统串级运行。在 3% 的设定值扰动作用下，控制过程呈 4∶1 衰减，其超调量为 1.5℃，过渡过程时间为 2min，完全满足生产工艺的要求。

第九章　其他控制系统

第一节　比值控制系统

一、基本概念

在各种工业生产过程中，工艺上常要求两种或两种以上的物料流量保持一定比例关系，一旦比例失调就会影响生产的正常进行，使产品质量下降，甚至造成生产事故。

例如，某农药厂在乐果生产中，由于第一工序制得的硫化物不纯，含量仅80%，其余20%统称中性油。根据硫化物能溶于水，而中性油不溶于水的性质，采用水洗方法将中性油除去。硫化物与水的比例以1：2.5为宜，若水流量太小，硫化物不能完全溶解，达不到分离的目的；若水流量太大，则得到的硫化物浓度太低，影响后一工序产品的质量。显然，这个流量比例问题对于以低消耗获得高产率具有重要意义。又如硝酸生产中的氧化炉，其进料是氨气和空气，为了使氧化反应能顺利进行，二者流量应保持一个合适的比例。但同时还应从安全角度考虑，因为氨气是可燃的，常温常压下，当氨气在空气中的含量在15%～28%时有产生爆炸的危险。因此，保证氨气和空气进料量的比例，不让它进入爆炸范围，这对安全生产来说具有重要的意义。再如，在锅炉燃烧过程中，需要自动保持燃料量和空气量按一定比例混合进入炉膛，才能保证燃烧的经济性。显然。类似的问题在各种工业生产中是大量存在的。

因此，凡是把两种或两种以上的物料量自动地保持一定比例的控制系统，就称为比值控制系统。

在需要保持比例关系的两种物料中，必定有一种物料处于主导地位，称此物料为主物料或主动量，用 Q_1 表示。而另一种物料按主物料进行配比，在控制过程中跟随主物料而变化，因此称为从物料或从动量，用 Q_2 表示。在比值控制系统中，物料参数几乎全是流量，因而常将主动量称为主流量，从动量称为副流量。工艺要求的主、副流量间的比值用 K 表示。

如上所述，在比值控制系统中，从动量是随主动量按一定比例变化的，因此，比值控制系统实际上是一种随动控制系统。

二、比值控制系统的类型

1. 开环比值控制系统

开环比值控制系统原理如图 9－1 所示，它是比值系统中最简单的控制方案。在稳定状态时，两物料的关系满足 $Q_2 = KQ_1$ 的要求。当主物料 Q_1 在某一时刻由于干扰作用而发生变化时，比值器（比例控制器）按 G_1 对设定值的偏差发出信号去改变控制阀的开度，使从物料 Q_2 重新与变化后的 Q_1 保持原有比例关系。显然，主物料 Q_1 仅提供测量变送信号给控制器，本身并没有形成反馈回路；从物料 Q_2 则没有测量输入信号，只有控制信号，因此整个系统是开环的。

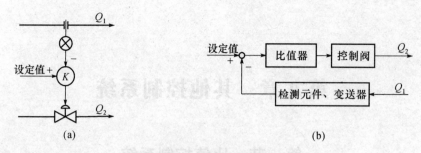

图 9 – 1　开环比值控制系统

(a) 原理图；(b) 方框图。

开环比值控制系统虽然结构简单,所用仪表少,仅需一台变送器和一台比例控制器就可实现。但是,只有当 Q_1 变化时才起作用。假若 Q_1 不变,而 Q_2 因管线两端压力波动而引起变化时,由于系统不起控制作用,控制阀位置不会变,必然破坏了 Q_1、Q_2 间的比值关系。因此,只有当副流量没有干扰的情况下这种方案才适用,然而副流量的干扰常常是不可避免的。因此,这种开环比值控制方案实际上很少应用。

2. 单闭环比值控制系统

单闭环比值控制系统是为克服开环比值方案的不足而设计的,它是在开环比值控制系统的基础上,增加了一个副流量控制回路而构成的,如图 9 – 2 所示。

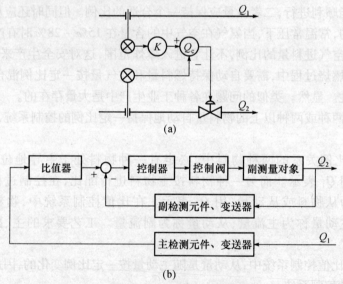

图 9 – 2　单闭环比值控制系统

在稳定状态下,主、副流量满足工艺要求的比值,即 $Q_2/Q_1 = K$ 为一常数。当主流量变化时,其流量信号经变送器送到比值器,比值器则按预先设置好的比值使输出成比例地变化,也就是成比例地改变副流量控制器 Q_c 的设定值,从而使 Q_2 跟随 Q_1 变化,使得在新稳定状态下,$Q_2''/Q_1'' = K$ 保持不变。当副流量 Q_2 由于干扰作用发生变化时,这时因主流量 Q_1 不变,经过主检测元件、主变送器,由比值器送到控制器的设定值不变,因此,对于副流量的干扰,闭合回路相当于一个定值控制系统予以克服,使工艺要求的两流量比值仍不变。

如果比值计算器采用比例控制器,并把它视为主控制器,由于它的输出作为流量控制器的设定值,两控制器是串联工作的。因此,单闭环比值控制系统在连接方式上和串级控制系统相同,

230

但从系统总体结构看和串级控制系统不是完全一样的。它只有一个闭合回路,该回路对 Q_1 是一个随动系统,对 Q_2 的干扰是一个定值控制系统,因此,它与串级控制系统的副回路相同。

图 9-3 是单闭环比值控制系统的应用实例。丁烯洗涤塔的任务是用水除去丁烯馏分中所夹带的乙腈,为了保证洗涤质量,要求根据进料流量配以一定比例洗涤水量。

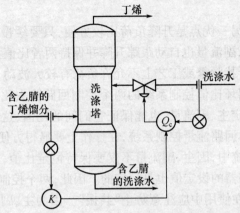

图 9-3 丁烯洗涤塔进料量与洗涤水量的比值控制系统

单闭环比值控制方案的优点是:它不但能实现副流量跟随主流量的变化而变化,而且能克服副流量本身干扰对比值的影响,从而实现主、副流量的精确比值;结构形式简单,实施起来比较方便。因此,这种比值控制方案已大量地得到应用。但是,这种方案因主流量可以因干扰作用或负荷的升降而任意变化,即它是不受控的,因此当它出现大幅度波动时,副流量在控制过程中相对于控制器的设定值会出现较大的动态偏差,主、副流量的比值就会较大地偏离工艺要求的流量比,即不能保证动态比值。因此,这种比值控制方案对于严格要求动态比值的场合是不合适的。同时,对于负荷变化幅度大,物料又直接去化学反应器的场合,也是不适合的。因为负荷变化幅度大,使参加化学反应的物料总量变化大,有可能造成反应不完全或反应放出的热量不能及时被带走等,从而给反应带来一定的影响,甚至造成事故。因此,单闭环比值控制方案一般在负荷变化不太大时选用为宜。

3. 双闭环比值控制系统

双闭环比值控制系统是为了克服单闭环方案主流量不受控所造成的不足而设计的。它是在单闭环比值方案的基础上,增加了主流量控制回路而构成的,如图 9-4 所示。

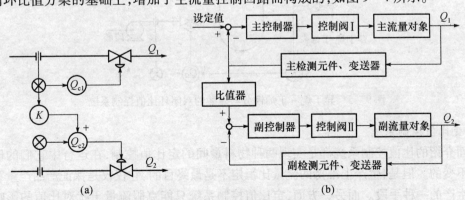

图 9-4 双闭环比值控制系统
(a) 原理图;(b) 方框图。

双闭环比值控制系统实际上是由一个定值控制的主流量控制回路和一个由主流量通过比值器而设定的属于随动控制系统的副流量控制回路组成。正是由于主流量控制回路的存在，实现了对主流量的定值控制，大大克服了主流量干扰的影响，使主流量变得比较平稳。通过比值控制，副流量也将比较平稳。这样，系统总负荷将是稳定的，从而克服了上述单闭环比值控制系统的缺点。

双闭环比值控制系统另一优点是升降负荷比较方便，只要缓慢改变主流量控制器的设定值就可升降主流量。同时，副流量也自动跟踪升降并保持两者比值不变。因此，对于这种比值控制方案，常用在主流量干扰频繁或工艺上不允许负荷有较大波动，或工艺上经常需要升降负荷的场合。需要指出，双闭环比值控制系统的两个控制回路除去比值器则是独立的。若用两个单回路控制系统分别稳定主、副流量，也能保证它们间的比值，这样在投资上可以节省一台比值器。并且，对于两个单回路流量控制系统，在操作上要显得方便些。

在双闭环比值控制系统中，因主、副流量不仅要保持恒定比值，而且主流量要维持在设定值上，控制结果副流量控制器的设定值也是恒定的。因此，两个控制器均应选择 PI 控制作用。

双闭环比值控制系统在使用中应注意防止"共振"。因为主、副控制回路通过比值器是互相联系着的，当主流量进行定值控制后，其变化幅值肯定大大减小，但变化的频率往往会加快，使副流量控制器的设定值经常处于变化之中。当它的频率与副流量回路的工作频率接近时，有可能引起共振，以致系统无法投入运行。因此，对主流量控制器进行参数整定时，应尽量保证其输出为非周期变化，从而防止产生共振。

图 9-5 为烷基化装置中的双闭环比值控制系统示意图。进入反应器的异丁烷-丁烯馏分要求按比例配以催化剂硫酸，同时又要求各自的流量比较稳定。在稳定状态下，异丁烷-丁烯馏分和硫酸以一定的比值定量地进入反应器。在某一时刻，当进料量受干扰作用而变化时，该变送器的输出一方面送主控制器进行主流量的定值控制，另一方面经比值器后送副控制器改变副回路的给定值，经过两个回路的自动调节，使两个物料量均重新回到设定值，并保持原比值不变。

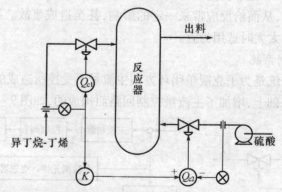

图 9-5　异丁烷-丁烯馏分与硫酸的双闭环比值控制系统

4. 变比值控制系统

前面介绍的比值控制系统都是实现两种物料量间的定比值控制，在运行中它们的比值系数都是不变的。但是，生产上维持两流量比恒定不是最终目的，它仅仅是保证产品产量和质量或安全生产的一种手段。而另一方面，定比值控制系统只能克服流量干扰对比值的影响。当系统中存在着除流量干扰外的其他干扰，如温度、成分、反应器中触媒活性的变化等干扰时，为了保证产品的质量,必须适当地修正进料流量的比值,即重新设置比值系数。由于这些干扰往往是随机的,干扰幅值又各不相同,显然无法用人工方法去经常修正比值系数,定比值控制系统也无能为力。因此,出现了按一定工艺指标自行修正比值系数的变比值控制系统。图9-6为用除法器构成的变比值控制系统方框图。

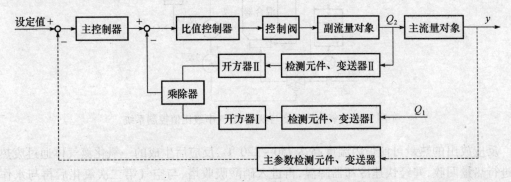

图9-6 用除法器构成的变比值控制系统方框图

由图可见,变比值控制系统实际上是一个以某种质量指标 y(常被称为第三参数或主参数)为主变量而以两流量比为副变量的串级控制系统。因此,也常将变比值系统称为串级比值系统。

该系统在稳定状态下,主、副流量恒定,它们分别经检测、变送、开方运算后送入除法器相除,其输出表征了它们的比值,同时作为比值控制器的测量信号。这时,表征某产品质量指标的主参数 y 也恒定。所以,主控制器输出信号稳定,且和比值信号相等,比值控制器输出稳定,控制阀处于某一开度,产品质量合格。

当出现影响产品质量的流量干扰时,通过比值控制回路及时克服,保证流量比值一定,从而大大减少了干扰对产品质量的影响。

当主副、物料的温度、压力变化时,对于气体流量来说,尽管比值控制能保证主、副流量的变送信号比值不变,但这是在新的温度或压力下的比值,在没有进行温度或压力补偿时,它不能表示两流体原来的真实流量比,最终必影响到产品质量指标 y 偏离设定值,使主控制器输出变化,从而修正了比值控制器的设定值,即修正了比值,使系统在新的比值上重新稳定。

同样,当主、副物料成分发生变化时,虽然它们的流量比值不变,但因参加混合或反应的有效成分的比例变化了,这将直接影响产品质量,使 y 偏离设定值。通过主控制器修正比值,直到主、副流量的有效成分比例回到原来比例时,系统才稳定下来。

若主、副物料是去进行化学反应的,当反应器内由于触媒衰老等干扰引起产品质量指标 y 偏离设定值时,也需要对比值进行修正,变比值控制系统同样能自动地完成这一任务。

在变比值控制系统中,我们选取的第三参数 y 往往是衡量产品质量的最终指标,而流量比值只是参考指标和控制手段。因此,在选用这种方案时必须考虑第三参数 y 是否可以进行连续的测量,否则,系统方案将无法实施。

图9-7是串级比值控制系统的应使用实例。

氧化炉是硝酸生产中的关键设备,其任务是将原料氨气和空气在混合器内混合,经过滤器加入到氧化炉中,氨氧化生成一氧化氮气体,同时放出大量的热,其反应方程式为

$$4NH_3 + 5O_2 \Longleftrightarrow 4NO + 6H_2O + Q$$

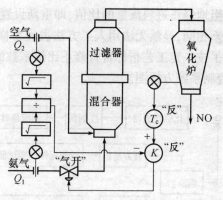

图 9 - 7 氧化炉温度与氨气/空气串级比值控制系统

反应放出的热量可使炉内温度高达 750～820 ℃，反应后生成的一氧化氮气体通过废热锅炉进行热量回收，并经快速冷却器降温，再进入硝酸吸收塔，与空气第二次氧化后再与水作用生成稀硝酸。在整个生产过程中，稳定氧化炉的操作是保证优质高产、低耗、无事故的首要条件，而稳定氧化炉操作的关键是反应温度，因此氧化炉温度可以间接表征氧化生产的质量指标。

经测定，混合器中氨含量的变化是影响氧化炉温度的主要因素，当含量增加 1% 时，炉温将上升 64.9℃。若设计一套比值控制系统，保证进入混合器的氨气和空气的比值，就可基本上控制反应放出的热量，即基本控制了氧化炉的温度。但是，影响氧化炉温度变化的其他干扰很多，如进入氧化炉的氨气和空气的初始温度变化，意味着物料带入的能量变化，直接影响炉内温度；负荷的变化关系到单位时间里参加化学反应的物料量，负荷增加，参加反应的物料量增加，放出的热量就多，炉温就上升；送入混合器的氨气、空气的温度、压力变化，会影响流量测量的精度，若不进行补偿，则要影响它们的真实比值，也就会影响氧化炉的温度；其他还有大气温度、压力变化，空气中水蒸气的含量变化，触媒的活性变化等，均对氧化炉温度有不同程度的影响。也就是说，仅仅保证氨气和空气的比值，还不能最终保证氧化炉温度恒定。因此，必须根据氧化炉温度的变化来适当修正氨气和空气的流量比，以维持氧化炉温度不变。所以，这里设计了图 9 - 7 所示的以氧化炉温度为主变量、氨气和空气流量比值为副变量的串级比值控制系统。

当出现直接引起氨气/空气流量比值变化的干扰时，通过比值控制系统可以得到及时克服，以保证炉温不变。对于其他干扰引起的炉温变化，则可通过温度控制器对氨气/空气比值进行修正，以保证氧化炉温度恒定。

由于变比值控制系统具有串级控制系统的结构形式，有关主、副变量的选择和控制器的选型等问题均可参照串级控制系统进行。

三、比值控制系统的实施

1. 比值系数的折算

比值控制的实质是解决物料量之间的比例关系问题。工艺上要求的比值 K 是指两流体的重量或体积流量之比，而通常所用的单元组合仪表使用的是统一标准信号。电动单元组合仪表是 $0～10mA$ 或 $4～20mA$ 直流电流，气动仪表是 $0.02～0.1MPa$ 气压。显然，必须把工艺上的比值 K 折算成仪表上的比值系数 K'，才能进行比值设定。比值系数的折算方法随流量与测量信号间是否呈线性关系而不同。

1）流量与测量信号成线性关系时的折算

转子流量计、涡轮流量计、差压变送器经开方运算后的流量信号均与测量信号成线性关系。下面以 DDZ - Ⅲ型仪表为例，说明比值系数的折算方法。

当流量由零变至最大值 Q_{max} 时,变送器对应的输出为 4～20mADC,则流量的任一中间值 Q 所对应的输出电流为

$$I = \frac{Q}{Q_{max}} \times 16\text{mA} + 4\text{mA} \tag{9-1}$$

则有

$$Q = (I - 4\text{mA})Q_{max}/16\text{mA} \tag{9-2}$$

由式(9-2)可得工艺要求的流量比值

$$K = \frac{Q_2}{Q_1} = \frac{(I_2 - 4\text{mA})}{(I_1 - 4\text{mA})} \frac{Q_{2max}}{Q_{1max}} \tag{9-3}$$

由此可折算成仪表的比值设定值 K'

$$K' = \frac{I_2 - 4\text{mA}}{I_1 - 4\text{mA}} = K \frac{Q_{1max}}{Q_{2max}} \tag{9-4}$$

式中:Q_{1max}、Q_{2max} 分别为主、副流量变送器的最大量程。

2）流量与测量信号成非线性关系时的折算

使用节流装置测量流量而未经开方处理时流量与压差的关系为

$$Q = C \sqrt{\Delta p} \tag{9-5}$$

式中:C 为节流装置的比例系数。

压差由零变到最大值 ΔP_{max} 时,变送器输出是 0～10mA 或 4～20mA,或 0.02～0.1MPa,任一中间流量 Q 对应的输出信号分别为

DDZ - Ⅱ型仪表

$$I = \frac{\Delta p}{\Delta p_{max}} \times 10\text{mA} = \frac{Q^2}{Q_{max}^2} \times 10\text{mA} \tag{9-6}$$

DDZ - Ⅲ型仪表

$$I = \frac{Q^2}{Q_{max}^2} \times 16\text{mA} + 4\text{mA} \tag{9-7}$$

QDZ 型仪表

$$p = \frac{Q^2}{Q_{max}^2} \times 0.08\text{MPa} + 0.2\text{MPa} \tag{9-8}$$

根据式(9-6)～式(9-8),可求出各种仪表的折算比值系数,它们均为

$$K' = K^2 \frac{Q_{1\,max}^2}{Q_{2\,max}^2} \tag{9-9}$$

由此可见,比值系数的折算方法与仪表的结构型号无关,只和测量的方法有关。

2. 比值控制的实施方案

为了获得两流量的比值关系,可用不同的仪表组合来实现,可分为两大类,既然要求

$Q_2 = KQ_1$，那么就可以对 Q_1 的测量值乘以某一系数，作为 Q_2 流量控制器的设定值，称为相乘方案。既然 $Q_2/Q_1 = K$，那么也可以将 Q_2 与 Q_1 的测量值相除，作为比值控制器的设定值，称为相除方案。

1）相乘方案

采用相乘方案构成的单闭环比值控制系统如图9-8所示。图中"×"表示比值器、配比器、分流器、或乘法器。如果比值 K 为常数，则上述四种仪表均可以应用。若比值 K 为变数（在变比值控制系统中）时，则必须用乘法器，只需将比值设定信号换接成第三参数的测量值就行了。

2）相除方案

用除法器组成的单闭环比值控制系统如图9-9所示。

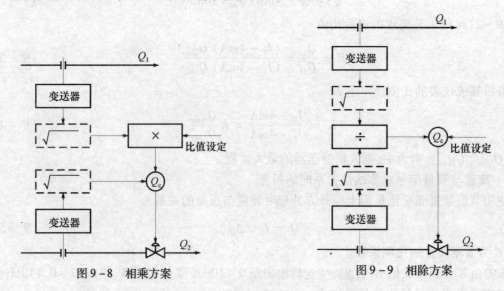

图9-8　相乘方案　　　　　　　　图9-9　相除方案

由于除法器的输出直接代表两流量信号的比值，所以可直接对它进行比值指示和比值越限报警，这样比值就很直观，并且比值可直接由控制器进行设定，操作方便。因此，很受操作人员欢迎。若比值设定改作第三参数，就可实现变比值控制。

3. 非线性环节对动态品质的影响

在比值控制系统中，孔板与差压变送器、除法器这两个环节具有非线性特性，即它们的静态放大系数不是定值，这将影响控制系统的运行。我们以图9-8和图9-9的单闭环比值控制系统为例，说明非线性环节对动态品质的影响。假定系统用 QDZ 型仪表构成，并设 Δp_1 和 Δp_2、p_1 和 p_2、$p_{开1}$ 和 $p_{开2}$ 分别为流量 Q_1、Q_2 的差压信号、差压变送器输出、开方器输出。p_K 为乘法器的输出，p 为除法器的输出信号。

首先讨论孔板非线性对系统运行的影响，在图9-8的副流量控制回路中，因孔板与差压变送器一起的数学解析式为

$$p_2 = \frac{Q_2^2}{Q_{2\,max}^2} \times 0.08\text{MPa} + 0.02\text{MPa} \tag{9-10}$$

由此可得到它们的静态放大系数为

$$k = \frac{\mathrm{d}p_2}{\mathrm{d}Q_2}\bigg|_{Q_2 = Q_{20}} = \frac{0.08\text{MPa}}{Q_{2\,max}^2} \times 2Q_{20} \propto Q_{20} \tag{9-11}$$

式中：Q_{20} 为 Q_2 的静态工作点。

由式(9-11)可见,孔板与差压变送器一起的静态放大系数 k 正比于 Q_{20},随着负荷的增加而加大,因此它是一个非线性环节。若组成控制系统的其他环节都是线性的,则因孔板的非线性而使整个开环放大系数呈非线性。这样,当系统在某个较小负荷下按"最佳"整定好的控制器参数运行得很好,但在负荷增加时系统的控制质量将会恶化,严重时会因放大系数过高造成系统不能稳定工作。

若在差压变送器之后接入开方器,则使整个系统成为线性特性,开环放大系数将是恒定的,系统的动态品质就不再受负荷变化的影响。因此,克服孔板与差压变送器非线性对系统动态品质影响的最简单方法是加开方器。每一个比值控制系统是否要选用开方器,要根据对被控量的控制精度要求及负荷变化的情况来决定。当对被控量的控制精度要求不高,而且负荷变化又不大时,可忽略非线性的影响而不选用开方器,以节约成本。反之,就必须选用开方器,使测量环节线性化,方能保证系统有较好的控制质量。

下面进一步讨论除法器的非线性的影响。在图9-9中,当有开方器时,除法器的输出与输入的关系为

$$p = \frac{p_{\text{开}2} - 0.02\text{MPa}}{p_{\text{开}1} - 0.02\text{MPa}} \times 0.08\text{MPa} + 0.02\text{MPa} \qquad (9-12)$$

对副流量控制回路而言,除法器的静态放大系数为

$$k_{\div} = \frac{\mathrm{d}p}{\mathrm{d}p_{\text{开}2}} = \frac{0.08\text{MPa}}{p_{\text{开}10} - 0.02\text{MPa}} = \frac{Q_{1\text{max}}}{Q_{10}} \propto \frac{1}{Q_{10}} \qquad (9-13)$$

式中：$p_{\text{开}10}$ 为 $p_{\text{开}1}$ 的静态工作点。

因为在稳定状态时,$Q_{20}/Q_{10} =$ 常数,所以

$$k_{\div} \propto 1/Q_{20} \qquad (9-14)$$

当无开方器时,除法器的输出与输入的关系为

$$p = \frac{p_2 - 0.02\text{MPa}}{p_1 - 0.02\text{MPa}} \times 0.08\text{MPa} + 0.02\text{MPa} \qquad (9-15)$$

所以,除法器的静态放大系数为

$$k_{\div} = \frac{\mathrm{d}p}{\mathrm{d}p_2} = \frac{0.08\text{MPa}}{p_{10} - 0.02\text{MPa}} = \frac{Q_{1\text{max}}^2}{Q_{10}^2} \propto \frac{1}{Q_{10}^2} \propto \frac{1}{Q_{20}^2} \qquad (9-16)$$

由式(9-14)和式(9-16)可知,除法器的静态放大系数 $k_{\div}$ 是随负荷变化而变化的。当有开方器时,它与负荷成反比;无开方器时,它与负荷的平方成反比。同孔板一样,将因除法器的非线性而使整个系统呈非线性特性。所以,当系统在某一较大负荷下按"最佳"整定参数运行得很好,但在负荷大幅度下降时,系统的控制品质将会严重恶化。克服除法器非线性对动态品质的影响,最简单的办法是选用具有相反特性曲线的对数控制阀。这样,两个环节串联后合成的特性就接近于线性了,但是,由于控制阀特性在实际使用中会发生不同程度的畸变,因此这种方法也只能得到部分补偿。正由于除法器作比值计算单元存在这个缺点,除在变比值控制系统中得到采用外,它在其他比值控制方案中的使用已日趋减少。

4. 动态比值问题

随着生产的发展,对自动化的要求也越来越高。对比值控制系统而言,除要求静态比值恒定外,还要求动态比值一定,即要求它们在外界干扰作用下,从一个稳态过渡到另一个稳定状

态的整个变化过程中,主、副流量接近同步变化。例如,硝酸生产中的氨氧化过程,氨和空气之比具有一定的比例要求,当超过极限时就有发生爆炸的危险。因此,不仅要求稳态时物料量保持一定比值,而且还要求动态时比值也保持一定。但是,前面介绍的几种比值控制方案都不能保证这一动态比值要求。例如单闭环比值控制方案,当主流量发生变化时,需经检测、变送、比值计算后,控制器才有输出变化,并改变控制阀的开度以实现副流量的跟踪,保证其比值不变,显然这种控制是不及时的。由于这种时间上的差异,要保证主、副流量在控制过程中的每一瞬时比值都一定是不可能的。为了使主、副流量变化在时间和相位上同步,必须引入"动态补偿环节"$W_z(s)$,使得 $Q_2(s)/Q_1(s) = K$,便可实现动态比值恒定。

在单闭环比值方案中,设 $W_z(s)$ 串在比值器之后,副流量控制器之前,如图 9 - 10 所示。

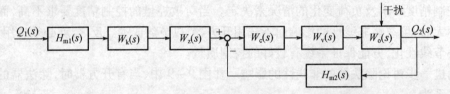

图 9 - 10　具有动态补偿环节的单闭环比值系统方框图

设控制器选 PI 作用,控制阀、检测元件变送器、对象均为一阶环节,其传递函数分别为

$$W_c(s) = K_c\left(1 + \frac{1}{T_I s}\right) = \frac{K_c}{T_I s}(T_I s + 1)$$

$$W_v(s) = \frac{K_v}{T_v s + 1}, H_{m1}(s) = \frac{K_{m1}}{T_{m1} s + 1}, H_{m2}(s) = \frac{K_{m2}}{T_{m2} s + 1}, W_o(s) = \frac{K_o}{T_o s + 1}$$

由图 9 - 10 可得该系统的传递函数

$$\frac{Q_2(s)}{Q_1(s)} = \frac{H_{m1}(s) W_k(s) W_z(s) W_c(s) W_v(s) W_o(s)}{1 + W_c(s) W_v(s) W_o(s) H_{m2}(s)} = K \qquad (9-17)$$

因为

$$W_k(s) = K' = K Q_{1max}/Q_{2max}$$

所以有

$$W_z(s) = \frac{1 + W_c(s) W_v(s) W_o(s) H_{m2}(s)}{H_{m1}(s) W_c(s) W_v(s) W_o(s)} \frac{Q_{2max}}{Q_{1max}} \qquad (9-18)$$

把各环节的传递函数代入式(9 - 18)可得

$$W_z(s) = \frac{1 + \dfrac{K_c K_v K_o K_{m2}(T_I s + 1)}{T_I s(T_v s + 1)(T_o s + 1)(T_{m2} s + 1)}}{\dfrac{K_c K_v K_o K_{m1}(T_I s + 1)}{T_I s(T_v s + 1)(T_o s + 1)(T_{m1} s + 1)}} \frac{Q_{2max}}{Q_{1max}}$$

$$= \frac{\dfrac{T_I s(T_v s + 1)(T_o s + 1)(T_{m2} s + 1) + (T_I s + 1)}{K_c K_v K_o K_{m2}}}{\dfrac{K_{m1}(T_I s + 1)(T_{m2} s + 1)}{K_{m2}(T_{m1} s + 1)}} \frac{Q_{2max}}{Q_{1max}}$$

$$= \frac{A s^4 + B s^3 + C s^2 + D s + 1}{(T_I s + 1)(T_{m2} s + 1)/(T_{m1} s + 1)}\left(\frac{K_{m2}}{K_{m1}} \frac{Q_{2max}}{Q_{1max}}\right) \qquad (9-19)$$

在上式中,因 K_{m1}、K_{m2} 分别为主、副流量测量变送环节的放大系数,而 Q_{1max}、Q_{2max} 分别是

238

主、副流量仪表的最大量程,所以有

$$\frac{K_{m2}}{K_{m1}} \times \frac{Q_{2max}}{Q_{1max}} = 1 \qquad (9-20)$$

又因为

$$As^4 + Bs^3 + Cs^2 + Ds + C = (A_1s^2 + B_1s + C_1)(A_2s^2 + B_2s + C_2) \qquad (9-21)$$

而工艺上一般希望副流量尽快地跟踪主流量,副流量控制器在参数整定时,使过程曲线处于振荡与不振荡的边界。这样,式(9-21)又可表示成

$$As^4 + Bs^3 + Cs^2 + Ds + 1 = (T_4s+1)(T_3s+1)(T_2s+1)(T_1s+1) \qquad (9-22)$$

将式(9-20)和式(9-22)代入式(9-19)可得

$$W_z(s) = \frac{(T_4s+1)(T_3s+1)(T_2s+1)(T_1s+1)(T_{m1}s+1)}{(T_1s+1)(T_{m2}s+1)} \qquad (9-23)$$

这就是说,补偿环节的模型可以看成是由五个正微分单元和两个反微分单元串联组成。

由于流量对象的时间常数较小,反应较快,因此可以把除控制器外的副流量广义对象近似为一阶环节,同时又将主、副流量的检测、变送单元特性视为相同。这样,式(9-18)可简化为

$$W_z(s) = \frac{1 + W_c(s)W'_o(s)}{W_c(s)W'_o(s)} \qquad (9-24)$$

式中:$W'_o(s) = K'_o/(T'_o s + 1)$ 为广义对象传递函数。

若副流量控制器选择 PI 作用,则有

$$W_z(s) = \frac{1 + \dfrac{K_cK'_o(T_I s+1)}{T_I s(T'_o s+1)}}{\dfrac{K_cK'_o(T_I s+1)}{T_I s(T'_o s+1)}}$$

$$= \frac{\dfrac{T_I T'_o}{K_cK'_o}s^2 + \left(\dfrac{1}{K_cK'_o}+1\right)T_I s + 1}{T_I s + 1}$$

$$= \frac{(T_1 s+1)(T_2 s+1)}{T_I s + 1} \qquad (9-25)$$

这就是说,作近似处理后,补偿环节模型只需两个正微分单元和一个反微分单元串联便可实现。如果在控制器参数整定时,把积分时间 T_I 凑得和式(9-25)分子中的其中一个时间常数(例如 T_2)差不多,则补偿环节的模型可进一步简化成

$$W_z(s) = T_1 s + 1 \qquad (9-26)$$

即动态补偿环节只需要用一个正微分单元就行了。

以上讨论的是单闭环方案的情况,对于其他比值控制方案,同样可求得相应的动态补偿环节的模型。应该指出,保证动态比值一定的方法是多样的,采用动态补偿环节仅是其中之一。

四、比值控制系统的参数整定

比值控制系统在设计、安装好以后,首先要进行系统的投运。在投运之前必须对电、气管线、检测、变送单元、计算单元、控制器及控制阀等进行详细的检查和调整。同时根据比值计算

数据设置好比例系数 K'。然后把主、副测量流量的仪表投入运行,待系统基本稳定后,实现手动遥控,并校正比值系数。当系统平稳后,就可进行手动自动切换,使系统投入自动运行。此后便可进行控制器的参数整定工作。

在比值控制系统中,变比值控制系统因结构上是串级控制系统,因此,主控制器可按串级控制系统进行整定。双闭环比值控制系统的主流量回路可按单回路定值控制系统进行整定。这样,比值控制系统的整定问题就是讨论单闭环比值控制系统、双闭环的副流量回路、变比值系统中的变比值回路的整定方法。由于在比值控制系统中,副流量回路(或变比值回路)是一个随动控制系统,对它们的要求是:副流量能快速地、正确地跟随主流量变化,并且不宜有过调。因此,不能按定值控制系统 4:1 衰减过程要求进行整定,而应以达到振荡与不振荡的临界过程为"最佳"。

整定步骤可归述为

(1)根据工艺要求的两流量比值 K,进行比值系数 K' 计算。在现场整定时,根据计算的比值系数 K' 投运,在投运过程中可适当调整。

(2)将积分时间置于最大,由大到小改变比例度,直到系统处于振荡与不振荡的临界过程为止。

(3)如有积分作用,则在适当放宽比例度(一般为 20%)的情况下,缓慢地把积分时间减小,直到出现振荡与不振荡的临界过程或微震荡过程为止。

第二节　前馈控制系统

一、基本概念

前面讨论的几种控制系统都是按偏差大小进行控制的反馈控制系统。这类控制系统有一个共同点是对象受到干扰作用后,必须在被控量出现偏差时,控制器才产生控制作用以补偿干扰对被控量的影响。由于被控对象总存在一定的纯滞后和容量滞后,因而,从干扰产生到被控量发生变化需要一定的时间;从偏差产生到控制器产生控制作用,以及操纵量改变到被控量发生变化又需要一定的时间。可见,这种反馈控制方案的本身决定了无法将干扰克服在被控量偏离设定值之前,从而限制了这类控制系统控制质量的进一步提高。

考虑到偏差产生的直接原因是干扰作用的结果,如果能直接按扰动而不是按偏差进行控制,也就是说,当干扰一出现,控制器就直接根据检测到的干扰大小和方向,按一定规律去进行控制,由于干扰发生后,被控量还未显示出变化之前,控制器就产生了控制作用,这在理论上就可以把偏差彻底消除。按照这种理论构成的控制系统就称为前馈控制系统,显然,前馈控制对于干扰的克服要比反馈控制系统及时得多。

前馈控制系统的工作原理可结合图 9-11 所示的换热器前馈控制系统作进一步说明,图中虚线部分表示反馈控制系统。

假设换热器的进料量 M_a 的变化是影响被控量出口温度 T_2 的主要扰动,当采用前馈控制方法时,可以通过一个流量变送器测取进料量 M_a,并送到前馈控制器 $W_f(s)$。前馈控制器按照输入信号经过一定控制作用的运算去操纵控制阀,从而改变蒸气量 M_b 来补偿进料量 M_a 对被控温度 T_2 的影响。例如,当 M_a 增大时将使出口温度 T_2 下降,而前馈控制器的校正作用在测得进料量 M_a 增大时,按一定的规律增大加热蒸气量 M_b,只要蒸气量改变的幅值和动态过程

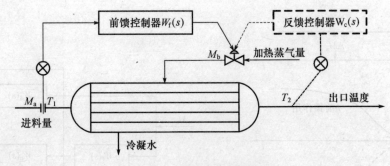

图 9 – 11　换热器前馈控制系统

合适,就可以显著减小由于换热器进料量波动而引起的出口温度的波动。假如进料量 M_a 产生一个阶跃变化,在不加控制作用时出口温度 T_2 的阶跃响应如图 9 – 12 中的曲线 a。在前馈控制情况下,前馈控制器在得到进料量 M_a 的阶跃变化信号后,按照一定的动态过程去改变加热器蒸气量 M_b,使这一校正作用引起 T_2 的变化恰好同进料量 M_a 对 T_2 的阶跃响应曲线的幅值相等,而符号相反,如图 9 – 12 中的曲线 b,这样便实现了对扰动 M_a 的完全补偿,从而使被控量 T_2 与扰动量 M_a 完全无关,成为一个被控量 T_2 对扰动量 M_a 绝对不灵敏的系统。

　　从上述前馈控制系统的工作原理可知,它与反馈控制系统的差别主要在于产生控制作用的依据不同:①前馈控制系统检测的信号是干扰,按干扰的大小和方向产生相应的控制作用。而反馈控制系统检测的信号是被控量,按照被控量与设定值的偏差大小和方向产生相应的控制作用。②控制的效果不同。前馈控制作用很及时,不必等到被控量出现偏差就产生了控制作用,因而在理论上可以实现对干扰的完全补偿,使被控量保持在设定值。而反馈控制是不及时的,必须在被控量出现偏差之后,控制器才对操纵量进行调节以克服干扰的影响,理论上不可能使被控量始终保持在设定值,它总要以被控量的偏差作为代价来补偿干扰的影响,即在整个控制系统的调节过程中要做到无偏差,必须首先要有偏差。③实现的经济性和可能性不同。前馈控制必须对每一个干扰单独构成一个控制系统,才能克服所有干扰对被控量的影响,而反馈控制只用一个控制回路就可克服多个干扰。事实上,干扰因素众多,因而前者是不经济的,也是不完全可能的。④前馈控制是开环控制系统,不存在稳定性问题,而反馈控制系统是闭环控制,则必须考虑它的稳定性问题,而稳定性与控制精度是矛盾的,因而限制了控制精度的进一步提高。由此可见,两类控制方法各有优缺点,如能将它们结合起来,取长补短,其控制效果必然更好。

　　由上述分析可知,实现对干扰完全补偿的关键是确定前馈控制器的控制作用。显然,$W_f(s)$ 取决于对象控制通道和干扰通道的特性,应用不变性原理,可以方便地导出前馈控制器传递函数的一般表达式。例如图 9 – 11 所示的换热器前馈控制系统,其方框图如图 9 – 13 所示,图中 $W_d(s)$ 为干扰通道的传递函数,$W_o(s)$ 为控制通道的传递函数。

　　由图 9 – 13 可知,系统在干扰 M_a 作用下的传递函数为

$$\frac{T_2(s)}{M_a(s)} = W_d(s) + W_f(s)W_o(s) \tag{9 – 27}$$

系统对干扰 M_a 实现完全补偿的条件是

$$M_a(s) \neq 0, \ \text{而} \ T_2(s) = 0 \tag{9 – 28}$$

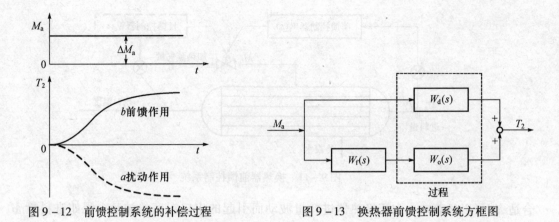

图 9-12　前馈控制系统的补偿过程　　　　图 9-13　换热器前馈控制系统方框图

将式(9-28)代入式(9-27),可得出前馈控制器的传递函数 $W_f(s)$ 为

$$W_f(s) = -\frac{W_d(s)}{W_o(s)} \tag{9-29}$$

由式(9-29)可知,理想前馈控制器的控制作用是干扰通道传递函数与控制通道传递函数之比。式中负号表示前馈控制作用的方向与干扰作用的方向相反。显然,要得到完全补偿,就要确切地知道通道特性,通道特性不同则前馈控制器也不同。

二、前馈控制系统的结构形式

前馈控制系统按其结构形式而言,种类甚多,这里仅介绍几种典型的结构形式。

1. 静态前馈控制系统

前馈控制器的输出信号 m_f 是输入干扰信号 d 和时间 t 的函数,即输出与输入间的关系是一个随时间因子而变化的动态过程,可表示为

$$m_f = f(d,t) \tag{9-30}$$

所谓静态前馈,就是前馈控制器的输出 m_f 仅仅是输入 d 的函数,而与时间因子 t 无关。因此,相应的前馈控制作用可简化为

$$m_f = f(d) \tag{9-31}$$

在许多工业对象中,为了便于工程上的实施,又将式(9-31)的关系近似地表示为线性关系,前馈控制器就仅考虑其静态放大系数作为校正的依据,即

$$W_f(s) = -K_f = -\frac{K_d}{K_o} \tag{9-32}$$

式中:K_d、K_o 分别为干扰通道和控制通道的放大系数,可以用实验的方法测取;如果有条件列写对象有关参数的静态方程,K_f 也可通过计算确定。

例　图 9-11 所示的换热器温度控制系统,当进入换热器的物料量 M_a 为主要干扰时,为了实现静态前馈补偿,可按热量平衡关系列写出静态前馈控制方程。假如忽略换热器的热损失,其热量平衡关系式为

$$M_b H_b = M_a c_p (T_2 - T_1) \tag{9-33}$$

式中:T_1、T_2 为被加热物料入、出口温度;c_p 为被加热物料的定压比热容;M_b、H_b 为加热蒸气量、蒸气汽化潜热。

242

由式(9-33)可得静态前馈控制方程为

$$M_b = M_a \frac{c_p}{H_b}(T_2 - T_1) \qquad (9-34)$$

或

$$T_2 = T_1 + \frac{M_b H_b}{M_a c_p} \qquad (9-35)$$

假定物料入口温度不变,由式(9-35)可得

控制通道的放大系数

$$K_o = \frac{dT_2}{dM_b} = \frac{H_b}{M_a c_p}$$

干扰通道的放大系数

$$K_d = \frac{dT_2}{dM_a} = -\frac{M_b H_b}{c_p}M_a^{-2} = -\frac{M_b H_b}{c_p M_a}\frac{1}{M_a} = \frac{-(T_2 - T_1)}{M_a}$$

因此

$$-K_f = -\frac{K_d}{K_o} = \frac{c_p(T_2 - T_1)}{H_b} \qquad (9-36)$$

这样,按式(9-34)可得如图9-14所示的换热器静态前馈控制流程。

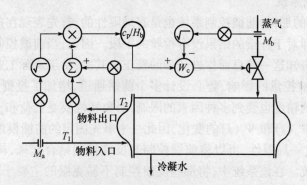

图9-14 按静态方程的换热器静态前馈控制原理流程

静态前馈是前馈控制中最简单的形式。因为前馈控制作用中不包含时间因子,通常不需要专用的控制装置,现有的单元组合仪表便可满足使用要求。事实证明,在不少场合下,特别是当 $W_d(s)$ 与 $W_o(s)$ 滞后相差不大时,应用静态前馈控制方法也可获得较高的控制精度。

2. 动态前馈控制系统

在静态前馈控制系统中,只能保证被控量的静态偏差等于或接近于零,而不能保证在干扰作用下,控制过程的动态偏差等于或接近于零。对于需要比较严格控制动态偏差的场合,用静态前馈控制就不能满足要求,因而应采用动态前馈控制。动态前馈控制过程如图9-12所示。通过选择合适的前馈控制作用,使干扰经过前馈控制器至被控量通道的动态特性完全复制干扰通道的动态特性,并使它们的符号相反,便可达到控制作用完全补偿干扰对被控量的影响的控制效果,从而使系统不仅保证了静态偏差等于或接近于零,而且也保证了动态偏差等于或接近于零。

动态前馈控制通常与静态前馈控制结合在一起使用,以进一步提高控制过程的动态品质。例如。在图9-14所示的换热器静态前馈控制系统基础上,再考虑对进料量 M_a 进行动态补偿,则相应的动态前馈控制系统如图9-15所示。

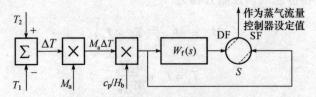

图 9-15　换热器动态前馈控制原理方案

图中 S 为静态前馈(Static Feedforward,SF)与动态前馈(Dynamic Feedforward,DF)的切换开关,应用不变性原理,同样可求得动态前馈控制器的传递函数为

$$W_f(s) = -\frac{W_d(s)}{W_o(s)}$$

式中:$W_d(s)$ 为进料量 M_a 对 T_2 的传递函数;$W_o(s)$ 为蒸气量 M_b 对 T_2 的传递函数。

动态前馈控制方式虽然能显著地提高系统的控制质量,但系统的结构要复杂一些,需要专用的控制装置,运行和参数整定过程也较复杂。因此,只有工艺对控制精度要求很高,而反馈或静态前馈控制难以满足要求时,才考虑动态前馈方案。

3. 前馈反馈控制系统

正如前面所指出的那样,前馈控制系统也是有局限性的,首先表现在前馈控制系统中不存在对被控量的反馈,即对于补偿的结果没有检验的手段。因而,当前馈控制作用并没有最后消除偏差时,系统无法得知这一信息而作进一步的校正。其次,由于实际工业对象存在着多个干扰,为了补偿它们对被控量的影响,势必设计多个前馈通道,增加了投资费用和维护工作量。此外,前馈控制模型的精度也受到多种因素的限制,对象特性要受负荷和工况等因素的影响而产生漂移,必将导致 $W_d(s)$ 和 $W_o(s)$ 的变化,因此一个事先固定的前馈模型难以获得良好的控制质量。为了克服这一局限性,可以将前馈控制与反馈控制结合起来,构成前馈反馈控制系统,或称复合控制系统。在该系统中,将那些反馈控制不易克服的主要干扰进行前馈控制,而对其他干扰则进行反馈控制。这样,既发挥了前馈校正及时的优点,又保持了反馈控制能克服多个干扰并对被控量始终给予检验的长处。因此,在过程控制系统中,它是一种较理想的控制精度较高的控制方法。

我们以换热器为对象,当负荷是主要干扰时,相应的前馈—反馈控制系统如图 9-16 所示。由图不难看出,当换热器负荷 M_a 发生变化时,前馈控制器获得此信息后,即按一定的控制规律改变加热蒸气量 M_b,以补偿负荷 M_a 对出口温度 T_2 的影响。同时,对于前馈未能完全消除的偏差,以及未引入前馈的物料进口温度、蒸气压力等干扰引起的 T_2 变化,则在温度控制器获得 T_2 的变化信息后,按 PID 控制作用对蒸气量 M_b 产生校正作用。这样,两个通道的校正作用相叠加,将使 T_2 尽快地回到设定值。

由图 9-16b 可知,干扰 M_a 对被控量 T_2 的闭环传递函数为

$$\frac{T_2(s)}{M_a(s)} = \frac{W_d(s)}{1 + W_c(s)W_o(s)} + \frac{W_f(s)W_o(s)}{1 + W_c(s)W_o(s)} \tag{9-37}$$

应用不变性条件 $M_a(s) \neq 0$ 而 $T_2(s) = 0$,代入式(9-37)便导出前馈控制器的传递函数

$$W_f(s) = -\frac{W_d(s)}{W_o(s)} \tag{9-38}$$

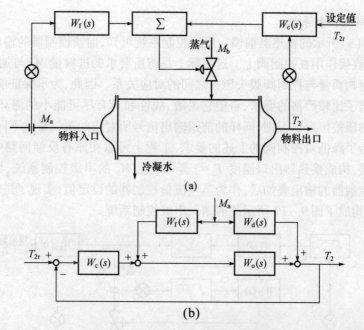

图 9 – 16 换热器前馈—反馈控制系统

由式(9 – 38)可知,从实现对主要干扰完全补偿的条件看,无论采用前馈或是前馈 – 反馈控制方案,其前馈控制器的特性不变,不会因为增加了反馈而需要修正。应当指出,当前馈与反馈控制相结合时,由于前馈控制器的特性是根据通道的特性确定的,前馈控制器输出信号加入点的位置不能任意改动。如加入点位置变了,通道特性也变了,前馈控制器的控制作用也应作相应的修正。例如,对于图 9 – 16(b)所示的方框图,若将前馈控制器的输出信号改接到反馈控制器 $W_c(s)$ 的输入端,则可推导得实现全补偿时前馈控制器的传递函数为

$$W_f(s) = -\frac{W_d(s)}{W_c(s)W_o(s)}$$

可见,此时前馈控制器的传递函数不仅与对象传递函数有关,而且与反馈控制器的传递函数也有关。因此,在实际设计和安装时应加注意。一般在选用前馈 – 反馈控制系统的结构形式时,要力求使前馈控制器的模型尽量简单,以便于工程实施。

比较式(9 – 37)与式(9 – 27),即将前馈—反馈控制与单纯的前馈控制相比较,由于反馈控制作用的存在,使得前馈—反馈控制时,被控量 T_2 受干扰 M_a 的影响比单纯前馈控制时要缩小到 $1/[1 + W_c(s)W_o(s)]$。由式(9 – 37)还可知,反馈控制与前馈—反馈控制的传递函数分母相同,因此不会因引入前馈作用而影响反馈控制作用的稳定性。

综上所述,前馈—反馈控制系统的优点是:① 由于在前馈系统中增加了反馈控制回路,这就大大地简化了原有前馈控制系统。只需对主要的且反馈控制不易克服的干扰进行前馈补偿,而其他干扰均可由反馈控制予以校正。② 由于反馈回路的存在,降低了对前馈控制器模型的精度要求,这为工程上实现比较简单的前馈补偿创造了条件。③ 在反馈控制系统中,控制精度与稳定性是矛盾的,因而往往为保证系统的稳定性而无法进一步提高控制精度。前馈—反馈控制系统具有控制精度高、稳定速度快的特点,因而在一定程度上解决了稳定性与控制精度间的矛盾。因此,目前工程上广泛应用的前馈控制系统,大多属于前馈—反馈控制类型。

4. 前馈 – 串级控制系统

由图9 – 16(a)所示的换热器前馈 – 反馈控制系统可知,前馈控制器的输出与反馈控制器的输出叠加后,直接作用在控制阀上。这实际上是将所要求的进料量 M_a 与加热蒸气量 M_b 的对应关系转化为物料量与控制阀膜头压力之间的对应关系。因此,为了保证前馈控制的精度,对控制阀就提出了比较严格的要求,希望它灵敏、线性和具有尽可能小的滞环区。此外,还要求控制阀前后的压差恒定。否则,同样的前馈输出信号所对应的蒸气量就不同,从而无法实现精确的校正。为了降低对控制阀的上述的要求,工程上可以在原有反馈回路中再增设一个蒸气流量控制回路,构成换热器出口温度 T_2 与蒸气流量 M_b 的串级控制系统,再将前馈控制器的输出与温度控制器的输出叠加后,作为蒸气流量控制器的设定值,实现了进料量与蒸气量的对应关系,从而构成了图9 – 17 所示的前馈—串级控制系统。

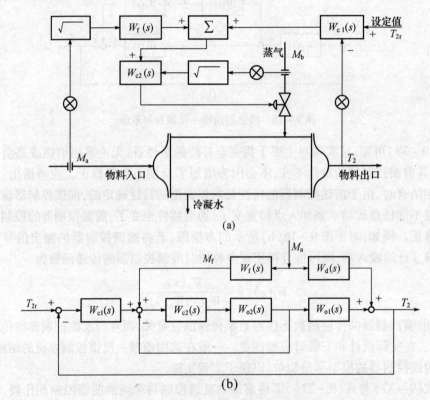

图9 – 17　换热器前馈 – 串级控制系统

由图9 – 17(b)可列出在干扰 M_a 作用下,系统的闭环传递函数,并进而导出前馈控制器的传递函数。

$$\frac{T_2(s)}{M_a(s)} = \frac{W_d(s)}{1 + \dfrac{W_{c2}(s)W_{o2}(s)}{1 + W_{c2}(s)W_{o2}(s)}W_{c1}(s)W_{o1}(s)} +$$

$$\frac{W_f(s)\,\dfrac{W_{c2}(s)W_{o2}(s)}{1 + W_{c2}(s)W_{o2}(s)}W_{o1}(s)}{1 + \dfrac{W_{c2}(s)W_{o2}(s)}{1 + W_{c2}(s)W_{o2}(s)}W_{c1}(s)W_{o1}(s)} \tag{9 – 39}$$

在串级控制系统中,当副回路的工作频率高于主回路工作频率 10 倍时,即副回路等效时间常数比主回路时间常数约小 9/10,那么,副回路的传递函数可以近似为

$$\frac{W_{c2}(s)W_{o2}(s)}{1 + W_{c2}(s)W_{o2}(s)} \approx 1 \qquad\qquad (9-40)$$

将式(9-40)代入式(9-39),并利用全补偿条件 $M_a \neq 0$,而 $T_2(s) = 0$,可导出前馈控制器的传递函数为

$$W_f(s) = -\frac{W_d(s)}{W_{o1}(s)} \qquad\qquad (9-41)$$

三、前馈控制作用的实施

前面按照不变性条件,求得了前馈或前馈-反馈控制系统中前馈控制器的传递函数表达式,它表明前馈控制器的特性是由过程的干扰通道和控制通道特性所确定。想要获得完全补偿,就必须精确地知道上述两通道的特性。由于工业对象的特性极为复杂,就导致了前馈控制作用的形式颇多,但从工业应用的观点看,特别是应用常规仪表组成的控制系统,总是力求使得控制仪表具有一定的通用性,以利于设计、运行和维护。实践证明,相当数量的工艺过程都具有非周期与过阻尼的特性,因此往往可以用一个一阶或二阶的容量滞后,必要时再串联一个纯滞后环节来近似。这样,就为前馈控制器模型具有通用性创造了条件。假如

控制通道的特性为

$$W_o(s) = \frac{K_1}{T_1 s + 1} e^{-\tau_1 s}$$

干扰通道的特性为

$$W_d(s) = \frac{K_2}{T_2 s + 1} e^{-\tau_2 s}$$

则前馈模型可归结为如下的形式:

$$W_f(s) = -\frac{W_d(s)}{W_o(s)} = -\frac{\dfrac{K_2}{T_2 s + 1} e^{-\tau_2 s}}{\dfrac{K_1}{T_1 s + 1} e^{-\tau_1 s}}$$

$$= -\frac{K_2}{K_1}\frac{T_1 s + 1}{T_2 s + 1} e^{-(\tau_1 - \tau_2)s}$$

$$= -K_f \frac{T_1 s + 1}{T_2 s + 1} e^{-\tau? s} \qquad\qquad (9-42)$$

式中:$K_f = K_2/K_1$;$\tau = \tau_1 - \tau_2$;当 $\tau_1 = \tau_2$ 时,上式可写成

$$W_f(s) = -K_f \frac{T_1 s + 1}{T_2 s + 1} \qquad\qquad (9-43)$$

在式(9-43)中,若 $T_1 = T_2$ 则可写成

$$W_f(s) = -K_f \qquad\qquad (9-44)$$

由此得出,目前常用的前馈控制器模型有"K_f"、"$K_f \dfrac{T_1 s + 1}{T_2 s + 1}$"及"$K_f \dfrac{T_1 s + 1}{T_2 s + 1} e^{-\tau s}$"型。

1. "K_f"型前馈控制器

式（9-44）是它的特性方程，由于它仅考虑了参数间的静态关系，因此是静态前馈。K_f 的大小应根据对象干扰通道和控制通道的静态放大系数来决定。这种模型实施比较容易，用比例控制器或比值器等常规仪表就可实现。在某些要求不高的场合，直接用测量变送器也能达到静态补偿的目的，只不过此时的 K_f 不可能调整。这样，便大大扩大了前馈控制的应用范围。前馈控制实施时，K_f 在现场常需要进行整定。

2. "$K_f \dfrac{T_1 s + 1}{T_2 s + 1}$"型前馈控制器

式（9-43）是它的特征方程。这就是所谓的一阶"超前-滞后"前馈控制器。当不考虑 K_f 时，这种前馈控制器在单位阶跃干扰作用下的时间特性可表示为

$$m_f(t) = 1 - \frac{T_2 - T_1}{T_2} e^{-t/T_2}$$

$$= 1 + \left(\frac{1}{a} - 1 \right) e^{-t/aT_1} \tag{9-45}$$

式中：$a = T_2/T_1$。

当 $a > 1$ 和 $a < 1$ 时，相应的单位阶跃响应曲线如图 9-18 所示。当 $a > 1$ 时，前馈补偿带有滞后性质，因此适用于对象控制通道滞后小于干扰通道滞后的场合；而当 $a < 1$ 时，前馈补偿带有超前性质，因此适用于控制通道滞后大于干扰通道滞后的场合。

这种前馈模型可按图 9-19 所示的框图组合而成。

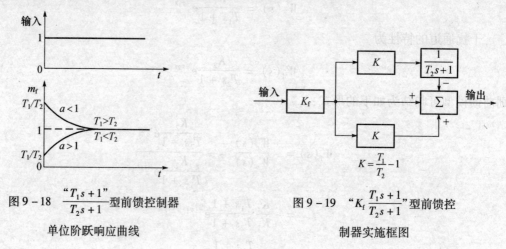

图 9-18　$\dfrac{T_1 s + 1}{T_2 s + 1}$ 型前馈控制器

单位阶跃响应曲线

图 9-19　"$K_f \dfrac{T_1 s + 1}{T_2 s + 1}$" 型前馈控

制器实施框图

由图可得

$$W_f(s) = K_f \left[\frac{-K}{T_2 s + 1} + 1 + K \right]$$

令

$$K = \frac{T_1}{T_2} - 1$$

可得

$$W_f(s) = K_f \left[\frac{-(T_1/T_2) - 1}{T_2 s + 1} + 1 + \frac{T_1}{T_2} - 1 \right]$$

$$= K_f \frac{T_1 s + 1}{T_2 s + 1}$$

上述前馈模型也可用常规仪表来实现，即由一个正、反微分器及比值器串联而成。

正微分器的传递函数

$$W_{正}(s) = \frac{K_d T_1 s + 1}{T_1 s + 1}$$

反微分器的传递函数

$$W_{反}(s) = \frac{T_2 s + 1}{K_d T_2 s + 1}$$

比值器可实现

$$W_{比}(s) = K_f$$

则有

$$W_f(s) = K_f \frac{(K_d T_1 s + 1)(T_2 s + 1)}{(T_1 s + 1)(K_d T_2 s + 1)}$$

$$\approx K_f \frac{T_1 s + 1}{T_2 s + 1}$$

在 DDZ - Ⅲ 型仪表和组装仪表中,上述前馈模型都有相应的硬件模块,这就为前馈控制的广泛应用,特别是实现前馈 - 反馈控制提供了方便的条件。

3. "$K_f \dfrac{T_1 s + 1}{T_2 s + 1} e^{-\tau s}$" 型前馈控制器

式(9 - 42)是它的特性方程。这就是所谓的具有纯滞后的超前 - 滞后前馈控制器。显然,它的特性实际上就是上述两种特性与一个纯滞后特性的串联形式。因此,实现这一前馈模型只需在实现"$K_f \dfrac{T_1 s + 1}{T_2 s + 1}$"型装置的后面再串联一个能实现"$e^{-\tau s}$"型模型即可,如图 9 - 20 所示。

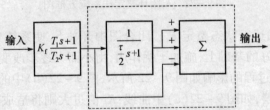

图 9 - 20　"$K_f \dfrac{T_1 s + 1}{T_s s + 1} e^{-\tau s}$"型前馈控制器实施框图

纯滞后环节 $e^{-\tau s}$ 可用一阶近似式表示:

$$e^{-\tau s} \approx \frac{1 - (\tau/2)s}{1 + (\tau/2)s} = \frac{1 - Ts}{1 + Ts}$$

$$= \frac{2}{Ts + 1} - 1 \tag{9 - 46}$$

式中:$T = \tau/2$。

$e^{-\tau s}$ 由图 9 - 20 的虚线部分来实现,由图可知

$$W_\tau(s) = \frac{1}{(\tau/2)s + 1} + \frac{1}{(\tau/2)s + 1} - 1$$

$$= \frac{1 - (\tau/2)s}{1 + (\tau/2)s} \approx e^{-\tau s}$$

四、前馈控制系统的参数整定

前馈控制器的参数取决于对象的特性,并在建模时已经确定,似乎可直接投入运行而无需再整定。但是,由于特性的测试精度、测试工况与在线运行工况的差异,以及前馈装置的制作精度等因素的影响,使得控制效果不会那么理想。因此,必须对前馈模型进行在线整定。这里以最常用的前馈模型"$K_f \dfrac{T_1 s + 1}{T_2 s + 1}$"为例,讨论静态参数 K_f 和动态参数 T_1、T_2 的整定方法。

1. K_f 的整定

(1)开环整定法。开环整定是在系统作单纯的静态前馈运行下施加干扰,K_f 值由小逐步增大,直到被控量回到设定值,此时所对应的 K_f 值便视为最佳整定值。在进行整定时应力求工况稳定,以减小其他干扰量对被控量的影响。否则,K_f 的整定值有较大的误差。

(2)闭环整定法。由于开环整定过程中,被控量失去反馈控制,容易影响生产甚至发生事故,因此在实际生产过程中应用较少,而多采用闭环整定。设待整定的系统方框图如图9-21所示,可以让系统处于前馈-反馈运行状态整定 K_f 值,也可让系统处于反馈运行状态整定 K_f 值。

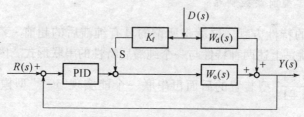

图9-21　K_f 闭环整定法系统方框图

第一种:前馈-反馈运行状态整定 K_f。闭合图中开关 S,使系统处于前馈-反馈运行状态。在反馈控制已整定好的基础上,施加干扰作用,由小而大逐步改变 K_f 值,直到获得满意的补偿过程。K_f 值对补偿过程的影响如图9-22所示,图9-22(b)中的曲线为 K_f 值刚好适当;若 K_f 值小,将造成久补偿,如图9-22(a)中曲线;K_f 值过大则将造成过补偿,如图9-22(c)中曲线。

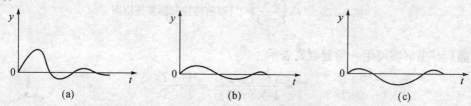

图9-22　K_f 值对补偿过程的影响
(a)欠补偿;(b)补偿合适;(c)过补偿。

第二种:反馈运行状态整定 K_f。打开图中开关 S,使系统处于反馈控制状态,待系统运行稳定之后,记下干扰量变送器的输出电流 I_{d0}(或气压信号)和反馈控制器的输出稳定值 I_{c0}。然后对干扰 d 施加一增量 Δd,待反馈控制系统在 Δd 作用下被控量重新回到设定值时,重新记下干扰量变送器的输出 I_d 及反馈控制器的输出 I_c,则前馈控制器的静态放大系数 K_f 为

$$K_f = \frac{I_c - I_{c0}}{I_d - I_{d0}} \qquad\qquad (9-47)$$

式(9-47)的物理含义是十分明显的。当干扰量为 Δd 时,由反馈控制器产生的校正作用改变了 $(I_c - I_{c0})$,才能使被控量回到设定值。如果用前馈控制器来校正,那么 K_f 值也必须满足这一关系式。

需要指出,使用这种方法整定 K_f 时,反馈控制器应具有积分作用。否则,在干扰作用下无法消除被控量的静差。同时,要求工况尽可能稳定,以消除其他干扰的影响。

2. T_1、T_2 的整定

前馈控制器动态参数的整定较静态参数的整定要复杂得多,至今还没有总结出完整的工程方法,仍停留在经验或定性分析阶段。这里仅作原则性的介绍。

动态参数决定了动态补偿的程度,当 $T_1 > T_2$ 时,前馈控制器在动态补偿过程中起超前作用;当 $T_1 < T_2$ 时,起滞后作用;当 $T_1 = T_2$ 时不起作用。因此,常将 T_1 称为超前时间,T_2 称为滞后时间,根据校正作用在时间上是超前或滞后,可以决定 T_1、T_2 的数值。初次试验时,可取 $T_1/T_2 = 2$(超前)或 $T_1/T_2 = 0.5$(滞后)的数值进行,施加干扰,观察补偿过程。首先调整 T_1 或 T_2 使补偿过程曲线达到上、下偏差面积相等,然后再调整 T_1 与 T_2 的比值,直到获得比较平坦的补偿过程曲线为止。

第三节　分程控制系统

前面介绍的过程控制系统有个显著特点,即在正常生产情况下,组成系统的各部分如检测仪表、变送器、控制器、控制阀等,一般工作在一个较小的工作区域内。为了使系统工作范围扩大,科技工作者开发了分程控制系统。分程控制是一个控制器的输出带动两个或两个以上的控制阀工作,每个控制阀仅在控制器输出信号整个范围的某段信号内工作,从而扩大了系统的工作范围。分成控制的一个显著特点是多阀而且分程。在计算机控制系统中,分程控制是很容易实现的。分成控制原理比较简单,本节扼要地对其特点与设计方法作一介绍。

一、分程控制系统原理与设计注意问题

单回路控制系统是由一个控制器的输出带动一个控制阀动作的。在生产过程中,有时为了满足被控参数宽范围的工艺要求,需要扩大调节范围或改变几个控制参数。这种由一个控制器的输出信号分段分别去控制两个或两个以上控制阀动作的系统称为分程控制系统。如图 9-23 所示的分程控制系统框图,一个气动控制阀在控制器输出信号为 20~60kPa 范围内工作,另一个气动控制阀在 60~100kPa 范围内工作。再如,在有些工业生产中,要求控制阀工作时其可调范围很大,但是国产统一设计的柱塞式控制阀,其可调范围 $R=30$,满足了大流量就不能满足小流量,反之亦然。为此,可设计和应用分程控制,将两个控制阀当作一个控制阀使用,从而可扩大其控制范围,改善其特性,提高控制质量。

设分程控制中使用的大小两只控制阀的最大流通能力分别为

$$K_{VAmax} = 4, K_{VBmax} = 100$$

其可调范围为

$$R_A = R_B = 30$$

251

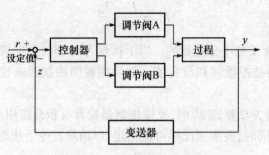

图 9 - 23　分程控制系统框图

故小阀的最小流通能力为

$$K_{VAmin} = \frac{K_{VAmax}}{R_A} = \frac{4}{30} = 0.134$$

分程控制把两个控制阀当作一个控制阀使用,其最小流通能力为 0.134,最大流通能力为 100,可调范围为

$$R_{\text{分}} = \frac{K_{VBmax} + K_{VAmax}}{K_{VAmin}} = \frac{104}{4/30} = 26 \times 30 = 780$$

可见,分程后控制阀的可调范围为单个控制阀的 26 倍。这样,既能满足生产上的要求,又能改善控制阀的工作特性,提高控制质量。

分程控制是通过阀门定位器或电—气阀门定位器来实现的。它将控制器的输出压力信号分成几段,不同区段的信号由相应的阀门定位器转化为 20 ~ 100kPa 压力信号,使控制阀全行程动作。例如,控制阀 A 的阀门定位器的输入信号范围为 20 ~ 60kPa,其输出(即控制阀的输入)信号是 20 ~ 100kPa,控制阀 A 作全行程动作;控制阀 B 的阀门定位器输入是 60 ~ 100kPa,使控制阀 B 全行程动作。也就是说,当控制器输出信号小于 60kPa 时,控制阀 A 动作,控制阀 B 不工作;当信号大于 60kPa 时,控制阀 A 已动至极限,控制阀 B 动作。

分程控制根据控制阀的气开、气关形式和分程信号区段不同,可分为两类:一类是控制阀同向动作的分程控制,即随着控制阀输入信号的增加和减小,控制阀的开度均逐渐开大或均逐渐减小,如图 9 - 24 所示。另一类是控制阀异向动作的分程控制,即随着控制阀输入信号的增加或减小,控制阀开度按一只逐渐开打、而另一只逐渐关小的方向动作,如图 9 - 25 所示。分程控制系统中控制阀同向或异向动作的选择完全由生产工艺安全的原则决定。

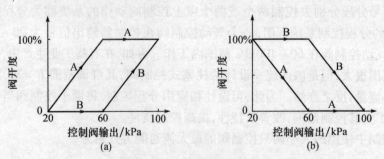

图 9 - 24　控制阀同向动作

(a) 控制阀 A、B 均为气开; (b) 控制阀 A、B 均为气关。

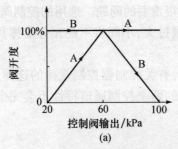
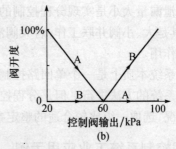

图 9 – 25　控制阀异向动作

(a) 控制阀 A 为气开、B 为气关；(b) 控制阀 A 为气关、B 为气开。

在分程控制中,实际上是把两个控制阀作为一个控制阀使用,因此要求从一个阀向另一个阀过渡时,其流量变化要平滑。但由于两个阀的放大系数不同,在分程点上常会引起流量特性的突变,尤其是大、小阀并联工作时,更需注意。如采用前面介绍的可调范围达780的两个控制阀,当均为线性阀时,其突变情况非常严重,如图 9 – 26(a)所示,当均采用对数阀时,突变情况会好一些,如图 9 – 26(b)所示。由此可知,在分程控制中,控制阀流量特性的选择非常重要,为使总的流量特性比较平滑,一般应考虑如下措施:

(1) 尽量选用对数控制阀,除非控制阀范围扩展不大时(此时两个控制阀的流通能力很接近),可选用线性阀。

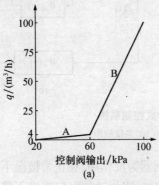
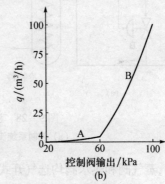

图 9 – 26　分程控制系统控制阀的流量特性(无重叠)

(a) 线性阀 A、B 的流量特性；(b) 对数阀 A、B 的流量特性。

(2) 采用分程信号重叠法。如图 9 – 27 所示,使两个阀有部分区段重叠的控制器输出信号,这样不等到小阀全开,大阀就已渐开。

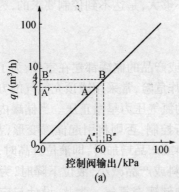
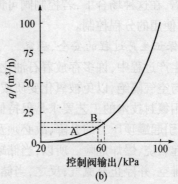

图 9 – 27　分程控制信号重叠的控制阀的流量特性

(a) 线性阀流量特性(半对数坐标)；(b) 对数阀流量特性。

控制阀的泄漏量大小是实现分程控制的一个很重要的问题。选用的控制阀应不泄漏或泄漏量极小,尤其是大、小阀并联工作,若大阀泄漏量过大,小阀将不能充分发挥其控制作用,甚至起不到控制作用。

分成控制系统本质上是一个单回路控制系统,有关控制器控制规律的选择及其参数整定可参照单回路系统的方法进行。但是分程控制中的两个控制通道特性不会完全相同,所以只能兼顾两种情况,选取一组比较合适的整定参数。

二、分程控制系统工业应用示例

分程控制能扩大控制阀的可调范围,提高控制质量,同时能解决生产过程中的一些特殊问题,所以应用很广。

1. 用于节能控制

如在某生产过程中,冷物料通过热交换器用热水(工业废水)和蒸气对其进行加热,当用热水加热不能满足出口温度要求时,则再同时使用蒸气加热,从而减少能源消耗,提高经济效益。为此,设计了图9-28所示的温度分程控制系统。

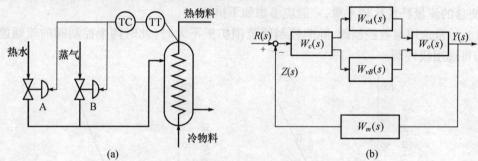

图9-28 温度分成控制系统
(a) 控制系统流程图;(b) 系统框图。

在本系统中,蒸气阀和热水阀均选气开式,控制器为反作用,在正常情况下,控制器输出信号较小只能使热水阀工作,此时蒸气阀全关,以节省蒸气;当扰动使出口温度下降,热水阀全开仍不能满足出口温度要求时,控制器输出信号增加同时使蒸气阀打开,以满足出口温度的工艺要求。

2. 用于扩大控制阀的可调范围

如废水处理中的 pH 值控制,控制阀可调范围特别大,废液流量变化可达 4~5 倍,酸碱含量变化几十倍,在这种场合下,若控制阀可调范围不够大,是达不到控制要求的,为此必须采用大、小阀并联使用的分程控制。

3. 用于保证生产过程的安全、稳定

在有些生产过程中,许多存放着石油化工原料或产品的储罐都建在室外,为了保证使这些原料或产品与空气隔绝,以免被氧化变质或引起爆炸危险,常采用罐顶充氮气的方法与外界空气隔绝。采用氮封技术的工艺要求是保持储罐内的氮气压力呈微正压。当储罐内的原料或产品增减时,将引起罐顶压力的升降,故必须及时进行控制,否则将引起储罐变形,甚至破裂,造成浪费或引起燃烧、爆炸危险。所以,当储罐内原料或产品增加时,即液位升高时,应及时使罐内氮气适量排空,并停止充氮气;反之,当储罐内原料或产品减小,液位下降时,为保证罐内氮气呈微正压的工艺要求,应及时停止氮气排空,并向储罐充氮气。为此,设计与应用了分程控制系统,如图9-29所示。

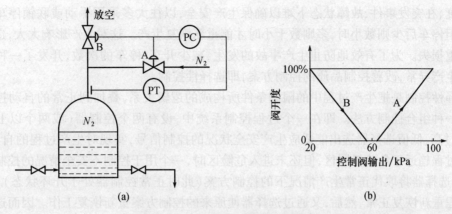

图 9 – 29　储罐氮封分成控制系统
(a) 控制流程图；(b) 控制阀 A、B 异向动作图。

在氮封分程控制系统中，控制器为"反"作用式，控制阀 A 为气开式，控制阀 B 为气关式。根据上述工艺要求，当罐内物料增加，液位上升时，应及时停止充氮气，即 A 阀全关，并使罐内氮气排空，即 B 阀打开；反之，当罐内物料减少，液位下降时，应及时停止氮气排空，即 B 阀全关，并应向储罐充氮气，即 A 阀打开工作。

4. 用于不同工况下的控制

在化工生产中，有时需要加热，有时又需要移走热量，为此配有蒸气和冷水两种传热介质，设计分程控制系统，以满足生产工艺要求。

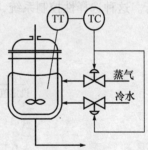

图 9 – 30　釜式间歇反应器温度分成控制系统

如釜式间歇反应器的温度控制。在配置好反应物料后，开始需要加热升温，以引发反应，当反应开始趋于剧烈时，由于放出大量热量，若不及时移走热量，温度会越来越高引起事故，所以需要冷却降温。为了满足工艺要求，设计如图 9 – 30 所示分程控制系统。

在图 9 – 30 所示分程控制系统中，蒸气阀为气开式，冷水阀为气关式，温度控制器为反作用式。其工作过程为：起始温度低于给定值，控制器输出信号增大，打开蒸气阀，通过夹套对反应釜加热升温，引发化学反应；当反应温度升高超过给定值时，控制器输出信号减小，逐渐关小蒸气阀，接着开大冷水阀以移走热量，使温度满足工艺要求。

第四节　选择性控制系统

前面介绍的所有过程控制系统都只能在正常工况下工作，在实际生产中不但要求过程控制系统在正常工况下克服外来干扰，实现平稳操作，还要求在故障工况下安全生产，保证产品质量。为此设计了选择性控制系统，在系统受到大扰动甚至事故工况下，通过有选择的非线性切换方式，使系统进入安全生产模式，待事故消除后再切换恢复正常生产。在计算机控制系统中，选择性控制也是很容易实现的。本节扼要地对其特点与设计方法作一介绍。

一、选择性控制系统原理与设计原则

由于实际生产限制条件多，其逻辑关系又比较复杂，操作人员的自身反应往往跟不上生产

变化速度,在突发事件、故障状态下难以确保生产安全,以往大多采用手动或联锁停车保护的方法。但停车后少则数小时,多则数十小时才能重新恢复生产。这对生产影响太大,造成经济上的严重损失。为了有效地防止生产事故的发生,减少开车、停车的次数,开发了一种能适应短期内生产异常,改善控制品质的控制方案,即选择性控制。

选择性控制是把生产过程中的限制条件所构成的逻辑关系,叠加到正常的自动控制系统上去的一种组合控制方法。即在一个过程控制系统中,设有两个控制器(或两个以上的变送器),通过高、低值选择器选出能适应生产安全状况的控制信号,实现对生产过程的自动控制。当生产过程趋近于危险极限区,但还未进入危险区时,一个用于控制不安全情况的控制方案通过高、低选择器将取代正常生产情况下的控制方案(此时正常控制器处于开环状态),直至使生产过程重新恢复正常,然后,又通过选择器使原来的控制方案重新恢复工作。因而这种选择性控制系统又被称为自动保护系统,或称为软保护系统。

选择性控制系统的特点是采用了选择器。选择器可以接在两个或多个控制器的输出端,对控制信号进行选择,也可以接在几个变送器的输出端,对测量信号进行选择,以适应不同生产过程的需要。根据选择器在系统结构中的位置不同,选择性控制系统可分为两种。

(1)选择器位于控制器的输出端,对控制器输出信号进行选择的系统,如图9－31(a)所示。这种选择性控制系统的主要特点是:两个控制器共用一个控制阀。在生产正常情况下,两个控制器的输出信号同时送至选择器,选出正常控制器输出的控制信号送给控制阀,实现对生产过程的自动控制。当生产不正常时,通过选择器由取代控制器取代正常控制器的工作,直到生产情况恢复正常。然后再通过选择器的自动切换,仍由原正常控制器来控制生产的正常进行。这种选择性控制系统,在现代工业生产过程中得到了广泛应用。

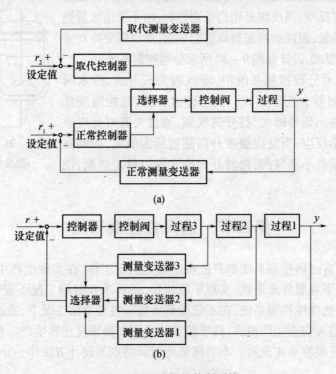

图9－31 选择性控制系统

(a)选择性控制系统1;(b)选择性控制系统2。

256

（2）选择器位于控制器之前，对变送器输出信号进行选择的系统，如图9-32(b)所示。该选择性系统的特点是几个变送器合用一个控制器。通常选择的目的有两个：①是选出最高或最低测量值；②选出可靠测量值。如固定床反应器中，为了防止温度过高烧坏催化剂，在反应器的固定催化剂床层内的不同位置上，装设了几个温度检测点，各点温度检测信号通过高值选择器，选出其中最高的温度检测信号作为测量值，进行温度自动控制，从而保证了反应器催化剂层的安全。

选择性控制系统可等效为两个（或更多个）单回路控制系统。选择性控制系统设计的关键（其与单回路控制系统设计的主要不同点）是在选择器的设计选型以及多个控制器控制规律的确定上，下面分别介绍。

（1）选择器的选型。选择器有高值选择器和低值选择器。前者容许较大信号通过，后者容许较小信号通过。在选择器具体选型时，根据生产处于不正常情况下，取代控制器的输出信号为高值或低值来确定选择器的类型。如果取代控制器输出信号为高值时，则选用高值选择器；如果取代控制器输出信号为低值时，则选用低值选择器。

（2）控制器控制规律确定。对于正常控制器，由于控制精度要求较高，同时要保证产品质量，所以应选用 PI 控制规律；如果过程的容量滞后较大，可以选用 PID 控制规律；对于取代控制器，由于在正常生产中开环备用，仅要求在生产将要出问题时，能迅速及时采取措施，以防事故发生，故一般选用 P 控制规律即可。

（3）控制器参数整定。选择性控制系统控制器参数整定时，可按单回路控制系统的整定方法进行整定。但是，取代控制方案投入工作时，取代控制器必须发出较强的控制信号，产生及时的自动保护作用，所以其比例度 δ 应整定得小一些。如果有积分作用时，积分作用也应整定得弱一点。

二、选择性控制系统工业应用举例

在锅炉的运行中，蒸气负荷随用户需要而经常波动。在正常情况下，用控制燃料量的方法来维持蒸气压力的稳定。当蒸气用量增加时，蒸气总管压力将下降，此时正常控制器输出信号去开大控制阀，以增加燃料量。同时，燃料气压力也随燃料量的增加而升高。当燃料气压力超过某一安全极限时，会产生脱火现象，可能造成生产事故。为此，设计应用如图9-32所示的蒸气压力与燃料气压力的选择性控制系统。

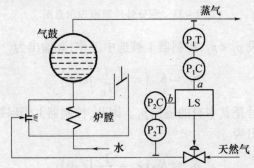

图9-32　压力选择性控制系统

在正常情况下，蒸气压力控制器输出信号 a 小于天然气压力控制器输出信号 b，低值选择器 LS 选中 a 去控制控制阀。而当蒸气压力大幅度降低，控制阀开得过大，阀后压力接近脱火压力时，b 被 LS 选中来取代蒸气压力控制器工作去关小阀的开度，避免脱火现象的发生，起到自动保护作用。当蒸气压力恢复正常时，$a < b$，经自动切换，蒸气压力控制器重新恢复运行。

三、选择性控制系统中的积分饱和及防止方法

对于在开环状态下具有积分作用的控制器，由于给定值与实际值之间存在偏差，控制器的积分动作将使其输出不停地变化，一直达到某个限值（如气动控制器的积分饱和上限约为气源压力 140kPa，下限值接近大气压）并停留在该值上，这种情况称为积分饱和。

在选择性控制系统中，总有一个控制器处于开环状态，只要有积分作用都可能产生积分饱和现象。若正常控制器有积分作用，当由取代控制器进行控制，在生产工况尚未恢复正常时（此时一定存在偏差，且一般为单一极性的大偏差），正常控制器的输出就会积分到上限或下限值。在正常控制器输出饱和情况下，当生产工况刚恢复正常时，系统仍不能迅速切换回来，往往需要等待较长一段时间。这是因为，刚恢复正常时，若偏差极性尚未改变控制器输出仍处于积分饱和状态，即使偏差极性已改变了，控制器输出信号仍有很大值。若取代控制器有积分作用，则问题更大，一旦生产出现不正常工况，就要延迟一段时间才能进行切换，这样就起不到防止事故的作用。为此，必须采取措施防止积分饱和现象的产生。

对于数字式控制器来说，防止积分饱和比较容易实现（如可通过编程方式停止处于开环状态下控制器的积分作用）；对于模拟式控制器，常采用以下方法防止积分饱和：

（1）PI-P 法。对于电动控制器来说，当其输出在某一极限内时，具有 PI 作用；当超出这一极限时，则为纯比例 P 作用，可避免积分饱和现象。

（2）外反馈法。对于采用气动控制器的选择性控制系统，取代控制器处于备用开环状态时，不用其本身的输出而用正常控制器的输出作为积分反馈，以限制其积分作用。

如图 9-33 所示，选择性控制系统的两台 PI 控制器输出分别为 p_1、p_2，选择器选中其中之一送至控制阀，同时又引回到两个控制器的积分环节以实现积分外反馈。

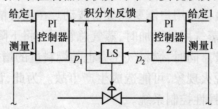

图 9-33 积分外反馈原理示意图

若选择器为低选时，设 $p_1 < p_2$，控制器 1 被选中工作，其输出为

$$p_1 = K_{c1}\left(e_1 + \frac{1}{T_n}\int e_1 \mathrm{d}t\right) \tag{9-48}$$

由图可见，积分外反馈信号是其本身的输出 p_1。因此，控制器 1 仍保持 PI 控制规律。控制器 2 处于备用待选状态，其输出为

$$p_2 = K_{c2}\left(e_2 + \frac{1}{T_n}\int e_1 \mathrm{d}t\right) \tag{9-49}$$

其积分项的偏差为 e_1 而不是 e_2，所以不存在 e_2 带来的积分饱和问题，当系统稳定时，$e_1 = 0$，控制器 2 仅有比例起作用，所以取代控制器 2 在备用开环状态下不会产生积分饱和。一旦产生出现异常，p_2 被选中时，p_2 引入积分环节，立即恢复 PI 控制规律投入运行。

第五节　大滞后补偿控制系统

一、大滞后过程与常规控制方案

在现代工业生产过程中,有不少的过程特性具有较大的纯滞后时间,其特点是当控制作用产生后,在滞后时间 τ 范围内,被控量完全没有响应。下面看几个典型的工艺过程实例。

(1) 带传输过程。在工业生产过程中,一些块状或粉状的物料,例如硫酸生产中沸腾焙烧炉的硫铁矿进料、热电厂燃煤锅炉的煤粉进料等,需用图 9-34 所示的带运输机进行输送。当挡板的开度变动引起下料量改变时,需经过带传输机传送时间(纯滞后) τ 后,物料才到达工艺设备引起其工艺参数发生变化。所以有人把纯滞后又称为传输滞后。

(2) 连续轧钢过程。如图 9-35 所示,钢坯通过行星轧机初轧,再经平整机精轧平整后,得到所需要的钢板厚度。测厚仪通常安装在平整机出口一定距离的位置上。执行器安装在轧机上,用以调整压下量。这是一个纯滞后起主要作用的过程。

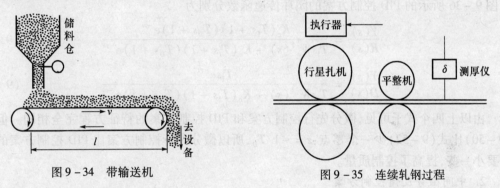

图 9-34　带输送机　　　　　　　　图 9-35　连续轧钢过程

在纯滞后过程中,由于过程控制通道中存在的纯滞后,使得被控量不能及时反映系统所承受的扰动。因此这样的过程必然会产生较明显的超调量和需要较长的调节时间,被公认为是较难控制的过程,其难控制程度将随着纯滞后 τ 占整个过程动态时间参数的比例增加而增加。一般认为纯滞后 τ 与过程的时间常数 T 之比大于 0.3,则称该过程是大滞后过程。当 τ/T 增加时,过程中的相位滞后增加而使超调增大甚至会因为严重超调而出现生产事故。此外大滞后会降低整个控制系统的稳定性。因此大滞后过程的控制一直备受关注,成为重要的研究问题之一。

对于大滞后过程的控制若采用前述的串级控制和前馈控制等方案是不合适的。必须采用特殊的控制(补偿)方法,下面介绍几种常规的大滞后控制方案并将它们与 PID 控制作对比。

1. 微分先行控制方案

微分作用的特点是能够按被控量变化速度的大小来校正被控量的偏差,它对克服超调现象能起很大作用。但是对于图 9-36 所示的 PID 控制方案,微分环节的输入是对偏差作了比例积分运算后的值。因此,实际上微分环节不能真正起到对被控量变化速度进行校正的目的,克服动态超调的作用是有限的。如果将微分环节更换一个位置,如图 9-37 所示,则微分作用克服超调的能力就大不相同了。这种控制方案称为微分先行控制方案。

在图 9-37 所示的微分先行控制方案中,微分环节的输出信号包括了被控量及其变化速度值。将它作为测量值输入到比例积分控制器中,这样使系统克服超调的作用加强了。

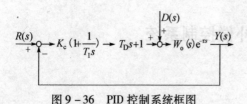

图 9 - 36　PID 控制系统框图

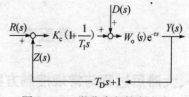

图 9 - 37　微分先行控制方案

微分先行控制方案的闭环传递函数如下：

（1）在给定值作用下

$$\frac{Y(s)}{R(s)} = \frac{K_c(T_I s + 1)e^{-\tau s}}{T_I s W_o^{-1}(s) + K_c(T_I s + 1)(T_D s + 1)e^{-\tau s}} \tag{9-50}$$

（2）在扰动作用下

$$\frac{Y(s)}{D(s)} = \frac{T_I s e^{-\tau s}}{T_I s W_o^{-1}(s) + K_c(T_I s + 1)(T_D s + 1)e^{-\tau s}} \tag{9-51}$$

而图 9 - 36 所示的 PID 控制方案的闭环传递函数分别为

$$\frac{Y(s)}{R(s)} = \frac{K_c(T_I s + 1)(T_D s + 1)e^{-\tau s}}{T_I s W_o^{-1}(s) + K_c(T_I s + 1)(T_D s + 1)e^{-\tau s}} \tag{9-52}$$

$$\frac{Y(s)}{D(s)} = \frac{T_I s e^{-\tau s}}{T_I s W_o^{-1}(s) + K_c(T_I s + 1)(T_D s + 1)e^{-\tau s}} \tag{9-53}$$

由以上四个式子可见，微分先行控制方案和 PID 控制方案的特征方程完全相同。但是式（9-50）比式（9-52）少一个零点：$z = -1/T_D$，所以微分先行控制方案比 PID 控制方案的超调量要小一些，提高了控制质量。

2. 中间微分反馈控制方案

与微分先行控制方案的设想相类似，可采用中间微分反馈控制方案，来改善系统的控制质量。

图 9 - 38 所示为中间反馈控制方案原理，由图可见，系统中的微分作用是独立的，能在被控量变化时及时根据其变化的速度大小起附加校正作用，微分校正作用与 PI 控制器的输出信号无关，只在动态时起作用，而在静态时或在被控量变化速度恒定时就失去作用。

3. 常规控制方案比较

图 9 - 39 给出了分别用 PID、微分先行和中间微分反馈三种方法进行控制的仿真结果。从图中可看出，中间微分反馈与微分先行控制方案虽比 PID 方法的超调量要小，但仍存在较大的超调，响应速度均很慢，不能满足高控制精度的要求。

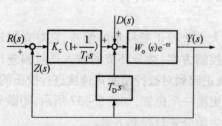

图 9 - 38　中间微分反馈控制方案

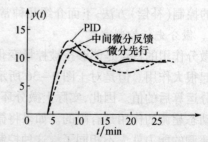

图 9 - 39　PID、微分先行、中间微分反馈控制方案对定值扰动的响应曲线

二、大滞后过程的预估补偿控制

不同于前馈补偿,针对大滞后过程的预估补偿是按照过程的特性预估出一种模型加入到反馈控制系统中,以补偿过程的动态特性,这种预估补偿控制也因其预估模型的不同而形成不同的方案。

史密斯(Smith)预估补偿方法是得到广泛应用的方案之一。为理解它的工作原理,我们先从一般的反馈控制开始讨论。

设 $W_o(s)e^{-\tau s}$ 为过程控制通道特性,其中 $W_o(s)$ 为过程不包含纯滞后部分的传递函数;$W_d(s)$ 为过程扰动通道传递函数(不考虑纯滞后);$W_c(s)$ 为控制器的传递函数,则图 9 – 40 所示的单回路系统闭环传递的数为

$$\frac{Y(s)}{R(s)} = \frac{W_c(s)W_o(s)e^{-\tau s}}{1 + W_c(s)W_o(s)e^{-\tau s}} \quad (9-54)$$

对扰动的闭环传递函数为

$$\frac{Y(s)}{D(s)} = \frac{W_d(s)}{1 + W_c(s)W_o(s)e^{-\tau s}} \quad (9-55)$$

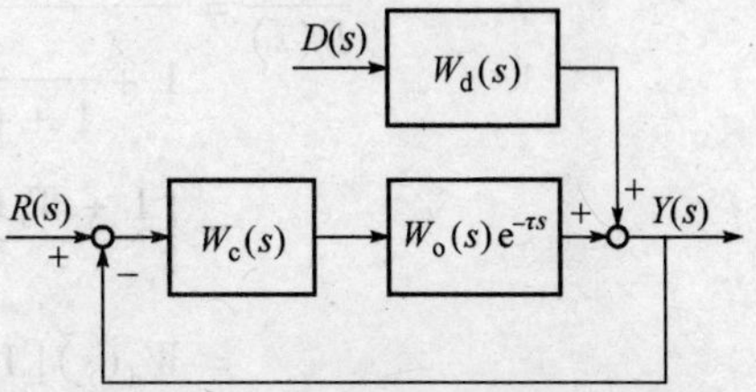

图 9 –40　单回路控制系统框图

在上两式的特征方程中,由于引入了 $e^{-\tau s}$ 项,使闭环系统的品质大大恶化。若能将 $W_o(s)$ 与 $e^{-\tau s}$ 分开并以 $W_o(s)$ 为过程控制通道的传递函数,以 $W_o(s)$ 的输出信号作为反馈信号,则可大大改善控制品质。但是实际工业过程中 $W_o(s)$ 与 $e^{-\tau s}$ 是不可分割的,所以 Smith 提出如图 9 –41 所示采用等效补偿的方法来实现补偿控制。

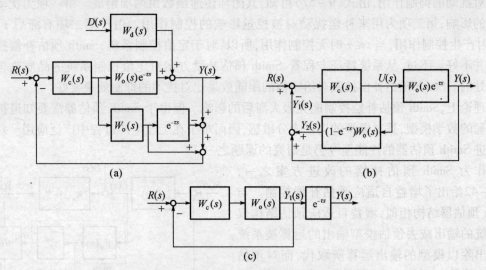

图 9 –41　Smith 预估补偿控制系统与结构框图
(a) 原理图 ;(b) Smith 预估补偿环节 ;(c) 等效图。

在图 9 –41(a)中,$W_o(s)(1-e^{-\tau s})$ 为预估补偿装置的传递函数,图 9 –41(c)为经预估补偿后的等效框图。可见,它相当于将 $W_o(s)$ 作为过程控制通道的传递函数,并以 $W_o(s)$ 的输出信号作为反馈信号。这样,反馈信号在时间上相当于提前了 τ,因此称其为预估补偿控制。此时输出对给定值的闭环传递函数为

$$\frac{Y(s)}{R(s)} = \frac{\dfrac{W_c(s)W_o(s)e^{-\tau s}}{1+(1-e^{-\tau s})W_c(s)W_o(s)}}{1+\dfrac{W_c(s)W_o(s)e^{-\tau s}}{1+(1-e^{-\tau s})W_c(s)W_o(s)}}$$

$$= \frac{W_c(s)W_o(s)}{1+W_c(s)W_o(s)}e^{-\tau s}$$

$$= W_1(s)e^{-\tau s} \tag{9-56}$$

而输出对扰动的闭环传递函数为

$$\frac{Y(s)}{D(s)} = \frac{W_d(s)}{1+\dfrac{W_c(s)W_o(s)e^{-\tau s}}{1+(1-e^{-\tau s})W_c(s)W_o(s)}}$$

$$= \left[\frac{1+W_c(s)W_o(s)-W_c(s)W_o(s)e^{-\tau s}}{1+W_c(s)W_o(s)}\right]W_d(s)$$

$$= W_d(s)\left[1-W_1(s)e^{-\tau s}\right] \tag{9-57}$$

由式(9-56)可见，经预估补偿，其特征方程中已消去了 $e^{-\tau s}$ 项，即消除了纯滞后对系统控制品质的不利影响。至于分子中的 $e^{-\tau s}$ 仅仅将系统控制过程曲线在时间轴上推迟一个 τ，所以预估补偿完全补偿了纯滞后对过程的不利影响。系统品质与被控过程无纯滞后时完全相同。所以，对于随动控制系统，Smith 预估补偿控制可以收到很好的补偿效果。

对扰动的抑制作用，由式(9-57)可知，其闭环传递函数由两项组成。第一项为扰动对被控量的影响；第二项为用来补偿扰动对被控量影响的控制作用。由于第二项有滞后 τ，只有 $t>\tau$ 时产生控制作用，当 $t\le\tau$ 时无控制作用，所以，对于定值控制系统，Smith 预估补偿控制的效果并不好。不过，从系统特征方程看，Smith 预估补偿方案对定值控制系统的品质改善还是有好处的。Smith 预估补偿控制对给定值的跟随效果比对扰动的抑制效果要好。

理论上，Smith 预估补偿控制能克服大滞后的影响。但由于 Smith 预估器需要知道被控过程精确的数学模型，且对模型的误差十分敏感，因而难于在工业生产过程中广泛应用。对于如何改进 Smith 预估器的性能至今仍是研究的课题之一。

作为 Smith 预估补偿的改进方案之一，图 9-42 给出了增益自适应预估补偿控制。与 Smith 预估器结构相似，增益自适应预估结构仅是系统的输出减去预估模型输出的运算被系统的输出除以模型的输出运算所取代，而对预估器输出作修正的加法运算改成了乘法运算。除法器的输出还串了一个超前环节，其超前时间常数即为过程的纯滞后 τ，用来使延时了的输出比值有一个超前作用。这些运算的结果使预估

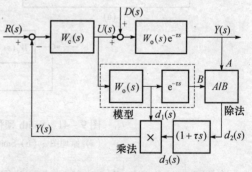

图 9-42 增益自适应预估补偿器

器的增益可根据预估模型和系统输出的比值有相应的校正值。

系统仿真表明，增益自适应补偿的过程响应一般都比 Smith 预估器要好，尤其是对于模型不准确的情况。但是，当模型纯滞后比过程滞后偏大时，增益自适应补偿效果也不佳。

三、大滞后过程的采样控制

对于大滞后的被控过程,为了提高系统的控制品质,除了采用上述控制方案外,还可以采用采样控制方案。其操作方法是:当被控过程受到扰动而使被控量偏离给定值时,即采样一次被控量与给定值的偏差,发出一个操作信号,然后保持该操作(控制)信号不变,保持的时间与纯滞后大小相等或较大一些。当经过 τ 时间后,由于操作信号的改变,被控量必然有所反应,此时,再按照被控量与给定值的偏差及其变化方向与速度值来进一步加以校正,校正后又保持其量不变,再等待一个纯滞后 τ。这样重复上述动作规律,一步一步地校正被控量的偏差值,使系统趋向一个新的稳定状态。这种"调一下,等一等"方法的核心思想是避免控制器进行过操作,而宁愿让控制作用弱一些,慢一些。以上动作规律若用控制器来实现,就是每隔 τ 时刻动作一次的采样控制器。

图 9-43 所示为一个典型的采样控制系统框图。图中,数字控制器相当由于前述过程控制系统中的控制器;S_1、S_2 表示采样器,它们周期地同时接通或同时断开。当 S_1、S_2 接通时,数字控制器在上述闭合回路中工作,此时偏差 $e(t)$ 被采样,由采样器 S_1 送入数字控制器,经信号转换与运算,通过采样器 S_2 输出控制信号 $u*(t)$,再经保持器输出连续信号 $u(t)$ 去控制生产过程。由于保持器的作用,在两次采样间隔期间,使执行器的位置保持不变。

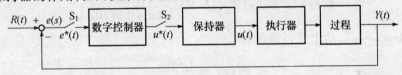

图 9-43 采样控制系统

四、大滞后控制系统工业应用举例

1. 加热温度预估补偿控制

炼钢厂轧钢车间在对工件轧制之前,先要将工件加热到一定的温度。图 9-44 表示其中一个加热工段的温度控制系统。系统中采用六台设有断偶报警装置的温度变送器、三台高值选择器 HS、一台加法器、一台 PID 控制器和一台电/气转换器。

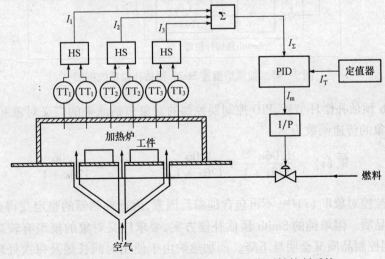

图 9-44 轧钢车间加热炉多点平均温度反馈控制系统

采用高值选择器的目的是提高控制系统的工作可靠性,当每对热电偶中有一个断偶时,系统仍能正常运行。加法器实现三个信号的平均,即在加法器的三个输入通道均设置分流系数 $\alpha = 1/3$,从而得到

$$I_\Sigma = \frac{1}{3}I_1 + \frac{1}{3}I_2 + \frac{1}{3}I_3$$

加热炉是一个大滞后和大惯性的对象。为了提高系统的动态品质,测温元件选用小惯性热电偶。加热炉的燃料是通过具有引风特性的喷嘴进入加热炉的,风量能自动跟随燃料量的变化按比例地增加或减少,以达到经济燃烧,故选进入炉内的燃料量为操纵量。通过试验测得加热炉的数学模型为

$$W_o(s) = \frac{9.9e^{-80s}}{120s + 1}$$

温度传感器与变送器的数学模型为

$$W_m(s) = \frac{0.107}{10s + 1}$$

因此,广义被控对象的数学模型为

$$W_o(s) = W_1(s)W_m(s) = \frac{1.06e^{-80s}}{(120s + 1)(10s + 1)}$$

由于 $10s + 1 \approx e^{10s}$,故上式可演化为

$$W_o(s) \approx \frac{1.06e^{-90s}}{120s + 1}$$

由于本例中广义对象的纯滞后时间与其时间常数的比值较大,$\tau/T = 90/120 = 0.75$,若采用普通的 PID 控制器(图 9 – 44),无论怎样整定 PID 控制器的参数,过渡过程的超调量及过渡过程时间均仍很大。因此,对该大时间滞后系统,考虑采用如图 9 – 45 所示的 Smith 预估补偿方案。

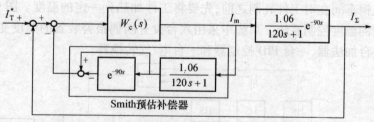

图 9 – 45　加热炉温度 Smith 预估补偿系统框图

加入 Smith 预估补偿环节后,PID 控制器控制的对象包括原来的广义对象和补偿环节,从而等效被控对象的传递函数为

$$\overline{W}_o(s) = \frac{1.06e^{-90s}}{120s + 1} + \frac{1.06}{120s + 1}(1 - e^{-90s}) = \frac{1.06}{120s + 1}$$

可见等效被控对象 $\overline{W}_o(s)$ 中,不再包含纯滞后因素,因此控制器的整定变得很容易且可得到较高的控制品质。但单纯的 Smith 预估补偿方案,要求广义对象的模型有较高的精度和相对稳定性,否则控制品质又会明显下降。而加热炉由于使用时间长短及每次处理工件的数量均不尽相同,其特性参数会发生变化。为提高加热炉的控制品质,改用如图 9 – 46 所示的具有

264

增益自适应补偿的多点温度平均值控制系统。这是一种典型的、能够适应过程静态增益变化的大滞后补偿控制系统。

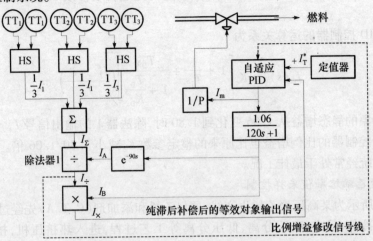

图 9-46　具有增益自适应补偿的加热炉多点温度控制系统原理框图

图 9-47 是图 9-46 的等效框图,用以分析系统的工作过程。

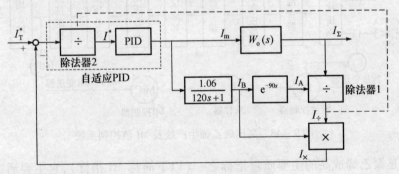

图 9-47　图 9-46 的等效框图

假设广义对象的静态增益从 1.06 变化到 1.80,在相同的操作变量 I_m 下,因广义对象的输出 I_Σ 增大,故除法器 1 的输出信号 $I_\div$ 也随之增大,即

$$I_\div = \frac{I_\Sigma}{I_A} = \frac{I_m \dfrac{1.80e^{-90s}}{120s+1}}{I_m \dfrac{1.06e^{-90s}}{120s+1}} = \frac{1.80}{1.06}$$

由此得乘法器的输出信号为

$$I_\times = I_\div \cdot I_B = \frac{1.80}{1.06} I_m \frac{1.06}{120s+1} = \frac{1.80}{120s+1} I_m$$

因此,此时 PID 控制器所控制的等效对象的模型为

$$\overline{W}_o(s) = \frac{I_\times(s)}{I_m(s)} = \frac{1.80}{120s+1}$$

可见,在过程静态增益变化时,仍可以得到完全补偿。但此时控制器的参数也应随之作相应的调整,因为,原控制器参数是针对当时广义对象模型 $\overline{W}_o(s)$ 而整定的,现在等效对象 $\overline{W}_o(s)$

的静态增益已由 1.06 变化到 1.80,故控制器也应具有自动修改其比例增益 K_c 的功能。图 9 - 46 中的虚线及图 9 - 47 中的除法器 2 的作用就是为完成自动修改 PID 控制器的比例增益 K_c 而设置的。

自适应 PID 控制器的运算关系为

$$I_m(s) = K_c\left[1 + \frac{1}{T_I s} + \frac{T_D s}{1 + \frac{T_D}{K_D}s}\right]\left(\frac{I_T^* - I_\times}{I_\div}\right)$$

当广义对象的静态增益从 1.06 变化到 1.80 时,除法器 1 的输出信号 $I_\div = [1.80/1.06]$,故自适应 PID 控制器的比例增益也比原来的整定参数 K_c 减小 1.80/1.06 倍。因此,这样的方案能使控制系统经常处于最佳工况。

2. 高压聚乙烯熔融值采样控制

图 9 - 48 所示为某高压聚乙烯生产线,原料乙烯和添加剂(C.T.A)先经过压缩、然后经混合、二次压缩、冷却、反应、高压分离、低压分离等工艺过程,进入热挤压机,挤压成型后切粒(成品)。

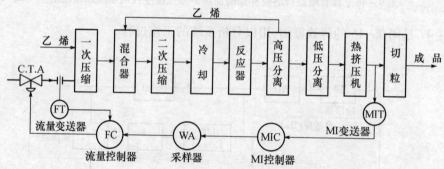

图 9 - 48 高压聚乙烯生产线及 MI 值控制系统

熔融值是聚乙烯成品的主要质量指标之一(以下简称 MI 指标),它主要通过调节原料入口处的添加剂量来控制。为此,在热挤压机出口处安装 MI 值变送器,其输出为标准的电流信号,送给 MI 控制器,控制器的输出经采样器(由采样开关和零阶保持器组成)后,作为 C. T. A 流量控制器的外给定,构成如图 9 - 48 所示的 MI 值控制系统,其框图见图 9 - 49,为一串级采样控制系统。

该系统的 MI 控制器及流量控制器均采样 PI 控制规律,副被控过程(流量过程)的特性用放大环节来表示,主被控过程用一阶加纯滞后特性来描述,其时间常数 $T_o = 70\min, \tau = 15\min$。

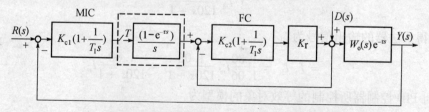

图 9 - 49 高压聚乙烯生产线及 MI 值控制系统框图

当采样时间(即采样开关信号的宽度)为 4min,采样周期为 25min,控制器的整定参数 $\delta = 300\%$。$T_I = 30\min$,系统运行的记录曲线如图 9 - 50 所示,满足了生产工艺要求。

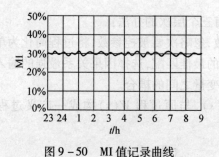

图 9 – 50　MI 值记录曲线

第六节　多变量解耦控制系统

一、概述

在第七章详细讨论了单回路控制系统,在这类系统中,假设过程只有一个被控量,它被确定为输出,而在众多影响这个被控量的因素中,选择一个主要因素成为操纵量,称为过程输入,而把其他因素都看成扰动。这样在输入、输出之间形成一条控制通道,再加入适当的控制器后,就成为一个单回路控制系统。

众所周知,实际的工业过程是一个复杂的变化过程,为了达到指定的生产要求,往往有多个过程参数需要控制,相应地,决定和影响这些参数的原因也不是一个。因此大多数工业过程是一个相互关联的多输入多输出过程。在这样的过程中,一个输入将影响到多个输出,而一个输出也将受到多个输入的影响。如果将一对输入、输出称为一个控制通道,则在各通道之间存在相互作用,我们把这种输入与输出间、通道与通道间复杂的因果关系称为过程变量或通道间的耦合。

多输入多输出过程的传递函数可表示为

$$W(s) = \frac{Y(s)}{U(s)} = \begin{bmatrix} W_{11}(s) & W_{12}(s) & \cdots & W_{1m}(s) \\ W_{21}(s) & W_{22}(s) & \cdots & W_{2m}(s) \\ \vdots & \vdots & \ddots & \vdots \\ W_{n1}(s) & W_{n2}(s) & \cdots & W_{nm}(s) \end{bmatrix} \quad (9-58)$$

式中:n 为输出变量数;m 为输入变量数;$W_{ij}(s)$ 为第 j 个输入与第 i 个输出间的传递函数,它反映着该输入与输出间的耦合关系。在解耦问题的讨论中,通常取 $n = m$,这与大多数实际过程相符合。

变量间的耦合给过程控制带来了很大的困难,因为很难为各个控制通道确定满足性能要求的控制器。从前面的讨论可知,单回路控制系统是最简单的控制方案,因此解决多变量耦合过程控制的最好方法是解决变量之间不希望的耦合,形成各个独立的单输入单输出的控制通道,使得此时过程的传递函数为

$$W(s) = \begin{bmatrix} W_{11}(s) & & & 0 \\ & W_{22}(s) & & \\ & & \ddots & \\ 0 & & & W_{nm}(s) \end{bmatrix} \quad (9-59)$$

实现复杂过程的解耦有三个层次的办法：

（1）突出主要被控参数，忽略次要被控参数，将过程简化为单参数过程。

（2）寻求输入、输出间的最佳匹配，选择因果关系最强的输入、输出，逐对构成各个控制通道，弱化各控制通道之间即变量之间的耦合。

（3）计一个补偿器 $D(s)$，与原过程 $W(s)$ 构成一广义过程 $W_g(s)$，使 $W_g(s)$ 成为对角线阵

$$
W_g(s) = \begin{bmatrix} W_{g11}(s) & & & \\ & W_{g22}(s) & & \\ & & \ddots & \\ & & & W_{gnm}(s) \end{bmatrix} \tag{9-60}
$$

第一种方法最简单易行，但只适用于简单过程或控制要求不高的场合。第二种方法考虑到变量之间的耦合，但这种配对只有在存在弱耦合的情况下，才能找到合理的输入、输出间的组合。第三种方法原则上适用于一般情况，但要找到适当的补偿器并能实现，则要困难得多，因此要视不同要求和场合选用不同方法。第一种方法就是单回路设计方法，已在第七章单回路控制系统中做了详细讨论，故这里着重讨论后两种方法。

解耦有两种方式：静态解耦和动态解耦。静态解耦只要求过程变量达到稳态时实现变量间的解耦，设计时传递函数就简化为比例系数了。动态解耦则要求不论在过渡过程或稳态场合，都能实现变量间的解耦。为简便起见，讨论将从静态解耦开始，所用的方法同样可用于动态解耦，并得出相应的结论。

二、相对增益及其性质

1. 相对增益的定义

多输入多输出过程中变量之间的耦合程度可用相对增益表示。设过程输入 $U = [u_1 u_2 \cdots u_n]^T$，输出 $Y = [y_1 y_2 \cdots y_n]^T$，令

$$
p_{ij} = \left. \frac{\partial y_i}{\partial u_j} \right|_{u_r} \quad (r \neq j) \tag{9-61}
$$

此式表示在 $u_r(r \neq j)$ 不变时，输出 y_i 对输入 u_j 的传递关系或静态放大系数，这里称之为第一放大系数。又令

$$
q_{ij} = \left. \frac{\partial y_i}{\partial u_j} \right|_{y_r} \quad (r \neq i) \tag{9-62}
$$

此式表示在所有 $y_r(r \neq i)$ 不变时，输出 y_i 对输入 u_j 的传递关系或静态放大系数，称之为通道 u_j 到 y_i 的第二放大系数。再令

$$
\lambda_{ij} = \frac{p_{ij}}{q_{ij}} = \frac{\left. \dfrac{\partial y_i}{\partial u_j} \right|_{u_r}}{\left. \dfrac{\partial y_i}{\partial u_j} \right|_{y_r}} \tag{9-63}
$$

称为 u_j 到 y_i 通道的相对增益。对多输入多输出过程可得

$$\boldsymbol{\Lambda} = (\boldsymbol{\lambda}_{ij})_{n \times n} = \begin{bmatrix} \lambda_{11} & \lambda_{12} & \cdots & \lambda_{1n} \\ \lambda_{21} & \lambda_{22} & \cdots & \lambda_{2n} \\ \vdots & \vdots & \ddots & \vdots \\ \lambda_{n1} & \lambda_{n2} & \cdots & \lambda_{nn} \end{bmatrix} \qquad (9-64)$$

称之为过程的相对增益矩阵,它的元 λ_{ij} 就表示 u_j 到 y_i 通道的相对增益。

由定义可知,第一放大系数 p_{ij} 是在过程其他输入 u_r 不变的条件下, u_j 到 y_i 的传递关系,也就是只有 u_j 输入作用对 y_i 的影响。第二放大系数 q_{ij} 是在过程其他输出 y_r 不变的条件下, u_j 到 y_i 的传递关系,也就是在 $u_r(r \neq j)$ 变化时, u_j 到 y_i 的传递关系。 λ_{ij} 则是两者的比值,这个比值的大小反映了变量之间即通道之间的耦合程度。若 $\lambda_{ij} = 1$,表示在其他输入 $u_r(r \neq j)$ 不变和变化两种条件下, u_j 到 y_i 的传递不变,也就是说,输入 u_j 到 y_i 的通道不受其他输入的影响,因此不存在其他通道对它的耦合。若 $\lambda_{ij} = 0$,表示 $p_{ij} = 0$,即 u_j 到 y_i 没有影响,不能控制 y_i 的变化,因此该通道的选择是错误的。若 $0 < \lambda_{ij} < 1$,则表示 u_j 到 y_i 的通道与其他通道间有强弱不等的耦合。若 $\lambda_{ij} > 1$,表示耦合减弱了 u_j 到 y_i 的控制作用,而 $\lambda_{ij} < 0$ 则表示耦合的存在使 u_j 到 y_i 的控制作用改变了方向和极性,从而有可能造成正反馈而引起控制系统的不稳定。

从上述定性分析可以看出,相对增益的值反映了某个控制通道的作用强弱和其他通道对它的耦合的强弱,因此可作为选择控制通道和决定采用何种解耦措施的依据。

2. 相对增益的求法

由定义可知,求相对增益需要先求出放大系数 p_{ij} 和 q_{ij} ,这两个放大系数有两种求法。

1)实验法

按定义所述,先在保持其他输入 u_r 不变的情况下,求得在 Δu_j 作用下输出 y_i 的变化 Δy_i ,由此可得

$$p_{ij} = \frac{\Delta y_i}{\Delta u_j}\bigg|_{u_r} \qquad i = 1, 2, \cdots, n$$

依次变化 $u_j, j = 1, 2, \cdots, n$ $(j \neq r)$,同理可求得全部的 p_{ij} 值,可得到

$$\boldsymbol{P} = (p_{ij})_{n \times n} = \begin{bmatrix} p_{11} & p_{12} & \cdots & p_{1n} \\ p_{21} & p_{22} & \cdots & p_{2n} \\ \vdots & & \ddots & \vdots \\ p_{n1} & p_{n2} & \cdots & p_{nn} \end{bmatrix} \qquad (9-65)$$

其次在 Δu_j 作用下,保持 $y_r(r \neq i)$ 不变,此时需调整 $u_r(r \neq j)$ 值,测得此时的 Δy_i ,再求得

$$q_{ij} = \frac{\Delta y_i}{\Delta u_j}\bigg|_{y_r} \qquad i = 1, 2, \cdots, n$$

同样依次变化 $u_j, j = 1, 2, \cdots, n, j \neq r$,再逐个测得 Δy_i 值,就可得到全部的 q_{ij} 值,由此可得

$$\boldsymbol{Q} = (q_{ij})_{n \times n} = \begin{bmatrix} q_{11} & q_{12} & \cdots & q_{1n} \\ q_{21} & q_{22} & \cdots & q_{2n} \\ \vdots & \vdots & \ddots & \vdots \\ q_{n1} & q_{n2} & \cdots & q_{nn} \end{bmatrix} \qquad (9-66)$$

再逐项计算相对增益 $\qquad\qquad \lambda_{ij} = \dfrac{p_{ij}}{q_{ij}}$

$$\text{可得到相对增益矩阵} \quad \boldsymbol{\Lambda} = \begin{bmatrix} \lambda_{11} & \lambda_{12} & \cdots & \lambda_{1n} \\ \lambda_{21} & \lambda_{22} & \cdots & \lambda_{2n} \\ \vdots & \vdots & \ddots & \vdots \\ \lambda_{n1} & \lambda_{n2} & \cdots & \lambda_{nn} \end{bmatrix} \tag{9-67}$$

用这种方法求相对增益,只要实验条件满足定义的要求,能够得到接近实际的结果。但从实验方法而言,求第一放大系数还比较简单易行,而求第二放大系数的实验条件相当难以满足,特别在输入输出对数较多的情况下,因此实验法求相对增益有一定困难。

2)解析法

基于对过程工作机理的了解,通过对已知输入、输出之间的数学关系的变换和推导,求得相应的相对增益矩阵。为了说明这种方法,现举一个例子。

例 流量过程如图 9-51 所示,求此过程的相对增益矩阵。图中 1 和 2 为线性特性控制阀,阀的控制量分别为 u_1 和 u_2,用 q_h 代表流量,它和压力 p_1 为被控量。

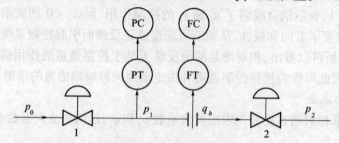

图 9-51 流量过程示意图

根据管内流量和压力的关系,有

$$q_h = u_1(p_0 - p_1) = u_2(p_1 - p_2) \tag{9-68}$$

由此可得

$$q_h = \frac{u_1 u_2}{u_1 + u_2}(p_0 - p_2) \tag{9-69}$$

对输出 q_h 而言,它对输入 u_1 的第一放大系数,由式(9-69)有

$$p_{11} = \left.\frac{\partial q_h}{\partial u_1}\right|_{u_2} = \left(\frac{u_2}{u_1 + u_2}\right)^2 (p_0 - p_2) \tag{9-70}$$

q_h 对 u_1 的第二放大系数,由式(9-68)有

$$q_{11} = \left.\frac{\partial q_h}{\partial u_1}\right|_{p_1} = (p_0 - p_1) = \frac{u_2}{u_1 + u_2}(p_0 - p_2) \tag{9-71}$$

故有

$$\lambda_{11} = \frac{p_{11}}{q_{11}} = \frac{u_2}{u_1 + u_2} = \frac{p_0 - p_1}{p_0 - p_2} \tag{9-72}$$

同理可求得 u_2 到 q_h 通道的相对增益为

$$\lambda_{12} = \frac{p_{12}}{q_{12}} = \frac{p_1 - p_2}{p_0 - p_2} \tag{9-73}$$

为求输出 p_1 通道的相对增益,可将式(9-68)改写为

$$p_1 = p_0 - \frac{q_h}{u_1} = p_2 + \frac{q_h}{u_2} = \frac{p_0 u_1 + p_2 u_2}{u_1 + u_2} \tag{9-74}$$

270

即可求得 p_1 与 u_1 和 u_2 两个通道的相对增益为

$$\lambda_{21} = \frac{p_{21}}{q_{21}} = \frac{p_1 - p_2}{p_0 - p_2} \tag{9 - 75}$$

$$\lambda_{22} = \frac{p_{22}}{q_{22}} = \frac{p_0 - p_1}{p_0 - p_2} \tag{9 - 76}$$

由此可得输入为 u_1 和 u_2、输出为 q_h 和 p_1 的过程的相对增益矩阵为

$$\boldsymbol{\Lambda} = \begin{bmatrix} \lambda_{11} & \lambda_{12} \\ \lambda_{21} & \lambda_{22} \end{bmatrix} = \begin{bmatrix} \dfrac{p_0 - p_1}{p_0 - p_2} & \dfrac{p_1 - p_2}{p_0 - p_2} \\ \dfrac{p_1 - p_2}{p_0 - p_2} & \dfrac{p_0 - p_1}{p_0 - p_2} \end{bmatrix} \tag{9 - 77}$$

本例是一个简单的双输入双输出过程,从它的相对增益矩阵中,可看到一个很有趣的现象,即

$$\begin{cases} \lambda_{11} + \lambda_{12} = \lambda_{21} + \lambda_{22} = 1 \\ \lambda_{11} + \lambda_{21} = \lambda_{12} + \lambda_{22} = 1 \end{cases} \tag{9 - 78}$$

也就是说,相对增益矩阵中同一列或同一行的元之和为1。

这种现象是偶然出现,还是有普遍意义呢? 让我们再看一个更一般的情况。

设两输入两输出过程的传递函数为

$$\boldsymbol{W}(s) = \begin{bmatrix} W_{11}(s) & W_{12}(s) \\ W_{21}(s) & W_{22}(s) \end{bmatrix} \tag{9 - 79}$$

只考虑静态放大系数,则有

$$\boldsymbol{W}(s) = \begin{bmatrix} k_{11} & k_{12} \\ k_{21} & k_{22} \end{bmatrix} \tag{9 - 80}$$

由此可得

$$\begin{cases} y_1 = k_{11}u_1 + k_{12}u_2 \\ y_2 = k_{21}u_1 + k_{22}u_2 \end{cases} \tag{9 - 81}$$

可求得

$$p_{11} = \frac{\partial y_1}{\partial u_1}\bigg|_{u_2} = k_{11} \tag{9 - 82}$$

改写

$$y_1 = k_{11}u_1 + \frac{y_2 - k_{21}u_1}{k_{22}}k_{12}$$

则

$$q_{11} = \frac{\partial y_1}{\partial u_1}\bigg|_{y_2} = k_{11} - \frac{k_{12}k_{21}}{k_{22}} = \frac{k_{11}k_{22} - k_{12}k_{21}}{k_{22}} \tag{9 - 83}$$

故

$$\lambda_{11} = \frac{p_{11}}{q_{11}} = \frac{k_{11}k_{22}}{k_{11}k_{22} - k_{12}k_{21}}$$

用同样方法,依次可求得

$$\lambda_{12} = \frac{p_{12}}{q_{12}} = \frac{-k_{12}k_{21}}{k_{11}k_{22} - k_{12}k_{21}}$$

$$\lambda_{21} = \frac{p_{21}}{q_{21}} = \frac{-k_{12}k_{21}}{k_{11}k_{22} - k_{12}k_{21}}$$

271

$$\lambda_{22} = \frac{p_{22}}{q_{22}} = \frac{k_{11}k_{22}}{k_{11}k_{22} - k_{12}k_{21}}$$

由以上 λ 值表达式可见,式(9-78)的关系同样成立。可见这不是偶然现象,后面将给出证明。

3)间接法

上述两种方法都要求第二放大系数,比较麻烦。可以利用第一放大系数,间接求得相对增益。

式(9-81)可写成

$$Y = KU = PU \tag{9-84}$$

式中:$Y = [y_1 y_2]^T$;$K = \begin{bmatrix} k_{11} & k_{12} \\ k_{21} & k_{22} \end{bmatrix} = P$;$U = [u_1 u_2]^T$。

式(9-84)可改写成

$$U = HY \tag{9-85}$$

式中:$H = \begin{bmatrix} h_{11} & h_{12} \\ h_{21} & h_{22} \end{bmatrix}$,故式(9-85)可写成

$$\begin{cases} u_1 = h_{11}y_1 + h_{12}y_2 \\ u_2 = h_{21}y_1 + h_{22}y_2 \end{cases} \tag{9-86}$$

由式(9-84)和式(9-85)可得

$$PH = KH = I \tag{9-87}$$

由此可解得 H,并对照式(9-83)可得

$$h_{11} = \frac{k_{22}}{k_{11}k_{22} - k_{12}k_{21}} = \frac{1}{q_{11}}$$

$$h_{12} = \frac{-k_{12}}{k_{11}k_{22} - k_{12}k_{21}} = \frac{1}{q_{21}}$$

$$h_{21} = \frac{-k_{21}}{k_{11}k_{22} - k_{12}k_{21}} = \frac{1}{q_{12}}$$

$$h_{22} = \frac{k_{11}}{k_{11}k_{22} - k_{12}k_{21}} = \frac{1}{q_{22}}$$

故

$$\lambda_{11} = p_{11}h_{11}$$
$$\lambda_{12} = p_{12}h_{21}$$
$$\lambda_{21} = p_{21}h_{12}$$
$$\lambda_{22} = p_{22}h_{22}$$

即

$$\lambda_{ij} = p_{ij}H_{ij}^T$$

而

$$H = P^{-1}$$

故

$$\lambda_{ij} = p_{ij} \cdot (P^{-1})_{ij}^T \tag{9-88}$$

则

$$\Lambda = \{\lambda_{ij}\}_{2 \times 2} \tag{9-89}$$

这个结论可推广到 $n \times n$ 矩阵的情况,从而得到一个由 $P = K$ 阵求 Λ 阵的方法,其步骤为

(1)由 $P = K$ 求 $P^{-1} = K^{-1}$。

(2)由 P^{-1} 求 $(P^{-1})^T$。

(3) 由 $\lambda_{ij} = p_{ij} \cdot (P^{-1})_{ij}^T$ 可得 Λ。

这个方法的好处是由 P 直接求 Λ,不需要计算 Q,计算 Q 的困难在于求逆,但对计算机来说这不会成为问题。

3. 相对增益矩阵的性质

式(9-78)指出了相对增益矩阵中的一个现象,现在又推导出直接由 P 矩阵求 Λ 矩阵的方法,由此就可以证明式(9-78)表示的不只是一个偶然现象,而是相对增益矩阵的性质。

由式(9-88)可知

$$\lambda_{ij} = p_{ij} \cdot (P^{-1})_{ij}^T = p_{ij} \cdot (P^{-1})_{ji} = p_{ij} \cdot \frac{(\mathrm{adj}P)_{ji}}{\det P} \qquad (9-90)$$

式中:$\mathrm{adj}P$、$\det P$ 分别为 P 的伴随矩阵和行列式,对 Λ 矩阵的 i 行来说,有

$$\lambda_{i1} + \lambda_{i2} + \cdots + \lambda_{in} = p_{i1} \cdot \frac{1}{\det P}(\mathrm{adj}P)_{1i} + p_{i2} \cdot \frac{1}{\det P}(\mathrm{adj}P)_{2i} + \cdots + p_{in} \cdot \frac{1}{\det P}(\mathrm{adj}P)_{ni}$$

$$= \frac{1}{\det P}[p_{i1}(\mathrm{adj}P)_{1i} + p_{i2}(\mathrm{adj}P)_{2i} + \cdots + p_{in}(\mathrm{adj}P)_{ni}]$$

$$= \frac{1}{\det P}\det P = 1 \qquad (9-91)$$

同样,对 Λ 阵的 j 列来说,也有

$$\lambda_{1j} + \lambda_{2j} + \cdots + \lambda_{nj} = 1$$

这样就得到相对增益矩阵的一个重要性质:相对矩阵 Λ 的任一行(或任一列)的元的值之和为 1。

相对增益矩阵这个性质的一个意义是可以简化该矩阵的计算。例如对一个 2×2 的 Λ 矩阵,只要求出一个独立的 λ 值,其他 3 个值可由此性质推出。对于 3×3 的 Λ 矩阵,也只要求出 4 个独立的 λ 值,即可推出其余的 5 个 λ 值,显然大大减少了计算工作量。

这个性质的更重要的意义在于它能帮助分析过程通道间的耦合情况。仍以式(9-81)的双输入双输出过程为例。如果 $\lambda_{11} = 1$,则 $\lambda_{22} = 1$,而 $\lambda_{12} = \lambda_{21} = 0$,这表示两个通道是独立的,是一个无耦合过程。再仔细观察一下,$\lambda_{12} = \lambda_{21} = 0$ 表明第一放大系数 $p_{12} = p_{21} = 0$,或 $k_{12} = k_{21} = 0$。上述结论是正确的。即使 $k_{11} = 0$ 而 $k_{12} \neq 0$,表示输入 u_1 对输出 y_2 有影响,但影响很小,而且不会再反馈到 u_1 到 y_1 的通道中去,因此 u_2 到 y_2 的通道仍可按单回路控制系统设计,而把 u_1 的影响当扰动考虑。因此,Λ 矩阵中一行或一列中的某个元越接近于 1,表示通道之间的耦合作用越小。若 $\lambda_{11} = 0.5$,则 $\lambda_{12} = \lambda_{21} = \lambda_{22} = 0.5$,这表示通道之间的耦合作用最强,需要采取解耦措施。反过来,若 $\lambda_{12} = 1$,则 $\lambda_{11} = \lambda_{22} = 0$,而 $\lambda_{21} = 1$,这表示输入与输出配合选择有误,应该将输入和输出互换,仍可得到无耦合过程,这一点下面还将讨论。

λ 值也可能大于 1,例如 $\lambda_{11} > 1$,根据性质必有 $\lambda_{12} = \lambda_{21} < 0$。这表明过程间存在负耦合。当构成闭环控制时,这种负耦合将引起正反馈,从而导致过程的不稳定,因此必须考虑采取措施来避免和克服这种现象。

根据相对增益矩阵的定义和性质,还可以根据第一放大系数的符号来帮助判断 λ 值的范围。如果第一放大系数中符号为正的个数是奇数,则所有的 λ 值将为正,并在 $[0,1]$ 区间内。如果是偶数,则必有 λ 值会大于 1 和小于 0。这可从式(9-81)的双输入双输出过程的 λ 值表达式中得到验证。

例 某并联流量过程如图 9 − 52 所示。假设两管道和阀门特性完全相同,显然总流量是不变的,q_1 的增加会引起 q_2 的减少,反之亦然。因此过程的关系式为

$$\begin{cases} q_1 = k_{11}u_1 - k_{12}u_2 \\ q_2 = k_{22}u_2 - k_{21}u_1 \end{cases}$$

此时第一放大系数中两个为正,两个为负。可以求得其相对增益为

$$\lambda_{11} = \lambda_{22} = \frac{k_{11}k_{22}}{k_{11}k_{22} - k_{12}k_{21}}$$

$$\lambda_{12} = \lambda_{21} = 1 - \lambda_{11} = \frac{-k_{12}k_{21}}{k_{11}k_{22} - k_{12}k_{21}}$$

由假设 $k_{11} = k_{22}$, $k_{12} = k_{21}$,故得

$$\lambda_{11} = \lambda_{22} = \frac{k_{11}^2}{k_{11}^2 - k_{12}^2} = \frac{1}{1 - \left(\dfrac{k_{12}}{k_{11}}\right)^2}$$

$$\lambda_{12} = \lambda_{21} = \frac{-\left(\dfrac{k_{12}}{k_{11}}\right)^2}{1 - \left(\dfrac{k_{12}}{k_{11}}\right)^2}$$

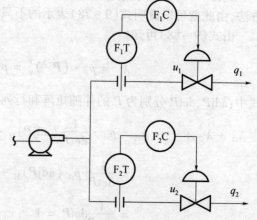

图 9 − 52 并联流量过程

通常 $k_{11} > k_{12}$,故 $\lambda_{11} = \lambda_{22} > 1$,而 $\lambda_{12} = \lambda_{21} < 0$。这种情况的物理解释是:如果 u_1 减少,将引起 u_2 的增加,而 u_2 的增加又会进一步减少 u_1,这个耦合过程使原有平衡破坏。

根据上述对相对增益矩阵的分析,可得到以下结论:

(1) 若 $\boldsymbol{\Lambda}$ 矩阵的对角元为 1,其他元为 0,则过程通道之间没有耦合,每个通道都可构成单回路控制。

(2) 若 $\boldsymbol{\Lambda}$ 矩阵非对角元为 1,而对角元为 0,则表示过程控制通道选错,可更换输入、输出间的配对关系,得到无耦合过程。

(3) $\boldsymbol{\Lambda}$ 矩阵的元都在 [0,1] 区间内,表示过程控制通道之间存在耦合。λ_{ij} 越接近于 1, 表示 u_j 到 y_i 的通道受其他耦合的影响越小,构成单回路控制效果越好。

(4) 若 $\boldsymbol{\Lambda}$ 矩阵同一行或列的元值相等,或同一行或同一列的 λ 值都比较接近,表示通道之间的耦合最强,要设计成单回路控制,必须采取专门的补偿措施。

(5) 若 $\boldsymbol{\Lambda}$ 矩阵中某元的值大于 1,则同一行或列中必有 $\lambda < 0$ 的元存在,表示过程变量或通道之间存在不稳定耦合,在设计解耦或控制回路时,必须采取镇定措施。

三、复杂过程控制通道的选择

过程控制中,控制通道的选择是首先要解决的问题。对单回路控制来说,确定一个被控量(输出)和操纵量(输入)比较简单,而对于耦合过程来说,就变得复杂起来。因此时有多个输入影响多个输出,这就存在一个控制通道如何分别选择,即输入、输出如何一一配对的问题。如果控制通道选错了,就无法实现希望的控制要求。

相对增益矩阵为解决这个问题提供了途径。矩阵元 λ_{ij} 的值反映了第 j 个输入对第 i 个输出之间作用大小的相对值。对稳定的控制通道来说,$\lambda = 1$ 表示该通道选择正确,且与其他通

274

道没有耦合;$\lambda > 0.5$ 表示选择基本正确,但需要采取解耦措施,才能构成单回路控制系统;若 $\lambda < 0.5$,则要重新考虑输入和输出间的配对关系。下面通过例子来说明。

例 9-1 图 9-53 为三种流体的混合过程。图中阀门 V_1 控制 100℃的原料 1 的流量,开度为 u_1,阀门 V_2 控制 200℃的原料 2 的流量,开度为 u_2,阀门 V_3 控制 100℃的原料 3 的流量,开度为 u_3。假设三个通道配置相同,阀门为线性阀,三种原料热容也相同,即有 $K_{V_1} = K_{V_2} = K_{V_3}$,$C_1 = C_2 = C_3$。要求控制的参数是混合后流体的温度(热量)和总流量。试选择合理的控制通道。

这个过程有三个控制作用,即 u_1、u_2 和 u_3,因此可以构成三个控制通道,设被控量定为热量 Q_{11}、Q_{12} 和总流量 q,其通道组构如图 9-54 所示。

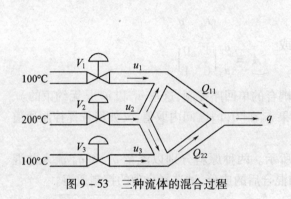

图 9-53 三种流体的混合过程   图 9-54 变量配对控制方案

计算变量间的关系为

$$Q_{11} = K_{V_1} \times \frac{u_1}{100} \times C_1 \times 100℃ + \frac{1}{2} K_{V_2} \frac{u_2}{100} \times C_2 \times 200℃ = u_1 + u_2$$

$$Q_{22} = K_{V_3} \times \frac{u_3}{100} \times C_3 \times 100℃ + \frac{1}{2} K_{V_2} \frac{u_2}{100} \times C_2 \times 200℃ = u_2 + u_3$$

$$q = K_{V_1} u_1 + K_{V_2} u_2 + K_{V_3} u_3 = u_1 + u_2 + u_3$$

求第一放大系数矩阵 P:

$$P = \begin{bmatrix} \dfrac{\partial Q_{11}}{\partial u_1} & \dfrac{\partial Q_{11}}{\partial u_2} & \dfrac{\partial Q_{11}}{\partial u_3} \\[2mm] \dfrac{\partial q}{\partial u_1} & \dfrac{\partial q}{\partial u_2} & \dfrac{\partial q}{\partial u_3} \\[2mm] \dfrac{\partial Q_{22}}{\partial u_1} & \dfrac{\partial Q_{22}}{\partial u_2} & \dfrac{\partial Q_{22}}{\partial u_3} \end{bmatrix} = \begin{bmatrix} 1 & 1 & 0 \\ 1 & 1 & 1 \\ 0 & 1 & 1 \end{bmatrix}$$

$$P^{-1} = \begin{bmatrix} 0 & 1 & -1 \\ 1 & -1 & 1 \\ -1 & 1 & 0 \end{bmatrix}$$

$$(P^{-1})^{T} = \begin{bmatrix} 0 & 1 & -1 \\ 1 & -1 & 1 \\ -1 & 1 & 0 \end{bmatrix}$$

故

$$\boldsymbol{\Lambda} = \boldsymbol{P} \cdot (\boldsymbol{P}^{-1})^{\mathrm{T}} = \begin{array}{c} Q_{11} \\ q \\ Q_{22} \end{array} \begin{array}{ccc} u_1 & u_2 & u_3 \\ \left[\begin{array}{ccc} 0 & 1 & 0 \\ 1 & -1 & 1 \\ 0 & 1 & 0 \end{array}\right] \end{array}$$

从得到的 $\boldsymbol{\Lambda}$ 阵可以看出,最初选择的控制通道是错误的,$\boldsymbol{\Lambda}$ 矩阵的对角线三个元中,两个为 0,一个为 -1。这表明 u_1 对 Q_{11} 和 u_3 对 Q_{22} 没有控制能力,而 u_2 对 q 通道则形成负耦合,造成一个不稳定过程。如果 u_2 有一个增量 Δu_2,使 q 增加,它也将使 Q_{11} 和 Q_{22} 增加,这会引起 u_1 和 u_3 的减少,它们会使 q 减少,而使 u_2 继续增加,形成一个不断发散的变化过程。所以本例的控制通道可有两种选择:$q-u_1$ 和 $Q_{11}(Q_{22})-u_2$ 或 $q-u_3$ 和 $Q_{11}(Q_{22})-u_2$,此时过程的相对增益矩阵为

$$\boldsymbol{\Lambda} = \begin{array}{c} u_1 \\ u_2 \end{array} \begin{array}{c} q \quad Q_{11} \\ \left[\begin{array}{cc} 1 & 0 \\ 0 & 1 \end{array}\right] \end{array} \quad 或 \quad \boldsymbol{\Lambda} = \begin{array}{c} u_2 \\ u_3 \end{array} \begin{array}{c} Q_{11} \quad q \\ \left[\begin{array}{cc} 1 & 0 \\ 0 & 1 \end{array}\right] \end{array}$$

显然这样的输入、输出配对可直接构成两个无耦合的单回路控制,这里 u_1 和 u_2 是无约束的。

这个例子中 $\boldsymbol{\Lambda}$ 矩阵的元或为 1,或为 0,如果 λ_{ij} 在 $[0,1]$ 区间内取值,又如何选择控制通道呢？让我们再看一例。

例 9 - 2 一个混合配料过程如图 9 - 55 所示。两种原料分别以流量 q_A 和 q_B 流入并混合,阀门由 u_1 和 u_2 控制,要求控制其总流量和混合后的成分,试选择合理的控制通道。

计算过程变量间关系,总流量为

$$q = q_A + q_B = u_1 + u_2$$

混料成分

$$A = \frac{q_A}{q_A + q_B} = \frac{u_1}{u_1 + u_2} = \frac{q_A}{q}$$

求第一放大系数

$$p_{11} = \left. \frac{\partial A}{\partial u_1} \right|_{u_2} = \frac{u_2}{(u_1 + u_2)^2} = \frac{1 - A}{q}$$

$$q_{11} = \left. \frac{\partial A}{\partial u_1} \right|_q = \frac{1}{q}$$

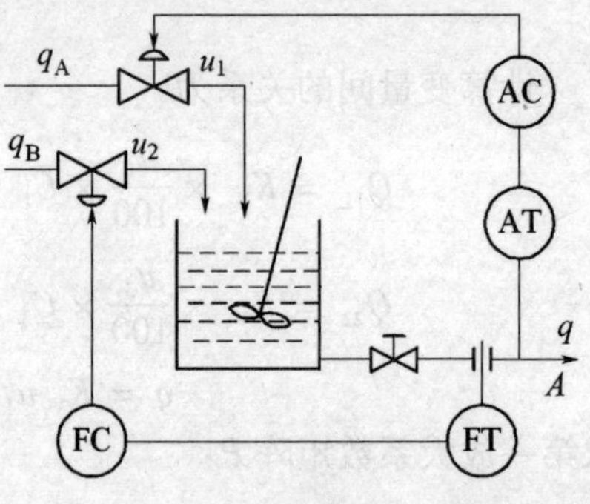

图 9 - 55 成分和流量相关控制系统
AC—浓度控制器；FC—流量控制器。

故得

$$\lambda_{11} = 1 - A = \lambda_{22}$$

由此得

$$\lambda_{12} = A = \lambda_{21}$$

$$\boldsymbol{\Lambda} = \begin{array}{c} A \\ q \end{array} \begin{array}{c} u_1 \qquad u_2 \\ \left[\begin{array}{cc} 1 - A & A \\ A & 1 - A \end{array}\right] \end{array} \qquad\qquad (9 - 92)$$

此式表明,λ_{ij} 与 A 有关,若 $A = 0.5$,则 $\lambda_{ij} = 0.5$,无论怎样选择,两个通道之间都有强的耦合。若 $A = 0.2$,则

$$\boldsymbol{\Lambda} = \begin{array}{c} A \\ q \end{array} \begin{array}{c} u_1 \qquad u_2 \\ \left[\begin{array}{cc} 0.8 & 0.2 \\ 0.2 & 0.8 \end{array}\right] \end{array}$$

这种配对是正确的,即由 u_1 来控制 A,由 u_2 来控制 q。当 u_1 有增量 Δu_1 时,它将造成 $0.8\Delta A$ 和 $0.2\Delta q$ 的增量,$0.2\Delta q$ 的增量耦合到第一通道的输入为 $\frac{0.2}{4}\Delta u_2 = 0.05\Delta u_2$,因此在两个通道之间传递的耦合作用会逐渐衰减至 0,这说明耦合是收敛的或过程是自衡的。如果 $A = 0.8$,此时

$$\Lambda = \begin{matrix} & \overset{u_1\qquad u_2}{} \\ \begin{matrix} A \\ q \end{matrix} & \begin{bmatrix} 0.2 & 0.8 \\ 0.8 & 0.2 \end{bmatrix} \end{matrix}$$

如果输入、输出配对不变,由于扰动而引起的耦合的影响将是发散的,过程变为不稳定,此时必须调整输入、输出的配对。

对 Λ 矩阵,若定义

$$D = \frac{\lambda_{12}}{\lambda_{11}} = \frac{\lambda_{21}}{\lambda_{22}}$$

作为耦合指标,则 $0 < D < 1$ 时,耦合过程是收敛的,过程稳定;若 $D > 1$ 则耦合过程发散,过程不稳定。因此 D 值也是考虑控制通道选择时的一个重要因素。

四、耦合过程控制器参数整定

相对增益矩阵的讨论,可以帮助人们在多输入多输出耦合过程中选择合理的控制通道,但并没有解耦,耦合仍然存在。在用控制器构成控制回路时,这种耦合将给控制器参数整定带来困难。

以图 9 – 56 所示的最简单的双输入双输出过程为例,为简单起见,设 $K_{V_1} = K_{V_2} = 1$。闭环系统的运动方程为

$$\begin{bmatrix} 1 + W_1 W_{11} & W_2 W_{12} \\ W_1 W_{21} & 1 + W_2 W_{22} \end{bmatrix} \begin{bmatrix} y_1 \\ y_2 \end{bmatrix} = \begin{bmatrix} W_1 W_{11} & W_2 W_{12} \\ W_1 W_{21} & W_2 W_{22} \end{bmatrix} \begin{bmatrix} x_1 \\ x_2 \end{bmatrix}$$

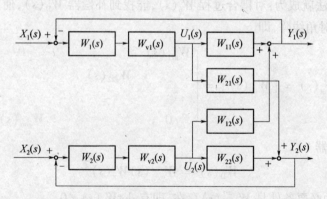

图 9 – 56　耦合过程原理框图

由式可见,W_1 和 W_2 所代表的控制器的参数分别与两个通道都有关系,因此相互是关联的,显然不能如单回路控制系统那样有简单的整定方法。为了解决这个问题,可分成三种情况:

（1）$W_{12}(s) \doteq W_{21}(s) = 0$，表示过程无耦合，可按单回路控制方法独立整定控制器参数，对有耦合过程可采取解耦措施来满足这一条件。

（2）在耦合过程中，如果某个输出的响应速度很快，即很快达到稳定状态，例如 y_2，此时可忽略 y_2 通道对别的通道的耦合，即 $W_{12}(s) = 0$。对通道 $(u_1 y_1)$ 来说，就成为无耦合过程，可以单独整定参数，而耦合通道控制器参数的整定也可大大简化。

（3）对不能简化的而又未解耦的耦合过程，只能在简化设计的初步设定参数的基础上，通过凑试法来调整并最终确定控制器参数。

下面就来讨论解耦设计的问题。

五、解耦设计

如上所述，相对增益矩阵可以帮助我们选择合适的控制通道，但它并不能改变通道间的耦合。对有耦合的复杂过程，要设计一个高性能的控制器是困难的，通常只能先设计一个补偿器，使增广过程的通道之间不再存在耦合，这种设计称为解耦设计。

1．解耦设计的方法

1）串联补偿设计

一个多输入多输出过程的输入输出关系为

$$Y(s) = W_o(s) U(s) \tag{9-93}$$

式中：Y 为输出 $n \times 1$ 向量；U 为 $n \times 1$ 输入向量；$W_o(s)$ 为 $n \times n$ 传递函数矩阵。$W_o(s) = [W_{oij}(s)]$。

如果 $W_o(s)$ 为对角线矩阵，即

$$W_{oij}(s) = \begin{cases} W_{oij}(s), & i = j \\ 0, & i \neq j \end{cases} \tag{9-94}$$

则此过程为无耦合过程。即每一个输出只受一个输入所影响，所以可以构成几个独立的单回路控制系统。

串联解耦的提法就成为：对耦合过程 $W_o(s)$，能找到补偿器 $W_D(s)$，使广义过程 $W_g(s) = W_o(s) W_D(s)$ 成为对角线阵，即

$$W_g(s) = [W_{gij}(s)] = \begin{bmatrix} W_{g11}(s) & & & 0 \\ & W_{g22}(s) & & \\ & & \ddots & \\ 0 & & & W_{gnn}(s) \end{bmatrix} \tag{9-95}$$

由此可得串联补偿器

$$W_D(s) = W_o^{-1}(s) W_g(s) \tag{9-96}$$

显然，$W_D(s)$ 存在的必要条件是 $W_o^{-1}(s)$ 存在，即有 $\det W_o(s) \neq 0$。

在 $W_o^{-1}(s)$ 存在的前提下，补偿器 $W_D(s)$ 的设计与 $W_g(s)$ 形式有关，现讨论两种简单情况：

（1）$W_g(s) = I$，即广义过程矩阵为单位矩阵。由此可得

$$W_D(s) = W_o^{-1}(s) I = W_o^{-1}(s) \tag{9-97}$$

278

设

$$W_o(s) = \begin{bmatrix} W_{11}(s) & W_{12}(s) \\ W_{21}(s) & W_{22}(s) \end{bmatrix}$$

则

$$W_D(s) = \frac{\text{adj}W_o(s)}{\det W_o(s)} = \frac{1}{W_{11}(s)W_{22}(s) - W_{12}(s)W_{21}(s)} \begin{bmatrix} W_{22}(s) & -W_{12}(s) \\ -W_{21}(s) & W_{11}(s) \end{bmatrix} \quad (9-98)$$

这种设计方法的结果十分理想,因为它能使广义过程实现完全的无时延的跟踪。但在实现上却很困难,它不但需要过程的精确建模,且使补偿器结构复杂。

(2) $W_{gii}(s) = W_{oii}(s)$,即

$$W_g(s) = \begin{bmatrix} W_{o11}(s) & & & 0 \\ & W_{o22}(s) & & \\ & & \ddots & \\ 0 & & & W_{onn}(s) \end{bmatrix} \quad (9-99)$$

以双输入双输出过程为例来讨论,则

$$W_D(s) = W_o^{-1}(s)W_g(s) = \frac{\text{adj}W_o(s)}{\det W_o(s)} = \begin{bmatrix} W_{11}(s) & 0 \\ 0 & W_{22}(s) \end{bmatrix}$$

$$= \frac{1}{\det W_o(s)} \begin{bmatrix} W_{22}(s) & -W_{12}(s) \\ -W_{21}(s) & W_{11}(s) \end{bmatrix} \begin{bmatrix} W_{11}(s) & 0 \\ 0 & W_{22}(s) \end{bmatrix}$$

$$= \frac{1}{\det W_o(s)} \begin{bmatrix} W_{22}(s)W_{11}(s) & -W_{12}(s)W_{22}(s) \\ -W_{21}(s)W_{11}(s) & W_{11}(s)W_{22}(s) \end{bmatrix} \quad (9-100)$$

解耦的结果虽然保留了原过程的特性,却使补偿器的阶数增加,结构显得复杂。

2) 前馈补偿解耦设计

以双输入双输出过程来说明。过程可表示为

$$y_1(s) = W_{11}(s)u_1(s) + W_{12}(s)u_2(s)$$
$$y_2(s) = W_{21}(s)u_1(s) + W_{22}(s)u_2(s)$$

若令

$$y_1(s) = W_{11}(s)u_1(s) + W_{12}(s)u_2(s) + W_{FF2}(s)W_{11}(s)u_2$$

而又满足

$$W_{12}(s) + W_{FF2}(s)W_{11}(s) = 0$$

则有

$$y_1(s) = W_{11}(s)u_1(s)$$

而

$$W_{FF2}(s) = -\frac{W_{12}(s)}{W_{11}(s)} \quad (9-101)$$

同理令

$$W_{FF1}(s) = -\frac{W_{21}(s)}{W_{22}(s)} \quad (9-102)$$

$$y_2(s) = W_{21}(s)u_1(s) + W_{FF1}(s)W_{22}(s)u_1(s) + W_{22}(s)u_2(s)$$

可得

$$y_2(s) = W_{22}(s)u_2(s)$$

这样就实现了过程解耦,式(9-101)和式(9-102)为补偿器结构,它和串联补偿不同,采用的是前馈补偿的不变性原理。其系统构成如图9-57所示。

除了用补偿器的解耦设计方法外,还可用状态反馈实现解耦和极点配置,以及其他解耦设计,但这些方法比较复杂,可参阅有关书籍和文献。

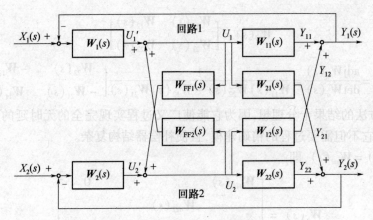

图 9 – 57　前馈补偿法解耦框图

2. 解耦设计举例

这里仍以图 9 – 55 所示的物料混合过程为例,来说明各种设计方法和结果。已知该过程的相对增益矩阵如式(9 – 92)所示,若令 $A = 0.5$,则过程的 $\boldsymbol{\Lambda}$ 矩阵为

$$\boldsymbol{\Lambda} = \begin{bmatrix} 0.5 & 0.5 \\ 0.5 & 0.5 \end{bmatrix} \tag{9 – 103}$$

这是一个强耦合过程,需做解耦设计。

为简单起见,假设过程传递函数为

$$\boldsymbol{W}_\text{o}(s) = \begin{bmatrix} \dfrac{k_{11}}{Ts + 1} & \dfrac{k_{12}}{Ts + 1} \\[3mm] \dfrac{k_{21}}{Ts + 1} & \dfrac{k_{22}}{Ts + 1} \end{bmatrix} \tag{9 – 104}$$

可得

$$\boldsymbol{W}_\text{o}^{-1}(s) = \frac{(Ts + 1)^2}{k_{11}k_{22} - k_{12}k_{21}} \begin{bmatrix} \dfrac{k_{22}}{Ts + 1} & \dfrac{-k_{12}}{Ts + 1} \\[3mm] \dfrac{-k_{21}}{Ts + 1} & \dfrac{k_{11}}{Ts + 1} \end{bmatrix}$$

$$= \frac{1}{k_{11}k_{22} - k_{12}k_{21}} \begin{bmatrix} k_{22}(Ts + 1) & -k_{12}(Ts + 1) \\ -k_{21}(Ts + 1) & k_{11}(Ts + 1) \end{bmatrix} \tag{9 – 105}$$

若要使广义过程模型为单位矩阵,则由式(9 – 97)可知补偿器 $\boldsymbol{W}_\text{D}(s) = \boldsymbol{W}_\text{o}^{-1}(s)$,即为式(9 – 105)。若要使

$$\boldsymbol{W}_\text{g}(s) = \begin{bmatrix} \boldsymbol{W}_{\text{o}11}(s) & 0 \\ 0 & \boldsymbol{W}_{\text{o}22}(s) \end{bmatrix}$$

则由式(9 – 100)可得

$$\boldsymbol{W}_\text{D}(s) = \frac{(Ts + 1)^2}{k_{11}k_{22} - k_{12}k_{21}} \begin{bmatrix} \dfrac{k_{11}k_{22}}{(Ts + 1)^2} & \dfrac{-k_{12}k_{22}}{(Ts + 1)^2} \\[3mm] \dfrac{-k_{11}k_{21}}{(Ts + 1)^2} & \dfrac{k_{11}k_{22}}{(Ts + 1)^2} \end{bmatrix}$$

$$= \begin{bmatrix} \dfrac{k_{11}k_{22}}{k_{11}k_{22} - k_{12}k_{21}} & \dfrac{-k_{12}k_{22}}{k_{11}k_{22} - k_{12}k_{21}} \\ \dfrac{-k_{11}k_{21}}{k_{11}k_{22} - k_{12}k_{21}} & \dfrac{k_{11}k_{22}}{k_{11}k_{22} - k_{12}k_{21}} \end{bmatrix} \qquad (9-106)$$

若用前馈补偿,则由式(9-101)和式(9-102)可得

$$W_{FF1}(s) = -\frac{W_{21}(s)}{W_{22}(s)} = -\frac{k_{21}}{k_{22}}$$

$$W_{FF2}(s) = -\frac{W_{12}(s)}{W_{11}(s)} = -\frac{k_{12}}{k_{11}} \qquad (9-107)$$

比较式(9-105)、式(9-106)和式(9-107)可以看出,选用不同的解耦设计方法要求不同的补偿器。若要得到单位矩阵过程,补偿器则要选用微分电路,实现比较困难。若要得到如式(9-98)的特定对角矩阵,将用到高阶补偿器。相对而言,前馈补偿器的设计和结构比较简单。但实际过程不会像例子那么简单,因此补偿器的结构将会复杂的多,往往有必要予以简化。

六、解耦过程中的一些问题

解耦设计的目的是为了能构成独立的单回路控制系统,从而获得满意的控制性能,因此在讨论解耦设计的时候,也必须考察有关控制系统的结构性问题。

1. 稳定性

稳定性问题是任何控制系统必须首先面对的问题。毫无疑问,控制系统必须是稳定的,但对于存在耦合的多输入多输出系统,有其特殊性。从相对增益矩阵的讨论中可以得知,由耦合引起的不稳定有两种可能的表现:

(1) $\boldsymbol{\Lambda}$ 矩阵中有大于1和小于0的元。

(2) 输入、输出配对有误,如物料混合系统的例子中出现的那样。

为了克服由耦合引起的不稳定,可以针对不同情况采取措施,这些措施包括:

(1) 尽可能选择合理的控制通道,使对应的输入、输出间有大的相对增益以避免在相对增益矩阵中出现上述两种可能。

(2) 在一定条件下简化系统,例如可以忽略一些小的耦合,对不能忽略的局部不稳定耦合采取专门的解耦措施。

(3) 对不能简化的系统,可以采取比较完善的解耦设计方法,既能解除耦合,又可配置广义过程的极点,使过程满足稳定性要求。

相对而言,第一种措施最简单,但限制也大,所以,应根据不同对象而采取适当措施。

2. 部分解耦

所谓部分解耦是指在复杂的解耦过程中,只对某些耦合采取解耦措施,而忽略另一部分耦合,如图9-58所示。图中用前馈补偿 $W_{FF2}(s)$ 解除通道2到通道1的耦合,而对通道1到通道2的耦合不予补偿。这样的结果是通道1成为无耦合过程,可以按单回路控制设计控制器,获得较好的控制性能。通道2虽然也被看作单输入单输出过程,但耦合依然存在,控制器设计只能是近似的。

显然,部分解耦过程的控制性能会优于不解耦过程而比完全解耦过程要差。相应的部分解耦的补偿器也比完全解耦简单,因此在相当多的实际过程中得到有效的应用。

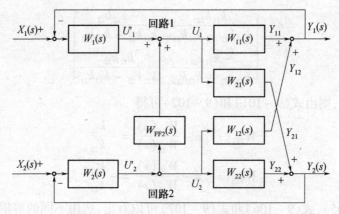

图 9-58　用一个解耦装置的双变量系统

部分解耦是一种有选择的解耦,使用时必须首先确定哪些过程是需要解耦的,对此通常有两点可以考虑:

(1) 被控量的相对重要性。一个过程的多个被控量对生产的重要程度是不同的。对那些重要的被控量,控制要求高,需要设计性能优越的控制器,这时最好是采用独立的单回路控制。除了它自己的控制作用外,其他输入对它的耦合必须通过解耦来消除。而相对不重要的被控量和通道,可允许由于耦合存在所引起的控制性能的降低,以减少解耦装置的复杂程度。

(2) 被控量的响应速度。过程被控量对输人和扰功的响应速度是不一样的,例如温度、成分等参数响应较慢,压力、流量等参数响应较快。响应快的被控量,受响应慢的参数通道的影响小,耦合可以不考虑。而响应慢的参数受来自响应快的参数通道的耦合影响大。从这点出发,往往对响应慢的通道受到的耦合要采取解耦措施。

为了说明部分解耦的选择,再看两种物料混合过程的例子(见图 9-55)。这里取成分输出 A 为 y_1,总流量输出 q 为 y_2。显然对混合过程来讲,成分输出 y_1 的重要性比 y_2 要高,因此要注意解除通道 (u_2, y_2) 对通道 (u_1, y_1) 的耦合。其次,流量过程的响应速度比成分过程快,因此也应优先考虑解除流量通道对成分通道的耦合作用。这里两种考虑的结果是一致的,可以确定对通道 (u_1, y_1) 采取解耦措施,如图 9-59 所示。图中用一个乘法器作为非线性解耦装置。由于 $u_1 = u_2 \times u_A$,其中 u_A 为控制器 AC 的输出,当 u_2 的变化影响到 A 的值时,它同比例地使 u_1 产生相应的变化,抵消原来的影响、保持 A 值不变。

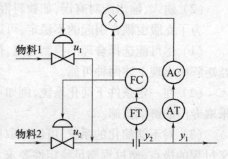

图 9-59　流量过程的部分解耦

如果过程被控量之间的相对关系在上述两点上不一致就不能简单地采取部分解耦的方法来处理,否则会引起较大的误差。此时要采取更加完善的解耦措施。

3. 解耦系统的简化

从解耦设计的讨论可以看出,解耦补偿器的复杂程度是与过程特性密切相关的。过程传递函数越复杂,阶数越高,则解耦补偿器的阶数也越高,实现越困难。如果能简化过程,也就可简化补偿器的结构,使解耦易于实现。根据控制理论的分析,过程的简化可以从两个方面考虑:

（1）高阶系统中，如果存在小时间常数，它与其他时间常数的比值为 $\frac{1}{10}$ 左右，则可将此小时间常数忽略，降低过程模型阶数。如果几个时间常数的值相近，也可取同一值代替，这样可以简化补偿器结构，便于实现。例如某过程的传递函数为

$$
\boldsymbol{W}(s) = \begin{bmatrix} \dfrac{2.6}{(2.7s+1)(0.3s+1)} & \dfrac{-1.6}{(2.7s+1)(0.2s+1)} & 0 \\[3mm] \dfrac{1}{3.8s+1} & \dfrac{1}{4.5s+1} & 0 \\[3mm] \dfrac{2.74}{0.2s+1} & \dfrac{2.6}{0.18s+1} & \dfrac{-0.87}{0.25s+1} \end{bmatrix}
$$

按照上述原则可以简化成

$$
\boldsymbol{W}(s) = \begin{bmatrix} \dfrac{2.6}{2.7s+1} & \dfrac{-1.6}{2.7s+1} & 0 \\[3mm] \dfrac{1}{4.5s+1} & \dfrac{1}{4.5s+1} & 0 \\[3mm] 2.74 & 2.6 & -0.87 \end{bmatrix}
$$

（2）如果上述简化条件得不到满足，解耦设计将会十分复杂，此时可用静态解耦代替动态解耦，简化补偿器结构。例如前述解耦设计举例中的补偿器解为［见式(9-105)］

$$
\boldsymbol{W}_{\mathrm{D}}(s) = \frac{1}{k_{11}k_{22}-k_{12}k_{21}}\begin{bmatrix} k_{22}(Ts+1) & -k_{12}(Ts+1) \\ -k_{21}(Ts+1) & k_{11}(Ts+1) \end{bmatrix}
$$

可简化为

$$
\boldsymbol{W}_{\mathrm{D}}(s) = \frac{1}{k_{11}k_{22}-k_{12}k_{21}}\begin{bmatrix} k_{22} & -k_{12} \\ -k_{21} & k_{11} \end{bmatrix}
$$

显然使补偿器更简单，更容易实现。实验证明也能得到令人满意的解耦效果。

一般情况下，通过计算得到的解耦补偿器仍然是复杂的，但在工程实现中，通常只使用超前滞后环节作为解耦补偿器，这主要是因为它容易实现，而且解耦效果也能令人基本满意，过于复杂的补偿器不是十分必要的。

通过上面几个问题的讨论，简要地介绍了与过程解耦有关的主要问题，这对解决工程实际中的耦合问题是很有帮助的。但实际系统是很复杂的，系统对解耦的要求越来越高，研究也日益深入，一些新的解耦理论和方法还在发展，需要不断发现，不断创新。同时解耦问题的工程实践性很强，真正掌握和熟悉解耦设计还有待于工程实践经验的不断积累。

习　题

第一篇　控制仪表

第一章

1－1　举例说明控制仪表与控制系统的关系。

1－2　控制仪表与装置有哪些类型？各有什么特点？

1－3　控制仪表与装置采用何种信号进行联络？电压信号传输和电流信号传输各有什么特点？使用在何种场合？

1－4　说明现场仪表与控制室仪表之间的信号传输及供电方式。$0 \sim 10\text{mA}$ 的直流电流信号能否用于两线制传输方式？为什么？

1－5　爆炸性气体环境和爆炸性粉尘环境是如何区分的？

1－6　爆炸性气体、蒸气和爆炸性粉尘是如何分级的？

1－7　爆炸性环境用电气设备分为哪三大类，分别用于什么场合？

1－8　防爆标志 Ex d Ⅱ 氨（NH3）Ga 或 Ex da Ⅱ 氨（NH3）是何含义？Ex t Ⅲ C T225℃ T_{400} 320℃ Dc IP65 或 Ex tc ⅢC T225℃ T_{400} 320℃ IP65 又是何含义？

1－9　Ⅱ类、Ⅲ类电气设备又是怎么进一步分类的？

1－10　工厂用电气设备的防爆形式有哪几种？各有什么特点？

1－11　如何使控制系统实现本安防爆的要求？

1－12　什么是安全栅？说明常用安全栅的构成和特点。

第二章

2－1　说明 P、PI、PD 控制规律的特点以及这几种控制规律在控制系统中的作用。

2－2　控制器输入一跃阶信号，作用一段时间后突然消失。在上述情况下，分别画出 P、PI、PD 控制器的输出变化过程。如果输入一随时间线性增加的信号，控制器的输出将做何变化？

2－3　什么是比例度、积分时间和微分时间？如何测定这些参数？

2－4　某 P 控制器的输入信号是 $4 \sim 20\text{mA}$，输出信号为 $1 \sim 5\text{V}$，当比例度 $\delta = 60\%$ 时，输入变化 0.6mA 所引起的输出变化是多少？

2－5　说明积分增益和微分增益的物理意义。它们的大小对控制器的输出有什么影响？

2－6　什么是控制器的调节精度？实际 PID 控制器用于控制系统中，控制结果能否消除余差？为什么？

2－7　某 PID 控制器（正作用）输入、输出信号均为 $4 \sim 20\text{mA}$，控制器的初始值 $I_i = I_o = 4\text{mA}$，$\delta = 200\%$，$T_I = T_D = 2\text{min}$，$K_D = 10$。在 $t = 0$ 时输入 $\Delta I_i = 2\text{mA}$ 的跃阶信号，分别求取 $t =$

284

12s 时:①PI 工况下的输出值;②PD 工况下的输出值。

2－8　基型控制器的输入电路为什么采用差动输入和电平移动的方式? 偏差差动电平移动电路怎样消除导线电阻所引起的运算误差?

2－9　在基型控制器的 PD 电路中,如何保证开关 S 从"断"位置切到"通"位置时输出信号保持不变?

2－10　试分析基型控制器产生积分饱和现象的原因。应怎样解决? 若将控制器输出加以限幅,能否消除这一现象?

2－11　基型控制器的输出电路(参照图 1－1－12)中,已知 $R_1 = R_2 = RK = 30\text{k}\Omega$, $R_f = 250\Omega$,试通过计算说明该电路对运算放大器共模输入电压的要求及负载电阻的范围。

2－12　基型控制器如何保证"自动"→"软手操"、"软手操"(或硬手操)→"自动"无平衡、无扰动的切换?

第三章

3－1　说明变送器的总体构成。它在结构上采用何种方法使输入信号与输出信号之间保持线性关系?

3－2　何谓量程调整、零点调整和零点迁移,试举一例说明。

3－3　简述力平衡式差压变送器的结构和动作过程,并说明零点调整和零点迁移的方法。

3－4　力平衡式差压变送器是如何实现量程调整的? 试分析矢量机构工作原理。

3－5　说明位移检测放大器的构成。该放大器如何将位移信号转换成输出电流的?

3－6　用差压变送器测量流量,流量范围为 0～16m³/h。当流量为 12m³/h 时,问变送器的输出电流是多少?

3－7　1151 电容式差压变送器是如何保证本安型特性的?

3－8　1151 电容式差压变送器采用了哪些措施来保证线性特性?

3－9　1151 电容式差压变送器是如何保证共模电流 I_c 恒定的?

3－10　分析 1151 电容式差压变送器阻尼电路的工作原理。

3－11　1151 电容式差压变送器是如何实现零点调整、零点迁移和量呈调整的? 基准电压 U_z 的作用是什么?

3－12　1151 电容式差压变送器的负载大小和电源之间有什么关系?

3－13　1151 电容式差压变送器是如何对高频电压信号实现解调分别得到差动电流 I_i 和共模电流 I_c 的?

3－14　简述四线制温度变送器的构成原理。

3－15　四线制温度变送器为何采用隔离式供电和隔离输出线路? 在电路上是如何实现的?

3－16　四线制热电偶温度变送器是用何种方法实现冷端温度补偿的? 又如何实现量程和零点调整?

3－17　四线制温度变送器是如何使输出信号和被测温度之间呈线性关系的? 简述热电偶温度变送器和热电组温度变送器的线性变化原理。

3－18　一体化热电偶变送器需要安装补偿导线么?

3－19　气动仪表的基本元件有哪些? 说明喷嘴挡板机构和功率放大器的作用原理。

3－20　简述电/气转换器的结构和动作过程。

第四章

4-1 简述矩形脉冲调宽调高式乘除器的构成原理。乘法电路的乘法关系是指哪两个量相乘？

4-2 为什么乘除器采用 $U_\circ = N\dfrac{(U_{i1}-1)(U_{i2}+K_2)}{U_{i3}+K_3}+1$ 这样的运算关系式？

4-3 乘除器中 U_{i1} 和 U_{i2} 的输入电路为什么设计的不一样？能否用一样的线路？

4-4 自激振荡时间分割器的作用是什么？说明它的工作过程和启振条件。

4-5 试将乘除器中的输出电路与控制器中的输出电路作一比较。

4-6 开方器主要用于何种场合？用乘除器代替开方器行不行？

4-7 乘除器与开方器在构成原理上有何异同之处？说明开方器的实现方法。

4-8 开方器中为何设置小信号切除电路？试分析该电路的工作原理。

4-9 简述电动执行器的构成原理。伺服电机的转向和位置与输入信号有什么关系？

4-10 伺服放大器有哪些部分组成？它是如何起放大作用的？

4-11 试分析减速器中行星齿轮传动机构的原理,它有什么特点？

4-12 简述位置发送器的工作原理。

4-13 气动执行机构有哪几种？各有什么特点？

4-14 阀门定位器应用在什么场合？简述气动阀门定位器、电/气阀门定位器的动作过程。

4-15 何谓控制阀的可调比和流量特性？理想情况下和工作情况下的特性有何不同？

4-16 见图题4-6,为一液位控制系统,水泵的输出压力为0.08MPa,垂直管道高度为2.5m,试计算控制阀的阀阻比 S,并说明 S 是否满足控制要求(可忽略水平管道压降)。

4-17 直通单、双座控制阀有何特点,适用于哪些场合？

4-18 试画出用电动单元组合仪表构成一控制系统的流程示意图(或方框图)及仪表连接图,并说明系统中变送器量程的计算方法。

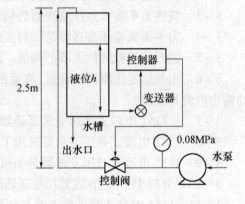

图题4-16 液位控制系统

第二篇 过程控制系统

第五章

5-1 过程控制的特点是什么？

5-2 过程控制系统由哪几部分组成？

5-3 按设定值的形式不同,可将过程控制系统分成哪几类？

5-4 评价过程控制系统品质的四大指标是什么？

第六章

6-1 描述对象特性的参数有哪些？

6-2 被控对象的放大系数 K 和时间常数 T,同哪些因素有关？K 与 T 的大小对动态特性有何影响？

6-3 怎样由矩形脉冲相应曲线,换算出阶跃响应曲线？

6-4 用半对数法和切线法求过程的传递函数是如何进行的？这两种方法适用于哪些场合？

6-5 采用矩形方波法测定温度对象的动态特性,所用方波脉冲宽度 $t_0 = 10\text{min}$,方波幅值为 20l/h,测试记录如表1,试将矩形脉冲响应曲线换算为阶跃响应曲线。

表1 方波响应数据

时间/min	1	3	4	5	6	10	15	16.5	20	25	30	40	50	60	70	80	……
输出/℃	0.46	1.7	3.7	9.0	19.0	26.4	36.0	37.5	33.5	27.2	21.0	10.4	5.1	2.8	1.1	0.5	……

6-6 以阶跃扰动法辨识某控制对象,单位阶跃扰动幅值为1,阶跃响应数据记录见表2。用切线法及两点法计算对象的传递函数。

表2 阶跃响应数据

时间/s	0	15	30	45	60	75	90	105	120	135	150	165	180
幅值	0	0.02	0.045	0.065	0.09	0.133	0.175	0.233	0.285	0.33	0.379	0.43	0.485
时间/s	195	210	225	240	255	270	285	300	315	330	345	360	
幅值	0.54	0.595	0.65	0.71	0.78	0.83	0.885	0.95	0.98	0.998	0.999	1.00	

6-7 常用的辨识过程特性的时域方法有哪些？

第七章

7-1 单回路控制系统是如何构成的,有何特点,适用于哪些场合？

7-2 如何选择被控量？

7-3 如何选择操纵量？

7-4 怎样确定控制阀的流量特性？

7-5 确定控制阀气开、气关作用方式有哪些原则？

7-6 说明 S 值的物理意义和合理的取值范围。

7-7 总结各种控制作用对控制质量的影响及控制器的选型原则。

7-8 何谓"最佳"参数整定？参数整定的依据是什么？

7-9 怎样按临界比例度法整定控制器的参数？在哪些情况下不宜采用此方法？

7-10 怎样用 4:1 衰减曲线法整定控制器参数？

7-11 为什么能用加设定值扰动进行控制器的参数设定？

7-12 理论计算法整定控制器参数的基本出发点是什么？

7-13 干扰通道的 K、T、τ 和控制通道的 K、T、τ 对控制质量分别有什么样的影响？

7-14 当广义对象包含多个时间常数时,说明时间常数匹配对控制质量的影响。

7 - 15　单回路控制系统中控制器的正反作用如何确定？

7 - 16　单回路控制系统的整定方法有哪些？

7 - 17　对于用常规仪表组成的自动控制系统，当过程的负荷经常变化时，线性系统和非线性系统的 PID 参数整定有什么不同？

7 - 18　为什么说微分控制作用可以全面提高控制质量？"全面"指的是哪些方面？

7 - 19　解释无扰切换、平衡和自动跟踪等概念。

7 - 20　如何判断阻塞流？阻塞流时如何计算流量系数？

7 - 21　计算控制的流通能力 K_v 时，哪些情况下需要进行修正？

第八章

8 - 1　串级控制系统是如何构成的？试举例说明它的工作过程。

8 - 2　串级控制系统较单回路系统有何特点？

8 - 3　串级控制系统适用于哪些场合？

8 - 4　怎样选择串级控制系统的主变量和副变量？

8 - 5　怎样选择串级控制系统中主、副控制器的控制作用？

8 - 6　怎样确定串级控制系统中的主、副控制器的正反作用？

8 - 7　串级控制系统的整定方法有哪些？

8 - 8　可以改善广义对象线性特性的方法有哪些？

8 - 9　一个设计良好的串级控制系统与单回路相比，可以收到什么样的控制效果？

8 - 10　一般来说，每一个串级控制系统都针对一个主要干扰，把它设计到副回路之中，利用副回路的特点将它对主变量的影响克服到最小，试分别说明图 8 - 3、图 8 - 13、图 8 - 15、图 8 - 16、图 8 - 17 克服的主要干扰是什么？

第九章

9 - 1　比例控制系统有哪些结构形式？各应用在什么场合？

9 - 2　举例说明比例系数应如何计算？

9 - 3　比例控制系统中如何克服非线性环节的影响？

9 - 4　比例控制系统参数整定有何特点？

9 - 5　什么叫前馈控制？它有何特点？

9 - 6　为什么一般不单独使用前馈控制方案？

9 - 7　什么叫前馈—反馈控制？有何特点？

9 - 8　怎样确定前馈控制器的特性？

9 - 9　如何整定前馈控制器的静态参数 K_f？

9 - 10　为什么大滞后过程是一种难控制的过程？它对系统的控制品质影响如何？

9 - 11　过程的纯滞后 τ 多大时，被认为是大滞后过程？

9 - 12　微分先行控制为什么在克服超调量上有显著效果？

9 - 13　什么叫分程控制？怎样实现分程控制？

9 - 14　在分程控制中需要注意哪些主要问题？为什么在分程点上会发生流量特性的突变？如何解决？

9 - 15　什么叫选择性控制？试述常用选择性控制方案的基本原理。

9－16 何谓正耦合、负耦合？

9－17 什么叫解耦控制？若已知相对增益矩阵为 $\begin{bmatrix} 1 & 0 \\ 0 & 1 \end{bmatrix}$，试问这两个回路需要解耦么？为什么？

参 考 文 献

[1] 吴勤勤. 控制仪表及装置(第 3 版). 北京:化学工业出版社,2007.

[2] 涂植英. 过程控制系统. 北京:机械工业出版社.

[3] 吴国熙. 调节阀使用与维修(第 1 版). 北京:化学工业出版社,1999.

[4] 邵裕森. 过程控制工程(第 2 版). 北京:机械工业出版社(第 2 版).2006.

[5] 金以慧. 过程控制. 北京:清华大学出版社,1993.

[6] 陆德民. 石油化工自动控制设计手册(第 3 版). 北京:化学工业出版社,2000.

[7] 王树青. 工业过程控制工程(第 1 版). 北京:化学工业出版社,2003.

[8] 王森. 仪表常用数据手册(第 1 版). 北京:化学工业出版社,1998.

[9]李正强,李艇. 控制仪表及装置. 北京:人民邮电出版社,2014.